普通高等教育“十二五”规划建设教材

酒文化学

侯红萍　主编

中国农业大学出版社
·北京·

内容简介

本书共分九章，第一章：绪论，介绍了中国酒的起源和外国酒的起源、酒的分类及营养成分；第二章：名酒与酒名，阐述了国内外名酒及其特点；第三章：酿酒技术发展历程，介绍了酒曲及酿酒工艺的技术革新；第四章：酒器，从酒器的分类与造型上介绍了酒器的发展史、酒瓶收藏艺术；第五章：酒与健康，从酒对人类及社会的作用论述了适当饮酒有益健康、酒为百药之长、酒的妙用以及如何解酒；第六章：饮酒习俗与礼仪，主要介绍了酒与祭祀、酒与婚礼、酒与宗教等内容；第七章：酒与社交，即酒在个人交往和国际关系中的作用；第八章：酒与文学艺术，介绍了酒与诗词人、酒与影视、酒与绘画、酒与戏曲、酒与音乐等的微妙关系；第九章：品酒艺术，介绍如何观色识酒、闻香识酒、品味识酒等品酒知识。

图书在版编目(CIP)数据

酒文化学/侯红萍主编. —北京：中国农业大学出版社，2012.6(2019.8 重印)
ISBN 978-7-5655-0538-6

Ⅰ.①酒… Ⅱ.①侯… Ⅲ.①酒—文化 Ⅳ.①TS971

中国版本图书馆 CIP 数据核字(2012)第 089844 号

书　　名　酒文化学
Jiu Wenhuaxue
作　　者　侯红萍　主编

责任编辑　潘晓丽　赵　欢　　**责任校对**　陈　莹　王晓凤
封面设计　郑　川
出版发行　中国农业大学出版社
社　　址　北京市海淀区圆明园西路 2 号　　**邮政编码**　100193
电　　话　发行部 010-62818525，8625　　读者服务部 010-62732336
编辑部 010-62732617，2618　　出　版　部 010-62733440
网　　址　http://www.cau.edu.cn/caup　　**e-mail**　cbsszs@cau.edu.cn
经　　销　新华书店
印　　刷　北京鑫丰华彩印有限公司
版　　次　2012 年 7 月第 1 版　　2019 年 8 月第 2 次印刷
规　　格　787×980　16 开本　19.25 印张　350 千字　彩插 2
定　　价　39.00 元

编 写 人 员

主　　编　侯红萍

副 主 编　段开红　傅　力　田洪涛　雷振河

编写人员　（按学校首字母为序）

韩山师范学院	傅　力
河北农业大学	田洪涛
河南农业大学	谢　慧
黑龙江八一农垦大学	李大鹏
内蒙古农业大学	段开红　高　婧
山西农业大学	侯红萍　贾丽艳
山西杏花村汾酒厂股份有限公司	雷振河
天津农学院	崔　艳
西南科技大学	陈　彦
云南农业大学	李永强

主　　审　天津科技大学　肖冬光

前　言

酒，在人类文化的历史长河中，已不仅仅是一种客观的物质存在，更是一种文化象征。酒文化是指酒在生产、销售、消费过程中所产生的物质文化和精神文化的总称，它包括酒的制法、品法、作用、历史等文化现象，既有酒自身的物质特征，也有品酒所形成的精神内涵，是制酒、饮酒活动过程中形成的特定文化形态。

中国酒文化历史悠久，内涵丰富，博大精深，是中华文明的有机组成部分。在中国几千年的文明史中，酒几乎渗透在政治、经济、文化教育、文学艺术和社会生活等各个领域，已经成为中国人思想、道德、文化的综合载体，我们要发扬中国传统酒文化中重德明礼、尊祖交友、人际和谐、浅饮养身的精华，使中国传统酒文化不断得到提升和发扬光大。

本书作者以崭新的酒文化理念，生动地介绍了酒的起源、中国名酒与世界名酒、酒的基本知识与酿造工艺、酒具艺术、饮酒常识与养生保健、饮酒习俗与礼仪、酒与影视、酒与绘画、酒与戏曲、酒与音乐、品酒艺术等方面的知识。该书内容涉猎广泛，结构清晰，图文并茂，集学术性、知识性、趣味性于一体，可使读者全面系统地了解中国酒文化乃至世界酒文化，对宣传、弘扬酒文化具有一定的科学指导意义。

本书具有如下特点：

第一，具有先进性和完整性。本书较为详尽地阐述了我国酒文化知识，并对国外的一些名酒做了介绍，力求把握酒文化知识领域的前沿，突出教材的先进性和完整性。

第二，知识性广泛。酒品的是文化，是历史，是内涵，中国的酒文化源远流长。本书呈现给读者的是综合的酒文化知识，使读者全面地了解酒的起源与发展，酒的种类以及酒对健康、酒对文学艺术、酒对政治和经济等的影响，可使读者更好地认识酒、利用酒为人类服务。

第三，趣味性强。本书将酒在酿造、饮用等过程中的逸闻趣事展现给读者，例如酒具的种类，酒瓶的收藏，酒与诗人，酒与绘画、酒令、酒联等方面的有趣故事，使本书增添了几分趣味性。

第四，图文并茂。为了使读者增加感性认识，本书在编写过程中插入部分精美图片，力求做到图文并茂，通俗易懂。

本书第一章第一节由侯红萍编写，第二节由崔艳编写；第二章第一节由段开红编写，第二节由高婧编写；第三章由谢慧编写；第四章由李大鹏编写；第五章由李永强编写；第六章第一、二节由傅力编写，第三、四节由陈彦编写；第七章由贾丽艳编写；第八章第一节由侯红萍编写，第二节由崔艳编写，第三节由谢慧编写，第四、五、六节由雷振河编写；第九章由田洪涛编写；全书最后由天津科技大学肖冬光教授主审。

本书可作为相关院校食品专业及其他专业本专科生选修教材，也可供广大饮酒及酒文化爱好者阅读。

此书在编写过程中得到轻工业西安设计工程有限公司靳建国高工、贵州仁怀茅台镇金士酒业有限公司技术总监李长文博士的大力帮助，同时还得到其他同仁的支持和帮助，在此一并表示感谢！

由于编者水平有限以及时间仓促，书中难免有不妥或错误之处，敬请广大同行和读者批评指正。

编 者

2012 年 4 月

目　录

第一章 绪 论

第一节 酒的起源

一、中国酒的起源

(一)猿猴造酒说

唐人李肇所撰《国史补》一书,对猿猴有一段精彩记载:猿猴是一种十分机敏的动物,它们居于深山野林中,在峻岩林木间跳跃攀援,出没无常,很难活捉到它们。但人们经过细致的观察发现,猿猴"嗜酒"。于是,在猿猴出没的地方摆几缸香甜浓郁的美酒。猿猴闻香而至,经不住香甜美酒的诱惑,酩酊大醉,乖乖被人捉住。

猿猴不仅嗜酒,而且还会"造酒"(图 1.1)。明代文人李日华在他的著述中记载:"黄山多猿猱,春夏采杂花果于石洼中,酝酿成酒,香气溢发,闻娄百步。野樵深入者或得偷饮之,不可多,多即减酒痕,觉之,众猱伺得人,必嬲(niao)死之。"可见,这种猿酒是偷饮不得的。清代的笔记小说中说:"粤西平乐(今广西壮族自治区东部,西江支流桂江中游)等府,山中多猿,善采百花酿酒。樵子入山,得其巢穴者,其酒多至娄石。饮之,香美异常,名曰猿酒。"看来人们在广东和广西都曾发现过猿猴"造"的酒。

图 1.1 猿猴造酒

这些不同时代、不同人的记载,起码可以证明:在猿猴的聚居处,多有类似"酒"的东西被发现。其实这种类似"酒"的东西的产生,纯属微生物活动的结果,即是由一种叫酵母菌的微生物分解糖类产生的。酵母菌是一种分布极其广泛的菌类,尤其在一些含糖分较高的水果中,这种酵母菌更容易生长繁殖。当成熟的野果坠落后,由于受到果皮上或空气中酵母菌的作用而生成酒,这是一种自然现象。猿猴在水果成熟的季节,收贮大量水果于"石洼中"。堆积的水果受自然界中酵母菌的作用而发酵,在石洼中就形成了"酒",这就是人们通常说的猿酒。

(二)神农氏造酒说

神农就是炎帝神农氏,他是农业和医药的发明者。传说神农氏教民众种植五谷、"作陶"、"识衣"、作"市",还尝百草,治民疾病。相传神农一生下来就是"水晶肚",五脏六腑全都能看得见,吃进去的东西可看得清清楚楚。那时候,人们经常因乱吃东西而生病,甚至丧命。神农为此决心尝遍百草,能吃的放在身体左边的袋子里,介绍给别人吃;不好吃的就放在身体右边袋子里,作药用;不能吃的就提醒人们注意。

神农氏为"宣药疗疾"还刻了《味尝草木作方书》。这便是人类医学科学的发端。神农亲验本草药性,是中药的重要起源。这一过程经历了漫长的历史时期、无数次的反复实践,积累下来许多药物知识,被篆刻记载下来。随着岁月的推移,积累的药物知识越来越丰富,并不断得到后人的验证,逐步以书籍的形式固定下来,这就是《神农本草经》,其中有对于酒的记载,算是对于酒最早的记载了。

神农氏时期大约是新石器时期,当时我们的先民已进入定居农耕的时代,距今五六千年。农耕时代,粮食不匮乏,那么,聪明擅于制造的神农氏及其民众,在这个时期酿造出酒来也就比较合情合理了。这个推测有考古学方面的佐证:1957 年在河南陕县庙底沟出土的陶制酒碗,距今约 5 200 年;1959 年山东大汶口出土的造型完美的高脚、三脚、平脚酒器,距今约 4 000 年。这些文物确凿地证明,酒在我国的起源,不仅早于文字记载(甲骨文距今 3 500 多年),而且也大大早于古代传说中的仪狄、杜康所处的年代。如此说来,称神农氏为酿酒师祖也是无可厚非的。韩愈说过"闻道有先后","酒道"千年事,先者先为之,神农氏应该是酒道开山鼻祖了(图 1.2)。

图 1.2 神农氏造酒

神农氏还发明了陶器,解决了人类的生活用具问题,包括器皿和陶盆、陶罐等。这些器皿里面,不乏饮酒专用的酒碗、酒器,考古出土的文物都已证明。故而,酒发明于人类依靠庄稼维持生活的农耕经济时期,归之于代表一个昌盛时代的神农氏极有道理。

(三)仪狄酿酒说

中国是卓立于世界的文明古国，是酒的故乡，在中华民族五千年历史长河中，酒与酒类文化一直占据着重要地位。我国关于酒的文字记载，最早见于西汉的《战国策》："昔者，帝女令仪狄做酒美，进之禹，禹饮而甘之。"《孟子·离娄下》有"禹恶旨酒而好善言"的记载，商代的甲骨文亦有"酒"的记载，《尚书·说命篇》指出："若作酒醴，而唯曲蘗。"可见我国早有酿酒生产。

另一种说法是"酒之所兴，肇自上皇，成于仪狄"，意思是说，自上古三皇五帝的时候，就有各种各样的造酒方法流行于民间，是仪狄将这些造酒的方法归纳总结起来，使之流传于后世的。

仪狄是什么时代的人呢？古籍中关于仪狄的记载比较一致。例如，《世本》、《吕氏春秋》、《战国策》中都认为他是夏禹时代的人。那么，仪狄是不是酿酒的"始祖"呢？此说自古看法就不一致，甚至有与《世本》相矛盾的说法。例如，孔子八世孙孔鲋说帝尧、帝舜都是饮酒量很大的君王。黄帝、尧、舜都早于夏禹，可见，说夏禹臣属仪狄"始作酒醴"并不确切。事实上，用粮食酿酒是一件程序、工艺都很难的事，单凭一个人的力量是难以完成的。

(四)杜康酿酒说

有一种说法是杜康"有饭不尽，委之空桑，郁结成味，久蓄气芳，本出于代，不由奇方"。是说杜康将未吃完的剩饭，放置在桑园的树洞里，剩饭在洞中发酵后，有芳香的气味传出。这就是酒的作法，并无什么奇异。有一点生活中的偶尔的机会作契机，启发创造发明之灵感，这是很合乎一些发明创造的规律的。这段记载在后世流传，杜康便成了很能够留心周围的小事，并能及时启动创作灵感的发明家了。

魏武帝乐府曰："何以解忧，惟有杜康。"自此之后，认为酒就是杜康所创的说法似乎更多了。但杜姓到杜康的时候，已经是禹之后很久的事情了，而上古时期，就已经有"尧酒千钟"之说了。如果说酒是杜康所创，那么尧喝的是什么人创造的酒呢？

历史上确有杜康其人。古籍中如《世本》、《吕氏春秋》、《战国策》、《说文解字》等书对杜康都有记载。史籍中还有少康造酒的记载。少康即杜康，不过是不同年代不同的称谓罢了。那么，酒之源究竟在哪里呢？窦苹认为"予谓智者作之，天下后世循之而莫能废"是很有道理的。劳动人民在经年累月的劳动实践中，积累下了制造酒的方法，经过有知识、有远见的"智者"归纳总结，后代人按照先祖传下来的办法一代一代地相袭相循，流传至今。这个说法是比较接近实际，也是合乎唯物主义认识论的。

关于杜康造酒，还有一个有趣的传说。有一天，杜康想研制一种可以喝的东西，可是冥思苦想就是想不出制作方法，晚上睡觉的时候做了一个奇怪的梦，他梦见一个鹤发童颜的老翁来到他面前，对他说："你以水为源，以粮为料，再在粮食泡在水里第九天的酉时找三个人，每人取一滴血加在其中，即成。"说完老翁就不见了。

杜康醒来就按照老翁说的制作。他在第九天的酉时（下午 5:00—7:00）到路边寻找三人。不一会儿来了一个书生，文质彬彬、谦虚有礼，杜康急忙上前说明来意，书生欣然允诺，割破手指滴了一滴血在桶里；书生走后，又来了一队人马，带头的是一位威武英气的将军，杜康上前说明来意，将军也捋臂挽袖，割破手指滴了一滴血在桶里；这时酉时已经快过了，可杜康还没找到第三个人，他有些着急，转念一想，只要是人不都可以吗，于是他找到村子里一个无亲无故并且傻乎乎的乞丐，按住他，扎破他的手指滴了一滴血在桶里，疼得乞丐一会儿大喊大叫，一会儿晕头晕脑。有了这三滴血，可以喝的东西终于制作成了，可是他又犯愁了，起什么名字呢？他一想，这饮品里有三个人的血，又是酉时滴的，就写作"酒"吧，可怎么念呢？这是在第九天做成的，就取同音，念酒（九）吧。这就是关于酒来历的传说。

据说，每个人喝酒时都会受到这三个滴血人的影响：①书生的血——喝酒开始的时候都是谦虚礼让，你让我我敬你；②将军的血——喝得差不多的时候开始像将军一样，豪言壮语，天不怕地不怕；③傻乎乎的乞丐的血——到了最后时刻，恐怕都像乞丐一样丑态百出了。

二、外国酒的起源

（一）威士忌的起源

威士忌（Whisky，Whiskey）是一种以大麦、黑麦、燕麦、小麦、玉米等谷物为原料，经发酵、蒸馏后放入橡木桶中陈酿、勾兑而成的一种酒精饮料，属于蒸馏酒。

相传 12 世纪，爱尔兰岛上已有一种以大麦作为原料的蒸馏酒，其蒸馏方法是从西班牙传入的。1171 年，英国国王亨利二世（1154—1189）举兵入侵爱尔兰，将这种酒的酿造法带到了苏格兰，在那里，他们发现了优质的水源和原料。居住在苏格兰北部的盖尔人（Gael）称这种酒为"visge beatha"，意为"生命之水"，即为早期威士忌的雏形。1494 年的苏格兰文献"财政簿册"上，曾记载过苏格兰人蒸馏威士忌的历史。记录了修道士约翰·柯尔（John Cor）购买了 8 筛麦芽酿出 35 箱威士忌。那时的威士忌主要是用来抵御严寒的具有芳香气味的药水。1644 年官方开始对威士忌征税,高额税收导致了威士忌的产量下降、非法蒸馏和走私。

公元 1700 年以后,爱尔兰和苏格兰移民来到了美国宾夕法尼亚州和马里兰州,建立了威士忌酒酿酒作坊。1789 年,欧洲大陆移民来到了肯塔基州的波本镇(Bourbon County),开始从事威士忌的蒸馏,即后来被称为“肯塔基波本威士忌”(Kentucky Bourbon Whiskey),它以优异的质量和独特的风格成为美国威士忌的代名词。

1823 年,乔治五世到访苏格兰,更改了税收法律,使得威士忌生产合法;1834 年,COFFEY 蒸馏器的发明使苏格兰威士忌进入了商业化的生产阶段。并很快到达了它的繁荣时代,很多酒厂相继建立,如著名的格兰菲迪酒厂(1886 年),百闻尼酒厂(1892 年)等。

1920 年,在加拿大安大略省,山姆布朗夫曼(Samuel Bronfman)创建了施格兰酒厂(House of Seagram)。他利用当地丰富的谷物原料及柔和的淡水资源,生产出优质轻盈的威士忌,成为世界上配制混合酒的重要基酒。19 世纪下半叶,日本开始进口原料酒进行调配威士忌。1933 年,日本三得利(Suntory)公司的创始人乌井信治郎在京都郊外的山崎县建立了第一家生产麦芽威士忌的工厂。从那时候起,日本威士忌逐渐发展起来。

(二)白兰地的起源

白兰地(Brandy)是由葡萄汁发酵、蒸馏得到的饮料酒,是国际上酒类贸易大宗商品。法国白兰地酒(Cognac)是世界公认最好的白兰地。白兰地起源于法国干邑镇,至今已有 300 多年的历史。盛产葡萄和葡萄酒的干邑位于法国西南部。公元 12 世纪,干邑生产的葡萄酒就销往欧洲国家,外国酒商也常来夏德朗省滨海口岸购买葡萄酒。为便于葡萄酒的出口,减少海运的船舱占用空间及大批出口所需缴纳的税金,同时为避免因长途运输易发生的葡萄酒变质,干邑镇的酒商把葡萄酒蒸馏浓缩后出口,到输入国再按比例用水调制出售。这种把葡萄酒蒸馏后制成的高度酒就是早期白兰地的雏形。

17 世纪初,法国其他地区开始效仿干邑镇蒸馏葡萄酒,并从法国逐渐传播到欧洲及世界各地。1701 年,法国卷入了“西班牙王位继承战争”,法国白兰地遭到禁运。酒商们利用干邑镇盛产的橡木做成大桶,把白兰地储藏在木桶里。1704 年战争结束,酒商们意外地发现无色的白兰地竟变成了琥珀色,酒没变质,且香味变得更浓。于是从那时起,用橡木桶陈酿工艺,成为干邑白兰地的重要制作工序。这种陈酿工序很快流传到世界各地。

1887 年后,法国改变了出口外销白兰地包装,从单一木桶装变成木桶装和玻璃瓶装。随着产品外包装的改进,干邑白兰地的身价也日益提高,销量稳步上升。如今,干邑地区约有 5 万家农户种植葡萄,并自家酿制葡萄酒,卖给干邑地区两万多家大大小小的蒸馏酒厂制成白兰地。当地常年储藏的白兰地多达 10 亿瓶,年平均产量约为 4.5 万吨。目前,干邑地区规模最大、历史最悠久的三大酿酒世家是:马爹利(Martell,1715 年)、人头马(Remy Martin,1724 年)、轩尼诗(Hennessy,1765 年)。

白兰地的生产在我国始于 1892 年。爱国华侨张弼士先生投资 30 万两白银在烟台建起张裕葡萄酒酿酒公司,聘请欧洲葡萄酒专家设计、建造生产厂房,并引进酿造葡萄酒和白兰地的优良葡萄品种,在烟台开辟东山和西山葡萄园,是我国最早生产白兰地的厂家。

(三)伏特加酒的起源

伏特加酒(Vodka),又译俄得克,是俄罗斯和波兰两国特有的蒸馏酒,是这两个国家的国酒。该酒以其酒体纯净的风格著称,近百年来在世界范围广泛流行,特别符合现代食品卫生方向。

俄罗斯的伏特加酒的原初工艺是 1428 年由意大利的热那亚传入的,但当时的莫斯科大公瓦西里三世禁止饮用伏特加酒以保护本国的传统名酒——蜜酒生产者的利益。之后,伊凡·雷帝首次在莫斯科开设"皇家酒苑",但不久他下令除自己的禁卫军外都不准饮用伏特加酒。直至乌克兰并入俄罗斯后,伏特加酒才在民间传开。彼得大帝把伏特加酒的税收视为国库最主要的财源。

1448—1478 年,欧洲开始积极扩展酒精生产。在此期间,俄罗斯制成了伏特加风格的酒,这标志着俄罗斯酿酒业的诞生,以粮食为原料生产酒精的工艺得到了发展。约翰三世在 1472—1478 年规定酒类生产由国家垄断,并颁布了粮食酒专卖条例。这些都证明在那个年代俄罗斯就开始创建了酒精产业和深受酒精工艺影响的伏特加酒。

叶卡捷琳娜一世在 1751 年 6 月 8 日签署的《拥有精馏伏特加酒蒸馏器的人员资格》的命令中,首次使用了"伏特加"酒一词,这是伏特加酒一词最早出现在俄罗斯官方历史文件中的例证。那个时代伏特加精品极为昂贵,曾两次超过法国白兰地,被称为贵族酒。一些著名人士,如罗马教皇彼得六世、奥地利国王约瑟夫、伏尔泰和歌德、费里德里希亲王以及古斯塔夫三世在他们的珍藏品中都存放几瓶伏特加精品以示显贵。

第二次世界大战后,伏特加酒从东欧扩展到欧美诸国,其独特的风格和优秀的品质使其需求量大增,欧美先进的轻工业基础又使伏特加酒的内在质量进一步提高,同时品种也越来越多样化,成为世界流行最广的蒸馏酒。

近百年来,世界上不只俄罗斯生产伏特加酒。据统计,现在俄罗斯生产的伏特加酒占世界传统俄罗斯伏特加酒市场总额的4%,可见世界生产伏特加酒国家之多、数量之大。由于美国、波兰等国生产大量的优质伏特加酒和其他原因,关于伏特加酒起源的争议极为激烈,直至1982年国际仲裁机构才做出裁决,认定俄罗斯具有最初的优先发明权。

(四)日本清酒的起源

日本清酒是借鉴中国黄酒的酿造法而发展起来的日本国酒。日本人常说,清酒是上帝的恩赐。1 000多年来,清酒一直是日本人最常喝的饮料。在大型的宴会上,在结婚典礼中,在酒吧间或寻常百姓的餐桌上,人们都可以看到清酒。清酒已成为日本的国粹。

1. 起源与发展

据中国史书记载,古时候日本只有“浊酒”,没有清酒。后来有人在浊酒中加入石炭,使其沉淀,取其清澈的酒液饮用,于是便有了“清酒”之名。公元7世纪中叶之后,朝鲜古国百济与中国常有来往,并成为中国文化传入日本的桥梁。因此,中国用“曲种”酿酒的技术就由百济人传播到日本,使日本的酿酒业得到了很大的进步和发展。到了公元14世纪,日本的酿酒技术已日臻成熟,人们用传统的清酒酿造法生产出质量上乘的产品,这就是著名的“僧侣酒”。其中以奈良地区所产的最负盛名。后来,“僧侣酒”遭到荒废,酿酒中心转移到了以伊丹、神户、西宫为主的“摄泉十二乡”。明治后期开始,又从“摄泉十二乡”转移到以神户与西宫构成的“滩五乡”。滩五乡从明治后期至今一直保持着“日本第一酒乡”的地位。

自19世纪后半叶的日本明治维新运动之后,日本清酒的质量逐渐下降,尤其是在第二次世界大战期间,日本酒商往清酒中兑入大量的食用酒精,以增加酒量,牟取暴利,使清酒所具有的独特风味黯然失色。因此,日本老人称这种低劣的清酒为“乱世之酒”,赞誉原来纯正的日本清酒为“太平之酒”。由于清酒酿造业受到历史上“乱世”的影响,给日本消费者留下了不良的印象,加上新一代日本人崇尚饮用啤酒和烈性酒,所以清酒的销售量逐年下降。

今天,日本清酒的质量虽然已恢复其原来的水平,并且利用现代酿造技术和设备不断提高产品质量,但其产品仅占日本酒类市场销售量的15%。在日本全国有大小清酒酿造厂1 500余家,其中著名的厂商为神户的菊正宗、京都的月桂冠、伊丹的白雪、神户的白鹤、西宫的日本盛和大关。这些著名的清酒厂大多集中在关西的神户和京都附近。

2. 日本清酒的分类

(1)按制法不同分类。

①纯米酿造酒:即为纯米酒,仅以米、米曲和水为原料,不外加食用酒精。

②普通酿造酒:属低档的大众清酒,是在原酒液中兑入较多的食用酒精,即1吨原料米的醪液添加100%的酒精120升。

③增酿造酒:是一种浓而甜的清酒。在勾兑时添加了食用酒精、糖类、酸类、氨基酸、盐类等原料调制而成。

④本酿造酒:属中档清酒,食用酒精加入量低于普通酿造酒。

⑤吟酿造酒:制作吟酿造酒时,要求所用原料的精米率在60%以下。以此酿造而成的酒具有香蕉的味道或者苹果的味道。吟酿造酒又根据精米率的差别分为:a. 吟醸;b. 大吟醸。其中大吟醸被誉为"清酒之王"。

(2)按口味分类。

①甜口酒:含糖分较多、酸度较低的酒。

②辣口酒:含糖分少、酸度较高的酒。

③浓醇酒:含浸出物及糖分多、口味醇厚的酒。

④淡丽酒:含浸出物及糖分少而爽口的酒。

⑤高酸味酒:以酸度高、酸味大为其特征的酒。

⑥原酒:制成后不加水稀释的清酒。

⑦市售酒:原酒加水稀释后装瓶出售的酒。

(3)按贮存期分类。

①新酒:是指压滤后未过夏的清酒。

②老酒:是指贮存过一个夏季的清酒。

③老陈酒:是指贮存过两个夏季的清酒。

④秘藏酒:是指酒龄为5年以上的清酒。

(4)按酒税法规定的级别分类。

①特级清酒:品质优良,酒精含量16%以上,原浸出物浓度在30%以上。

②一级清酒:品质较优,酒精含量16%以上,原浸出物浓度在29%以上。

③二级清酒:品质一般,酒精含量15%以上,原浸出物浓度在26.5%以上。

(5)其他分类。根据日本法律规定,特级与一级的清酒必须送交政府有关部门鉴定通过,方可列入等级。由于日本酒税很高,特级的酒税是二级的4倍,有的酒商常将特级酒以二级产品销售,所以受到内行饮家的欢迎。但是,从1992年开始,这种传统的分类法被取消了,取而代之的是按酿造原料的优劣、发酵的温度和时间以及是否添加食用酒精等来分类，并标出“纯米酒”、“超纯米酒”的字样。

3. 日本清酒品牌一览

①菊正宗：菊正宗创业于西历1659年，即日本年号万治2年。它的历史悠久，是日本清酒界的老牌企业之一。其产品的特色是：酒香味烈，日语表述为【うまい辛口】。这是日本第一酒乡——滩五乡酒厂的特有酒质。因为其酒气凛冽，故被称为“男人之酒”，并被描述为：“美酒佳酿自扶桑，香气怡人飘汉唐。酒香味烈含木香，菊正樽酒美名扬。”

②大关：此酒在日本已有285年的历史，也是日本清酒颇具历史的领导品牌，“大关”的名称根源于日本传统的相扑运动。数百年前日本各地最勇猛的力士，每年都会聚集在一起进行摔跤比赛，优胜的选手则会被赋予“大关”的头衔。而大关的品名是在1939年第一次被采用，作为特殊的清酒等级名称。相扑在日本是享誉盛名的国家运动，大关在1958年颁发“大关杯”予优胜的相扑选手，此后大关清酒就与相扑运动相结合，更成为优胜者在庆功宴最常饮用的清酒品牌。

③日本盛：酿造日本盛清酒的西宫酒造株式会社，在明治22年(1889年)创立于日本兵库县，是著名的神户滩五乡中的西宫乡，为使品牌名称与酿造厂一致，于2000年更名为日本盛株式会社。该公司创立至今已有112年历史，日本盛清酒是于1990年12月在公卖局的机场免税店试销成功后才正式被引进中国台湾的，其口味介于月桂冠(甜)与大关(辛)之间。有人将酿酒的原料比喻为酒的肉，酿酒用的水为酒的血，酒曲则为酒的骨；那么酿酒师的技术与用心，则应该是酒的灵魂了。日本清酒也不例外，除了先天的气候环境条件，水质的优劣外，用米的良窳等都是不可缺少的要素。

④月桂冠：月桂冠的最初商号名称为笠置屋，成立于宽永14年(1637年)，当时的酒品名称为玉之泉，其创始者大仓六郎右卫门在山城笠置庄，也就是现在的京都相乐郡笠置町伏见区，开始酿造清酒，至今已有360年的历史。在明治38年(1905年)日本时兴竞酒比赛，优胜者可以获得象征最高荣誉的桂冠，为了能赢得象征清酒的最高荣誉而采用“月桂冠”这个品牌名称。

⑤白雪：日本清酒最原始的功用是作为祭祀之用，寺庙里的和尚为了祭典自行造酒，部分留做自己喝，早期的酒呈浑浊状，经过不断的演进改良才逐渐转成清澄，其时大约在16世纪。白雪清酒的发源可溯至公元1550年，小西家族的祖先新右卫门宗吾开始酿酒，当时最好喝的清酒称为“诸白”，由于小西家族制造诸白成功而投入更多的心力制作清酒。到了1600年江户时代，小西家第二代宗宅运酒至江户途中时，仰望富士山时，被富士山的气势所感动，因而命名为“白雪”，白雪清酒可以说是日本清酒最古老的品牌。一般日本酒最适合酿造的季节是在寒冷的冬季，因

为气温低，水质冰冷，是酿造清酒的理想条件，因此自江户时期以来，日本多是在冬天进行酿造清酒的工作，称为"寒造"，酿好的酒第二年春夏便进行陈酒。1963年，白雪在伊丹设立第一座四季酿造厂"富士山二号"，打破了季节的限制，使造酒不再限于冬季，任何季节都可造酒。白雪清酒采用兵库县心白不透明的山田锦米种，酿造用的水则是采用所谓硬水的"宫水"，宫水中含有大量酵母繁殖所需的养分，因此是最适合用来造酒的水，所酿出来的酒属酸性辛口酒，即使经过稀释，酒性仍然刚烈，因此被称为"男酒"。

另外，白雪酒特别的是其酿制的过程除了藏元杜氏外，整个酿制过程均由女性社员担任，也许是因为这个原因，白雪清酒呈现的是细致优雅的口感，如同其名，冰镇之后饮用更显清爽畅快。

第二节 酒的分类

现代酒的分类方法主要有3种：其一，根据酿造方法不同，可分为酿造酒、蒸馏酒和配制酒；其二，根据酒精含量的高低，可分为高度酒（酒度40%以上）、中度酒（酒度20%～40%）和低度酒（酒度低于20%）；其三，根据饮用传统分类（商业分类法），可分为白酒、黄酒、啤酒、葡萄酒、果酒、露酒和药酒等。

一、酿造酒

酿造酒（brewed wine）又称发酵酒，是指将原料发酵后直接提取或采取压榨法获得的酒。其酒精度一般不超过15%，例如，啤酒、葡萄酒、黄酒、果酒等。

（一）啤酒（beer）

啤酒是指用麦芽、啤酒花、水和酵母发酵而来的含二氧化碳的低酒精饮料的总称。我国的国标将其定义为：啤酒是以大麦芽（包括特种麦芽）为主要原料，加酒花（包括酒花制品），经酵母菌发酵酿制而成的，含二氧化碳的、起泡的、低酒精度（3.5%～5.0%）的发酵酒。啤酒的种类繁多，目前常用的分类方式有以下几种。

1. 按啤酒的色泽分类

①淡色啤酒：酒体呈淡黄或淡金黄色，色度在2～14 EBC单位，是我国啤酒产量最多的一种。产品有明显的酒花香，口味纯正，爽口协调。②浓色啤酒：酒体呈棕色、红棕色、红褐色、黑褐色，色度为15～40 EBC，产量较小，产品有明显的麦芽

香，口味醇厚，酒花苦味较轻。③黑色啤酒：酒体呈深红褐色，甚至黑褐色，色度≥41 EBC单位，产量较小，产品有突出的麦芽香，口味浓醇，泡沫细腻。

2. 按麦芽汁浓度分类

①低浓度啤酒：这类啤酒原麦汁浓度小于8度，啤酒稳定性较差。②中浓度啤酒：这类啤酒的原麦汁浓度为8～16度，稳定性较好，耐贮存，是啤酒中产量和销量最多的一种。③高浓度啤酒：这类啤酒的原麦汁浓度为16度以上，稳定性较好，色浓，固形物多，口味醇厚，耐贮存。

3. 按生产工艺分类

①生啤酒：装瓶之后未经巴氏灭菌或瞬时高温灭菌，而是采用其他物理方法除菌、达到一定生物稳定性的啤酒。这类啤酒口味更加纯正、清爽，营养丰富，泡沫洁白细腻，保存期短。②熟啤酒：装瓶后经过巴氏灭菌的啤酒称为熟啤酒，其酒龄较长，稳定性较好，不易发生酵母浑浊，贮存期较长。③鲜啤酒：装瓶之后未经巴氏灭菌或瞬时高温灭菌，成品中允许含有一定量的活酵母菌，达到一定生物稳定性的啤酒。这种啤酒保存期短，适于尽快消费。

4. 按发酵方式分类

①上面发酵啤酒：发酵温度为15～20摄氏度，采用上面啤酒酵母，发酵过程中酵母菌随CO_2浮到液面上，起发速度快，发酵期为4～6天。啤酒的香味突出，但保存期短。②下面发酵啤酒：发酵温度为5～10摄氏度，采用下面啤酒酵母，发酵后期大部分酵母沉淀到发酵容器底部，发酵缓慢，一般需要5～10天。啤酒的香气柔和，泡沫细腻，风味好，保存期长。世界上绝大部分国家生产下面发酵啤酒。

5. 按包装形式分类

①瓶装啤酒：为了保持啤酒质量，减少紫外线的影响，一般采用棕色或深绿色的玻璃瓶。空瓶需用2%～5%碱液、40～70摄氏度浸泡，然后通过洗瓶机洗净，再经灌装机灌入啤酒、压盖、巴氏杀菌、检查合格即可装箱出厂。②罐装啤酒：常见的有铝镁合金材料和马口铁罐两种。由于空罐加工工艺不同，又有两片罐和三片罐之分，材料则以马口铁居多，容量为330毫升。罐装啤酒由于体轻、运输携带和开启饮用方便，因此很受消费者欢迎，发展很快。③桶装啤酒：桶的材质为铝或不锈钢，容量为15、20、25、30、50升，其中30升为常用规格。桶装啤酒又可分为不锈钢的扎啤桶及普通的啤酒保鲜桶，扎啤的高价格使其市场占有量很小。普通的啤酒保鲜桶常用于散啤酒及纯生啤酒的销售。它以价格低廉、口感清爽而备受广大消费者欢迎，其极好的新鲜度也是瓶装啤酒无法媲美的。桶装的鲜啤酒、生啤及扎啤适合销往饭店、宾馆、大排档。

6. 特种啤酒

①干啤酒：真正(实际)发酵度不低于72%，口味干爽的啤酒。②冰啤酒：经冰晶化工艺处理，浊度大于0.8 EBC的啤酒。③低醇啤酒：酒精度为0.6%～2.5%的啤酒。④无醇啤酒：也叫脱醇啤酒，酒精度小于等于0.5%，原麦芽汁浓度大于等于3.0度的啤酒。⑤小麦啤酒：以小麦芽(占麦芽的40%以上)、水为主要原料，酿造而成的具有小麦芽所产生的特殊香气的啤酒。⑥浑浊啤酒：酒中存在一定量的活酵母菌或有特殊风味、浊度≥2.0 EBC的啤酒。⑦果蔬类啤酒：一是果蔬汁型啤酒——指添加一定量的果蔬汁，具有其特征性理化指标和风味，并保持啤酒基本口味。二是果蔬味型啤酒——为在保持啤酒基本口味的基础上，添加少量食用香精，具有相应的果蔬风味。

(二)葡萄酒(wine)

根据国际葡萄与葡萄酒组织(O. I. V.)的规定，葡萄酒只能是经破碎或未经破碎的新鲜葡萄浆果或葡萄汁经完全或部分发酵后获得的产品，其酒度不能低于7%。葡萄酒种类繁多，一般的分类如下。

1. 按葡萄来源分类

①山葡萄酒：也叫野葡萄酒，是指以野生葡萄为原料酿成的葡萄酒。②家葡萄酒：以人工培植的酿酒品种葡萄为原料酿成的葡萄酒。国内葡萄酒生产厂家大都以生产家葡萄酒为主。

2. 按葡萄酒的颜色分类

(1)白葡萄酒。选用白葡萄或浅红色果皮的酿酒葡萄，经过皮汁分离，取其果汁进行发酵酿制而成的葡萄酒，其色泽呈浅黄带绿、浅黄或禾秆黄。

(2)红葡萄酒。选用皮红肉白或皮肉皆红的葡萄为原料，采用皮汁混合发酵，然后进行分离、陈酿而成的葡萄酒，其色泽呈自然宝石红色、紫红色、石榴红色等。

(3)桃红葡萄酒。选用皮红肉白的酿酒葡萄，进行皮汁短时期混合发酵达到色泽要求后进行分离皮渣、继续发酵、陈酿而成的葡萄酒。其色泽为桃红色、玫瑰红或淡红色。

3. 按是否含有二氧化碳分类

①平静葡萄酒：在20摄氏度时，二氧化碳压力＜0.05兆帕的葡萄酒。②起泡葡萄酒：在20摄氏度时，CO_2压力≥0.05兆帕的葡萄酒。

4. 按含糖量分类

(1)干葡萄酒。酒中的糖分几乎已发酵完,每升葡萄酒中含总糖低于4克。或者当总糖高于总酸,其差值≤2克/升时,含糖最高为9克/升的葡萄酒。饮用时觉不出甜味,酸味明显。如干白葡萄酒、干红葡萄酒、干桃红葡萄酒。

(2)半干葡萄酒。每升葡萄酒中含总糖在4~12克。含糖大于干葡萄酒,最高为12.0克/升,或者当总糖高于总酸,其差值≤2克/升时,含糖最高为18克/升的葡萄酒。饮用时有微甜感,如半干白葡萄酒、半干红葡萄酒、半干桃红葡萄酒。

(3)半甜葡萄酒。每升葡萄酒中含总糖在12~50克。含糖大于半干葡萄酒,最高为50克/升的葡萄酒。饮用时有甘甜、爽顺感。

(4)甜葡萄酒。每升葡萄酒中含总糖在50克以上,饮用时有明显的甜纯感。

5. 按酿造方法分类

(1)天然葡萄酒。完全用葡萄汁发酵,不加酒精或糖分的葡萄酒。

(2)加强葡萄酒。采用人工添加白兰地或酒精提高酒精度的葡萄酒称为加强干葡萄酒。除了提高酒精度之外,同时提高含糖量的称为加强甜葡萄酒。

(3)加香葡萄酒。用葡萄酒做酒基,用芳香物质浸泡而制成。如,味美思酒、丁香葡萄酒、桂花陈酒等。在葡萄酒中添加芳香性开胃健脾的植物,谓之加香葡萄酒,又叫开胃葡萄酒,是地中海国家一个古老的葡萄酒品种。

6. 特种葡萄酒(special wine)

(1)利口葡萄酒。由葡萄生成总酒度12%以上的葡萄酒中加入白兰地、烈酒或者食用酒精以及葡萄汁、含焦糖葡萄汁、白砂糖等,最终酒精度在15.0%~22.0%的葡萄酒。

(2)冰葡萄酒。将葡萄推迟采收,当气温低于-7摄氏度,使葡萄在树枝上保持一定时间、结冰、采收、压榨,用此葡萄汁酿成的酒。

(3)贵腐葡萄酒。在葡萄成熟的后期,葡萄果实感染了灰绿葡萄孢,使果实的成分发生了明显的变化,用此种葡萄酿成的葡萄酒为贵腐葡萄酒。

(4)年份葡萄酒。指葡萄采摘酿造该酒的年份,其中所标注年份的葡萄酒所占比例不得低于瓶内酒含量的80%。

(三)黄酒(Chinese rice wine)

1. 按含糖量分类

①干黄酒:含糖量低于1.0克/100毫升(以葡萄糖计)的酒,如元红酒。②半干黄酒:含糖量在1.0~3.0克/100毫升的酒,如加饭酒。③半甜黄酒:含糖量在

3.0～10.0 克/100 毫升的酒，如善酿酒。④甜黄酒：含糖量在 10.0～20.0 克/100 毫升的酒，如香雪酒。⑤浓甜黄酒：含糖量大于或等于 20.0 克/100 毫升的酒。

2. 按酿酒原料分类

可分为三类。①大米黄酒：以稻米为原料酿造的黄酒。②小米黄酒：以黍米、粟米为原料酿造的黄酒。③玉米黄酒：以玉米为原料的黄酒。

3. 按糖化发酵剂分类

可分为两类。①麦曲黄酒：以自然发酵麦曲和纯种麦曲为糖化发酵剂生产的黄酒。②红曲酒：以红曲为糖化发酵剂生产的黄酒。

4. 按生产工艺分类

(1)淋饭酒。大米浸泡、蒸熟之后，用冷水淋浇使之冷却，然后拌入酒药，在缸内保温，进行糖化和前发酵，然后加入水和麦曲进行主发酵、后发酵，经压榨得到的黄酒。主要用于酿甜型黄酒。

(2)摊饭酒。将大米浸泡、蒸熟后，摊散于竹编席上，经空气自然冷却后入缸，然后加酒母和麦曲进行双边发酵，再经后发酵和长期贮存而制成。此酒以加饭酒为代表，比淋饭法酿制的黄酒质量要好。

(3)喂饭酒。将蒸熟的米饭分数批投入发酵而制成的黄酒。即第一批米饭做成酒母，此后每隔几天在酒缸中投入米饭，后加入的米饭称为“喂饭”，一般喂饭在三次以上。著名的绍兴加饭酒就是典型代表。

(四)奶酒(fermented milk)

目前市场上的奶酒根据原料、工艺可以分为四大类：蒸馏型奶酒、发酵型奶酒、发酵型乳清奶酒和勾兑型奶酒。

1. 蒸馏型奶酒

将牛奶提取奶油和奶酪后的乳清液，添加部分鲜牛奶、陈年酒曲或自然发酵、蒸馏而成。酒精度一般在 8%～30%，酒体清亮透明，具有舒适的奶香和协调酒香，微酸爽口，后味微苦。

蒸馏型奶酒含有多种氨基酸和维生素，杂醇油含量较低，甲醇含量特别低，是一种营养丰富的低度奶香型白酒。

2. 发酵型奶酒

蒙古语为“七格”，是一种随酿即饮的乳饮料。传统的制作方法为：在杀菌的牛奶、马奶中添加经过充分活化的开菲尔粒(含有多种乳酸菌、酵母菌的粒状物)，经乳酸发酵和酒精发酵生成略带碳酸气的酒精性乳饮料。

3. 发酵型乳清奶酒

以乳清液为原料，添加酸奶发酵剂和酵母发酵剂，经过发酵制成乳清原酒，再勾兑制成含糖或不含糖的乳清奶酒。酒精度 8%～12%。典型的乳清发酵奶酒呈微黄，酒液澄清透明，奶香舒愉。干型或半干型酸味爽口；甜型酸甜适口，后味爽净。

4. 勾兑(半勾兑)型奶酒

以脱脂牛奶为原料，经过发酵或不发酵，以适当比例勾兑高纯度食用酒精、砂糖以及其他食品添加剂，经均质机均质而成。酒精度一般在 20%左右，乳白色，形态均一，具有奶香味，甜酸较适口。

(五)其他果酒

果酒(fruit wine)是以新鲜水果或果汁为原料，经全部或部分发酵酿造而成的、酒精度在 7%～18%的发酵酒。按照国家标准，它包括苹果、梨、葡萄、石榴、桑葚、山楂、山葡萄、枣、樱桃、猕猴桃、草莓等水果酒。

1. 根据果实的构造分类

①核果类果酒：以桃、李、杏、梅、樱桃等水果酿制成的酒。②仁果类果酒：以梨、苹果、山楂等水果酿制成的酒。③柑果类果酒：以柑、橘、橙、柚等水果酿制成的酒。④浆果类果酒：以葡萄、猕猴桃、香蕉、杨桃等水果酿制成的酒。⑤复果类果酒：以菠萝、草莓、树莓等水果酿制成的酒。

2. 按照酿制的方法分类

(1)果实发酵酒。用果汁或果浆直接发酵酿制而成的低度酒，酒精含量一般在 7%～14%。这类酒在果酒中产量最大，品种最多，且最具果实的典型风味，在命名上通常直接加水果名，例如苹果酒、樱桃酒、葡萄酒等。

(2)果实蒸馏酒。将果实经过酒精发酵、蒸馏制得，一般酒精度在 40%以上。例如用葡萄汁、浆或皮渣经发酵蒸馏后的酒称为白兰地(Brandy)，而其他水果蒸馏得到的酒，应冠以相应的水果名称，例如苹果白兰地等。

(3)果实配制酒。在果实发酵酒或蒸馏酒中加入其他配料配制而成的果酒，其酒度一般为 20%～60%。

二、蒸馏酒

凡是以水果、乳类、糖类、谷物等为原料，经过酵母菌发酵后，蒸馏、陈酿、勾兑而成的酒均为蒸馏酒(distilled liquors)。其酒度大于20%,如中国的白酒,外国的白兰地、威士忌、伏特加、金酒和朗姆酒等。

(一)中国白酒(Chinese liquor)

以曲类、酒母为糖化发酵剂,利用淀粉质(糖质)原料,经蒸煮、糖化、发酵、蒸馏、陈酿和勾兑而成的各类酒统称为白酒。

1. 按发酵特点分类

①固态发酵法白酒:以粮谷为原料,采用固态(或半固态)糖化、发酵、蒸馏,经陈酿、勾兑而成。②液态发酵法白酒:将以含淀粉、糖类物质为原料,采用液态糖化、发酵、蒸馏所得的基酒(或食用酒精),用香醅串香或用食品添加剂调味调香而成的白酒。③固液结合法白酒:以大米为原料,小曲为糖化发酵剂,先固态糖化,后液态发酵(或液态糖化,固态发酵),然后蒸馏制成的酒。

2. 按所用酒曲和主要工艺分类

(1)大曲酒。以大曲为糖化发酵剂,进行固态发酵,发酵期为15~120天,再固态蒸馏,经3个月到3年的后熟制成的白酒。我国多数名优酒均为大曲酒。

(2)小曲酒。以小曲为糖化发酵剂,大米或高粱等为酿酒原料,采用半固态发酵法酿制而成的白酒。南方的白酒多为小曲酒。

(3)麸曲白酒。以麸曲为糖化剂,纯培养的酒母为发酵剂,采用复式固态发酵,固态蒸馏制成的酒。此类酒产量最大,占总量的70%以上。

3. 按酿酒原料分

(1)粮食白酒。以玉米、高粱、小麦、大米等粮食作为主要原料酿制而成的白酒。如高粱酒、大米酒等,其中以高粱酒质量最好。

(2)薯类酒。以甘薯、马铃薯及木薯等为原料酿制而成的酒。薯类作物富含淀粉和糖分,易于蒸煮糊化,出酒率高于粮食白酒,但酒质不如粮食酒。多用来做普通白酒。

(3)代用料白酒。以富含淀粉和糖分的农副产品和野生植物为原料酿制而成的酒。如甜菜、糖蜜、大米糠、高粱糠、甘蔗等。

4. 按酒的香型分类

(1)酱香型白酒。以茅台酒为代表,这类酒的特征为:酱香突出、幽雅细腻、酒体丰富醇厚、回味悠长、香而不艳、低而不淡。所用的大曲多为超高温大曲。

(2)浓香型白酒。以高粱为主要原料,采用混蒸续渣生产工艺。以泸州老窖特曲为代表,主体香味物质是已酸乙酯。具有窖香浓郁、绵甜甘洌、香气协调等特点。

在名优酒中，浓香型白酒的产量最大。四川、江苏等地的酒厂所产的酒均属此类型。

(3)清香型白酒。以中温大曲为糖化发酵剂，采用清蒸、清渣发酵工艺、地缸发酵。以山西汾酒为代表，以乙酸乙酯为主体香。其特点是清香纯正、诸味协调、醇甜柔和、余味爽净、甘润爽口。

(4)米香型白酒。以大米为原料，小曲为糖化发酵剂，先培菌糖化，后液态发酵蒸馏制得的酒。以桂林三花酒为代表，以乳酸乙酯、β-苯乙醇为主体复合香，具有米香纯正、淡雅，入口醇甜、甘爽、落口怡畅等特点。

(5)其他香型。又称兼香型白酒，是指具有两种以上主体香的白酒，具有一酒多香的风格，一般均有自己独特的生产工艺。例如，凤香型白酒、芝麻香型白酒、豉香型白酒、特香型白酒。

5. 按酒质分类

可分为四类。①国家名酒：指国家评定的质量最高的酒。白酒的国家级评比共进行过 5 次。茅台酒、汾酒、泸州老窖、五粮液等酒在历次国家评酒会上都被评为国家名酒。②国家级优质酒：是指获得国家银质奖或优质奖的白酒。③省部级优质酒：是指在各个省、部委评酒会上获奖的酒。④一般白酒：指符合国家有关质量标准，未获得正式奖牌的产品。这种白酒大多是用液态法生产的，占酒产量的大多数，价格低廉。

6. 按酒度的高低分

可分为两类。①高度白酒：酒度在 41%以上，一般不超过 65%。②低度白酒：采用了降度工艺，酒度一般在 38%左右。

(二)白兰地(Brandy)

1. 根据国家和产地分类

(1)法国白兰地。法国是全世界最著名的白兰地产地，有两大杰出代表：①干邑(Cognac)：译为“可涅克”，位于法国夏朗德省和夏朗德滨海省(Charente Maritime)。干邑白兰地采用二次蒸馏法，所酿之酒被认为具“女士风采”，有“白兰地之王”的美誉。干邑白兰地酒体呈琥珀色，清亮透明，口味讲究，风格豪壮，特点十分独特，一般成熟白兰地酒度为 40%。干邑白兰地的名品有：人头马(Remy Martin)、马爹利(Martell)、轩尼诗(Hennessy)、拿彼仑(Courvoisier)等。②雅邑(Armagnac)：译为“阿尔马涅克”，位于热尔省(Gers)、朗德省(Landes)及洛特-加龙省(Lot-et-Garonne)。雅邑白兰地采用的是一次蒸馏法，蒸馏时间较长、较慢。雅邑白兰地具"男士风范"，它仅次于干邑，以产深色白兰地驰名，它的酒质更强劲而甘冽，较干邑更甘，酒体呈琥珀色，发黑发亮，因贮存时间较短，所以口味奇烈。陈年的雅邑酒香袭人，醇厚浓郁，回味悠长，酒度为40%～42%。雅邑也是受法国法律保护，只有雅邑当地产的白兰地才可以在商标上标注 Armagnac 字样。雅邑白兰地的名品有：卡斯塔浓（Castagnon）、夏博（Chabot）、珍尼（Janneau）、索法尔（Sauval）等。

除干邑和雅邑以外的任何法国葡萄蒸馏酒都统称为白兰地。这些白兰地酒在生产、酿藏过程中政府没有太多的硬性规定，一般不需经过太长时间的酿藏，即可上市销售，其品牌种类较多，价格也比较低廉，质量不错，外包装也非常讲究，在世界市场上很有竞争力。

(2)美国白兰地。美国白兰地是由发酵果汁、果浆、果酒或它们的残渣蒸馏至酒精度≤95%的酒精产品。瓶装白兰地的酒度应≥40%。美国白兰地大部分产自加州，有200多年的历史。以加州的葡萄为原料，发酵蒸馏至酒精度为48.57%左右，贮存在白色橡木桶中至少两年，有的加焦糖调色而成。主要品牌有：E&J、Christian Brothers（克利斯丁兄弟）、Guild（吉尔德）等。

(3)欧盟白兰地。由葡萄酒或加酒精终止发酵的葡萄酒蒸馏至酒度≤86%或由葡萄酒馏出液蒸馏至酒度≤86%的高酒精度饮料。欧盟著名的白兰地有：西班牙白兰地（Spanish Brandy）被认为是除法国以外最好的酒。主要品牌有：Carlos（卡罗斯）、Conde De Osborne（奥斯彭）、Fundador（芬达多）等。

意大利白兰地（Italian Brandy）：意大利是白兰地生产和消费大国之一，也是出口白兰地最多的国家之一。著名的品牌有：Buton（布顿）、Stock（斯托克）、Vecchia Romagna（维基亚·罗马尼亚）等。

德国白兰地（German Brandy）：莱茵河地区是德国白兰地的生产中心，其著名的品牌有：Asbach（阿斯巴赫）、Goethe（葛罗特）和 Jacobi（贾克比）等。

2. 根据原料分类

(1)白兰地。一般指葡萄白兰地，是由发酵果汁、果浆、果酒或它们的残渣蒸馏至酒精度≤95%的酒精产品。瓶装白兰地的酒度应≥40%。

(2)水果白兰地。由卫生、成熟水果的发酵汁或果浆或果酒蒸馏获得的白兰地。例如，苹果白兰地是指将苹果发酵后压榨出苹果汁，再加以蒸馏而酿制成的一种水果白兰地酒。主要产于法国北部、英国、美国等。该酒呈琥珀色，有明亮的黄色，酒香清爽，果香浓郁，口味微甜，酒度在40%～50%。樱桃白兰地是指将樱桃去蒂、压榨后加水发酵，然后蒸馏、陈酿而成。它的主要产地在法国的阿尔沙斯（Alsace）、德国的斯瓦兹沃特（Schwarzwald）、瑞士和东欧等地区。

(3)皮渣白兰地。将酿制红葡萄酒时经过发酵后过滤掉的酒精含量较高的葡萄果肉、果核、果皮残渣再度蒸馏所得到的蒸馏酒。

3. 根据白兰地在橡木桶中的陈酿时间(酒龄)分类

依照国际惯例,大多数白兰地的酒标上都标明等级,但这些标记的含义并不十分严格,即使相同的标记在不同的国家、地区或者厂家,代表的意义也不尽相同。例如美国,陈酿2年以上的白兰地才有资格在酒标上填写酒龄;澳大利亚,陈酿2年以上可标matured,陈酿至少要5年以上才能标old,陈酿至少十年的白兰地才可标very old。

(1)我国白兰地的等级划分如下。

①特级:最低酒龄为6年的为“XO”。②优级:最低酒龄为4年的为“VSOP”。③一级:最低酒龄为3年的为“VO”。④二级:最低酒龄为2年的为“三星”。

(2)法国白兰地法定标识及陈酿期规定。

①VS(very superior):也叫三星白兰地,属普通型白兰地。法国政府规定,干邑地区生产的最年轻的白兰地只需18个月的酒龄。但厂商为保证酒质,规定在橡木桶中必须陈酿两年半以上。②VSOP(very superior old pale):属于中档干邑白兰地,至少需4年半的酒龄。但许多酿造厂商还适当加入了一定成分的10～15年的陈酿干邑白兰地原酒。③Luxury Cognac:属于精品干邑,也有特别的名称如:Napoleon(拿破仑)、Cordon Blue(蓝带)、XO(Extra Old 特陈)、Extra(极品)等。法国政府规定此类干邑白兰地在橡木桶中须陈酿六年半以上才能装瓶销售。

(三)威士忌(Whisky)

以大麦、黑麦、燕麦、小麦、玉米等谷物为原料,经发酵、蒸馏后放入橡木桶中陈酿、勾兑而成的一种酒精饮料,属于蒸馏酒。

威士忌酒的分类方法很多,依照所使用的原料不同,可分为纯麦威士忌酒和谷物威士忌酒以及黑麦威士忌等;根据酒精度,可分为40%～60%等不同酒精度的威士忌酒;但是最具代表性的分类方法是依照产地和国家的不同可分为以下几大类,其中以苏格兰威士忌酒最为著名。

1. 苏格兰威士忌(Scotch whisky)

苏格兰威士忌按原料和酿造方法不同,又可分为三大类。

(1)纯麦芽威士忌(pule Malt whisky)。只用大麦作原料酿制而成的蒸馏酒叫纯麦芽威士忌。纯麦芽威士忌是以在露天泥煤上烘烤的大麦芽为原料,用罐式蒸馏器蒸馏,一般经过两次蒸馏,蒸馏后所获酒液的酒精度达63.4%,入特制的炭烧过的橡木桶中陈酿，装瓶时稀释至40%～43%。此酒具有泥煤所产生的丰富香味。按规定陈酿时间至少三年，一般陈酿五年以上的酒就可以饮用，陈酿七至八年的酒为成品酒，陈酿十至二十年的酒为最优质酒。而陈酿二十年以上的酒，其自身的质量会有所下降。

(2)谷物威士忌(grain Whisky)。谷物威士忌采用多种谷物作为酿酒的原料，如燕麦、黑麦、大麦、小麦、玉米等。谷物威士忌只需一次蒸馏，主要以不发芽的大麦为原料，以麦芽为糖化剂生产的。因为大部分大麦不发芽，所以也不必使用泥煤烘烤，故成酒的泥炭香味也少一些，口感更柔和细致。主要用于勾兑其他威士忌和金酒。

(3)兑和威士忌(blended Whisky)。兑和威士忌又称混合威士忌，是用纯麦芽威士忌和谷物威士忌勾兑而成的。兑和时，既要考虑纯麦芽威士忌和谷物威士忌的比例，也要考虑各种勾兑酒的酒龄、产地、口味等其他特征。依据兑和后酒液中纯麦芽威士忌酒的含量比例分为普通和高级两种类型。一般纯麦芽威士忌酒含量在50%～80%的为高级兑和威士忌酒；如谷类威士忌所占比重大，即为普通威士忌。

目前市场上的威士忌酒绝大多数都是兑和威士忌酒，容量在700～750毫升，酒精含量在43%左右。

2. 爱尔兰威士忌(Irish Whisky)

爱尔兰威士忌酒又被称为咖啡伴侣。生产原料主要有：大麦、燕麦、小麦和黑麦等，其中大麦占80%左右，爱尔兰威士忌酒用塔式蒸馏器经过三次蒸馏，然后入桶陈酿，一般陈酿时间在8～15年，所以成熟度相对较高，为了保证其口味的一致也要进行勾兑，掺水稀释至40%～43%。爱尔兰威士忌酒的麦芽不是用泥炭烘干，而是使用无烟煤。所以没有烟熏的焦香味，口味比较绵柔长润，更适合作混合酒或与其他饮料掺兑饮用(如爱尔兰咖啡)。

3. 美国威士忌(American Whisky)

美国是世界上最大的威士忌酒生产和消费国，美国威士忌酒以优质的水、温和的酒质和带有焦黑橡木桶的香味而著名，尤其是美国的波旁(Bourbon Whiskey)威士忌更是享誉世界。美国西部的宾夕法尼亚州、肯塔基州和田纳西州是威士忌的主要产区。美国威士忌一般分为三类。

(1)单纯威士忌(straight Whiskey)。以玉米、黑麦、大麦或小麦为原料，酿制过程中不混合其他威士忌酒或谷类中性酒精，制成后需放入炭熏过的橡木桶中陈酿两年以上。所谓单纯威士忌，并不像苏格兰纯麦芽威士忌那样只用一种大麦芽制成，而是以某一种谷物为主(一般高于51%)再混入其他原料制成。单纯威士忌又可以分为四类：波旁威士忌(Bourbon whiskey)、黑麦威士忌(rye whiskey)、玉米威士忌(corn whiskey)、保税威士忌(bottled in bond)。

(2)混合威士忌(blended Whiskey)。是用一种以上的单纯威士忌，以及20%的中性谷类酒精混合而成的威士忌酒，装瓶时，酒度为40%，常用来作混合饮料的基酒，分为3种：①肯塔基威士忌：是用该州所出的纯威士忌酒和谷类中性酒精混合而成的。②纯混合威士忌：是用两种以上纯威士忌混合而成，但不加中性谷类酒精。③美国混合淡质威士忌：用不多于20%的纯威士忌和80%的酒精度为50%的淡质威士忌混合而成。

(3)淡质威士忌(light Whiskey)。美国政府认可的一种新威士忌酒，蒸馏时酒精度高达80.5%～94.5%，口味清淡，用旧橡木桶陈酿。淡质威士忌中50%纯威士忌的用量不得超过20%。

4. 加拿大威士忌(Canadian Whisky)

加拿大威士忌酒液多呈棕黄色，酒香清芳，口感轻快，爽适，酒体丰美。它的原料构成受到国家法律条文的制约。加拿大法律规定，原料只准用谷物，其中玉米和黑麦用得最多。最著名的加拿大威士忌是稞麦(黑麦)威士忌酒和混合威士忌酒。稞麦威士忌：以稞麦(黑麦)为主要原料，占51%以上，再配以大麦芽及其他谷类，经发酵、蒸馏、勾兑后，在白橡木桶中陈酿至少3年(一般达到4～6年)以上才能出厂。此酒口感细腻，酒体轻盈淡雅，酒度40%以上，很适合作混合酒的基酒。

5. 其他

主要有以下两种。①日本威士忌：属苏格兰威士忌型，采用苏格兰传统工艺和设备，从英国进口泥炭进行麦芽熏烤，采用美国白橡木桶贮酒，以英国进口的苏格兰麦芽威士忌原酒进行勾兑。日本威士忌酒按酒度可分为：特级酒(酒精度43%)和一级酒(酒精度40%)。②中国威士忌：选用中国产泥炭及良种酵母，酿制苏格兰型的麦芽威士忌、谷物威士忌和勾兑威士忌，酒精度40%，风味与国际产品相似。

(四)伏特加(Vodka)

伏特加是俄国具有代表性的白酒，最初以小麦、黑麦、大麦等为原料。18世纪后开始以马铃薯和玉米为主要原料，经粉碎、蒸煮、糖化、发酵和蒸馏制成高达95%的优质酒精，再加水稀释至40%～60%，经活性炭过滤处理，最后调至规定的酒精浓度。一般要8小时以上的缓慢过滤，此酒不需陈酿，酒质晶莹澄澈，无色且清淡爽口,不甜、不苦、不涩,有烈焰般的刺激。因此,在各种调制鸡尾酒的基酒之中,伏特加酒是最具有灵活性、适应性和变通性的一种。

1. 按工艺分为两类

(1)中性伏特加。将麦芽放入稞麦、大麦、小麦、玉米等谷物或马铃薯中,糖化发酵后,蒸馏得到蒸馏酒,再让蒸馏酒缓慢地通过白桦木炭层而制出的酒。其酒度在75%以上。

(2)加味伏特加。加入各种香料的伏特加(Flavored Vodka)。是指在橡木桶中贮藏或浸泡过药草、水果(如柑橘、柠檬等)以增加酒体的芳香和颜色。

2. 按生产的国家和地区分类

(1)俄罗斯伏特加。最初用大麦为原料,以后逐渐改用含淀粉的马铃薯和玉米,制造酒醪和蒸馏原酒并无特殊之处,只是过滤时将精馏得到的原酒注入白桦活性炭过滤槽中,经缓慢的过滤程序,使精馏液与活性炭分子充分接触而净化,将原酒中所含的油类、酸类、醛类、酯类及其他微量元素除去,便得到非常纯净的伏特加。俄罗斯伏特加酒液透明,除酒香外,几乎没有其他香味,口味凶烈,劲大冲鼻,火一般地刺激。其名品有:波士伏特加(Bolskaya)、苏联红牌(Stolichnaya)、苏联绿牌(Mosrovskaya)等。

(2)波兰伏特加。波兰伏特加的酿造工艺与俄罗斯相似,区别只是波兰人在酿造过程中,加入一些草卉、植物果实等调香原料,所以波兰伏特加比俄罗斯伏特加酒体丰富,更富韵味。名品有:蓝牛(Blue Rison)、朱波罗卡(Zubrowka)等。

(3)其他国家和地区的伏特加。英国的哥萨克(Cossack)、夫拉地法特(Viadivat)。美国的宝狮伏特加(Smirnoff)、沙莫瓦(Samovar)。瑞典的绝对伏特加(Absolut)。芬兰的芬兰地亚(Finlandia)。法国的卡林斯卡亚(Karinskaya)、弗劳斯卡亚(Voloskaya)。加拿大的西豪维特(Silhowltte)。

三、配制酒

配制酒(mixed liquor)是以各种酿造酒、蒸馏酒或者优质食用酒精作为基酒,与酒精或非酒精物质(包括液体、固体、气体)进行勾兑、调制而成的酒。配制酒种类繁多,风格各异。主要分为西式配制酒和中式配制酒两大类。西式配制酒的生产主要集中在欧洲,其中法国、意大利、匈牙利、希腊等国的产品最为有名。主要品种有开胃酒类、甜食酒类、利口酒类和鸡尾酒类。中式配制酒主要包括花香类配制酒、果香类配制酒、根茎类配制酒、坚果类配制酒、药用植物类配制酒、动物类配制酒、食用菌类配制酒等。

(一)药酒(medicinal liquor)

以白酒、黄酒和米酒浸泡或煎煮具有治疗和滋补性质的各种中药或食物所得到的酒称为药酒。药酒按使用方法可分为外用和内服,以及内外两用药酒。所有的药酒又都可分为滋补性药酒和祛病性药酒两大类。

1. 按药酒的功效分类

(1)补益类。如人参酒、十全大补酒。

(2)壮筋骨。治不遂,如鹿茸酒、五加皮酒。

(3)治皮湿痹病。如虎骨酒、风湿药酒。

(4)治肺持久咳。如蛤蚧酒、天门冬酒。

(5)治恶疮类。如蝮蛇酒等。

(6)外用药酒。如跌打损伤药酒、十一方药酒等。

2. 根据药材的不同分类

(1)植物类药酒。以植物的茎、皮、实、根、汁、花等酿制的药酒。如桂花酒、生姜酒、人参酒等。

(2)动物类药酒。以动物的肉、骨、乳、蜜等入药,泡制的药酒。如虎骨酒、羊羔酒、鹿头酒等。

3. 根据药酒的配制方法分类

(1)冷浸法。将药材切碎置于适宜容器中,加规定量白酒,密封浸渍,定期搅拌,共浸渍 30 天,去渣取汁液,加适量糖或蜂蜜,搅拌溶解,密封静置 14 天后,过滤灌装即可。

(2)热浸法。取药材用布包裹,吊悬于容器的上部,加白酒至完全浸没包裹,加盖,将容器浸入水中,加热至沸后,取出加糖或蜂蜜溶解,封缸密闭,浸渍 30 天,取清液,静置适宜时间后,过滤灌装即可。

(3)渗漉法。将药材碎成粗粉,放在有盖容器内,再加入药材量 50%～70%的溶媒均匀湿润后,密闭放置 15 分钟至数小时,充分膨胀后,放入渗漉桶,缓慢加入溶媒高过药材,加盖放 24～48 小时后,打开活塞,使滤液渗出,收集过滤,灌装即可。

(4)煎煮法。将原料研成粗末,放入砂锅,加水高出液面约 10 厘米,浸泡 6 小时后,加热煮沸 1～2 小时,过滤后静置 8 小时,取上清液加热浓缩成膏状,冷却后加等量的酒液,混匀,密封 7 天后,取上清液过滤罐装即可。

(5)酿制法。以药材为酿酒原料,加曲进行酿造即可。

(二)补酒

多以白酒或黄酒为酒基,配以多种动植物药材,采用浸渍法或药材单独处理再用混合配制的工艺制成。这类酒具有一定的滋补作用,有保健强身的功能。如人参露酒、鹿茸酒、十全大补酒、三鞭酒等。

人类最初的饮酒行为虽不能算是饮酒养生,却与保健养生有着密切的关系,由于许多野生水果本身就有药用价值,所以最初的这些酒算是天然的保健酒,它对人体健康有一定程度的保护和促进作用。一般而论,酒性温而味辛,温者能驱寒,辛者能发散,所以酒能疏通经脉、行气和血、温阳驱寒,能疏肝解郁、宣情畅意。谷物作为酒的原料,还能补益肠胃。此外,酒还能杀虫驱邪、避恶逐秽。《博物志》记载:王肃、张衡、马均三人冒雾晨行。一人饮酒,一人饮食,一人空腹。空腹者死,饱食者病,饮酒者健。说明补酒对养生有益。

补酒根据其功能又可分为补气、补血、滋阴、补阳和气血双补等类型。

(三)汽酒

人们常把含有二氧化碳和低度酒精且具有清香而微甜的饮料称为汽酒。"汽"是指二氧化碳气,俗称碳酸气。汽酒是一种低酒度饮料,一般要求酒精度4%,糖度6%~8%,酸度0.2%~0.4%,原酒(果汁)含量要有15%~30%。

汽酒的分类方法不一,一般以它所用的酒基来分,酒基包括酒精或各类发酵原酒。也可按香源来分,香源包括发酵原酒香、花香、果香及香料、香精等。从生产工艺来分,主要为下述两大类。

1. 发酵型汽酒

国际上将汽酒分为天然产气和人工充气两大类型。不论天然产气和人工充气的汽酒,只要酒基是发酵酒,如葡萄汽酒、苹果汽酒、汽黄酒等,统称为发酵型汽酒。

2. 配制型汽酒

以果汁为主要原料的,如菠萝汽酒、杨梅汽酒等;以植物的花、果皮等提取的香料,并辅以食用香精为香源的,如菊花汽酒、橘子(皮)汽酒等。

另外,还有其他香源配制的,如巧克力汽酒、芦丁药型汽酒等;也有的是兼香型汽酒,如葡萄酒、菊花酒等。

第二章　名酒与酒名

第一节　中国名酒

一、酒的名称与由来

(一)酒的名称

酒的名称是酒产品或商品的一个文字符号,属于品牌的组成部分。它的作用是区别不同的酒产品。从酒文化角度而言,一个好的酒名确实可以让人感到亲切,感受到一种文化、一种韵味、一种享受、一种回忆。

酒的命名要体现产品特征、简洁明了、构思独特、响亮上口、简单易记、容易产生正面联想。如"文化"、"个性"、"健康"、"情感"将成为我国白酒命名的原则,深挖白酒的文化,形成系列化的命名,以体现制造工艺的特征和原材料的独特性。

1. 以地名或地方特征命名

以一个地名(省、市、县、镇、乡、村)来作白酒名称或以地方名胜和传说来命名,如贵州茅台酒、山西汾酒、泸州老窖酒、双沟大曲酒、孔府家酒、青岛啤酒等。

2. 以生产原料和曲种命名

以生产白酒所用的粮食原料及曲种来命名,如五粮液酒、双沟大曲酒、浏阳河小曲酒、高粱酒等。

3. 以生产方式命名

主要是以"坊"、"窖"、"池"、"缸"等作酒名,让人感到这酒的年代悠久,有信任感。如泸州老窖酒、水井坊酒、伊力老窖酒、月池酒等。

4. 以诗词歌赋、历史故事命名

如蒙古王酒、杏花人家酒、杏花村家酒、兵马俑酒等。

5. 以帝王将相、才子佳人命名

如两相和酒、曹操酒、宋太祖酒、百年诸葛酒、华佗酒、秦始皇酒、太白酒、关公坊酒、文君井酒、屈原大曲酒等。

6. 以佛教、道教、神仙鬼怪命名

如老子酒、庄子酒、八卦鸳鸯酒、中国道酒、小糊涂仙酒、酒鬼酒等。

7. 以历史年代命名

如 1915 酒、百年香江酒、道光廿五酒、百年皖酒、千秋汾酒等。

8. 其他

以时代特征和场所命名，如剑南国宴酒、国典酒、国藏汾酒等；以动、植物命名，如桂花酒、红杉树酒、牡丹酒、金狮子酒等；以情感命名，如今世缘酒、情缘酒、塞北情酒等；有祝福情感，如金六福酒、好日子酒等。

（二）名酒的由来

"名酒"是指在较为广泛的地域范围内被人们普遍认知的酒类产品。一般包括具有文化渊源且流传至今的传统名酒和由国际行业权威机构或国家有关部门组织的评酒活动经过严格的评定程序而评选出的现代名酒。

中国名酒基本上代表了我国酿酒行业酒类产品的精华。现代中国名酒是国家评定的质量最高的酒，通常按酒的种类分别进行评定的。

中国白酒是世界六大蒸馏酒之一，其生产工艺复杂，原料多样，品种繁多，风格各异。中国白酒，承载了中国源远流长的深厚文化，它从来都不是一项单纯的物质与技术发明，而是与中国人的精神生活紧密相连的。

1. 传统名酒

中国历史上的名酒灿若星辰，难以尽数，但是流传下来的名酒却是有数的。

商代的时候，酒的品种分为"酒"、"醴(li)"、"鬯(chang)"。"酒"是用粟米酿造而成的普通酒。"醴"是稻米酿造而成的浊甜酒。最好的是"鬯"，是用黑黍加入郁金香草酿造而成的，因其香味浓郁，又称为郁鬯。鬯的主要用途是祭祀。

春秋时期，最负盛名的就是杜康酒，据史料记载，杜康是春秋时用粮食酿酒的鼻祖。1972 年周恩来总理提出"复兴杜康，为国争光"，之后在河南省、市各级政府的支持下，于 1975 年在传为杜康酿酒的遗址上建成了杜康酒厂，所生产的杜康牌系列酒品至今仍畅销全国。同在春秋时期，湖北襄樊宜城酿造的名酒，史称"宜城醴醪"。史载，楚昭王为避开吴国的进攻，由江陵迁都至宜城(今襄樊市)，王室皆饮

"宜城醴醪"。三国曹植有《酒赋》赞美:"宜城醴醪,苍梧缥清。"如今宜城贡酒秉承宜城酿酒传统,在国内外市场上均享有很高的声誉。到战国时期,绍兴佳酿名噪一时,"越王投酒"即是与绍兴酒有关的典故,流传至今。绍兴酒至明清名声更盛,1915 年,在美国"巴拿马太平洋万国博览会"上曾获金质奖。1952 年,我国首届评酒会上绍兴加饭酒被列为全国八大名酒之一。

汉魏时期的名酒相对较多,汉武帝时东方朔好饮酒,他把喜爱的枣酒称作仙藏酒,还有桐到酒、肋酒、恬酒、柏酒、桂酒、菊花酒、香酒、干醴等。西汉时有百末旨酒,这种酒制作时要放入 100 种花的粉末。百末,就是百种花的粉末;旨,即美。又有马酒,以马酪制成。汉末有屠苏酒,是名医华佗创制的,以大黄、白术、桂枝、防风、花椒、乌头、附子等中药入酒浸泡而成。西域有蒲陶(葡萄)酒,而且将酒的收藏量作为财富的象征,《西域传》记载大宛国一带以蒲陶为酒,富人藏酒至万余石,长久者至数十年不败坏。当地风俗喜欢饮陈酒。如西晋《南方草木状》中记载的"女酒",说的是南方人家生下女孩后即大酿其酒,过滤后装瓶,埋在池塘泥底之下,待女孩长大出嫁时,才将贮藏了十几年的酒取出来供贺礼宾客饮用。女酒流传至今,在清代有著名的绍兴女儿红、花雕酒。魏晋南北时期的名酒还有金酒(即蔗酒)、千日醉、骑驴酒、白醉春醒、桃花酒、梨花酒等。

唐代最有名的要数太白酒,太白酒是陕西眉县金渠镇出产的历史名酒,起源于西周,兴盛于唐宋。天宝元年,诗圣李白奉诏从西蜀赴长安,路过酒城,开怀畅饮,赞不绝口,酩酊中吟成千古绝篇《蜀道难》,后人为纪念李白,建造了"太白庙",把酒命名为太白酒。

宋代出现了一批名酒,有达官贵人家酿造的,例如宋英宗高后家的香泉酒,宋神宗向后家的天醇,宋徽宗郑后家的坤仪,宋徽宗儿子郓王赵楷府中的琼腴等;有大酒楼自己酿造的,如京城开封的丰乐楼的眉寿,忻乐楼的仙醪等;还有各地府邸自酿的名酒,如北京大名府的香桂和法酒,南京应天府的桂香和北库,西京河南府的玉液和酴醾香,相州的银光和碎玉,定州的中山堂和九醞等;另外还有官府自家酿造的名酒,如军队殿前司的筹思堂,秀玉府的庆远堂,浙东提举常平司的爱咨堂等。元人宋伯仁撰写的《酒小史》列出大致从春秋到元代上千年的历史名酒共 106 种,以宋元者居多,所列出的许多酒名是第一次见于文献记载,更显得其珍贵。

明代约有近百种名酒,如桃源酒、碧香酒、五香烧酒、孔府家酒。不少是药酒,如山芋酒、白术酒、地黄酒、菖蒲酒、羊羔酒、天门冬酒、松花酒、菊花酒、五加皮等。清朝名酒见于《随园食单》,作者以酒比人,谓烧酒乃人中之光棍,县中之酷吏。大多用清官、贪官为对照。当时北京地区的名酒有黄连液、玫瑰露、苹果露、山楂露、莲花白等。

2. 现代名酒

现代中国名酒一般指经国家级的名酒评选活动评选出的或多次荣获国际金奖的品种。1949 年以来我国共进行了五次全国评酒会。第一次全国评酒会于 1952 年在北京召开，共评出八种国家级名酒，其中白酒四种，黄酒一种，葡萄酒类三种。分别是：白酒为茅台酒、汾酒、泸州老窖特曲、西凤酒四种；黄酒是浙江绍兴的加饭酒；葡萄酒是山东烟台的玫瑰香红葡萄酒、味美思酒和金奖白兰地三种。

第二次全国评酒会于 1963 年在北京召开，由轻工业部主持，并首次制定了评酒规则，共评出国家级名酒十八种。其中白酒八种，黄酒两种，啤酒一种，葡萄酒类六种，露酒一种。白酒为：五粮液酒、古井贡酒、泸州老窖特曲、四川成都的全兴大曲酒、茅台酒、董酒、西凤酒、汾酒。露酒为：竹叶青酒。葡萄酒有：山东青岛白葡萄酒、山东烟台味美思酒、玫瑰香红葡萄酒、北京中国红葡萄酒、北京的特制白兰地、山东烟台的金奖白兰地。黄酒有：浙江绍兴加饭酒、福建龙岩沉缸酒。啤酒为：青岛啤酒。除此之外，还评出 27 种国家优质酒，有双沟大曲酒、三花酒、即墨老酒等。

第三次全国评酒会于 1979 年在辽宁大连举行，由轻工业部主持，共评出十八种国家名酒。白酒类八种：茅台酒、汾酒、五粮液、剑南春、古井贡酒、洋河大曲、董酒、泸州老窖特曲。葡萄酒、果露酒类七种：烟台红葡萄酒、中国红葡萄酒、沙城白葡萄酒、民权白葡萄酒、烟台味美思、烟台金奖白兰地、山西竹叶青。黄酒类两种：绍兴加饭酒、龙岩沉缸酒。啤酒类一种：青岛啤酒。同时还评出 47 种国家优质酒。

第四次全国评酒会于 1984 年在山西太原举行，由中国食品协会主持，共评出国家名酒二十六种。白酒十三种：茅台酒、汾酒、五粮液、洋河大曲、剑南春、古井贡酒、董酒、西凤酒、泸州老窖特曲、全兴大曲、双沟大曲、特制黄鹤楼酒、郎酒。葡萄酒五种：烟台红葡萄酒、中国红葡萄酒、烟台味美思、干白葡萄酒、半干白葡萄酒。配制酒三种：金奖白兰地、竹叶青酒、园林青酒。黄酒两种：绍兴加饭酒、沉缸酒。啤酒三种：青岛啤酒、北京特制啤酒、12 度特制上海啤酒。

第五次全国评酒会于 1989 年在安徽合肥市举行，此会只进行白酒评选，白酒中评出 17 种金质奖国家名酒，分别是：贵州茅台酒、汾酒、五粮液牌五粮液、洋河牌洋河大曲、剑南春牌剑南春、古井牌古井贡酒、董牌及飞天牌董酒、西凤牌西凤酒、泸州牌泸州老窖特曲、全兴牌全兴大曲、双沟牌双沟大曲、黄鹤楼牌特制黄鹤楼酒、郎泉牌郎酒、武陵牌武陵酒、宝丰牌宝丰酒、宋河牌宋河粮液、沱牌曲酒。

二、神奇的国酒——茅台

1. 产地

茅台酒产于贵州省仁怀市茅台镇，是与苏格兰威士忌、法国科涅克白兰地齐名的三大蒸馏名酒之一，是大曲酱香型白酒的鼻祖，已有800多年的历史。茅台酒现被尊为“国酒”，具有色清透明、春香馥郁、入口柔绵、清洌干爽、回香持久的特点，其独有的香味称为“茅香”，是我国酱香型风格最完美的典型。1915年，茅台酒荣获巴拿马万国博览会金奖，享誉全球；先后十四次荣获国际金奖，在我国第一、二、三、四届全国评酒会上被评为国家名酒，第五届评酒会上荣获金质奖章。

茅台酒的产地贵州仁怀市赤水河畔茅台镇，地处河谷、群山环峙、风速小，有利于微生物的栖息和繁殖，加上赤水河水质纯清，含有少量矿物质，独特的地理条件和优越的生态环境，酿造出了优质的茅台酒。20世纪70年代，有关专家曾用茅台酒工艺及原料、窖泥乃至工人、技术人员进行异地生产，所出产品均不能达到原产地标准，也充分证明了茅台酒是与产地密不可分，为此茅台酒于2001年成为我国白酒首个被国家纳入原产地域保护产品。

2. 历史

茅台酿酒历史悠久，历史上最早记载赤水河畔酿酒史的为司马迁的《史记》。《史记·西南夷列传》载：公元前130多年，汉武帝刘彻饮到来自夜郎（今黔北一带）所产的名酒“枸酱”，情不自禁地赞曰：“甘美之”。以后便有了汉武帝派大将唐蒙到贵州开拓夷道，专门绕道茅台所在的仁怀的历史，有道是“汉家枸酱为何物？赚得唐蒙益部来。”茅台古称益部，而枸酱，经考证为仁怀赤水河一带生产的用水果加入粮食经发酵酿制的酒。

在中国的酿酒史上，完全用粮食经制曲酿造的白酒始于唐宋。而赤水河畔茅台一带所产的大曲酒，就已经成为朝廷贡品。至元、明期间，具有一定规模的酿酒作坊就已经在茅台镇杨柳湾（今茅台酒厂一车间片区）陆续兴建，值得注意的是，茅台当时的酿酒技术已开创了独具特色的“回沙”工艺。

至明末清初，仁怀地区的酿酒业达到村村有作坊。在此期间，茅台地区独步天下的回沙酱香型白酒已臻成型。到了1704年（康熙四十二年），茅台白酒的品牌开始出现。以“回沙茅台”、“茅春”、“茅台烧春”为标志的一批茅台佳酿，成为贵州白酒的精品。

乾隆年间，贵州总督张广泗向朝廷奏请开修疏浚赤水河道以便川盐入黔，促使了茅台酿酒业的更加兴旺。到嘉庆、道光年间，茅台镇上专门酿制回沙酱香茅台酒的烧房已有20余家，其时最有名的当数“偈盛酒号”和“大和烧房”。到1840年，茅台地区白酒的产量已达170余吨，创下中国酿酒史上首屈一指的生产规模，“家唯储酒卖，船只载盐多”成为那一时期茅台繁忙景象的历史写照。

1949年前，茅台酒生产凋萎，仅有三家酒坊，即：华姓出资开办的“华茅”；王姓出资建立的“王茅”；赖姓出资办的“赖茅”。“华茅”就是现在的茅台酒的前身。

1949 年末贵州刚一解放，贵州省根据中央的指示，对成义、荣和、恒兴三家烧房在经济上给予有力支持，帮助其发展。对其老板还给予政治待遇，在人民政府中安排了职位。1951 年，贵州省将最大的成义烧房收购，并将另两家烧房合并进来，成立了国营茅台酒厂。

1999 年，成立贵州茅台酒股份有限公司，于 2001 年成功在上海证券交易所上市。上市数年来，企业的生产规模和经济效益得到了快速的增长，2005 年贵州茅台酒的年产量达到 1.25 万吨，2009 年产量达到 2.3 万吨，2010 年产量达到 2.6 万吨。贵州茅台董事长、茅台集团总经理袁仁国在接受记者采访时透露：如果一切顺利，2020 年茅台酒的产能将达到 10 万吨。

3. 特点

茅台酒液具有纯净透明、醇馥幽郁的特点，是由酱香、窖底香、醇甜三大特殊风味融合而成，现已知香气组成成分多达 300 余种。

茅台酒是用小麦制曲，经八次发酵，贮存两三年后方可出厂的。它的独特感官指标是酒液无色透明，饮时醇香回甜，没有悬浮物及沉淀，酒香突出，优雅细腻，酒体醇厚，回味悠长，空杯留香持久，经久不散。闻香之后，再荡香入杯，细观其色，微黄显透明，纯净无沉淀。举杯轻摇，对着日光或月光，则可看到细细的酒花沿杯而生，又复归于灭。有人将其归纳为：开封验其真、荡香观其色、咂香品其味、空杯嗅其香四部曲。

茅台酒生产特点可概括为“三高三长”。“三高”是指茅台酒生产工艺的高温制曲、高温堆积发酵、高温馏酒。

茅台酒大曲在制作过程中温度高达 63 摄氏度，比其他任何名白酒的制曲温度都高 10～15 摄氏度。在整个大曲发酵过程中可优选环境微生物种类，最后形成耐高温产香的微生物体系。

高温堆积发酵是中国白酒生产敞开式发酵最为经典和独创之作。

高温馏酒：蒸馏工艺本身是固液分离的技术，但茅台酒生产工艺的蒸馏与其他白酒完全不同。

“三长”主要指茅台酒基酒生产周期长，大曲贮存时间长，茅台酒基酒酒龄长。茅台酒基酒生产周期长达一年，需二次投料、九次蒸馏、八次发酵、七次取酒，历经春、夏、秋、冬一年时间。而其他名白酒只需几个月或十多天即可。

茅台酒大曲贮存 6 个月才能使用，比其他白酒多存 3～4 个月，这对提高茅台酒基酒质量具有重要作用，而且大曲用量大，是其他白酒的 4～5 倍。

茅台酒一般需要贮存长达三年以上才能勾兑，通过贮存使酒体更醇香味美，加上茅台酒高沸点物质丰富，更能体现茅台酒的价值，这是其他香型白酒不具有的特点。

茅台酒生产工艺季节性很强。茅台酒生产投料要求按照农历九月重阳节期进行,这完全不同于其他白酒随时投料随时生产的特点。采用九月重阳节投料,一是按照高粱的收割季节;二是顺应茅台当地气候特点;三是避开高温生产时节,便于人工控制发酵过程,培养有利微生物体系,选择性利用自然微生物;四是九月重阳节是中国的老人节,象征天长地久,体现中华民族传统文化。

茅台酒以优质高粱为原料,用小麦制成高温曲,用曲多,发酵期长,多次发酵,多次取酒等独特工艺,这是茅台酒风格独特、品质优异的重要原因。

三、精美玉液——五粮液酒

五粮液产于中国西南腹地的四川省宜宾市北面的岷江之滨。以优质糯米、大米、高粱、小麦、玉米五粮为原料,采用“包包曲”为糖化发酵剂,经陈年老窖发酵,长年陈存,精心勾兑酿制而成。五粮液为大曲浓香型白酒的杰出代表,它以独有的自然生态环境、638 年的明代古窖、五种粮食配方、酿造工艺、中庸品质、“十里酒城”等优势,成为酒类产品中出类拔萃的珍品。

南北朝时期(420—589 年),彝族人采用小麦、青稞、大米等粮食混合酿制了一种咂酒,从此开启了采用多种粮食酿酒的先河。咂酒因其饮酒的方式而得名,酿时先将粮食煮透、晾干,再加上酒曲拌匀,盛于陶坛中,用稀泥将坛口密封,并用草料覆盖,让其发酵,十余天即成。饮用时,揭开泥封,往罐内注水,饮酒者每人持一根竹管直接从罐内吸饮,一边喝一边加水,直到没有酒味为止。

在五粮液的酿制工艺成形过程中,最为重要、最具影响的当数“姚子雪曲”。它是宋(公元 960—1279 年)宜宾绅士姚氏家族私坊酿制,采用大豆、大米、高粱、糯米、荞子五种粮食。“姚子雪曲”是五粮液的雏形。

到了公元 1368 年的明朝初年,宜宾人陈氏继承了姚氏产业,总结出陈氏秘方,五粮液用的就是“陈氏秘方”。此酒两名,文人雅士称之为“姚子雪曲”,下层人民都叫“杂粮酒”,这就是而今五粮液的直接前身。保留至今的明朝老窖,已有 600 多年的历史,现仍在使用。1909 年,陈氏秘方传人邓子均将酒带到一个家宴上。晚清举人杨惠泉品尝了以后说:“如此佳酿,名为杂粮酒似嫌凡俗,而姚子雪曲虽雅,但不能体现此酒的韵味。此酒是集五粮之精华而成玉液,更名为‘五粮液’是一个雅俗共赏的名字,而且顾名可思其义。”自此五粮液美名问世,悠悠盛名,已长达一个世纪。20 世纪 50 年代初几家古传酿酒作坊联合组建而成的“中国专卖公司四川省宜宾酒厂”,1959 年正式命名为“宜宾五粮液酒厂”,1998 年改制为“五粮液集团有限公司”。目前,五粮液的商品酒年生产能力已达到 45 万吨,成为世界上最大的酿酒生产基地。五粮液已形成了70余个品牌,千余种规格的系列酒产品。

四、清醇爽净的汾酒

山西汾酒是我国清香型白酒的典型代表,工艺精湛,源远流长,素以入口绵、落口甜、饮后余香、回味悠长特色而著称,是我国古老的历史名酒,产于山西省汾阳市杏花村。

山西省汾阳市杏花村坐落于吕梁山脉子夏山下,拥有"杏花村"、"竹叶青"两个驰名商标,以生产经营汾酒、竹叶青酒为主营业务,是全国最大的白酒生产基地之一。杏花村地区的绿色酿酒生态,其空气和土壤中含有多种汾酒微生物,经过一千多年的选择、淘汰、优化、繁衍,上百种微生物在这里"安家落户",形成一个偷不走、搬不掉的唯一适合汾酒生产的、独特的"汾酒微生物体系",这是杏花村汾酒的奥妙之一,也是他们最大的资源财富。

汾酒的名字究竟起源于何时,尚待进一步考证,但早在1 400多年前,此地已有"汾清"这个酒名。《北齐书》中记载,北齐武成帝高湛从晋阳写给河南康舒王孝瑜的植中说:"吾饮汾清二杯,劝汝于邺酌两杯"。宋《北山酒经》记载,"唐时汾州产干酿酒",《酒名记》有"宋代汾州甘露堂最有名",说的都是汾酒。当然1 400多年前我国尚没有蒸馏酒,史料所载的"汾清"、"干酿"等均系黄酒类。宋代以后,由于炼丹技术的进步,在我国首次发明了蒸馏设备。1975年从河北省青龙县出土的金代蒸酒的钢制烧锅,可证明至少在宋代我国已有蒸馏酒。我国的白酒,包括汾酒等名优白酒在内,都是由黄酒演变和发展起来的。明清以后,北方的白酒发展很快,逐步代替了黄酒生产,此时杏花村汾酒即已是蒸馏酒,并蜚声于世。

1948年汾阳解放后,汾酒获得了新生,正式成立了国营杏花村汾酒厂。酒厂的职工们进一步总结了历史传统经验,改进生产工艺,使这枝古老的酿造奇花更加光彩夺目。汾酒以其清澈透明,清香纯正,绵甜清爽,余味爽净的清香风格而独树一帜,成为清香型白酒的典型代表,自1953年以来,连续被评为全国"八大名酒"和"十八大名酒"之列。2002年4月,公司改制为山西杏花村汾酒集团有限责任公司。年产名优白酒5万吨,是全国最大的名优白酒生产基地之一。

杏花村汾酒用的是晋中地区、吕梁地区特产、无污染的优质高粱、大麦、豌豆,如此好原料加上杏花村汾酒人精心酿造"清蒸二次清,固态地缸分离发酵,清字当头,一清到底"的传统工艺的典型性,当然会酿出品质超群的杏花村汾酒特色:酒液晶亮、清香幽雅、醇净柔和、回甜爽口、饮后余香。1932年,全国著名的微生物和发酵专家方心芳先生,到杏花村"义泉涌"酒家考察,把汾酒酿造的工艺归结为"七大秘诀",即:"人必得其精,水必得共甘,曲必得其时,粮必得其实,陶具必得其洁,缸必得其湿，火必得其缓”的“清蒸二次清”工艺，为继承和发扬我国传统名酒做出了杰出的贡献。1964 年，轻工业部为进一步发扬我国传统名酒技艺，以汾酒工艺为试点，组织了全国著名发酵专家秦含章先生为首的技术力量，系统地总结和论证了汾酒生产工艺的科学性、正确性，为进一步开展对汾酒的科学研究奠定了基础。

五、醇甜甘洌的泸州老窖特曲酒

泸州老窖特曲酒，过去叫泸州大曲，产于中国四川泸州市，是我国享有盛誉的名酒之一，为浓香型大曲酒的典型代表。以“醇香浓郁，清洌甘爽，饮后尤香，回味悠长”的独特风格闻名于世。1915 年曾获巴拿马国际博览会金质奖，历届国家评酒均获“国家名酒”的称号。属古老的四大名酒之一。泸州位于“天府之国”南部，此地依山傍水，气候温和。

闻名于世的泸州老窖特曲始于明朝万历年间，距今已有 400 多年历史。据记载，明末清初泸州舒姓武举，在陕西略阳担任军职，对当地曲酒十分欣赏，曾多方探求酿酒技艺和设备。清朝顺治十四年(公元 1657 年)，他解甲还乡时，把当地的万年酒母、曲药、泥样等材料用竹篓装上，聘请当地技师，一起回到泸州，在城南选择一泥质适合做酒窖的地方，附近的“龙泉井”水清洌而甘甜，与窖泥相得益彰，于是开设酒坊，试制曲酒。这就是泸州的第一个酿酒作坊—舒聚源，也是现在泸州曲酒厂的前身。到清乾隆二十二年(公元 1757 年)，所产曲酒已闻名遐迩。

至清光绪六年(公元 1880 年)，泸州大曲酒年产量已达 10 吨左右，名声传播全国。1915 年，泸州大曲酒参加巴拿马国际博览会，获国际名酒一等金质奖章和奖状，从而获得了国际的声誉。1916 年至 1926 年间相继获南洋劝业会一等奖章和上海展览会甲等奖。但在漫长的旧中国，泸州大曲酒的生产并没有得到更大的发展。

新中国建立后，分散的小糟坊组织起来成为今天的泸州曲酒厂，产量和质量蒸蒸日上。1952 年，在第一届全国评酒会上，被评为全国四大名酒之一。老窖特曲酒 1953 年即被评为全国八大名酒之一，在全国五届评酒会上蝉联国家名酒的称号，并获得金质奖章。20 世纪 80 年代，泸州曲酒厂进入鼎盛时期。

泸州大曲酒的主要原料是当地的优质糯高粱，用小麦制曲，大曲有特殊的质量标准，酿造用水为龙泉井水和沱江水，酿造工艺是传统的混蒸连续发酵法。蒸馏得酒后，再用“麻坛”贮存一、二年，最后通过细致的评尝和勾兑，达到固定的标准，方能出厂，保证了老窖特曲的品质和独特风格。

泸州老窖特曲酒，之所以具有独特的风格，关键在于发酵的窖龄长，是真正的老窖。老窖的特点是在建窖时有特殊的结构要求，经过长期使用，泥池出现红绿彩色，泥性成软体，并产生奇异的香气，此时，发酵醅与酒窖泥接触，蒸馏出的酒也就有了浓郁的香气，这样的窖就可称为老窖了。随着窖龄的增长，酿出的酒其品质也不断提高。百年老窖酿成的酒才被认为是合乎理想的佳品美酒。泸州曲酒厂最老的窖至今已有 400 多年，风貌依旧，令人神往，游人莫不以一睹为幸。

六、满口香醇的剑南春

1. 产地

剑南春酒产于四川省绵竹市，因绵竹在清代属剑南道，故称"剑南春"。四川的绵竹市素有"酒乡"之称，绵竹市因产竹产酒而得名。剑南春酒在全国第三、四、五次评酒会上均被评为国家名酒。

2. 历史

绵竹酿酒历史悠久，源远流长，酒文化特别丰富。早在唐代就产闻名遐迩的名酒——"剑南烧春"。相传李白为喝此美酒曾在这里把皮袄卖掉买酒痛饮，留下"士解金貂"、"解貂赎酒"的佳话。北宋苏轼称赞这种蜜酒"三日开瓮香满域"，"甘露微浊醍醐清"，其酒之吸引人可见一斑。

从绵竹的史料和收藏的文物可以看出，延续 2 400 年的剑南春酒史，不仅是四川酒史的重要组成部分，也是我国珍贵的文化遗产，值得令人挖掘、研究。绵竹坐落在著名的"U"形酿酒带，酿酒历史已有 4 000 余年，广汉三星堆蜀文化遗址出土的陶酒具和绵竹金土村出土的战国时期的铜罍、提梁壶等精美酒器、东汉时期的酿酒画像砖等文物考证，《华阳国志·蜀志》、《晋书》等史书记载都可证实：绵竹产酒不晚于战国时期。在唐朝，百业兴旺，绵竹成熟酿酒技艺下诞生的"剑南烧春"倾动朝野。唐人李肇的《唐·国史补》对天下名酒记载道："酒则有……乌程之若下，剑南之烧春……"，剑南烧春更作为宫廷御酒而被载于《后唐书·德宗本记》。这是唯一载入正史的四川名酒，也是中国至今唯一尚存的唐代名酒，是绵竹酒文化史上一个了不起的成就。因此，剑南春一直以"唐时宫廷酒，盛世剑南春"为传承宗旨。

时至宋代，绵竹酿酒技艺在传承前代的基础上又有了新的发展，酿制出"鹅黄"、"蜜酒"，其中"蜜酒"被作为独特的酿酒法收于李保的《续北山酒经》，被宋伯仁《酒小史》列为名酒之中。明代徐炬《酒谱》中记载："西蜀道士杨士昌造蜜酒。"蜜酒鹅黄的出现，为中国文学史，也为中国酒文化史留下了千古美谈。北宋大文学家苏轼与绵竹道士杨士昌的趣闻，南宋大诗人陆游的剑南诗稿等许多文坛佳话蕴于其中。

明末清初，战乱不断，人口锐减，绵竹农业荒芜，经济萧条。依附于农业发达而产生的剑南春传统酿造技艺受到巨大威胁。直到清康熙年间才逐渐恢复，出现了朱、杨、白、赵等较大规模酿酒作坊。剑南春酒传统酿造技艺得到进一步的发展。《绵竹县志》记载："大曲酒，邑特产，味醇厚，色洁白，状若清露。"清末，绵竹酿酒作坊已有上百家，著名大曲坊已增到18家，绵竹商贸因此更为昌盛，出现了"山程水陆货争呼，坐贾行商日夜图。济济真如绵竹茂，芳名不愧小成都"的繁荣景象。

3. 特色

剑南春酿酒用水全部取自城西的中国名泉——玉妃泉，该泉经国家地矿专家鉴定：低钠无杂质，富含硅、锶等有益人体的微量元素和矿物质，为"中国名泉"。冰晶沁谧的玉妃泉水，涅磐成香浓清灵的剑南春酒，陈香幽雅，饮之如珠玑在喉；甘润飘逸，闻之似香思刻骨，青出于蓝，自然历久弥新。

剑南春以高粱、大米、糯米、小麦、玉米为原料，产自川西千里沃野，饮山泉，沐霜雪，上得四时造化之美，下汲神景地府之精。千年酿酒秘技精工锤炼，荟萃五粮精华，玉液澜波，香思刻骨。

曲药，古称"酴"，乃酒之魂，《说文》段注："此亦训酒母，则今之酵也。"剑南春使用的曲，是采用千百年积累的传统工艺措施，并结合现代科学手段而成的独特品种，依靠这种天然微生物接种制作的大曲药，不仅能保证产量，更重要的是保证酿制过程中各种复杂香味物质的生化合成。在用曲之道上，剑南春融汇众长，反复锤炼，其酿制之酒，得曲之神韵，如丝如缎，饮之可抵十年尘梦。

一般来说，酒之精髓，在于窖。窖龄越长，其香越幽，其味越正，其品越高。"天益老号"窖池中的微生物，千百年来生生不息，形成了别具一格自成体系的微观生态环境，对剑南春基础酒的品质起着关键的保证作用。

七、香气扑鼻的董酒

1. 产地

董酒产于中国优质白酒核心区贵州省遵义市汇川区董公寺镇，属大曲其他香型优质白酒；为其他香型白酒中独树一帜的"药香型"或"董香型"典型代表。以其独特的工艺、典型的风格、优良的品质驰名中外，在中国名酒中独树一帜。

董酒厂坐落在遵义市北郊的董公寺，东接大娄山脉，西邻茅台镇，往北40千米是著名天险"娄山关"。这里地处贵州高原主体北端，以低山丘陵和宽谷盆地为主。由于大娄山脉的调剂，董公寺一带局部小气候稳定，冬无严寒，夏无酷暑，田地肥沃，绿树成荫，清泉漫流，环境幽静，很适宜酿造类微生物生长繁殖，是一个酿酒历史悠久的地方，董酒因创始于此而得名。

2. 历史

董公寺一带的酿酒历史可追溯到魏晋南北朝时期，蒸馏酒至少可追溯到清光绪初年。至清末，这里的酿酒业已具有一定规模，小曲酒作坊处处可见，酿造技艺互通互融，仅董公寺至高坪约十公里的地带，就有小作坊十余家，而以酿造世家程氏作坊所酿小曲酒最为出色。程氏后人程明坤（字翰章，1903—1963 年）汇聚前人技艺而汲他人所长，结合当地水土、气候、原料等条件，酿造出别具一格的"董公寺窖酒"。他勤奋好学，收集民间有关酿酒、制曲配方进行研究，加以改进，最后形成制小曲的"百草单"，后名"蜈蚣单"；制大曲的"产香单"。在制小曲的"百草单"和制大曲的"产香单"中，芳香类药群为主，补气、补血、滋阴类药群为辅。中药在制曲过程中被微生物分解形成的酸、酯、醇、酚等微量成分达 100 多种，不仅丰富了董酒的内涵，还使酒体具有综合性保健功能，对内科、外科、神经科、儿科、妇科、泌尿及心脑血管疾病有防治作用。后来程氏又几经改进，形成一套完整的酿造工艺，秘不外传，独家经营。随着工艺的健全，酒质日臻完美，20 世纪 20 年代初即成为遵义名产，40 年代初经人提议，将"董公寺窖酒"保留头尾二字，定名为"董酒"，在全国第二、三、四、五届评酒会上四次蝉联"中国名酒"称号。

3. 特色

董酒采用优质高粱为原料，以水口寺地下泉水为酿造用水，小曲小窖制取酒醅，大曲大窖制取香醅，酒醅香醅串蒸而成。其工艺简称为"两小，两大，双醅串蒸"，再经量质摘酒，分级陈酿，科学勾兑，严格检验，精心包装而出厂。

独特精湛的酿造工艺造就董酒的典型风格：既有大曲酒的浓郁芳香，又有小曲酒的柔绵、醇和、回甜，还有微微的、淡雅舒适的药香和爽口的微酸，酒体丰满协调。行家们概括为：酒液清澈透明，香气幽雅舒适，入口醇和浓郁，饮后甘爽味长。并有祛寒活络，促进血液循环，消除疲劳，宽胸顺气等功能。

经贵州省轻工科研所初步探明，董酒香味成分与其他名酒不一样，具有"三高一低"的特点，丁酸乙酯和高级醇总酸含量较高，分别是其他名酒的 3～5 倍和 2～3 倍，酸含量高，主要由乙酸、丁酸、已酸和乳酸等。总酸量是其他名白酒的 2～3 倍。一低是乳酸乙酯低，其乳酸乙酯含量则是其他名酒的 1/2 以下，"酯香、醇香、药香"是构成董酒香型的几个重要方面。

董酒舒适的药香与近百味中草药参与小曲、大曲的制作有密切关系，在这些药材中，有我国著名的八大香料药，还有若干味名贵中草药。这些药材在成曲过程中大部分被微生物所利用，进而达到抑制杂菌生长，增强有益菌种繁殖的作用。

董酒有一套精湛的酿造工艺,它以优质高粱为主要原料,配以小麦、大米及多味名贵中药材,制成大曲(又称麦曲、产香曲)、小曲(又称米曲);以固体发酵,小曲酒工艺制取酒醅,串蒸经大曲发酵所取得的香醅;酒醅和香醅一次串蒸而得酒;再分段摘酒,分级贮存2～3年,精心勾兑,精心包装而成。

八、凤香独特的西凤酒

1. 产地

西凤酒原产于陕西省凤翔、宝鸡、岐山、眉县一带,唯以凤翔城西柳林镇所生产的酒为最佳,声誉最高。这里地域辽阔、土肥物阜、水质甘美,是中国著名的酒乡。

西凤酒以当地特产高粱为原料,用大麦、豌豆制曲。采用续渣发酵法,发酵窖分为明窖与暗窖两种。属凤香型大曲酒,是“凤型”白酒的典型代表。凤翔是民间传说中产凤凰的地方,有凤鸣岐山、吹箫引凤等故事。唐朝以后,又是西府台的所在地,人称西府凤翔。

2. 历史

西凤酒是中国最古老的历史名酒之一。凤翔古称雍州,地处古周原,是中华民族先祖的定居地区之一。这里又是上古农业大师后稷教民稼墙的地方,历来颇具兴农酿酒之地利,也是中国古代文化的中心地区之一。唐仪凤年间的一个阳春三月,吏部侍郎裴行俭护送波斯王子回国途中,行至凤翔县城以西的亭子头村附近,发现柳林镇窖藏陈酒香气将五里地外亭子头的蜜蜂、蝴蝶醉倒的奇景,即兴吟诗赞叹曰:“送客亭子头,蜂醉蝶不舞,三阳开国泰,美哉柳林酒”。此后,柳林酒以“甘泉佳酿、清洌醇馥”的盛名被列为朝廷贡品。

到了近代,柳林酒改为西凤酒。在手工作坊的生产条件下,西凤酒产量很有限,寻常百姓只得慕名兴叹。特别在“三座大山”的深重压迫下,西凤酒已经濒临绝境。新中国成立后,陕西省西凤酒厂的建成,使西凤酒获得新生,如今西凤酒这一古老的名酒之花在改革开放的新时期更加大放异彩,产量突飞猛进,质量精益求精,品种不断增加,四次被评为国家名酒,两次获得世界最高级别的金奖,已经成为人们待客赠友的上乘佳品。

3. 特色

西凤酒的特点是:入口甜润、酸而不涩、苦而不黏、香不刺鼻、辣不呛喉、饮后回甘、香与味、头与尾和调一致,属于复合香型的大曲白酒。西凤酒清亮透明,醇香芬芳,清而不淡,浓而不艳,集清香、浓香之优点于一体。

西凤酒是用土窖池发酵,窖池每年更新一次,去掉窖壁、窖底、老窖皮,再换上新土，这样既有生长已酸菌的条件，又能予以严格的控制，使其所产酒中的己酸乙酯等成分控制在浓香不露头的程度。

西凤酒所用大曲属中高温曲，热曲最高温度为60摄氏度，集清、浓香型大曲二者的优点。西凤大曲的工艺可以概略为：选用清香大曲的制曲原料，高温培曲工艺。这就使西凤大曲独创一格，具有清芬、浓郁的曲香。

西凤酒的传统贮酒容器是用当地荆条编成的大篓，内壁糊以麻纸，涂上猪血等物，然后用蛋清、蜂蜡、熟菜子油等物以一定的比例配成涂料涂擦，晾干，称为“酒海”。这种贮存容器与其他酒厂的贮酒容器不同，实属独创。其特点是造价成本低、存量大、酒耗少、利于酒的熟化，防渗漏性能强，适于长期贮存。

九、酱香纯净的郎酒

1. 产地

郎酒产自川黔交界有“中国美酒河”之称的赤水河畔二郎镇。郎酒以“酱香浓郁，醇厚净爽，优雅细腻，回甜味长”的独特香型和风味闻名全国。二郎镇四周崇山峻岭，高山深谷之中有一清泉流出，泉水清澈，味甜，人们称它为“郎泉”. 因取郎泉之水酿酒，故取名“郎酒”。

2. 历史

人们称贵州茅台酒和四川郎酒是“赤水河畔的姐妹花”，是闪闪发光的一对明珠。据有关资料记载，清朝末年，当地百姓发现郎泉水适宜酿酒，开始以小曲酿制出小曲酒和香花酒，供应当地居民饮用。相传，早在1907年，当地的一个商人从贵州请来两位酿酒师，引进先进技术，以本地红高粱作原料、小麦制曲、取二郎泉水酿造独具风格的郎酒。1932年，由小曲改用大曲酿酒，取名“回沙郎酒”，酒质尤佳。从此，郎酒的名声越来越大，声誉也越来越高。1933年，郎酒就大量生产；1936年，郎酒就远销东南亚各国和香港等地。但是到了1952年，郎酒被迫停产，1957年又恢复生产，然而发展不快，到1977年，郎酒年产量只有110多吨，1984年产量猛增到500多吨。在1979年、1984年的第四、五届全国名酒评比中评为全国优质酒。近年来，郎酒集团对郎酒品牌进行了重新定位，确立了“神采飞扬·中国郎”的品牌战略，经过产品结构的优化调整，将红花郎作为核心来树立形象、树品牌，产品结构明晰清楚，形成酱、浓、兼三种香型系列产品的良好组合。酱香型产品有精品郎酒、10年陈红花郎酒、15年陈红花郎酒等；浓香型产品有天宝洞藏酒、双喜郎酒、福郎等；兼香型产品有12年陈酿、9年陈酿、3年陈酿的新郎酒。

3. 特色

发源于云贵高原的赤水河，绵延千余公里，其流域千沟万壑海拔都在 1 000 米以上，而流经二郎滩时，却陡然降至 400 余米。千百年来，在郎酒生产基地一带形成了独特的多达 400 多种的微生物群，它们为郎酒催生 100 多种芳香成分，自然形成了郎酒的独特品位。位于郎酒厂部右侧约两千米处的蜈蚣崖半山腰间，悬挂着两个天然酒库——天宝洞、地宝洞，这就是郎酒储藏的所在地。

一般白酒，贮藏期最多一年，而郎酒最少也在三年以上，藏之越久，酒中的有害物质越少，酒更见其香，也更有益于健康。天宝洞、地宝洞内冬暖夏凉，常年保持 19 摄氏度的恒温，在洞内贮藏郎酒，可以使新酒醇化、老熟更快，且酒的醇度和香气更佳。天然溶洞贮藏白酒，这在中国白酒生产厂家中是唯一的。

郎酒的整个酿制工艺细致周密，精湛考究，概括起来大致有这样一些环节："高温制曲、两次投粮、凉堂堆积、回沙发酵、九次蒸酿、八次发酵、七次取酒、历年洞藏、盘勾勾兑。"

十、蜜香清雅的桂林三花酒

桂林三花酒是中国米香型白酒的代表，是桂林传统特产"桂林三宝"（三花酒、桂林腐乳、桂林辣椒酱）之首。自宋朝开始酿造，已有 1 000 多年的历史，古称瑞露。桂林三花酒以其历史悠久、工艺独特、品质优良而备受中外游客的青睐。三花酒得名于清朝，因在摇动酒瓶时，只有桂林三花酒会在酒液面上泛起晶莹如珠的酒花，入坛堆花，入瓶要堆花，入杯也要堆花，故名"三花酒"。

桂林三花酒在第二、三、四、五届全国评酒会上蝉联优质酒称号。1992 年获得了国际博览会金奖。为了让更多人了解桂林酿酒的历史，向中外游客推荐桂林美酒，三花股份公司在象山景区建立了展示桂林酿酒历史的博物馆。三花酒酿造历史可追溯到南宋。原由"师司公厨"酿制，后传入民间，清末出现专业酿酒作坊，至民国年间，作坊遍及桂林。1949 年后，国家汇集民间酒坊各路优秀酿酒师，于 1952 年建立桂林酿酒厂（后改名桂林饮料厂，1987 年改为桂林酿酒总厂），沿用传统工艺，继续酿造"三花酒"。

漓江，特别是象鼻山的江底深潭涌出的地下泉水，质地纯甘，无杂物怪味，含微量矿物质，为三花酒提供了优良的"酒中之血"；其次，漓江流域的良种大米，粒大饱满，含淀粉率高达 72%，是理想的"酒中之肉"；再者，市郊特产的曲香酒药草制成的酒曲，香气浓郁，是三花酒特有的"酒中之骨"。三花酒之所以优质，除了与采用清澈澄碧的漓江水、优质大米、精选的酒曲有关外，还因为桂林冬暖夏凉的岩洞所构成的特有的贮存条件，才使酒质愈加醇和芳香。三花酒无色透明，蜜香清雅，入口柔绵,落口爽冽,回甜,饮后留香。适量饮用,可提神,活血,有益健康。目前,主要品种有象山水月桂林三花酒、青花梅瓶桂林三花酒、象山藏三花酒、桂林三花百年酒等。

十一、馥郁芳香的古越龙山黄酒

古越龙山,取材于2 500多年前的吴越春秋的故事,其商标图案也是越王勾践兴师伐吴时的点将台城门和卧薪尝胆的龙山背景。古越是绍兴的发祥地,也是绍兴酒的发祥地,龙山是古越政治文化的中心,也体现中国人对龙的崇拜。

浙江古越龙山绍兴酒股份有限公司,是中国最大的黄酒生产、经营、出口企业,拥有国内一流的黄酒生产工艺设备和全国唯一的省级黄酒技术中心,聚集多名国家级评酒大师。

古越龙山绍兴酒一方面体现黄酒的历史源远流长,另一方面体现其品质日臻完美。20世纪80年代初,古越龙山率先在行业内实现了机械化生产,使用瓶装生产线。实现了从传统手工酿制向机械化生产的转变,不仅提升了古越龙山黄酒的产量,而且更进一步提升了产品的品质。

20世纪90年代初,古越龙山又率先推出了三年陈、五年陈等年份酒。1997年,由绍兴市酿酒总公司和百年老字号沈永和酒厂"强强联合"成立的中国绍兴黄酒集团独家发起组建了浙江古越龙山绍兴酒股份有限公司。"古越龙山"股票在沪成功上市,成为黄酒行业第一股,开创了黄酒行业进入股市的先河,古越龙山成功收购兼并了绍兴市黄酒厂和鉴湖酿酒厂,经过一系列的联合与兼并,古越龙山的产量从原来的2 500万升攀升至14 000万升,这不仅使古越龙山在成本控制和管理上占有了集约化优势,而且使古越龙山有了充分的产能发展空间。无论是产能、质量还是品牌,古越龙山所具备的综合实力正体现了它的核心竞争力。现拥有古越龙山、沈永和、女儿红、状元红、鉴湖等众多黄酒知名品牌。

古越龙山黄酒自古以来就以糯米为原料,而且在选择时要选用米粒洁白、颗粒饱满、气味良好、不含杂质的上等优质糯米。同时又要求是当年产的。因此绍兴酒的糯米原料,人们归纳为三个字:精、新、糯。俗话说:"水为酒之血。"绍兴酒之所以晶莹澄澈、馥郁芳香,成为酒中珍品,除了用料讲究和有一套由悠久酿酒历史所积累起来的传统工艺外,更重要的是它用得天独厚的鉴湖水酿制。鉴湖水质甘冽、密度大、呈中性,硬度适中,含有微量益于酿酒微生物繁殖的矿物质。"汲取门前鉴湖水,酿得绍酒万里香。"

十二、营养酒王——山东即墨老酒

在宋代,人们为了把酒史长、酿造好、价值高的“醪酒”同其他地区黄酒区别开来,以便于开展贸易往来,故将“醪酒”改名为“即墨老酒”,此名沿用至今。清代道光年间,即墨老酒产销达到极盛时期,不仅畅销全国各大商埠,而且远销日本及南洋诸国。新中国建立前夕,民族工商业萧条不堪,而屈指可数的即墨老酒作坊却得以幸存。

1950 年,在旧作坊的基础上,正式组建了即墨黄酒厂,继承发展了传统的酿造工艺,产量逐年提高。1951 年年产量仅 20 吨,1984 年年产量就达到 887 吨。1991 年形成了年产超万吨的生产能力。

山东即墨老酒,以它悠久的历史、独特的酿造工艺和典型的地方风味,受到人们的喜爱和赞誉。即墨老酒酒液清亮透明,深棕红色,酒香浓郁,口味醇厚,微苦而余香不绝。

即墨老酒是选用大黄米、陈伏麦曲、崂山(麦饭石)矿泉水,按照“黍米必齐、曲蘖必时、水泉必秀、陶器必良、火剂必得”的古代造酒六法酿制而成。酒中的糖、酒、酸、色、香、味全为天然所得,不添加任何成分,是名副其实的绿色食品。即墨老酒的营养成分比较齐全,含有糖分、糊精、有机酸、蛋白质、氨基酸、甘油、高级醇、维生素、无机盐等。1984 年,吉林大学化学系对即墨老酒检测:这种酒氨基酸含量 10 克/千克,数量有 17 种之多。其中含有赖氨酸、蛋氨酸、组氨酸、苯丙氨酸等八种必需氨基酸,另外,还含钙、镁等无机盐及锌、铜、锶、锰等 16 种微量元素,因此被营养学家称为“液体蛋糕”、“营养酒王”。即墨老酒有着良好的保健功效,适量常饮可以改善人体微循环,舒筋活血,健脾和胃,抗衰益寿,乌发美容,实为滋补健身之佳酿。

十三、海纳百川——张裕葡萄酒

张裕葡萄酒产于“张裕酿酒公司”,是 1892 年由著名爱国华侨实业家张弼士投资 300 万两白银创办的中国第一个工业化生产葡萄酒的厂家;1915 年,在巴拿马万国博览会上,张裕所产的红葡萄酒、白兰地、味美思、解百纳葡萄酒等荣获金质奖章;1994 年,组建成立了烟台张裕集团有限公司。

“举杯回首望云烟,一八九二到今天”,正如这首名为《葡萄美酒不夜天》的张裕之歌歌词所言,烟台张裕集团作为中国葡萄酒行业的先驱和中国食品行业为数不多的百年老店之一,缔造了令人回味无穷的百年传奇。

自成立以来,张裕的产品在国内外的酒业大赛上屡次获奖,正是由于张裕在国际葡萄酒界的发展和贡献,烟台得到了中国唯一的“国际葡萄酒城”的称号。目前,张裕已经发展成为中国乃至亚洲最大的葡萄酒生产经营企业，2002 年 7 月，张裕被中国工业经济联合会评为“最具国际竞争力向世界名牌进军的 16 家民族品牌之一”。在中国社会科学院等权威机构联合进行的 2004 年度企业竞争力监测中，张裕综合竞争力指数居位列中国上市公司食品酿酒行业的第八名，成为进入前十强的唯一一家葡萄酒企业。近几年，国际化，张裕频频出手；百年品牌，焕发出勃勃生机。通过“联合品牌”、“借船出海”、“直接出口”等国际化模式的推动，张裕的品牌影响力大幅提升。

为了进一步逼近全球 10 强的国际化战略目标，张裕采取了具体的举措，包括投入近 2 亿元的资金全方位打造解百纳品牌，建成领先全球水平的解百纳贮藏中心及国际上最先进的一条 3 万吨灌装生产线，并在全球范围内开始着手建立解百纳的国际品牌影响力。卡斯特的酒庄酒、爱斐堡的期酒、冰酒酒庄的冰酒和凯丽酒庄的干白，完成了张裕高档葡萄酒的产品体系，也提升了张裕品牌形象。

十四、酒的王朝——王朝葡萄酒

王朝葡萄酒产于 1980 年始建的中法合营王朝葡萄酿酒有限公司，是中国第二家、天津市第一家中外合资企业，合资的外方为法国人头马亚太有限公司和香港国际贸易与技术研究社。公司从国外引进了具有国际先进水平的葡萄酒生产设备和技术，拥有国际酿酒名种葡萄原料种植基地近 3 万亩，生产能力为 4 万吨/年，是亚洲地区规模最大的全汁高档葡萄酒生产企业之一。

王朝葡萄酒成立之初的起点比较高，是中国第一家专业化生产干型酒的葡萄酒企业。20 世纪 90 年代初席卷全国的白兰地消费热潮给王朝带来了初步的成功，进一步加强了双方在中国市场做大做强的决心。紧接着从 20 世纪 90 年代中期开始，中国酒水饮料市场又掀起了一轮干红热，王朝葡萄酒以其专业化的形象与高质量的产品，迅速奠定了中国葡萄酒市场前三甲的稳固地位，与张裕、长城一起被称为中国葡萄酒行业的“老三强”。2000 年 9 月，王朝葡萄酒成为继张裕之后中国葡萄酒行业又一“驰名商标”(中国葡萄酒行业共有五枚“中国驰名商标”，分别为张裕、王朝、通化、长城和威龙)。现今，王朝共生产葡萄酒、白兰地和香槟酒 3 个系列 50 多种酒精饮料产品。

中法合营王朝葡萄酿酒有限公司以优质的原料、精湛的工艺、先进的技术设备，酿造的王朝牌干红中白藜芦醇(具有良好的抗氧化性，可以起到延缓人体机能衰老和预防老年痴呆的功效)的含量高达 5.9 毫升/升，达到国际水平，获得中国食品工业协会颁发的“含有功效成分白藜芦醇和葡萄糖甙”的荣誉证书，这一科研成果的颁布，填补了我国在葡萄酒功效成分研究领域的空白，标志着王朝的综合技术及品质已达到国际先进水平，进一步确定了王朝在葡萄酒行业的领先地位。

十五、东方美酒——长城葡萄酒

1983年创建了中国长城葡萄酒有限公司，该公司地处河北省沙城。河北沙城怀涿盆地位于世界种植葡萄北纬40°的“黄金地带”，与法国波尔多同处一个纬度线上，是我国最理想的葡萄酒原料基地之一。长城葡萄酒是全球500强企业中粮集团旗下驰名品牌，被誉为中国葡萄酒第一品牌，同时是国宴用酒，连续多年产销量居全国第一。

2004年，“长城”商标被国家工商总局认定为中国驰名商标。2006年，长城葡萄酒成为北京2008年奥运会正式葡萄酒产品。2009年，长城葡萄酒成为2010年上海世博会唯一指定葡萄酒。中粮酒业旗下长城葡萄酒是中国最早按照国际标准酿造的葡萄酒，并拥有“中国出口名牌”称号，是国家免检产品。长城葡萄酒有限公司拥有三大葡萄生产基地：河北沙城、河北昌黎和山东蓬莱，其旗下著名产品长城桑干酒庄系列、华夏葡园小产区系列、星级干红系列、海岸葡萄酒系列等产品多次在巴黎、布鲁塞尔、伦敦等多个国际专业评酒会上捧得最高奖项，远销法国等20多个国家和地区，以独具个性的风格和品味带给消费者丰富多彩的葡萄酒体验。长城葡萄酒亦是唯一荣登全球权威商业调查机构美国盖洛普“21世纪奢华品牌榜之顶级品牌榜”的中国葡萄酒。近年来，凭借着绝佳的品质和独特的风味让越来越多的国内外爱酒人士陶然迷醉——不仅是APEC财长会议晚宴专用酒、亚洲博鳌论坛唯一指定用酒、人民大会堂国宴用酒，还屡次因其卓越品质被用作“国家级礼物”赠予国际政要、商业巨子和学界巨擘。

十六、誉满全球的青岛啤酒

1903年8月，古老的华夏大地诞生了第一座以欧洲技术建造的啤酒厂——日尔曼啤酒股份公司青岛公司。经过百年沧桑，这座最早的啤酒公司发展成为享誉世界的“青岛啤酒”生产企业——青岛啤酒股份有限公司。1993年，青岛啤酒股份有限公司成立并进入国际资本市场，公司股票分别在我国香港和上海上市，成为国内首家在两地同时上市的股份有限公司。2009年，青岛啤酒入选中国世界纪录协会中国出口世界最多国家的啤酒企业，青岛啤酒创造了多项中国之最、世界之最。

青岛啤酒选用优质大麦、大米、上等啤酒花和软硬适度、洁净甘美的崂山矿泉水为原料酿制而成。麦芽——采用进口优质大麦，经独特的制麦工艺精心制备而成；大米——以国内领先的大米新鲜控制技术保证原料优质新鲜；酒花——采用优质新鲜的青岛大花和制定的优良香花；啤酒酵母——采用青岛啤酒独特的啤酒酵母;工艺——采用现代一罐法酿造工艺和独到的低温长时间后熟技术,历经30多天精心酿制而成,同时通过国内领先的啤酒保鲜技术,保证啤酒口味的新鲜。其酒液清澈透明,呈淡黄色,泡沫洁白、细腻而持久。

青岛啤酒以其强大的优势几乎囊括了1949年新中国建立以来所举办的啤酒质量评比的所有金奖,并在世界各地举办的国际评比大赛中多次荣获金奖。1906年,建厂仅三年的青岛啤酒在慕尼黑啤酒博览会上荣获金奖;20世纪80年代三次在美国国际啤酒大赛上荣登榜首;1991年、1993年、1997年分别在比利时、新加坡和西班牙国际评比中荣获金奖;2006年,青岛啤酒荣登《福布斯》"2006年全球信誉企业200强",位列第68;2007年荣获亚洲品牌盛典年度大奖;在2005年(首届)和2008年(第二届)连续两届入选英国《金融时报》发布的"中国十大世界级品牌",其中2008年在单项排名中,青岛啤酒还囊括了品牌价值、优质品牌、产品与服务、品牌价值海外榜四项榜单之冠;2009年,青岛啤酒荣获上海证券交易所"公司治理专项奖——2009年度董事会奖"、"世界品牌500强"等诸多荣誉,并第七次获得"中国最受尊敬企业"殊荣;2010年,青岛啤酒第五次登榜《财富》杂志,成为"最受赞赏的中国公司"。

十七、畅想成长——雪花啤酒

雪花啤酒始产于沈阳啤酒厂。在1964年中国啤酒权威云集的产品评比会上一举夺魁。这种新贵因其泡沫丰富洁白如雪,口味持久溢香似花,遂得名"雪花"啤酒。此后,"雪花"每次参加国家评比都名列前茅。1979年的国家轻工业部第三届全国评酒会上,雪花啤酒被评为全国优质酒。产品先后出口到我国香港、美国、法国、新西兰、澳大利亚和日本等地。良好的市场口碑和经营业绩吸引了准备进军啤酒行业的香港华润集团,1993年,沈阳华润雪花啤酒有限公司成立了。

目前,华润雪花啤酒在全国拥有16个区域公司,经营70多家工厂,建立了遍布全国的销售网络。2010年雪花啤酒产销量超过928万千升,占有中国啤酒市场21%的市场份额,连续六年遥遥领先于国内其他啤酒企业,其中主打品牌"雪花"啤酒继续保持单品销售全球第一,达841.3万千升,巩固了其作为全球领先啤酒品牌的地位。

十八、清爽宜人的燕京啤酒

燕京啤酒始产于1980年,经过30多年的快速发展,燕京集团已经成为我国最大啤酒企业集团之一。2009年燕京啤酒总产销量467万千升,进入世界啤酒产销量前八名。

燕京啤酒经过多道工序精选优质大麦，应用燕山山脉地下300米深层无污染矿泉水、纯正优质啤酒花、典型高发酵度酵母，加上世界一流的工艺和技术，使燕京啤酒的色感、口感、质感达到完美。

第二节　世界名酒

一、俄罗斯伏特加

伏特加（Водка）源于俄文的“生命之水”一词当中“水”的发音“вода”，约14世纪开始成为俄罗斯传统饮用的蒸馏酒。品质较好的伏特加一般是经过三重蒸馏的。在蒸馏过程中除水和乙醇外，亦会加入马铃薯、菜糖浆及黑麦或小麦，如果是制作有味道的伏特加更会加入适量的调味料。

伏特加酒的酒精度通常为35%～50%，俄罗斯、立陶宛和波兰所出产的伏特加酒精度是以40%为标准。俄罗斯是生产伏特加酒的主要国家，但在德国、芬兰、波兰、美国、日本等国也都能酿制优质的伏特加酒。特别是在第二次世界大战开始时，俄罗斯制造伏特加酒的技术传到了美国，使美国也一跃成为生产伏特加酒的大国之一。

传说克里姆林宫楚多夫（意为“奇迹”）修道院的修士用黑麦、小麦、山泉水酿造出一种“消毒液”，一个修士偷喝了“消毒液”，使之在俄国广为流传，成为伏特加。伏特加是俄国和波兰的国酒，是北欧寒冷国家十分流行的烈性饮料，“伏特加”是苏联人对“水”的昵称。

伏特加酒以谷物或马铃薯为原料，经过发酵、蒸馏制成高达95%的酒精，再用蒸馏水稀释至40%～60%，并经过活性炭过滤，酒质更加晶莹澄澈，无色且清淡爽口，使人感到不甜、不苦、不涩，只有烈焰般的刺激，形成伏特加酒独具一格的特色。此酒不用陈酿即可出售、饮用。因此，伏特加酒是最具有灵活性、适应性和变通性的一种酒。

二、苏格兰威士忌

威士忌这个词来自苏格兰古语，意为生命之水（water of life）。威士忌在苏格兰地区的生产已有500年的历史，因此一般认为苏格兰地区是威士忌的发源地。苏格兰生产威士忌酒风格独特，色泽棕黄带红，清澈透明，气味焦香，带有一定的烟熏味，具有浓厚的苏格兰乡土气息，是世界上最好的威士忌酒之一。衡量苏格兰威士忌的主要标准是嗅觉感受，即酒香气味。苏格兰威士忌可分为纯麦威士忌、谷物威士忌和混合威士忌三种类型。一般威士忌的酿制工艺过程可分为下列七个步骤。

1. 发芽

首先将去除杂质后的麦类(malt)或谷类(grain)浸泡在热水中使其发芽，一般需要7～15天的发芽时间，发芽后再将其烘干或使用泥煤(peat)熏干，冷却后再储放大约一个月的时间，发芽的过程即算完成。在这里特别值得一提的是，在所有的威士忌中，只有苏格兰地区所生产的威士忌是使用泥煤将发芽过的麦类或谷类熏干的，因此就赋予了苏格兰威士忌一种独特的风味，即泥煤的烟熏味，而这是其他种类的威士忌所没有的一个特色。

2. 磨碎

将存放一个月后的发芽麦类或谷类放入特制的不锈钢槽中加以捣碎并煮熟成汁，所需时间8～12小时，在磨碎的过程中，温度和时间的控制非常重要，将会影响到麦芽汁的品质。

3. 发酵

将冷却后的麦芽汁加入酵母菌进行发酵，发酵终了酒精浓度5%～6%，此时的醪液被称为“wash”或“beer”，不同的威士忌品牌都将其使用的酵母的种类及数量视为商业机密，一般来讲使用至少两种以上不同品种的酵母进行发酵。

4. 蒸馏

发酵后所形成的低酒精度的醪液，还需要经过蒸馏，这时的威士忌酒精浓度为60%～70%，被称为“新酒”。

5. 陈化

蒸馏得到的新酒必须经过陈酿过程，使其经过橡木桶的陈酿，吸收植物的天然香气，并产生出漂亮的琥珀色，同时亦可逐渐降低其高浓度酒精的强烈刺激感。目前在苏格兰地区有相关的法令来规范陈年的酒龄时间，即每一种酒所标示的酒龄都必须是真实无误的，苏格兰威士忌酒至少要在木酒桶中蕴藏三年，才能上市销售。有了这样的严格规定，可保障消费者的权益，更替苏格兰地区出产的威士忌酒在全世界建立起了高品质的形象。

6. 勾兑

由于麦类及谷类原料的品种众多，所酿造的威士忌酒的风味不同，需按照一定的比例勾兑出不同口味的威士忌酒。

7. 装瓶

在装瓶之前先要将勾兑好的威士忌经过滤除去杂质，分装至酒瓶中，贴上各自厂家的商标后即可装箱出售。

三、法国白兰地

白兰地是英文 brandy 的音译，最初来自荷兰文 brandewijn，意为可燃烧的酒，狭义上讲，是指葡萄发酵后经蒸馏而得到的高度酒精，再经橡木桶贮存而成的酒。通常所称的白兰地专指以葡萄为原料，通过发酵再蒸馏制成的酒。而以其他水果为原料，通过同样的方法制成的酒，常在白兰地酒前面加上水果原料的名称以区别其种类。

白兰地通常被人称为"葡萄酒的灵魂"。世界上生产白兰地的国家很多，但以法国出品的白兰地最为驰名。而在法国产的白兰地中，尤以干邑地区生产的最为优美，其次为雅文邑（亚曼涅克）地区所产。

白兰地酒度在 40%～43%（勾兑的白兰地酒在国际上一般标准是 42%～43%），虽属烈性酒，但由于经过长时间的陈酿，其口感柔和，香味醇正，饮用后给人以高雅、舒畅的享受。白兰地呈美丽的琥珀色，富有吸引力，其悠久的历史也给它蒙上了一层神秘的色彩。

国际上通行的白兰地，酒精体积分数在 40%左右，色泽金黄晶亮，具有优雅细致的葡萄果香和浓郁的陈酿木香，口味甘洌，醇美无瑕，余香萦绕不散。

优质白兰地的香气来源于三大方面：一是葡萄原料香，二是蒸馏香，三是陈酿香。由此看来，葡萄品种是非常重要的，用于酿制白兰地的葡萄品种一般为白葡萄品种，白葡萄中单宁、挥发酸含量较低，总酸较高，所含杂质较少，因而所蒸白兰地更柔软、醇和。

白兰地酿造工艺精湛，特别讲究陈酿时间与勾兑的技艺，其中陈酿时间的长短更是衡量白兰地酒质优劣的重要标准。干邑地区各厂家贮藏在橡木桶中的白兰地，有的长达 40～70 年。他们利用不同年限的酒，按各自世代相传的秘方进行精心调配勾兑，创造出各种不同品质、不同风格的干邑白兰地。由于橡木桶对酒质的影响很大，故酿造白兰地很讲究贮存酒所使用的橡木桶。最好的橡木是来自干邑地区利穆赞和托塞斯这两个地方的特产橡木。各酒厂依据法国政府的规定，陈酿时间有所不同。在这里需要特别强调的是，白兰地酒在蕴藏期间酒质的变化，只是在橡木桶中进行的，装瓶后其酒液的品质不会再发生任何的变化。现介绍法国四大著名白兰地。

（一）法国人头马（Remy Martin）

"人头马"是由雷米·马丁在1724年建立起来的，有280多年的历史。因其商标上有一匹人头马而得名。人头马为特优香槟干邑专家，一直被誉为干邑品质、形象和地位的象征。是世界四大白兰地品牌中唯一一个由干邑省本地人所创建的品牌。人头马也是四大白兰地品牌中唯一一家自己种植葡萄的公司。

时至今日，雷米·马丁家族致力于保持其世代相传的酿制特优香槟干邑的传统，使得人头马干邑一直声名远扬，在国际优质干邑市场上稳占重要一席。众所周知，人头马只选用干邑中心区两个最优秀的葡萄区"大香槟区"与"小香槟区"所生产的葡萄来酿制干邑，并且很早就与该两区的葡萄种植商签订协议，以保证源源不断的优质葡萄来源。虽然人头马的蒸馏方法可以被加以仿效，但这些地区的优质土壤和地理特质所造就的"生命之水"，却永远不可能被复制。

（二）轩尼诗（Hennessy）

轩尼诗是法国白兰地的著名品牌之一，世界销量第一，拥有世界规模最大的陈年生命之水蕴藏。轩尼诗秉承其家族对酿制干邑一丝不苟、力臻完美的优良传统，严格控制生产的每一个环节，并贯彻轩尼诗之原创精神，例如以"星"来划分干邑的等级，就是源自轩尼诗。

爱尔兰人李察·海尼西，于1756年在法国康那克地方创立了轩尼诗公司。经过了一个世纪，正逢制造白兰地热潮。制造商到处林立，令酒类爱好者困扰不已，这个时候正好是1865年拿破仑三世时代，该公司开始使用能够证明产品级别及品质的星号，并且获得极高评价，后来轩尼诗就成了白兰地酒的代名词，一直存续至今。

轩尼诗色泽呈实在而和暖的灿烂黄金色，把香草、花卉精华、糖渍水果、香料的浓郁气息完美地结合在一起。结构与层次分明的香熏包括：微妙的花卉、香料和胡椒的香气接连在一起，核桃和糖渍果香略微明显。香料味道隐约，独领风骚。这干邑有如雨后翠林般清香。在口中留存良久，渐渐披露其味道的精华，舌头上留下点点浓郁的果甜味道，和谐有致。质感丰厚如丝绸。

（三）马爹利（Martell）

马爹利是产自法国干邑地区的著名干邑白兰地品牌，也是世界上最古老、最有名的白兰地酒。它是以其创始人的名字命名的。马爹利1851年开始出口到澳大利亚，1861年出口到中国，1868年出口到日本。

马爹利白兰地口感优雅,气味芳香,适合加冰净饮,配以优质矿泉水,每喝一口酒喝一口矿泉水,一般为依云和巴黎矿泉水。金牌马爹利色泽圆润丰满,韵味成熟芳香,充满力量和质感,跻身于醇厚优质干邑系列。

马爹利有自己的制桶厂,木板经3年搁置才用来制90加仑容量的酒桶。添加木料浸剂来提高木质素(芳香)和丹宁(颜色)。利穆赞橡木木材主要留来用以修理旧桶,由于这种木板富含丹宁,所以可以让旧桶恢复原貌。

(四)拿破仑(Courvoisier)

相对于以上几个品牌来说,拿破仑干邑在中国的影响力稍逊一筹,这与它较晚进入中国市场有关。其实,拿破仑干邑是世界上最好的干邑之一,位列世界四大干邑。据说每次拿破仑出征都会带上它。它口感极为丰富,带有法国白檀木香,难以获取的雪茄叶香,以及丝滑太妃糖、香甜杏仁和新鲜花蜜的芳香,余味悠长,入口后芬芳馥郁,余味久久萦绕。曾经荣膺法国"国家荣耀"嘉奖,成为唯一获奖的干邑品牌。近年,拿破仑干邑进军中国市场,其中拿破仑一世售价高达五位数。

四、金酒

金酒(gin),又叫杜松子酒,最先由荷兰生产,在英国大量生产后闻名于世,是世界第一大类的烈酒。金酒按口味风格可分为辣味金酒、老汤姆金酒和果味金酒。世界上的金酒名字很多,荷兰人称之为 Gellever,英国人称之为 Hollamds 或 Genova,德国人称之为 Wacholder,法国人称之为 Genevieve 等。

荷式金酒被称为杜松子酒(Geneva),是以大麦芽与裸麦等为主要原料,配以杜松子为调香材料,经发酵后蒸馏三次获得的谷物原酒,然后加入杜松子香料再蒸馏,最后将精馏而得的酒贮存于玻璃槽中待其成熟,包装时再稀释装瓶。荷式金酒色泽透明清亮、酒香味突出、香料味浓重、辣中带甜、风格独特。无论纯饮或加冰都很爽口,酒度为52%左右。因香味过重,荷式金酒只适于纯饮,不宜作混合酒的基酒,否则会破坏配料的平衡香味。

荷式金酒在装瓶前不可贮存过久,以免杜松子氧化而使味道变苦。而装瓶后则可以长时间保存而不降低质量。荷式金酒常装在长形陶瓷瓶中出售。新酒叫 Jonge,陈酒叫 Oulde,老陈酒叫 Zeetoulde。比较著名的酒牌有亨克斯(Henkes)、波尔斯(Bols)、波克马(Bokma)、邦斯马(Bomsma)、哈瑟坎坡(Hasekamp)。

荷式金酒的饮法也比较多,在东印度群岛流行在饮用前用苦精(Bitter)洗杯,然后注入荷氏金酒,大口快饮,痛快淋漓,具有开胃之功效,饮后再饮一杯冰水,更是美不胜言。荷式金酒加冰块,再配以一片柠檬,就是世界名饮干马天尼(Dry

Martini)的最好代用品。

五、朗姆酒

朗姆酒(Rum)是以甘蔗糖蜜为原料生产的一种蒸馏酒，也称为兰姆酒、蓝姆酒或朗姆酒。原产地在古巴，口感甜润、芬芳馥郁。喝朗姆酒在古巴已成为人们日常生活的一部分，朗姆酒酿造厂主要分布在哈瓦那、卡尔得纳斯、西恩富戈斯和古巴共和国圣地亚哥。新型的朗姆酒酿造厂出产的品牌有混血姑娘(Mulata)、圣卡洛斯(San Carlos)、波谷伊(Bocoy)、老寿星(Matusalen)、哈瓦那俱乐部(Havana club)、阿列恰瓦拉(Arechavala)和百得加(Bacardi)。

1966年和1967年，古巴朗姆酒酿造业发展史上开创了新篇章。从那时起古巴所有出口的朗姆酒都贴有原产地质量保证标记，以表明朗姆酒的高质量和真品。这种朗姆酒共有九个品牌，如混血姑娘、桑坦洛(Santero)等。

古巴朗姆酒在国际消费市场的影响越来越大，在欧洲和拉美市场占据了重要的份额。知名人士喝了古巴朗姆酒后，对其品质无不啧啧称赞，深表满意。

朗姆酒是微黄、褐色的液体，具有细致、甜润的口感，芬芳馥郁的酒精香味。朗姆酒是否陈年并不重要，主要看是不是原产地。它分为清淡型和浓烈型两种风格。清淡型朗姆酒是用甘蔗糖蜜、甘蔗汁加酵母进行发酵后蒸馏，在木桶中储存多年，再勾兑配制而成。酒液呈浅黄到金黄色，酒度在45%～50%。清淡型朗姆酒主要产自波多黎各和古巴，它们有很多类型并具有代表性。浓烈型朗姆酒是由掺入榨糖残渣的糖蜜在天然酵母菌的作用下缓慢发酵制成的。酿成的酒在蒸馏器中进行2次蒸馏，得到无色的透明液体，然后在橡木桶中熟化5年以上。浓烈朗姆酒呈金黄色，酒香和糖蜜香浓郁，味辛而醇厚，酒精含量45%～50%。浓烈型朗姆酒以牙买加的为代表。

朗姆酒的饮用也是很有趣的。在出产国和地区，人们大多喜欢喝纯朗姆酒，不加以调混。实际上这是品尝朗姆酒最好的作法。而在美国，一般把朗姆酒用来调制鸡尾酒。朗姆酒的用途也很多，它可用作甜点的调味品，在加工烟草时加入朗姆酒可以增加其风味。

朗姆酒生产的原料为甘蔗汁、糖汁或糖蜜。甘蔗汁原料适合于生产清香型朗姆酒。甘蔗汁经真空浓缩蒸发掉水分，可得到一种较厚的带有黏性液态的糖浆，适于制备浓烈型朗姆酒。

朗姆酒生产过程：原料糖蜜首先要通过澄清去除胶体物质，然后用水稀释，使总糖含量为10～12克/100毫升，添加硫酸铵或尿素，经发酵、蒸馏，在橡木桶中储存3年。根据不同的原料和不同酿制方法，朗姆酒可分为：朗姆白酒、朗姆老酒、淡朗姆酒、朗姆常酒、强香朗姆酒等,酒度42%～50%、酒液有琥珀色、棕色,也有无色的。

六、德国慕尼黑啤酒

慕尼黑啤酒(Munich)也称巴伐利亚啤酒,一种颜色不太深的黑啤酒,使用的麦芽在烘烤过程中充分干燥,颜色增深,但并没有破坏酶活力。这种啤酒麦芽香味突出,酒体稍醇厚。慕尼黑生产的Octoberfest或Marzen啤酒和慕尼黑啤酒工艺相同,但原麦汁浓度稍高,颜色更深。慕尼黑位于德国南部阿尔卑斯山北麓的伊萨尔河畔,是德国主要的经济、文化、科技和交通中心之一,也是欧洲最繁华的城市之一。慕尼黑同时又保留着原巴伐利亚王国都城的古朴风情,因此被人们称作"百万人的村庄"。

德国为世界啤酒生产大国,共有1 300家啤酒厂,生产的啤酒种类多达5 000多种,根据官方统计,每个德国人平均每年喝掉138升的啤酒,世界上再也找不到比德国人更热爱啤酒的民族了!特别是在每年慕尼黑啤酒节(Oktoberfest)期间竟可消耗高达600万升的啤酒。由德国人培养形成的啤酒文化更是世界上独一无二的。

啤酒节源于德国,已有100多年的历史,它的起源一般有两种说法。一种说法是当地农民为庆祝大麦和啤酒花的丰收而大喝啤酒而产生的。另一种说法是在1810年巴伐利亚加冕王子路德维希和特蕾瑟公主于当年10月完婚,官方的庆祝活动持续了5天。人们聚集到慕尼黑城外的大草坪上,唱歌、跳舞、观看赛马和痛饮啤酒。从此,这个深受欢迎的活动便被延续下来,流传至今,每年9月的第3个星期六至10月第一个星期日就固定成为啤酒节,因此慕尼黑啤酒节(The Munich Oktoberfest)又称"十月节"(Oktoberfest)。截至2009年,除因战争和霍乱中断外,慕尼黑啤酒节已整整举办了176届。

啤酒节举行的地点是一个叫做"Theresienwiese"的地方,巴伐利亚方言简称为"Wiesen"(意为牧场)。每年大约有600万人参与,是慕尼黑一年中最盛大的活动。每逢十月节开幕那天,要举行盛大的开幕式和由各大啤酒厂组织的五彩缤纷的游行。开幕式在一个临时搭起的大帐篷里由慕尼黑市市长主持。中午12时,在12响礼炮声和音乐声中,市长用一柄木槌把黄铜龙头敲进一个大啤酒桶内,然后拧开龙头,把啤酒放出来,盛在特制的大啤酒杯中。市长饮下第一杯,著名的十月节便正式开始了。每年啤酒节的第一个周日,来自全德国各个州的人们穿上富有特色的民族服装,演奏音乐,浩浩荡荡地穿过慕尼黑的市中心,最后来到啤酒节的现场Theresienwiese。

人们把自己打扮成古代衣着考究的贵族公爵、身披绫罗绸缎的王妃贵妇，驾着鲜花装扮的古典马车，也有不少人很朴实地穿着农民过节穿的衣服。参加的人从老到少，有家庭妇女、中学生，连幼儿园小朋友都有。扮演的人物也是丰富多彩，有阿尔卑斯山下的牧童、莱茵河畔的磨房主、科隆教堂的修女、北德普鲁士的老翁。

为了招揽本国顾客和接待来慕尼黑旅游的外国客人，慕尼黑的八大啤酒厂在节前就在特蕾泽大广场上搭起巨大的啤酒大篷。每个帐篷里放有长条木桌和板凳。大篷的一端还有一个临时舞台，由民间乐队演奏欢乐的民间乐曲。帐篷一般可容纳三四千人。最大的有 7 000 个座位。

在十月节期间，各帐篷里都由身穿巴伐利亚民族服装的女服务员给顾客送酒。虽然看上去她们都很苗条，但却力大无比，双手可拿 10 只装满啤酒的大酒杯(图 2.1)。

图 2.1 啤酒节上的女服务员

七、捷克比尔森啤酒

比尔森啤酒(Pilsener beer)最早是 1842 年开始生产的，也是世界最负盛名的下面发酵淡色啤酒，因生产于捷克波希米亚的比尔森啤酒厂而得名，有时也简称比尔斯(Pils)。至今，比尔森啤酒厂在保留了部分传统工艺的基础上也逐渐在实现现代化，做真正典型的比尔森啤酒。世界各地都在酿制比尔森型啤酒，尽管在不同的国家和地区，做法上已有很大的变化，但仍以比尔森啤酒标榜。现代比尔森啤酒的色泽从淡黄色到金黄色不等，所使用的香料和味道彼此也都有着很大的不同。比如在原产地捷克，比尔森啤酒的口味一般比较清淡，而德国产的比尔森啤酒的口感往往要苦一些，有时甚至有类似泥土的味道。著名的德国比尔森啤酒品牌有德福(Flensburger)，贝克 · 碧柏格(Bitburger)，Holsten，Warsteiner，Henninger 和 Wernesgrüner 等。荷兰的比尔森啤酒(喜力，Amstel)和比利时的比尔森啤酒(Jupiler，Stella Artois)同样闻名于世，他们经常被人评价为带有一股淡淡的甜味。

捷克生产啤酒有 700 多年的历史。在捷克国王瓦茨拉夫于 1295 年创建该城时，这里的居民就以在家庭的作坊中酿制啤酒而闻名，并从国王那里获得了酿制啤酒的特权。当时的啤酒呈粥状。19 世纪上半叶，啤酒生产出现转折，家庭式小作坊生产开始集中。1842年比尔森的第一家啤酒厂诞生了。这家酒厂就是古泉酒厂。捷克虽然只有1 000万人，但却是一个啤酒“大国”。在幅员面积7万多平方公里的国土上，啤酒厂星罗棋布，仅大中型啤酒厂就有70多家，年人均啤酒消费量达162升，居世界首位。

在捷克生产的啤酒中，西部古城比尔森的啤酒质量最佳，以浓醇爽口、味道柔和、泡沫洁白持久而闻名世界，行销到世界70多个国家。世界各地以“比尔森啤酒”商标出售的啤酒，便是该市历史最久的古泉酒厂的产品。采用的水质极软，各种盐类含量甚低(50毫克/升)；麦芽和酒花都是经特殊选择的原料，麦芽采用优良的浅色二棱大麦品种，低温发芽，溶解度不高，干燥温度不超过83摄氏度，麦芽色泽为3.8～4.0 EBC单位；酒花采用香型极佳的萨士(Saaz)香型酒花，酒花添加量很高(500克/100升麦汁左右)，分3次添加。传统的比尔森啤酒，采用3次煮出糖化法，麦汁煮沸时间2.5小时，原麦汁浓度11%～12%。低温敞口主发酵，后发酵贮藏在小型的与柞桶内进行，加高泡酒，贮藏期3个月，酒含量3.6%～4.0%(质量分数)。

比尔森啤酒色泽较浅，泡沫好，酒花香味浓馥突出，苦味重而不长，口味醇爽。为了保持“比尔森啤酒”特有的风味和质量，古泉酒厂一直采用传统的工艺。比如糖化工艺仍采用传统的3次煮出法，采用直接加热的方法，使麦芽和酒花的养分以及香味容易溶入水中；发酵和贮酒工序，依然采用传统的橡木桶发酵和贮酒，低温发酵，采用这种发酵法，温度低，时间长，发酵充分，有助于啤酒成熟，并可排除其他杂质，使酒具有特有的柔和味道。为了使酿制的啤酒进一步成熟，需在酒窖中存放3个月方才出售。地窖中适宜的温度和湿度，不仅使“比尔森啤酒”的纯度提高，晶莹透明，而且使它能保持美味香醇。

八、美国百威啤酒

美国百威啤酒是从1876年开始投放到市场的，100多年来一直以纯正的口感，过硬的质量赢得了全世界消费者的青睐，成为世界最畅销、销量最多的啤酒，长久以来被誉为是“啤酒之王”。安豪泽-布施公司，采用世界上独一无二的榉木酢工艺，从选料、糖化、发酵、过滤、直到罐装的每一个工序。生产出来的百威牌啤酒具有格外清澈、格外清爽、格外清醇的品质。

百威啤酒的酿造原料有5种：质量好的大麦、米、酵母、水和啤酒花。啤酒一般分为lager和ale两种，它们的不同之处在于lager采用下面发酵法，而ale采用上面发酵。一般来说，lager比ale的味道更为清爽。百威啤酒需要30天的酿造过程，保质期是110天，需要在凉爽的地方保存。百威啤酒的名字最初是由公司的老板 Adolphus Busch 起的，他根据德语的语音起名，意思是不仅在德国，在美国也有味道鲜美的啤酒。百威啤酒的创办人阿道普斯·布施最大的贡献在于其独特的销售理念。过去在美国，酿啤酒和买啤酒都只是在某个小镇上进行的小规模商业活动，布施首先把自己的经营范围扩大到了全国。而且他还在各地建立了连锁冰啤屋，以此向经销商证明卖啤酒不仅仅是一种地方行为，它可以兼容每个地区的不同口味并且受到各地顾客的欢迎。

美国安海斯-布希公司的业务包括全球最大的酿酒公司、全美第二大的游乐场业务、国际性的酿酒和啤酒市场推广及其他不同业务。公司的主要业务为酿酒，自1957 年起，一直是世界最大的酿酒商。安海斯-布希公司 2001 年的啤酒销售总量达 1 460 000 万升，目前在世界上拥有 9%的市场占有率；在美国，拥有近 50%的市场份额，比其最大的竞争对手还要高一倍。在美国设有 12 家规模庞大的啤酒厂，在海外设有两家合资啤酒厂，其拥有的百威品牌是世界销量第一的啤酒品牌，销售遍布全球 80 多个国家和地区。百威啤酒引以为豪的是只采用质量最佳的纯天然材料，以严谨的工艺控制，通过自然发酵，低温储藏而酿成。百威啤酒对用料筛选严、要求高，居于同行业之首。整个流程不使用任何人造成分、添加剂或防腐剂。在发酵过程中，又使用数百年传统的山毛榉木发酵工艺，使啤酒格外清爽。多少年以来，百威的制造商安海斯-布希公司一直奉行“环境、健康与安全”的核心理念(即 EHS 理念)和始终如一的品质理念，这些理念理所当然地融入百威啤酒中。

1995 年，百威的亚洲工厂在中国武汉兴建。中国市场的百威啤酒全部由百威(武汉)国际啤酒有限公司酿造，采用了与美国安海斯-布希公司(简称 A-B 公司)一致的原料标准和酿造工艺，确保百威啤酒达到全球统一的口味和质量。百威啤酒将酿造视为传统工艺和现代技术的有机结合，这种对质量的严格要求和精益求精造就了百威啤酒良好的口碑。

百威啤酒已经成为中国知名度最高、销售量最大的洋品牌啤酒，销售网络遍及全国各大城市，占据了中国高档啤酒市场相当大的份额，尤其是高档酒楼、涉外宾馆、高级舞厅、歌厅等几乎是清一色的百威。

九、丹麦嘉士伯啤酒

嘉士伯啤酒集团 1847 年创建于丹麦哥本哈根。经过 160 余年的发展，嘉士伯列居当今世界第四大啤酒集团，在全球 25 个国家拥有 75 个生产基地，业务遍布150 多个国家，全球雇员超过 4 万人。

嘉士伯啤酒集团在全球拥有全面的品牌系列，包括世界上最著名的国际品牌之一 Carlsberg 嘉士伯。2009 年，嘉士伯啤酒集团生产及销售啤酒 1 370 万吨。近年来，嘉士伯集团将中国定为未来发展的重点市场，开始推行大力开发中国西部地区的策略，积极投资，希望成为中国西部啤酒市场的领导者。

1978 年嘉士伯啤酒进入中国，在香港成立了嘉士伯啤酒厂香港有限公司，负责嘉士伯啤酒及其他品牌在中国的生产、销售、分销及市场推广。1995 年购入原惠州啤酒有限公司后成立了嘉士伯啤酒（广东）有限公司，开始在中国本土生产嘉士伯系列品牌。该厂主要供应中国市场，并生产本地“龙八”啤酒。2003 年嘉士伯收购了云南省昆明华狮啤酒厂及大理啤酒集团。2004 年，嘉士伯联同丹麦发展中国家工业化基金会合资收购兰州黄河集团在甘肃省的三间啤酒厂及在青海省建造新啤酒厂，新厂在 2005 年 8 月投产；同年，再联合收购西藏拉萨啤酒有限公司的股权；在中国大陆和香港地区推出了迎合中国消费者喜欢清淡型啤酒口味需求的新品冰纯嘉士伯；收购了新疆乌苏啤酒厂。2006 年，嘉士伯与宁夏农垦企业集团在宁夏回族自治区成立合资企业宁夏西夏嘉酿啤酒有限公司，并建造新的啤酒厂。2008 年，从嘉士伯集团与苏纽公司的交易中取得重庆啤酒股份有限公司 17.5％股权。目前，嘉士伯在中国投资的啤酒厂共有 19 家。

十、荷兰喜力啤酒

荷兰喜力啤酒公司位于荷兰，是世界第四大啤酒生产公司。凭借着出色的品牌战略和过硬的品质保证，成为全球顶级的啤酒品牌。喜力啤酒在全世界 170 多个国家热销，其优良品质一直得到业内和广大消费者的认可。喜力是一种主要以蛇麻子为原料酿制而成的，口感平顺甘醇，不含苦涩刺激味道的啤酒。为了提高竞争力，喜力啤酒又推出了全新包装，不仅使其增添了一份年轻活力，而同时又带点酷的性格，这正是时下年轻一代所拥有而且追求的生活个性。喜力啤酒形象年轻化、国际化的特点，使其成为酒吧和各娱乐场所最受欢迎的饮品。

1863 年喜力啤酒公司创建于荷兰的阿姆斯特丹，现在它是世界最大的啤酒出口商，当之无愧是最具国际化的第一品牌。

1886 年，ELION 博士将当时的许多酿酒厂中的一间独立出来，作为自己专门的实验对象。于是出现了一个名字叫“喜力 A 级”的酿酒厂。这对喜力后来的发展起了很关键的作用，是喜力口味标准的制定者。

1883 年喜力获得了一项特殊荣誉“外交荣誉奖”。至今喜力的瓶子上还印有这样的字。

1917 年喜力先生的儿子接管了公司，他把对酿造技术的研究工作当做自己的事业。第一次世界大战也使喜力停止了发展壮大的进程,美国对酒类的禁运停止后,喜力迅速成为了世界上对美国出口量最高的啤酒。

1933 年美国的时代周刊上写了这样一句具有历史意义的话:"13 年来,第一批合法进口的啤酒已于昨日运抵,这是从鹿特丹运来的 100 加仑喜力啤酒。"

1953 年喜力的孙子成为喜力的第三代领导,他为品牌的识别立了很大贡献,创意地把喜力啤酒瓶的颜色都统一为绿色,把 HEINEKEN 品牌标志中的 3 个英文字母 E 巧妙地设计为微笑的嘴巴。喜力的成功在很大的程度上得益于它成功的广告宣传和精美的包装。

20 世纪 90 年代中期,喜力啤酒公司进入了中国市场,中国市场上的喜力啤酒都是从荷兰或新加坡进口的,它只是拥有包括海南/上海等几家合资啤酒公司的间接股份。

十一、日本麒麟啤酒

日本三大啤酒公司之一的麒麟麦酒酿造会社,也是世界十大啤酒集团。麒麟酒厂在 1907 年建立,但麒麟啤酒却是在 1888 年就开始销售,目前麒麟系列包括一番榨、Lager、Light 等,该集团强调一番榨只萃取第一道麦汁,单宁酸的含量低,所以口感清爽不苦。Lager 则是该品牌最畅销也是历史最优久的品项,Lager 采用低温发酵,历经较长的陈化时间,口感温顺。

麒麟品牌以中国传统文化中昌盛吉祥的象征——麒麟来命名的,是一个享有百年盛誉的世界性品牌啤酒。麒麟麦酒株式会社享有 100 多年的历史,是日本第一大啤酒企业,目前麒麟品牌遍布全球。采用第一道麦芽汁酿造的方法,全球只有日本麒麟一家在使用,务求带给消费者原汁原味的啤酒感受。

麒麟麦酒株式会社旗下 1996 年成立的麒麟啤酒(珠海)有限公司是麒麟(中国)投资有限公司独资经营的外商独资经营企业,其以华南地区为核心,在广州及其周边城市主推"麒麟"系列。中国市场的麒麟系列啤酒由日本麒麟麦酒株式会社监制,麒麟啤酒(珠海)有限公司荣誉出品。1990 年上市的麒麟一番榨啤酒是"原汁原味"的日本风味啤酒。2005 年推出的麒麟纯真味啤酒秉承麒麟"一番榨"的独特酿造工艺,专门针对中国市场而推出,根据国内广大消费者啤酒口味习惯而酿造的高档纯生型啤酒。例如,一番榨啤酒——秉承日本麒麟公司精湛的"一番榨"酿造工艺,保留着日本啤酒的"原汁原味",不惜提高成本,只提取第一道麦汁酿造,绝不掺第二道麦汁,由于第一道麦汁中,从麦芽壳渗出的涩味成分较少,所以只提取第一道麦汁酿造的一番榨啤酒没有一般啤酒的涩味,口感更纯更顺,让人喝了还想喝,是真正的高级啤酒。其原麦汁浓度:11.8 度,酒精度数≥4.1% ,产品容量:

640 mL(灌装 355 mL)。再如,麒麟纯真味啤酒——只采用第一道麦芽汁酿造,不惜高出普通啤酒的成本,为懂得享受啤酒所带来的生活乐趣的消费者提供第一道纯真好滋味,为确保啤酒的真味得以原原本本地呈现给高品位啤酒爱好者,麒麟纯真味啤酒使用无菌化且不经过高温处理的纯生工艺,并且秉赋麒麟公司超过百年的啤酒酿造经验,凭着卓越的酿造技术务求让懂得享受啤酒的人喝到醇正滋味的啤酒。原麦汁浓度:10 度,酒精度数≥3.3%,产品容量:600 毫升(灌装 330 毫升)。

十二、韩国 OB 啤酒

诞生于 1933 年的 OB 啤酒由韩国最著名的奥杯啤酒株式会社(Oriental Brewery co. ltd)生产,迄今已有 70 多年的历史,以公司英文名的两个打头的字母命名。OB 啤酒在韩国市场占有绝对的垄断地位,是亚洲出口量第二的知名产品。随着市场需求的变化,奥杯啤酒株式会社对传承韩国历史以及啤酒文化的 OB 品牌给予了全新的定位,OB 啤酒和休闲娱乐已形成一种强联想,在每位消费者大脑中建立"Happy time 就要有 OB"的强烈印象。

OB 啤酒采用世界先进设备以独特智能勾兑方法经多重工艺精制而成,产品外观包装简约精美,酒液纯净清澈,泡沫洁白细腻,口感淡而不寡。低热量、低酒精度为其独有风格,是注重健康、保持身材的年轻消费群的钟爱,尤其受到年轻女性的青睐。

2008 年 8 月,奥杯啤酒株式会社为抢占中国市场的销售份额,提升品牌形象,正式与深圳市鑫宇洋进出口贸易有限公司签订了 OB 啤酒中国区销售总代理的合同,开始拓展中国地区啤酒销售领域,急欲抢占中国的啤酒市场份额。OB 凭借其精简的包装、淡雅的口感、脱俗的内涵,一上市就立即成为消费者瞩目的焦点,啤酒市场的新宠,深受广大消费者的好评,凭借多年国际啤酒市场的优越基础,势必会在中国啤酒市场引起轩然大波。OB 啤酒:330 毫升/瓶,酒精度:4.4%,原麦汁浓度:10 度,保质期:1 年。

十三、朝鲜大同江啤酒

朝鲜平壤市大同江啤酒厂是朝鲜最先进的啤酒厂,该厂是朝鲜政府投资 200 万美元,从英国威尔特郡购买了一家倒闭了的啤酒厂,所以该厂设备是英国的,生产技术是从德国引进的,整个酿造过程都实现了电脑化。大同江啤酒厂位于平壤郊区,从 2001 年开始动工,于 2002 年投产,该厂占地面积 10 公顷,年生产能力 7 万吨,目前日均产量约 150 吨。大同江啤酒以横穿平壤市内的大同江为水源,采用朝鲜各地生产的高质小麦为原料,其口感受到朝鲜百姓的欢迎。

据朝鲜国家通讯社报道,2002 年,朝鲜最高领导人金正日曾参观过该啤酒厂,在那里,他"观看了优质的啤酒源源不断地流出来"。据喝过大同江啤酒的外国人说,大同江啤酒有着"很不错的味道",但朝鲜其他啤酒厂生产的啤酒,味道却没有那么好,有的甚至还有一种怪异的金属味道。

第三章 酿酒技术

第一节 酒曲的生产

俗话说“无曲不成酒”。曲是酒类生产的糖化发酵剂，是酿酒发酵的原动力，其质量直接关系到酒的质量和产量。我国劳动人民在长期的生产实践中，发明了许多不同用途和特点的酒曲，酿造出品种繁多的各色酒类。目前，我国酒类的生产使用糖化发酵剂的种类比较多，大体可分为如下三类：①传统酒曲，包括大曲和小曲；②纯种培养制曲，即各类麸曲；③其他酒曲。

一、大曲

(一)大曲的定义

大曲是以大麦、小麦和豌豆等为原料，经过粉碎、拌水后压制成砖块状的曲坯，在曲室内，人工控制一定的温度和湿度，让自然界的各种微生物在上面生长，再经过风干、储藏而制成。是生产大曲白酒的糖化发酵剂。因其块型较大，因而得名大曲。

大曲中的微生物极其丰富，是多种微生物群的混合体系。在制曲和酿酒过程中，这些微生物的生长与繁殖，形成了种类繁多的代谢产物，进而赋予各种大曲酒独特的风格与特色，这是其他酒曲所不能相比的，也是我国名优白酒中大曲酒占绝大多数的原因所在。

(二)大曲中的微生物及其作用

大曲中的微生物很多，主要是酵母菌、霉菌和一些细菌。

1. 酵母菌

酵母菌主要属于汉逊酵母属，还有假丝酵母和其他酵母。酵母菌起酒精发酵的作用，汉逊酵母还可产生香味。

2. 霉菌

主要有根霉、毛霉、曲霉等，主要起糖化作用，有些还有分解蛋白质的作用和酒化作用。

3. 细菌

主要有乳酸菌、醋酸菌、芽孢杆菌等。细菌对白酒的质量影响较大，其代谢能产生许多风味物质，与白酒香型、风格的形成有很大关系。细菌具有分解蛋白质和产酸的能力，有利于酯类的形成。

(三)大曲的特征

1. 生料制曲

生料制曲是大曲的特征之一。大曲的生产原料应含有丰富的碳水化合物、蛋白质和适量的无机盐，原料经过适当的粉碎、拌水后直接制曲，一方面有利于保存原料中所含的水解酶类，如小麦中含有的淀粉酶，可水解淀粉成可发酵性糖类，有助于大曲培养前微生物的富集、生长、繁殖；另一方面，生料上的微生物菌群适合于大曲制作的需要，为酿酒提供了所需的多种微生物混合体系。在微生物的生长、繁殖过程中，积累了大量的酶类，使大曲具有了较强的液化、糖化、蛋白质分解力和发酵能力。因此，大曲也称为酿酒的粗酶制剂，可以利用微生物分解原料形成代谢产物阿魏酸、氨基酸等，这些产物是形成大曲酒独特香味的前提物质。

2. 自然接种

大曲是靠网络自然界的各种微生物在上面生长而成的，大曲中的微生物来源于原料、水和周围环境。大曲的制造是微生物选择培养的过程。一方面，制作原料要含有丰富的可供酿酒微生物生长所需的营养成分，如碳水化合物（主要是淀粉类）、蛋白质及适量的无机盐等；另一方面，在培养过程中要控制合适的温度、湿度和通风等条件，使有利于酿酒的微生物生长繁殖，从而形成各种大曲所特有的微生物群系以及酿酒酶系和香味前体物质。

3. 季节性强

大曲培养受到季节性限制，是大曲的另一个特征。大曲制造过程，主要利用自然野生菌，然而，在不同的季节里，自然界中的微生物菌群的分布存在明显的差异。一般来说，春秋季节酵母菌比例大，夏季霉菌比例大，而冬季细菌的比例大。根据各种微生物在不同季节的比例不同，制曲受明显的季节性限制。在春末夏初至中秋节前后是制曲的合适时间，一方面，在这段时间内，环境中的微生物含量较多；另一方面，气温和湿度都比较高，易于控制大曲培养所需的高温高湿条件。自 20 世纪 80 年代以来，由于制曲技术的不断提高，在不同的季节同样可以制出质量优良的大曲，关键在于要控制好菌群种类和其所要求的培养条件。

4. 堆积培养

堆积培养是大曲培养的共同特点。根据工艺和产品特点的需要，通过堆积培养和翻曲来调节和控制各阶段的品温，借以控制微生物的种类、代谢和生长繁殖。大曲的堆积形式通常有"井"形和"品"形两种，"井"形易排潮，"品"形易保温，在实际生产中应根据环境温度和湿度等具体情况选择堆积类型。

5. 大曲既是糖化发酵剂，也是酿酒原料的一部分

在酿酒过程中，大曲对原料进行糖化发酵，同时，大曲本身所含的营养成分也在被分解利用。在制曲过程中，微生物分解原料所形成的代谢产物阿魏酸、氨基酸等是形成大曲酒特有香味的前体物质，与酿酒过程中形成的其他代谢产物一起形成大曲酒的各种香气和香味物质。

6. 使用陈曲

大曲储存过程可以使大量产酸细菌失活或者死亡，避免酿酒过程中过多地产酸，同时酵母菌减少，使曲的活性钝化，避免在酿酒中前火过猛，升酸过快。

7. 培养周期长

大曲的制作一般需要 40～60 天，之后还需储存 90 天以上方可投入使用，整个过程长达 5 个月，这也是其功能独特的一个重要因素。

(四)大曲的分类

1. 按制曲温度分

(1)高温曲。制曲最高温度为 60～65 摄氏度。一般酱香型大曲酒都使用高温曲，部分浓香型酒也使用高温曲。

(2)中温曲。制曲温度为 45～60 摄氏度。用于酿制浓香型酒和清香型酒。一般的浓香型大曲酒的制曲温度在 50～59 摄氏度；清香型大曲酒的制曲温度比浓香型大曲酒制曲温度低，通常控制在 45～48 摄氏度，最高不超过 50 摄氏度，所以清香型大曲酒也称次中温曲。

2. 按微生物菌种来源分

(1)传统大曲。菌种来源于自然界，通过培养、富集得到的有益于酿酒的菌种。这类大曲由于地区、气候和自然等条件的不同，菌种的差异较大。多数名优酒均采

用这类大曲。

(2)强化大曲。也叫半纯种大曲,在制曲过程中,人工接入一些特殊的菌种,使这种大曲能在糖化力、发酵力和香味方面更加突出。对稳定大曲的质量有很大的作用。一般所采用的特殊菌株多是从该香型白酒优良大曲中分离出的优良菌株。

(3)纯种大曲。是根据大曲中含有多数微生物菌群的原理,采用多菌种纯培养的方式制成的大曲。这种大曲出酒率高,具有大曲酒的风味,是今后大曲的发展方向之一。

(五)大曲制作的一般工艺

酿制不同香型的大曲酒,所要求的大曲质量标准不同,所以大曲的制作工艺也不尽相同。大曲制作的一般工艺如下。

1. 制曲原料及配料

大曲制作的原料主要有小麦、大麦和豌豆,有时也会使用少量的其他豆类和高粱等。原料要求颗粒饱满、无霉烂、无虫蛀、无杂质、无异味、无农药污染。

大曲的配料,根据各酒厂产品风格特点来确定,一般高温大曲多用纯小麦或者小麦、大麦和豌豆的混合原料;中温大曲大多用大麦、豌豆为原料。采用小麦、大麦、豌豆为原料制曲时,配比通常是 5∶4∶1 或者 6∶3∶1 或者 7∶2∶1;采用大麦、豌豆时,通常的原料配比是 6∶4 或者 7∶3(表 3-1)。

表 3-1 大曲制曲原料配比(引自肖冬光,2005) %

酒名	制曲原料配比				
	小麦	大麦	豌豆	高粱	大曲粉
宜宾五粮液	100	—	—	—	—
全兴大曲酒	95	—	—	4	1
洋河大曲酒	50	40	10	—	—
贵州茅台酒	100	—	—	—	—
山西汾酒	—	60	40	—	—

2. 原料粉碎

大曲的质量与原料的粉碎度直接相关,过细则黏度大,曲坯内间隙小,通气差,水分和热量不易散失,导致微生物生长缓慢,窝水等现象;过粗则黏性小,曲坯间隙大,水分和热量易散失,导致曲坯过早干燥和裂口。表面不挂衣,微生物生长不良。故要严格控制制曲原料的粉碎度。例如:麦粉的粉碎一般要求“心烂皮不烂”。“心烂”则可充分释放淀粉,“皮不烂”则可保持一定的通透性。

3. 曲坯制作

(1)拌料与加水。拌料的目的是使料均匀吃足水分,以利于微生物的生长与代谢。从微生物的生长情况上看,细菌易在水分大的环境中生长;霉菌在曲坯含水量35%时生长最好;酵母菌在水分含量在30%~35%生长最佳。一般地,拌料后含水量在38%左右,标准是“手捏成团不粘手”。

(2)制曲坯。曲坯制作一般分为人工踩曲和机械制曲两种。曲坯多为砖块,一般尺寸为(30~33)cm×(18~21)cm×(6~7)cm,太大微生物不易长透;太小则不易保温保湿,费时费工。同时曲坯松紧要适中,过硬则成曲色泽不正,曲心有异味;过松则操作不便,易散曲,也不利于保温保湿。

4. 曲室培养与管理

(1)曲坯入室。

①曲房准备:要求保温保湿及通风效果好。曲坯入室前,彻底清扫,并铺上一层稻壳类的物料,避免曲坯发酵时与地粘连。曲室地面最好是泥土,视气候情况适时洒水。

②曲坯安放:安放形式有斗形、人形和一字形三种。根据季节,曲坯间距有所不同,一般冬季1.5~2.0 cm,夏季为2~3 cm。视情况缩小或者拉大曲间距,以调节温度、湿度及通风等。

③覆盖:曲坯安放之后,应盖上草帘、稻草之类的覆盖物,适时洒水。最后,关闭门窗,进入培菌阶段。

(2)培菌管理。培菌阶段决定大曲质量的好坏,必须注意观察,掌握翻曲时间,适时调节温度、湿度和通风,为微生物生长繁殖和代谢提供良好的条件。不同大曲的制作工艺不同,培菌管理也不尽相同,大致可分为如下四个阶段。

①低温培菌:一般3~5天,温度控制在30~40摄氏度,相对湿度控制在90%。此时期目的是让霉菌、酵母菌等大量繁殖,为其发酵体系的形成打好基础。控制方法有翻曲、取下覆盖物、关启门窗等。

②高温转化:一般需要5~7天。此期间根据大曲的不同,则温度控制不同(45~65摄氏度),相对湿度大于90%。在转化期,菌体生长逐渐停止,曲坯中微生物所产酶系因温度升高开始活跃,利用原料形成酒体香味的前体物质。由于不同酶系最适作用温度不同,因此在此阶段控制不同的温度将形成不同的香味和香味前提物质,为大曲酒的香型打下基础。控制方法,开启门窗排潮。

③后火生香:一般9~12天,温度一般控制在低于45摄氏度,相对湿度小于

80%。此时期的主要作用是促进曲心多余水分挥发出来和香味物质的呈现。主要操作方法有保温、垒堆等。

④打拢：即将曲块转过来集中且不留间隙，并保持常温。经15～30天存放后，曲块即可入库储存。

5. 贮曲

曲块入库前，应清扫库房，铺上糠壳和草席，保证库房阴凉且通风效果好，以免污染青霉菌等有害微生物，使成曲质量下降。

6. 举例

(1)高温曲的制作工艺流程。

曲母和水
↓
小麦→润料→磨碎→粗麦粉→拌料→踩曲→曲砖→堆积培养→成品曲→出室→储存

(2)中温曲的制作工艺流程。

大麦60%、豌豆40%→混合→粉碎→加水搅拌→踩曲→曲砖(含水量36%～38%)→入室培养→成品曲→储存→陈曲

二、小曲

(一)小曲的定义

以米粉或米糠为原料，有的添加少量中草药或辣蓼粉为辅料，有的加少量白土为填料，接入一定量的种曲和适量水制成坯，在人工控制温度和湿度下培养而成的曲叫小曲。它是酿制小曲白酒的糖化发酵剂。因其曲块体积较小，故习惯上称为小曲。小曲具有糖化和发酵的双重作用，其叫法不一，如称药酒、酒饼、白曲、米曲等。

小曲最初是利用野生微生物在米粉上自然培养，并通过添加少量中草药抑制杂菌生长而制成的。后来发展为接种少量种曲，经长期传代培养，不断纯化和驯化，使小曲具有较高的糖化发酵力。自20世纪50年代后，有的小曲生产开始采用纯种培养微生物接种，如厦门白曲、贵州麸皮小曲等。

(二)小曲中的主要微生物

小曲的主要功能是提供活的处于休眠状态的酿酒微生物，小曲的微生物包括

霉菌、酵母菌、细菌和少量放线菌，其中在小曲酒酿造过程中起主要作用的是根霉和酵母菌。

1. 霉菌

小曲中的霉菌一般有根霉、毛霉、黄曲霉和黑曲霉等，其中主要的是根霉。小曲中的根霉要求生长迅速、有较强的适应力和糖化力，具有一定的产酸能力；对其发酵能力则要求不高。根霉中含丰富的淀粉酶，可将大米淀粉结构中的 α-1，4 和 α-1，6 糖苷键切断，使淀粉完全转化为可发酵性糖。

2. 酵母菌

传统小曲中的酵母菌种类较多，起主要作用的是酵母属和汉逊酵母属。酵母菌的主要作用是进行酒精发酵；有时也会加入一些生香酵母，增加成品酒中酯的含量，以提高白酒质量。

3. 细菌

小曲生产是开放的，故容易污染细菌。常见的有乳酸菌、醋酸菌、丁酸菌等。一定量的生酸细菌对生香有益处；过多则危害极大，严重影响酒品质量。

(三)小曲的分类

小曲的品种较多，按添加中草药与否可分为药小曲和无药小曲；按用途可分为白酒曲、甜酒曲和黄酒曲；按制曲原料可分为米酒曲(全部用米粉)与糠曲(全部用米糠或大部分米糠、少量米粉)；按接种方式可分为成品曲接种、种曲接种和纯种培养微生物接种；按形状可分为酒曲丸、酒曲饼及散曲；按地区可分为四川药曲、广西酒饼曲、厦门白曲、绍兴酒药、桂林酒曲丸等。

(四)小曲生产工艺

1. 小曲生产的一般流程

曲母和草药 ↓（加入拌料）

大米 → 浸泡 → 碾碎 → 拌料 → 制坯 → 入室 → 繁殖 → 成品曲 → 出室 → 储存

2. 桂林酒曲丸的制作工艺

我国的小曲酒具有悠久的的历史，各种小曲的配料和制作工艺差别较大，在这里以桂林酒曲丸为例。它是一种单一药小曲，是用生米粉为原料，再添加一种香药草粉，接种曲母配制而成。

(1)工艺流程。

香草药 → 粉碎 → 过筛 → 香药　曲母　细米粉和曲母
↓　↓　↓
大米 → 浸泡 → 碾碎 → 配料 → 接种 → 制坯 → 裹粉 →
入曲房 → 培曲 → 出曲 → 干燥 → 储存

(2)工艺操作要点。

①原料配比。

a. 大米粉:制坯米粉重与裹粉细米粉重之比为 3∶1。

b. 香药草粉:仅一种香草药,用量为制坯米粉重的 13%,香草药产自桂林,干燥磨粉后使用。

c. 曲母:保存的酒药,用量为裹粉重的 4%。

d. 拌水:坯粉重的 60%左右。

②制作工艺。

a. 浸米:大米加水浸泡,夏季 2～3 小时,冬季 6 小时左右,沥干待用。

b. 粉碎:将浸泡过的大米粉碎,用 180 目细筛筛出细米粉用作裹粉。

c. 制坯:按照比例加入米粉、香草药、曲母和水,混匀,压平制成饼状。之后切割成 2 厘米小粒,用竹筛筛圆待用。

d. 裹粉:将裹粉与曲母混合,并取少量撒于簸箕中;在圆形酒坯洒水,倒入簸箕振荡进行裹粉,再洒水,再裹粉,直至裹粉全部裹在酒药坯上为止。

e. 培曲:根据微生物的生长情况,分为三个阶段培养。

前期:酒药坯入房后,室温保持 28～31 摄氏度,培养 24 小时左右,待菌丝倒伏,表面起白泡时将覆盖物掀开。此时品温在 33～34 摄氏度,最高不超过 37 摄氏度。

中期:培养 24 小时左右后进入中期,酵母菌大量繁殖。室温应控制在 28～30 摄氏度,品温不超过 35 摄氏度,此阶段大概需要 24 小时。

后期:品温下降,曲子逐渐成熟。该阶段需要培养 48 小时。

f. 出曲:出曲后,将成品曲置于 40～50 摄氏度的烘房内烘干或者晒干,储存备用。

三、麸曲

(一)麸曲及其特点

麸曲是用于生产麸曲白酒和小曲白酒(仅根霉曲)的糖化剂,它是以麸皮为原料蒸煮后接入纯培养的曲霉菌,在人工控制温度和湿度下培养制成的散曲。这种曲具有制作周期短、出酒率高等特点,适合于中、低档白酒的酿制。

我国的纯种制曲技术始于20世纪40年代,开始时使用的菌种多为米曲霉和黄曲霉。后来,因这两个菌种糖化能力低、耐酸性差,故逐渐被糖化力高、耐酸性强的黑曲霉所代替。从黑曲霉变异而来的河内白曲霉,因其具有耐酸性强、酸性蛋白酶含量高、酒质好等特点而被广泛应用于优质麸曲白酒的生产。进入20世纪90年代后,由于酶制剂生产技术的不断提高,价格低廉的商品糖化酶已逐渐代替黑曲霉麸曲。

麸曲的特点:①纯种培养。②制曲原料为麸皮。③制曲周期较短。④曲子外形为散状。

(二)麸曲的种类

按照所用的菌种不同,麸曲可分为米曲霉麸曲、黄曲霉麸曲、黑曲霉麸曲、白曲霉麸曲、根霉麸曲等。其中根霉曲用于小曲白酒的酿制,其他则用于酿造麸曲白酒。

制曲工艺主要有四个过程,即斜面菌种培养、三角瓶扩大培养、种曲培养和机械通风制曲。前三个阶段是以繁殖健壮曲霉为目的,后一个过程则是以生产和积蓄大量的淀粉酶为目的。

四、其他酒曲

我国的酒曲种类繁多,传统的酒曲还包括红曲、麦曲等。随着科学技术的发展,近年来纯种酵母和纯种细菌培养技术、活性干酵母(ADY)的应用技术逐步成熟,酒曲的生产技术已经跃上了一个新台阶。

第二节 酿 酒 工 艺

一、白酒生产工艺

我国酿造白酒的历史悠久,据记载,我国元代就出现了完善的蒸馏设备。白酒的酿造工艺独特,原料各种各样,不同香型的酒各具特色,口味醇厚柔绵,甘润清洌,酒体协调,回味悠久。经过几千年的发展,中国的白酒已成为世界普遍接受的饮料佳品,与白兰地、威士忌、伏特加、朗姆酒、金酒并称为世界六大蒸馏酒。

(一)白酒生产原料

1. 主要原料

①谷类原料:包括高粱、玉米、大米、小麦、豆类。②薯类原料:包括甘薯、马铃薯、

木薯。③糖类原料：包括甘蔗糖蜜、甜菜糖蜜。④野生植物原料：包括橡子、土茯苓等。

2. 辅助原料

包括麸皮、高粱糠和其他辅助材料。

3. 原料的要求

可以酿造白酒的原料很丰富。考虑到生产管理的方便，经济上的合理以及不同香型白酒对原料的要求，一般说来，原料应满足以下要求：

(1)产量丰富，易于收集。有条件的话可以建立原料基地，以保证生产的需要。

(2)可发酵成分高，蛋白质与其他成分含量适量。能满足发酵微生物的正常生长繁殖的需要，且有较高的出酒率。

(3)价格低廉，易于储存和加工。

(4)原料中不含对人体有害的成分。

(5)原料颗粒饱满，无霉烂，无虫蛀，无杂质。

(二)白酒生产的传统工艺

大曲酒的酿造工艺一般有续渣法和清渣法两种生产工艺。续渣法是将渣子(粉碎后的生料)和酒醅(又称母醅，指发酵的固体醅)混合，在甑桶内同时进行蒸酒和蒸料(称混烧)，待冷却后加入大曲继续发酵，如此反复进行，这种酿造方法即称为续渣法工艺。

清渣法工艺是指原料单独清蒸后不加酒醅进行清渣发酵，成熟的酒醅单独蒸酒的工艺。

1. 清渣法大曲酒生产工艺

清蒸法工艺的主要特点是蒸、烧分开，有的酒厂将甑也分开，一般蒸煮甑大于蒸馏甑。清渣法中典型工艺是清蒸二次清，其工艺流程如下：

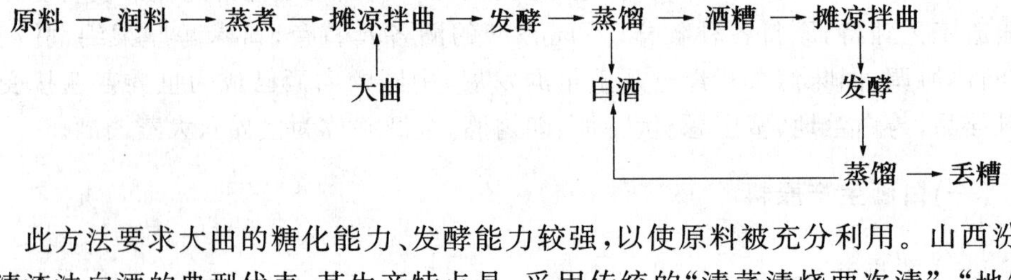

此方法要求大曲的糖化能力、发酵能力较强，以使原料被充分利用。山西汾酒是清渣法白酒的典型代表，其生产特点是：采用传统的“清蒸清烧两次清”，“地缸、固态分离发酵法”的生产技术。

2. 续渣法大曲酒生产工艺

续渣法的特点是在蒸馏的同时对新料也进行一定的蒸煮。常见的操作方法就是混蒸混烧工艺，其工艺流程如下：

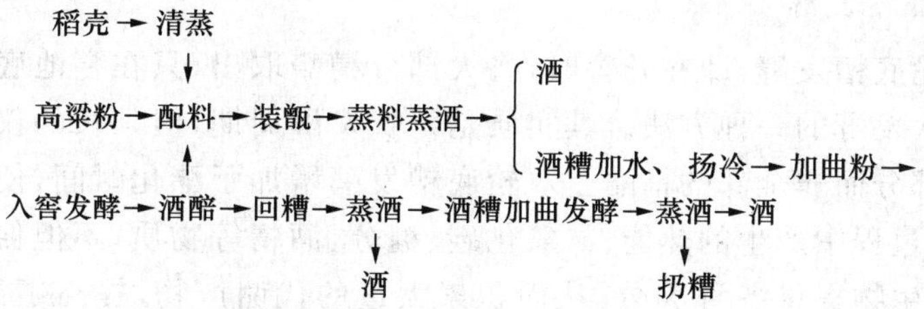

(三)白酒生产工艺革新(新技术)及其对酒品质的影响

以浓香型大曲酒为例，简要介绍一下工艺改革对酒质量的影响。己酸乙酯是浓香型大曲酒的主体香味成分。多年来各地生产厂家采用多种技术措施，以提高浓香型大曲酒的质量，其实质也是围绕如何提高己酸乙酯的含量及其他微量成分如何与己酸乙酯合理搭配来进行的。

1. 传统工艺的改革与“原窖分层”工艺

“原窖分层”酿制工艺的基本特点是针对发酵和蒸馏的差异，扬长避短，分别对待，从而达到优质高产、低消耗的目的。其工艺过程可以概括为：分层投粮，分期发酵、分层堆糟、分层蒸馏、分段摘酒、分质并坛，因此又称为“六分法”工艺。

“六分法”工艺是在传统的工艺基础上发展起来的。从酿造工艺的整体上说，仍然继承传统的工艺流程和操作方法。而在关键工艺环节上，系统运用了多年的科研和生产实践成果，借鉴“跑窖法”、“老五甑法”等工艺的有效技术方法。此工艺通过名优酒厂的应用，大幅度提高了名优酒的比率，取得了显著的经济效益。

2. 延长发酵周期

延长发酵周期是提高浓香型大曲酒质量的重要措施之一。在窖池、入窖条件、工艺操作大体相同的情况下，酒质量的好坏很大程度上取决于发酵周期的长短，生产实践证明，发酵周期短的酒，质量较差；发酵周期长的酒，质量较好。窖池的发酵生香过程，要经历微生物的繁殖与代谢、代谢产物的分解和合成等过程。由于己酸菌、丁酸菌、甲烷菌等微生物生长代谢缓慢，酯类等香味物质的生成是一个极度缓慢的生物化学反应过程，所以，酒体香味的生成，不仅需要适当的工艺条件，还必须给予较长的发酵时间，否则得不到较多、较丰富的香味物质。然而，也并不是周期越长越好。连续延长发酵周期，会使糟醅酸度增加，抑制微生物生长繁殖，使酒醅活力减弱；而且周期过长，不利于窖池微生物扩大培养和代谢产物积累；同时，周期过长，会使设备利用率降低，造成资金周转慢，成本上升，产量下降。综上所述，应全面考虑各种因素，不可片面强调发酵周期。

3. 双轮底糟发酵

所谓双轮底糟发酵，即在开窖时，将大部分糟醅取出，只在窖池底部留少部分糟醅进行再次发酵的一种方法。其实质是延长发酵周期，但延长的仅是留于窖池底部的一小部分而非全部的糟醅。双轮底糟发酵增加了酯化时间，使酯类物质增多，同时发酵过程中产生的热能、二氧化碳、糖分、酒精等物质，不但促进了酯化作用，而且给微生物提供各种养分，从而积累大量的代谢产物，提高了酒品的质量。故双轮底糟发酵是制造调味酒的一项有效措施。

4. 人工培窖

窖泥是浓香型白酒功能菌生长繁殖载体，其质量好坏直接影响香味物质的生成，对酒品质起着重要作用。老窖窖泥中微生物生长代谢需要的营养成分明显多于新窖，所以老窖产优质酒的比率较高。人工培窖，即用人工的方法提高窖泥的有效成分，并使之配比合适，从而满足微生物生长、繁殖和代谢需要，加入窖泥微生物繁殖，促使窖泥老熟。

5. 回窖发酵

回窖发酵包括回酒发酵、回泥发酵、回糟及翻糟发酵、回己酸菌液发酵、回综合菌液发酵等。即将发酵循环中上一轮中糟醅、产物及微生物加入到新一轮的发酵循环中，能有效保证酒品质量。

二、葡萄酒生产工艺

葡萄酒是以压榨或浸渍的葡萄汁为原料，由酵母菌(有时加入乳酸菌)发酵制得的一种低酒精度饮料酒。其营养丰富，适量饮用能起助兴、增加营养、促进食欲、活血通脉、利尿和预防心血管、贫血等疾病的作用。

(一)原料

主要原料：葡萄。

辅助原料：白砂糖、食用酒精、酒石酸、柠檬酸、二氧化硫、澄清剂等。

(二)葡萄酒传统生产工艺

葡萄酒的酿造包括葡萄汁的制取、酒母的制备、葡萄汁发酵、陈酿、葡萄酒的澄清、过滤、杀菌、包装等工艺环节。

1. 红葡萄酒的工艺流程

酿造红葡萄酒主要以干红葡萄酒为原酒,再根据需求按标准配制成不同类型的产品,如半干、半甜、甜型葡萄酒。干红葡萄酒生产工艺流程如图 3.1 所示。

2. 白葡萄酒的工艺流程

白葡萄酒选用白葡萄或红皮白肉葡萄为原料,经果汁分离、果汁澄清、控温发酵、贮存陈酿及后加工处理而成,其工艺流程如图 3.2 所示。按含糖量的多少,白葡萄酒可分为干白、半干白、半甜白、甜白葡萄酒。白葡萄酒酿造工艺特点:皮汁分离、果汁澄清、低温发酵、防止氧化。

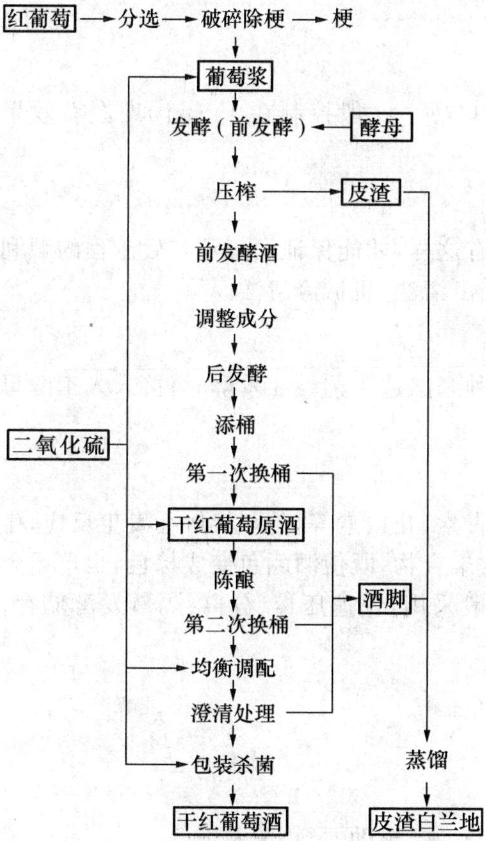

图 3.1 红葡萄酒生产工艺流程

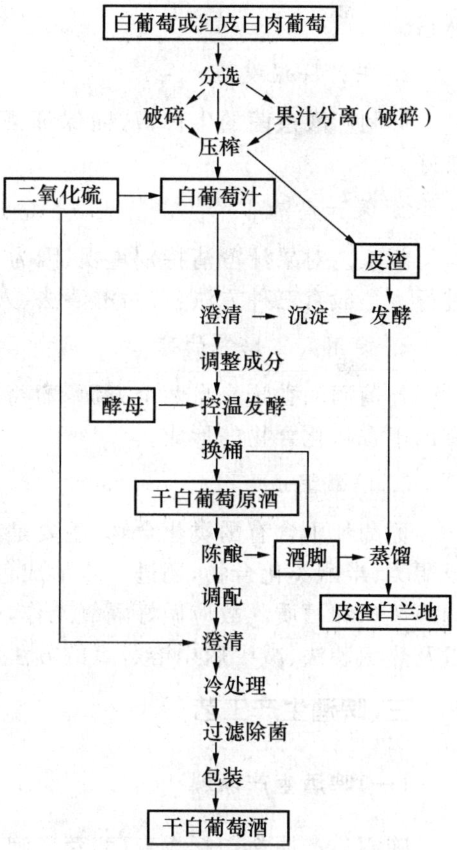

图 3.2 白葡萄酒生产工艺流程

(三)葡萄酒生产工艺革新(新技术)及其对酒品质的影响

我国酿制的葡萄酒老熟味重,缺乏新鲜果香。为了使葡萄酒具有“清香爽口、果香悦人、醇和协调、优雅细腻”的特点,必须对老工艺进行改良。新工艺采取在葡萄破碎后,果汁与皮渣迅速分离,而后采用自流果汁、澄清,人工培育酵母菌、隔氧,在低温下缓慢发酵、冷冻分离和微孔过滤等措施除菌,不采用加热杀菌法等。

1. 果汁分离

引进大型果汁分离机,方便快捷,出汁率高,清澈,杂质少。减少与空气接触时间,避免了酒的颜色因与空气接触而变褐色及浑浊,也降低了因氧化而具有的苦、麻感。

2. 果汁降温发酵

抑制产酸杂菌的生长,从而保证酒的口感。一般控制在 15 摄氏度左右效果较好。

3. 果汁澄清

新工艺对果汁澄清特别重视,因为只有这样,才能保证发酵及其后流程的顺利进行。一般有三种方法:自然澄清法、人工澄清法、机械澄清法。

4. 使用人工培养的酵母

葡萄酒的香味来自两个方面:葡萄品种和酿造工艺。在发酵时,接入人工酵母有助于香味化合物的形成。

5. 隔氧酿造

葡萄汁中含有酚类化合物,主要是花青素、花白素等,与氧接触会发生反应,生成醌类、半醌类化合物,还进一步形成色素聚合物,既使酒颜色变成棕色,也严重影响酒风味和酒质。故应做好隔氧工作,一般采用:快速压榨、分离;隔氧发酵储存;以及热罐装法、减少瓶中溶解氧的方法。

三、啤酒生产工艺

(一)啤酒生产原料

啤酒生产原料包括大麦(麦芽)、啤酒花、水、辅助原料、酶制剂等。

1. 大麦

大麦的主要化学成分是淀粉、纤维素、蛋白质等。根据大麦在穗轴上的排列方式不同将大麦分为三种类型：二棱大麦、四棱大麦和六棱大麦。用于酿造啤酒的大麦是二棱大麦。啤酒酿造对大麦质量的要求是：麦粒有光泽，呈淡黄色，籽粒饱满，皮薄而细嫩。千粒重 35～45 g，发芽力(3 天内发芽的百分率)＞85％，发芽率(全部样品)＞96％。淀粉含量在 63％～65％，蛋白质含量为 9％～12％。

2. 啤酒花

啤酒花简称酒花，又称蛇麻花。蛇麻为大麻科葎草属多年生蔓性草本植物，雌雄异株，用于啤酒酿造部分为成熟的雌花。啤酒花的主要成分是 α-酸、β-酸、酒花油及多酚物质。α-酸和 β-酸能赋予啤酒爽口的苦味及防腐能力；酒花油能赋予啤酒香味；多酚物质有利于麦汁和啤酒的澄清。

3. 辅助原料

生产啤酒使用辅料的目的是降低生产成本，改善麦汁浸出物组成，增强啤酒的保存性。常用的辅料有大米、玉米、糖等。

4. 水

啤酒酿造用水包括普通用水和酿造用水。普通用水包括制麦、洗涤、冷却、锅炉用水等。酿造用水包括糖化用水和洗涤麦糟用水。

糖化用水的处理方法有：

(1)煮沸法(降低暂时硬度)。

(2)加石膏法(降低暂时硬度和其他有害物质)。

(3)加酸法(降低碱度)。

(4)电渗析法。

(5)离子交换法。

(二)麦芽的制备

制备麦芽的目的：①形成各种水解酶，提供制备麦芽汁的催化剂；②使麦粒中的淀粉和蛋白质在酶的作用下达到适度溶解；③通过干燥除去绿麦芽中多余的水分和生青味，产生干麦芽特有的色、香、味。

麦芽制备工艺流程。

大麦 → 粗选 → 精选 → 分级 { 2.2 毫米以下的麦粒作饲料；2.5～2.8 毫米麦粒 → 称量贮藏 → 浸麦 → 湿大麦 → 发芽 → 绿麦芽 → 干燥 → 除根 → 贮藏 → 成品麦芽 }

(三)麦芽汁制备

1. 麦芽及其辅料的粉碎

干麦芽含水一般为5%,粉碎方法有干法、湿法、增湿粉碎三种。设备为辊式粉碎机,包括四辊和五辊式粉碎机。麦芽粉碎要求麦皮破而不碎,胚乳越细越好。辅料粉碎用锤式粉碎机,尽可能粉碎得细些,以利于糊化和糖化。

2. 糖化

①煮出糖化法:将部分糖化醪液分批地加热到沸点,与其余未煮沸的醪液混合,使全部醪液的温度分阶段地升高到不同酶分解底物所要求的温度,最后达到糖化终了温度。根据部分醪液煮沸的次数不同可分为一次、二次和三次煮出法。

②浸出糖化法:将全部醪液从一定的温度开始,缓慢分段升温到糖化终了温度,利用酶的作用进行糖化的一种方法,糖化醪液不经煮沸。因此,此法要求麦芽发芽率高,溶解充分。否则,就很难将其生淀粉通过酶的作用而溶解,进而会影响麦汁收率。

国外使用浸出糖化法较多,国内则使用煮出糖化法的较多。以三次煮出法为例介绍其工艺过程:

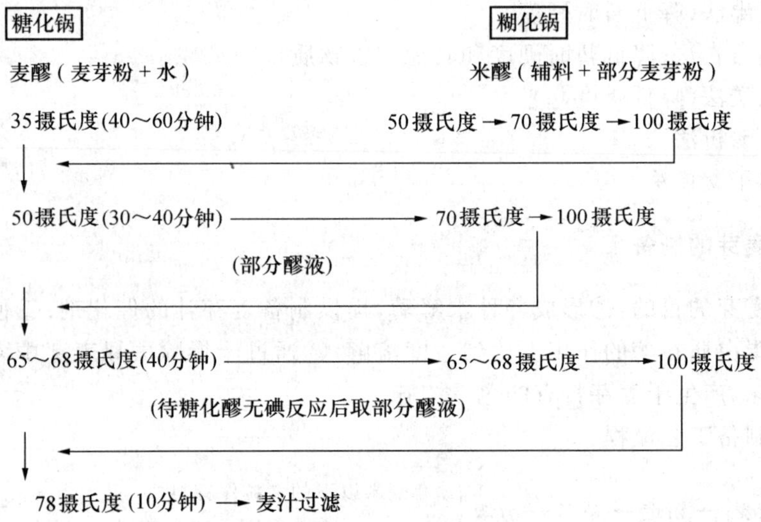

此糖化方法经历了3次煮沸、3次升温,其中35摄氏度为浸渍温度,使麦芽中的酶溶出以及低温酶发生作用;50摄氏度为蛋白质分解温度,使麦芽中的蛋白质得以分解;65～68摄氏度为淀粉转化为糖的适宜温度;78摄氏度为终止酶作用、

固定麦汁成分的温度。

3. 麦汁的过滤

为了避免影响半成品麦汁的色、香、味，并除去麦汁中微小的蛋白质颗粒，以免其破坏泡沫的持久性，糖化结束后应立即过滤。

①原麦汁的过滤：糖化醪打入过滤槽后，静置10～20分钟，形成滤层，滤层厚要求30～45厘米。过厚，过滤阻力大；过小，虽过滤速度大，但麦汁不清亮。

静置后打开麦汁排出阀，开始流出的麦汁浑浊不清，用泵打回过滤槽进行回流，至流出清麦汁为止。流出的麦汁送入煮沸锅。

②洗糟：当麦糟刚露出时，进行洗糟，洗糟水温为75～78摄氏度。洗糟过早或过迟都会影响洗涤效果。洗糟可分为连续洗糟和分次洗糟。

连续洗糟：一边加入洗涤水，一边滤出洗涤麦汁，使二者保持平衡。

分次洗糟：洗涤用水分成2～3次加入，在洒水洗涤的同时要进行翻糟，翻动后，静置片刻，回流，按过滤原麦汁的方法过滤洗涤麦汁。

4. 麦汁煮沸和酒花添加

麦汁煮沸目的：①将麦汁浓缩到规定的浓度；②溶出酒花中的有效成分，增加麦汁的香气、苦味和防腐能力；③促进蛋白质凝固析出，增加啤酒稳定性；④破坏全部酶，进行热杀菌，以保证最终产品的质量；⑤通过煮沸形成一些还原性物质，以保持啤酒的风味稳定性。

酒花的添加通常分3次添加，即麦汁初沸时添加20%的酒花，煮沸40分钟后再添加40%，煮沸终了前10分钟再加40%。添加量为0.15%～0.20%。优质酒花一般在最后添加，使酒花中的香味成分能较多地保留在麦汁中。

5. 麦汁的冷却和澄清

冷却目的：①降低温度，以适合于发酵温度；②除去热、冷凝固物，使发酵正常进行；③增加麦汁溶解氧，以利于酵母生长繁殖。

麦汁的澄清方法有离心分离法、硅藻土过滤法、旋涡分离法。

(四)发酵

传统的啤酒发酵工艺根据所用酵母的不同，可分为下面发酵和上面发酵两类。国内最常用的是下面发酵法。即啤酒发酵时，酵母悬浮在发酵液内，发酵终了时，酵母很快凝结成块并沉积于容器底部，形成紧密的沉淀层。发酵的过程可分为主发酵和后发酵两个阶段。

1. 主发酵

按照发酵过程中泡沫的特点，可将主发酵分为以下时期。①酵母繁殖期：此阶段要通入一定量的无菌空气，促进酵母增殖。一般培养 20 小时左右，即可倒池。②低泡期：倒池 4～5 小时后，进入起泡期。此阶段维持 1～2 天，每天自然升温 0.5～0.8 摄氏度，残糖下降 0.3～0.5 白利度。③高泡期：发酵 2～3 天后，泡沫增高，进入高泡期。此阶段维持 2～3 天。由于发酵热增加，要注意人工降温。④落泡期：发酵 5 天左右时，发酵能力减弱，则进入落泡期。此阶段维持 2 天左右。管理上要注意根据情况进行降温。⑤泡盖形成期：发酵 6～7 天时，液面形成一层褐色泡盖，酵母菌大量凝结沉淀，发酵进入末期。主发酵最后一天，应急剧降温，使大部分酵母沉淀。发酵液只保留适当酵母浓度，即可送入后发酵罐。

2. 后发酵

后发酵又称啤酒后熟、储酒，它是指主发酵后除去大量沉淀酵母的发酵液送入后发酵罐内的过程，又称为下酒。下酒前先用 CO_2 充满储酒罐，以排除罐内氧气。下酒满罐后，敞口发酵 2～3 天，以排除啤酒的生青味物质。然后进行封罐加压发酵。后发酵产生的 CO_2，部分溶解于酒内，多余的应缓慢放出。

发酵过程中保持罐压相对稳定。储酒温度一般先高后低，即前期维持在 3 摄氏度，后期逐步降低至－1～1 摄氏度。储酒时间随原麦汁浓度和啤酒类型而定。

（五）啤酒生产工艺的革新及其对风味的影响

世界啤酒的趋势是用现代技术生产“传统产品”，大规模工业生产是当代啤酒的一大特点。啤酒生产工艺在不断更新，新技术不断出现。从目前情况看，一些新、老工艺同时存在，现介绍如下。

(1)麦芽制造、糖化、发酵、过滤及后处理、包装等均趋于高水平的机械化，大型、先进的生产设备被广泛推广应用。

(2)重视啤酒基础工作的研究。大力加强大麦品种育种及产量提高；开始重视酒花的生产；加强酵母的选育和保藏、啤酒风味的稳定性、节能环保等方面的研究，提高啤酒生产工艺水平。

(3)推广啤酒高浓度发酵后稀释工艺。其优点：糖化设备的利用率提高 20%～30%；降低耗能 14%左右；提高劳动生产率，降低成本；啤酒口味清淡，稳定性好等。

(4)生物酸化法进行调节糖化醪液 pH 值，使其恒定，制造出口味柔和、清爽的淡色啤酒，以适应市场需要。

(5)上面发酵工艺的应用。啤酒风味带有上面发酵产生的轻度酵母香味和酒花苦香味。

(6)纯生啤酒。即含有活性酵母细胞的上等鲜啤酒,保持有啤酒的新鲜风味,深受广大消费者欢迎。

四、黄酒生产工艺

黄酒是以谷物为原料,经过酒药、曲(麦曲、米曲)中的多种有益微生物的糖化发酵作用,酿造而成的一种低度发酵原酒。具有酒精度低、酒性醇厚、营养丰富、风味独特等特点。

(一)原料

大米、麦曲(包含麦曲、酒药、酒母)、水是黄酒生产的主要原料;其他原料有粟米、黍米、玉米等;辅料有小麦。

(二)黄酒的生产工艺

黄酒的传统酿造工艺主要有淋饭法、摊饭法和喂饭法三种。酿造过程包括原料的处理、糖化发酵剂制备,发酵、压滤、澄清、煎酒、储存等操作。下面简单介绍黄酒的生产工艺。

1. 淋饭法

淋饭法是用清洁冷水淋冷蒸熟的米饭,再接种发酵制得黄酒。各类大米均可作为生产原料,根据米质调整浸米和蒸煮方法,务必使米饭达到浸透、蒸熟和充分糊化的程度。其生产工艺流程如下:

酒药 ↓(落缸打窝);麦曲 ↓(加曲冲缸)

大米 → 浸泡 → 蒸煮 → 淋水 → 落缸打窝 → 糖化 → 加曲冲缸 → 发酵开耙 → 后发酵 → 压榨 → 澄清煎酒

2. 摊饭法

摊饭法是将米饭以摊冷方式冷却,再接种发酵制成酒。如绍兴的元红酒。摊饭法生产工艺流程:

大米 → 浸泡 → 蒸饭 → 摊凉 → 落缸配料 → 糖化发酵 → 后发酵 → 压榨杀菌 → 摊饭酒

(1)主发酵。入缸 10 小时即进入主发酵,这个阶段品温上升较快,产生的 CO_2

把酒醅托上缸面,形成酒盖。此时,要及时开耙。整个过程 3～5 天。酒精含量一般达到 13%～14%。

(2)后发酵。主发酵结束后,及时转入后酒坛进行后发酵。后发酵一般静止进行,室温控制在 20 摄氏度以下,时间为 60～80 小时。后发酵的目的是使一部分残留的淀粉和糖继续糖化发酵,转化为酒精,并使酒成熟增香。

3. 喂饭法

喂饭法是将米饭分批投料发酵生产酒。第一次投料,投入全部的酒母与部分用曲,待酵母繁殖后,再投入新米饭和部分用曲,起扩大培养、连续发酵的作用,类同于近代酿造学上的递加法。喂饭法酿造工艺流程如下:

浸米 → 双淋双蒸 → 淋水 → 拌药搭窝 → 保温培养 → 翻缸放水 →
第一次喂饭开耙 → 第二次喂饭 → 灌坛养醅 → 压榨 → 澄清煎酒

(三)黄酒生产工艺革新

1. 新工艺黄酒采用大罐作为生产容器,基本上实现机械化操作,工艺流程如下:

麦曲、酒母、水
↓
大米 → 浸米 → 蒸饭机蒸饭 → 冷却 → 落罐 → 前发酵 → 后发酵 →
压榨机滤酒 → 清酒罐澄清 → 热交换器煎酒 → 包装 → 储存 → 成品

2. 新工艺的特征

(1)深层发酵。采用钢材制成发酵罐,容积较大,为瘦长型。

(2)纯种发酵。新工艺的糖化剂,部分或者全部采用纯培养的糖化曲和酒母。

(3)机械化生产、控温。从输米开始,直到消毒结束,整个生产线由各种机械组成,提高了劳动效率;控温机械的使用突破了地域、季节的限制,且有利于产品质量的稳定。

第四章　酒　　器

第一节　酒器的分类与造型

远古时期的人们，茹毛饮血。火的使用，使人们结束了这种原始的生活方式，农业的兴起，人们不仅有了赖以生存的粮食，随时还可以用谷物作原料酿酒，陶器的出现，人们开始有了炊具；从炊具开始，又分化出了专门的饮酒器具。究竟最早的专用酒具起源于何时，还很难定论。因为在古代，一器多用是很普遍的。远古时期的酒，是未经过滤的酒醪，呈糊状和半流质，对于这种酒，就不适于饮用，而是食用。故食用的酒具应是一般的食具，如碗、钵等大口器皿。远古时代的酒器制作材料主要是陶器、角器、竹木制品等。

早在公元六千多年前的新石器文化时期，已出现了形状类似于后世酒器的陶器，如裴李岗文化时期的陶器。河姆渡文化时期的陶器也能使人联想到在商代时期的酒具应有相当久远的历史。酿酒业的发展，饮酒者身份的高贵等原因，使酒具从一般的饮食器具中分化出来。酒具质量的好坏，往往成为饮酒者身份高低的象征之一。专职的酒具制作者也就应运而生。在现今山东的大汶口文化时期的一个墓穴中，曾出土了大量的酒器（酿酒器具和饮酒器具），据考古人员的分析，死者生前可能是一个专职的酒具制作者。在新石器时期晚期，尤以龙山文化时期为代表，酒器的类型增加，用途明确，与后世的酒器有较大的相似性。这些酒器有罐、瓮、盂、碗、杯等。酒杯的种类繁多，有平底杯、圈足杯、高圈足杯、高柄杯、斜壁杯、曲腹杯、觚形杯等。

青铜器起于夏，现已发现的最早的铜制酒器为夏二里头文化时期的爵。青铜器在商周达到鼎盛，春秋没落，商周的酒器的用途基本上是专一的。据《殷周青铜器通论》，商周的青铜器共分为食器、酒器、水器和乐器四大部，共五十类，其中酒器占二十四类。按用途分为煮酒器、盛酒器、饮酒器、贮酒器。此外还有礼器。形制丰富，变化多样。但也有基本组合，其基本组合主要是爵与觚，或者再加上斝，同一形制，其外形、风格也带有不同历史时期的烙印。灿烂的青铜文明和古老的酒文化是中国古代文明的两个标志，而青铜酒器文化把两者融为一体。

中国古代酒器从形制单一,质料朴实的角器、陶器到品种繁多、工艺精美、质料昂贵的金银器、玉器的演变,反映了社会生产力的不断发展进步尤其是原始农业的进步,人类文明程度的提高以及生活经验的不断丰富。酒器反映着古人的饮食、宗教、习俗等,酒器上的各式各样的造型与纹饰反映了古人的独特的审美意识。中国古代酒器中,不少是一物多用。如角、觥、觞(shāng)、卮等既是饮酒之具,也可用于盛酒,壶既是盛酒之具,也可用于温酒。

一、盛酒器

古代酒器中与现代酒瓶对应的种类是盛酒器。古代的盛酒器种类繁多,主要有尊、觥、缶、卣、壶、彝、罍(léi)、瓮、瓿等,一般以尊、壶比较常见。盛酒器的发展与当时的生产力水平的发展相一致,随着时代的变化而变化。手工艺制作的水平和材质的变化最能体现盛酒器的发展。其外形、风格也带有不同历史时期的烙印。在商代,由于酿酒业的发达,青铜器制作技术提高,中国的酒器达到前所未有的繁荣。所以商周乃至秦国的盛酒器主要以青铜器为主。之后,青铜酒器逐渐衰落,秦汉之际,在中国的南方,漆制酒具流行。漆器成为两汉、魏晋时期的主要类型。汉代,人们饮酒一般是席地而坐,酒器也置于地上,故盛酒器形体较矮胖。魏晋时期开始流行坐床,盛酒器变得较为瘦长。瓷器大致出现于东汉前后,与陶器相比,不管是酿造酒具还是盛酒或饮酒器具,瓷器的性能都超越陶器。唐代出现了桌子,也出现了一些适于在桌上使用的酒具,如注子,唐人称为“偏提”,其形状似今日之酒壶,有喙,有柄,既能盛酒,又可注酒于酒杯中。因而取代了以前的樽、勺。宋代是陶瓷生产鼎盛时期,有不少精美的酒器。宋代人喜欢将黄酒温热后饮用,故发明了注子和注碗配套组合。使用时,将盛有酒的注子置于注碗中,往注碗中注入热水,可以温酒。瓷制酒器一直沿用至今。明代的瓷制品酒器以青花、斗彩、祭红酒器最有特色,清代瓷制酒器具有清代特色的有珐琅彩、素三彩、青花玲珑瓷及各种仿古瓷。中国古代酒器还充满着寓意,有追求图腾式的神秘与庄严,有追求吉祥的寓意,也有追求一种身份的象征。

不同的材质,不同的造型表达了不同的寓意和饮酒者身份的高低,比如在战国、秦朝时期青铜材质酒器主要为贵族所用,而陶质酒器在平民中使用广泛。因此,酒具质量的好坏,往往成为饮酒者身份高低的象征之一。

1. 尊

尊是古代盛酒礼器,用于祭祀或宴享宾客之礼,一种大口酒器。在古代的酒器中,最有名的尊当属四羊方尊(图 4.1)了。以四羊方尊式的方形尊和觚式尊,共同特点是在器表的合范处多饰有凸起的棱脊,且通身雕满了精密繁缛的云雷纹、兽面纹、蕉叶纹，整个器物给人以雄浑厚重之感。四羊方尊属于礼器，祭祀用品。是中国现存商代青铜器中最大的方尊，高 58.3 厘米，重近 34.5 千克，1938 年出土于湖南宁乡县黄村月山铺转耳仑的山腰上。现藏于北京中国国家博物馆。

图 4.1 四羊方尊

羊在古代寓意吉祥。四羊方尊以四羊、四龙相对的造型展示了酒礼器中的至尊气象。湖南出土的以四羊方尊为代表的着力表现羊的青铜器，一方面保留了原始的图崇拜，又有替代羊作为牺牲献祭给神明的意思，同时还包含了对羊等家畜养殖兴旺的期盼，也可能萌芽了后世关于羊的种种观念。

2. 觥(gōng)

觥，最早出现在商代中晚期，流行于商晚期至西周早期，西周后期逐渐消失。椭圆形或方形器身，带盖，盖做成有角的兽头或长鼻上卷的象头状。有的觥全器做成动物状，头、背为盖，身为腹，四腿做足。

长方体龙头盖圈足式，体和圈足皆为长方形，流前伸较长，盖前端为大龙头，后端为一大兽面，圈足内收，鋬(pàn)厚大，作鸟形。

长方体垂角兽头盖圈足式，器体长方，盖前端为大垂角兽，似为羊头，后端为大兽面纹，圈足周边较其他样式有所放大。

椭圆体龙头盖鼓腹内隔式，器体椭圆而长，腹鼓出，龙头盖有钮，附一小斗，体内有一隔层，分为二室。

有代表性的为 1976 年陕西扶风出土折觥(图 4.2)和 1959 年山西石楼花庄出土的龙纹觥(图 4.3)。折觥为长方形腹，有盖，盖前端做成兽头，刻有铭文。该器造型

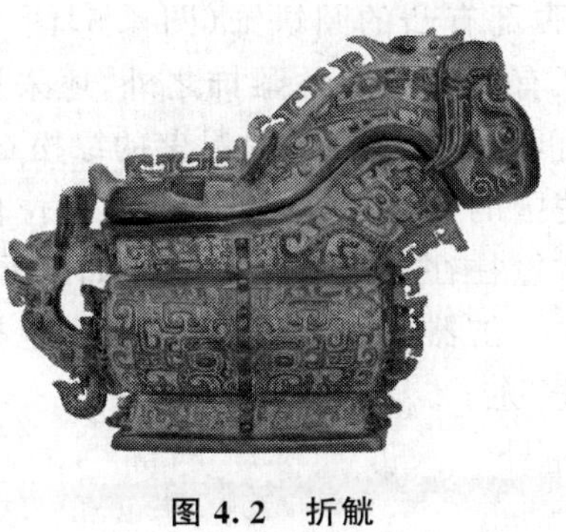

图 4.2 折觥

图 4.3 龙纹觥

稳重,装饰富丽,是青铜器断代的标准器。龙纹觥首部作龙头状,上铸双角;龙口有齿,其间隙可作注酒之用,独显其妙。龙背作盖,上有纽状捉手,下承方形圈足。整器呈牛角状,造型奇特,为商代著名青铜器。

3. 缶(fǒu)

缶,根据材质用料分有陶土制的瓦缶、青铜制的铜缶;按用途分,有尊缶与浴缶,尊缶是盛酒器,浴缶则是盛水器。

春秋战国时期,青铜容器缶在中原地区十分罕见,但在南方楚地却相当流行。目前所见到的尊缶和浴缶,都有鲜明的楚文化色彩。它们在楚国贵族的宴席上往往成双成对地使用,是楚国礼器中的重要器物。只有少数大型的墓葬中才出土青铜缶,可见缶在春秋战国时是重要的礼器。缶还有乐器的功能,战国时期绳池之会上,蔺相如就曾逼着秦王击缶。

尊缶是大型容酒器,有点象今天常见的酒坛,器形一般较高,广肩和圆腹上雕铸有繁锦富丽的纹饰。曾侯乙墓中出土的两件大尊缶,其中有一件高约 1.25 米,腹径有 1 米,重量达 300 千克左右。该缶体型巨大,分上下两层,分两次浇铸而成,纹饰由涡纹、重环纹、蟠螭(lì)纹、云雷纹、蕉叶纹、带纹、蟠蛇纹组成。花纹花式统一,线条整齐划一。大尊缶出土时,里面还存有酒液。历经 2 400 多年没有泄漏,足见密封性之好。就目前所知,它们不仅是最大的楚式尊缶,也是先秦时期的酒器之王(图 4.4)。

图 4.4　曾侯乙青铜冰鉴缶

浴缶又叫盥(guàn)缶,是装水以备盥洗的器物。在春秋战国时期,人们吃饭一般用手抓,宴会上当然就少不了盥洗用具。浴缶与尊缶的用途不同,形制也有别。它有点象今天常见的水罐,盖上和腹部有凸的圆饼饰(图 4.5,图 4.6)。它虽然没有尊缶大,却比尊缶显得精美,除了有繁锦富丽的雕饰之外,还采用了镶嵌或铸镶工艺。曾侯乙墓中出土的四件浴缶,有两件镶嵌的是晶莹的绿松石,另外两件则有采用铸镶法形成的紫铜花纹。在楚国的社会生活中,浴缶的地位似乎比尊缶还重要。上层贵族墓葬中出土浴缶的数量往往多于尊缶。他们如此看重浴缶,显然同他们讲究饮食卫生和宴飨礼节有关。缶器在楚地盛行的同时,也被传播到了周围地区。但在楚国灭亡后,它们也就匿迹了。

图 4.5　曾侯乙浴缶(一)

图 4.6　曾侯乙浴缶(二)

4. 卣(yǒu)

卣在盛酒器中是重要的一类,考古发现的数量很多。卣的基本形制为扁圆、短颈、带盖、鼓腹、圈足,有提梁。还有少数为直筒形、方形和圆形,还有动物形状的鸟兽卣。商代铜卣多为扁圆体,盖较高,上有纽,提梁多横跨两面,腹最大,颈在中部或略下,圈足较高。器饰饕餮纹、云雷纹和连珠纹。筒形卣主要出现在商、早周,数量不多。方卣也在晚商时期出现,器型呈圆口方腹、长束颈、方圈足、大提梁,器上花纹为浮雕式。器物端庄浑厚,在商器中属精品。晚商还出现动物形卣,形象主要有鸭、豕、虎、鸟等。这些卣身上还铸有铭文,为研究商代历史提供了宝贵资料。一般说,商代多椭圆形的卣,西周多圆形的卣。代表性器物有:保卣、伯各卣(图 4.7)、虎食人卣、召卣、牛首纹卣、鸟纹卣等。

图 4.7　伯各卣

5. 壶

古代的壶为盛酒器和水器。流行于商至汉代,用于装酒和装水。壶使用的年代较长,式样也很多,大致有圆形、方形、扁圆形、八角形、弧形等。断面为扁圆形,深腹下垂,带扁方形贯耳和圈足的壶大多为商代器物,但商代也有长颈鼓腹的圆壶。西周壶除承袭商代式样外,多设有圈顶壶盖,盖可倒置用作杯。耳多为半环耳或兽首衔环状耳。春秋壶造型较商周壶轻巧,多为扁圆壶或方壶。许多壶盖上端做成莲瓣形,也有一些在壶盖或壶身外表装饰鹤、龙、璃虎等立体动物形象。战国到汉代的壶由垂腹改为鼓腹,下腹部内收,圈足微外撇或平底,底部小巧而稳重,显得秀丽灵巧。这一时期也有提梁壶，提梁用数十节铜链串接而成，便于外出携带。弧形壶主要是春秋战国时期的作品。造型为长颈，圆腹，腹旁有鉴，平底或圈足，壶颈向一侧倾斜，形状类似瓢瓜。比较有名的壶有战国时期的宴乐铜壶、良心壶、中山王壶(图 4.8，图 4.9)以及明代的箭壶等。

图 4.8　宴乐铜壶

图 4.9　中山王壶

6. 彝

彝本是青铜礼器的通称，盛行于商晚期至西周中期。《尔雅 · 释器》："彝、卣，器也。"在古籍中未见以方彝为礼器的名称，宋人以这类器形体作方形而名之。方彝的造型特征是长方形器身，带盖，直口，直腹，圈足。器盖上小底大，做成斜坡式屋顶形，圈足上往往每边都有一个缺口。也有少数方彝下腹外鼓成曲腹状。方彝的盖与器身往往铸有 4 条或 8 条凸起的扉棱，全器满饰云雷纹，上凸雕出兽面、动物等纹样，给人以庄重华丽的感觉。商代晚期的方彝一般多是直壁，上口大于底部。在河南安阳妇好墓曾出土一件长体有肩附耳式的方彝(图 4.10)，器身横长两倍于纵长，有斜肩，犹如两个方彝之组合，故人称偶方彝，是商代晚期的代表作。最早出现的方彝有形体较高大的，也有矮的，多为直壁，曲壁鼓腹的少些。也有器型横部是纵长的两倍，好像是两个方彝合并在一起，圈足每一面的中间均有缺口，无缺口的方彝极少。到了西周早期，方彝很少，器型与商晚期的形制变化不大，也有不同于商代晚期形式的，器盖较高，还有的盖顶与器身两侧有脊棱突出，方彝四壁多作弧线状，因此器腹鼓出，圈足上的缺口也多不见了。西周中期以后的方彝又与商末周初的方彝有较多的不同之处，曲壁鼓腹式的方彝内部隔分为两室，盖各有两孔，很像偶方彝，或者这也是此种方彝显得矮胖的原因。这时期的方彝圈足外撇得厉害，圈足下有较厚的台，这一点也是以前少见的，与尊的圈足演变趋势相似。

7. 罍(léi)

罍,大型盛酒器和礼器。体量略小于彝,具有盛酒、盛水的两种用途。造型有圆形、方形两种。圆形罍造型为敛口,广肩,丰腹,圈足或平底;肩部两侧有两耳或四耳,耳作环形或兽首形;下腹部一侧有穿鼻。方形罍多为小口,斜肩,深腹,圈足式,亦有少数为平底;有盖,盖作斜坡式屋顶状;下腹近圈足处亦有穿鼻。罍的器身一般都满饰花纹,常见纹饰有饕餮纹龙纹与蕉叶纹等。罍主要盛行于商和西周。方形罍一般为商代器,圆形罍在商和西周都有。根据目前的资料考证,罍是从商代晚期出现,流行于西周和春秋。罍有泥质灰陶、白陶、印纹硬陶、原始青瓷及瓷制品。陶制品以小口短颈,圆肩,深腹圆鼓,平底形为常见。商代后期至西周前期器物肩部有双鼻,西周后期多无鼻。

春秋云龙罍(图 4.11)是比较有名的。云龙罍出土于河南新郑郑冢,形制为敛口、短颈、宽肩、浅腹、圈足、球状,原葬于墓穴南端偏西处,亦名龙形四耳尊。

图 4.10　妇好偶方彝

图 4.11　春秋云龙罍

8. 瓮

瓮,其体形较大,容积较多,用来装酒,以便于窖藏,也可以盛储多种物品,比如粮食、水之类,所以人们也把它归为杂器。西周时期瓮主要以陶制为主。自此它一直沿用至今,即使在今天我们的日常生活中,它依然发挥着重大的作用。

9. 瓿(bù)

瓿,古代盛水或酒的器皿。敛口、圆腹,有圈足,很像后世用的坛子。有的有两耳,也有个别方瓿。盛行于商至战国时期。在当时的方言中,中国西部包括山西汾河流域,把中等瓦器称为瓿,而东部的赵魏等地则呼之为瓮,看来瓿、甂、瓮等都是对同一种器类的不同叫法。它与尊、罍相像，但口比尊小而比罍大。

商代饕餮纹瓿（图 4.12），通高 59.8 厘米。有盖，敛口，窄沿方唇，短颈，广肩，鼓腹，下有高圈足。瓿体口沿下有两道弦纹，间以浮雕的卷角兽面，夔尾后复饰一倒夔纹。肩、腹以凹槽间隔，腹饰饕餮纹，两侧加饰倒夔纹，圈足饰夔纹。瓿盖上有菌形、纽帽作蟠龙形，龙身有精细的三角雷纹及鳞状纹，纽柱饰蕉叶纹，盖面饰倒置的饕餮纹。盖面、腹部、圈足均饰六道扉棱，上下相对衬，肩部则为三道，圈足上部有镂孔。且体形很大，制作得又非常的精美，实为难得的精品。令人遗憾的是它现收藏在日本东京国立博物馆。

图 4.12　饕餮纹瓿

二、煮酒器

煮酒器也叫温酒器，是用来温酒的，其使用方法是在饮用之前，将酒加热，然后把酒放入盛酒器或饮酒器中储藏或饮用。为了方便使用，它通常和挹注器相互配合使用。西周时期的煮酒器主要有爵、角、斝三类。

1. 爵

爵流行于商周时期，西周中期以后基本就见不到了。铜爵是中国青铜器中最具代表性的酒礼器，可以说是中国酒文化的代表，尤其是在商代，它是最典型、最常见和最基本的酒礼器，是当时等级、身份标志的青铜礼器组合的核心器（西周以后礼器组合的核心为铜鼎）。这一时期铜爵的这种特殊功能，来自于夏人已将铜爵作为特殊身份的标志。铜爵是一种有较深杯状腹的酒具，口沿有为倾倒酒液用的“长流”，后有呈尖状的短“尾”，腹底有三个尖足。夏代青铜爵发现的数量是极有限的，且集中在作为夏代晚期都城的偃师二里头遗址，其他地区极为罕见。从总体特征看，二里头夏代铜爵大体上有两种类型，一种具有明显的原始性，铸造粗糙，形体拙稚，较矮，缺乏金属器物明显的折角变化，几乎全为素面。另一种铜爵形体明显较为工巧，铸造更为精细，已改变了前一种铜爵形体圆润没有棱角的风格，个别的腰部已有简单的纹样装饰，多为长窄流，长尖尾，流、腰、腹部已有较为明显的划分，三尖锥足细高且外撇（图 4.13）。

图 4.13　西周铜爵

2. 角

商周时期流行的青铜酒器，用以温酒或盛酒。器物造型与爵相似，不同之处是口沿无柱，流变形成与爵尾相同的尖形角状，也可以说前后都是尾，两尾对称。腹侧有鋬，一部分有盖，有的盖作成禽鸟展翅飞翔状，非常美观。已发现的角，传世有一件角的杯体中有一管状流，形制和二里头文化时期的陶角相似，可以认为这是目前所知最早的角。大部分是商代的，也有的是西周初期，商代和西周早期的角有盖。西周中期以后，角便不复存在。角的出土数量很少，但有一些角还是比较出名而珍贵，如父乙角(图 4.14)。根据历史典籍记戴，角好像是下级官吏及平民使用之物。《礼记·礼器》:“宗庙之祭，尊者举觯，卑者举角。”《考工记·梓人》引《韩诗》云:“一升曰爵，二升曰觚，三升曰觯，四升曰角，五升曰散。”

3. 斝(jiǎ)

斝按质地有铜陶之别，铜斝由新石器时代陶斝发展而成。盛行于商晚期至西周中期，用于盛酒或温酒。基本造型为侈(chǐ)口，口沿有柱，宽身，下有长足。斝的形制较多，器身有圆形、方形两种，有的有盖，有的无盖；口沿上有一柱或二柱，柱有蘑菇形、鸟形等不同形式；腹有直筒状、鼓腹状及下腹作分档袋状几种；有的是扁平素面，有的用兽头装饰(图 4.15)；底有平底、圆底；足有三足、四足、锥状空足、锥状实足、柱形足等。一般来说，商早期斝多为平底、空锥形足或较瘦的袋状足，胎体轻薄，纹饰简单，一般只有一层花纹。商中期至西周早期，斝多为圆底或肥圆的袋状腹，柱形足，器体厚重，花纹繁缉，常用蕉叶纹、饕餮纹、云雷纹等纹样装饰，有的以云雷纹做底，其上饰有多层花纹。斝作为礼器，常与觚、爵等组合成套使用。

图 4.14　西周父乙角

图 4.15　商代兽面纹斝

三、饮酒器

1. 觚(gū)

觚,饮酒器和礼器,和爵同时期流行。盛行于商周时期,西周中期开始逐渐减少,在西周后期,逐渐消失。其作用相当于酒杯。呈喇叭形,造型为圆形细长身侈口,细腰,圈足外撇器底以下有相当高的空心底座。抓身下腹部常有一段凸起,于近圈足处用两段扉棱作为装饰。商早中期,觚的器身较为粗矮,圈足部有一"十"字孔。商晚期至西周早期,觚身细长,中腰更细,口沿和圈足外撇更甚,圈足上无"十"字孔。这一时期的觚胎体厚重,器身常饰有蚕纹、饕餮(tāo tiè)、蕉叶等纹饰。

考古发现的觚,除铜质、陶质外,还有木质施漆的。这种饮酒器的起源,可以追溯到夏代以前的新石器时代。在北京房山琉璃河西周墓中发现的漆瓤是以朱漆为底子,还贴了三周金箔,下面的两周金箔之间雕刻夔龙纹,并用黑漆勾勒,夔龙的眼睛和两周金箔上还镶嵌绿松石,色泽艳丽,精美绝伦。这样的漆觚,不但比单一金黄色的青铜觚更加好看,而且轻巧实用得多。比较有代表的如商代晚期兽面夔龙纹青铜觚,此觚高 29.7 厘米,口径 16.7 厘米(图 4.16)。有人认为罗马贵族喜用青铜酒杯豪饮,所以常有铅中毒的症状。中国先秦时代考古发现的饮酒器虽多为青铜铸造,从铭文来看大多是宗庙里供设的祭器。贵族中实用的酒杯恐怕是以漆觚为主,只是易朽而不容易保存至今。

2. 觯(zhì)

觯,古代饮酒器。圆腹,侈口,圈足,形状小瓶,大多数有盖。这种形状的觯多为商代器。西周时有作方柱形而四角圆的。

"觯"最早见于先秦时期的文献中。《仪礼·乡饮酒礼》曰:主人"实觯酬宾"。东汉时期,许慎在《说文解字》中记载:"觯,乡饮酒角也。"可见,从东周至东汉时期,古人均将觯视为一种饮酒器。但到了北宋时期,人们无法辨别觯具体为何物。

依据器口、圈足以及器腹横截面的不同,考古界将青铜觯划分为四型,即:A型、B型、C型和D型。其中,A、B、C三个型制下又分为a、b、c三个型制。青铜觯纹饰种类多样,总体上可分为动物纹和几何纹两大类。动物纹有饕餮纹、夔龙纹、鸟纹、兔纹、蝉纹(蕉叶纹内填充)等;几何纹有云雷纹、弦纹、连珠纹、竖棱纹、蕉叶纹等。这些纹饰中,主体纹饰多饕餮纹、夔龙纹、鸟纹,云雷纹、弦纹、连珠纹、蕉叶纹多衬托主题纹饰。商代的父乙觯是比较好的代表(图 4.17)。

图 4.16　商代晚期兽面夔龙纹青铜觚

图 4.17　商代父乙觯

3. 杯

杯，从发掘的实物看，其具有大口，束腰，器身椭圆特征。杯这一名称虽然沿用到了今天，但在考古活动中发现的实物数量很少。其基本器型大多是直口或敞口，口沿直径与杯高近乎相等。有平底、圈足或高足。考古资料表明，最早的杯始见于新石器时代。无论是仰韶文化、龙山文化还是河姆渡文化遗址中都见有陶制杯的存在。这一时期杯型最为奇特多样：带耳的有单耳或双耳杯；带足的多为锥形、三足杯、觚形杯、高柄杯等。

战国至汉代出现了原始青瓷杯，其中汉代的椭圆形、浅腹、长沿旁有扁耳的杯最具代表性。隋代杯多是直口、饼底的青釉小杯。唐代的三彩釉陶杯和纹胎陶杯最有特色，当时还流行盘与数只小杯组合成套的饮具。宋元时期的杯多直口、浅腹、圈足或高足，高足底为喇叭状。宋杯多以釉色取胜，如龙泉窑及官、哥、汝、均各窑。元杯胎骨厚重，杯内心常印有小花草为饰。明清时其制杯最为精致，其胎轻薄，其釉温润，其彩艳丽，其型多样。明代有著名的永乐压手杯、成化斗彩高足杯、鸡缸杯等，中早期多见高足杯。清代杯多直口、深腹、腹部有把或无把，还有带盖或无盖的装饰手法丰富多样，有青花、五彩、粉彩及各种单色釉。唐代诗人王翰有一句名诗曰："葡萄美酒夜光杯"，此夜光杯为玉石所制的酒杯（图 4.18），更是古代杯中精品。

4. 饮壶

饮壶由于与青铜觯功能相近，而受到注意。马承源先生最早将饮壶归入酒器之中，认为其为饮酒之杯。1975 年 3 月 15 日，陕西扶风县法门乡出土的西周穆王时期伯冬作饮壶可谓此类器形的代表，其中一件通高 14.5 厘米、口径 11 厘米、腹深 12 厘米。圆角方形直口，下腹向外倾垂，椭方形圈足，两耳如象鼻上卷。颈部饰以雷纹作底的长尾鸟纹，鸟尾上卷，两两相对。耳饰粗云纹，腹部和圈足素面无纹饰。腹底有铭文五字："伯冬作饮壶"（图 4.19）。

图 4.18　夜光杯

图 4.19　伯冬作饮壶

四、其他酒器

在古代，除了上述所列的酒器之外，还有一些其他类别的酒器。从功用来看，还有挹（yì）注器，盛尊器等。挹注器即用来取酒的一种工具，可以利用它将酒注入某种酒器，也可以利用它将酒从酒器中取出。西周时的挹注器主要包括斗和勺两种。斗，具有圆首、长柄的特征。勺与同时期发现的斗形制相似，由勺首和勺柄两部分构成，且这两者在口沿处是互相连接的。这两者在西周时均以青铜制品为主，但斗可能还有木制品。最值得注意的是斗在西周时主要是用来挹注酒液，挹水的功能可能直到东周时才出现。

从制作材质来看，在我国历史上还有一些独特材料或独特造型的酒器，虽然不很普及，但具有很高的欣赏价值，如金、银、象牙、玉石、犀牛角、景泰蓝等材料制成的一些稀有酒器。因为以这些稀有物质为酒器，在世界上还是少见的。

如象牙酒器，象牙从古至今都是一种珍贵珍品，用以制成酒器，自然会更加珍贵。从出土文物看，我国人民早在商代（公元前 16—前 11 世纪）就能制出精美的象牙酒器了。如 1976 年在河南安阳殷墟中，就出土了一件夔虎络金象牙杯、一件镶嵌绿松宝石的象牙杯，其工艺水平令今人都叹为观止。此后历代都有象牙酒器出土，但超过以上两件水平的，尚未多见。

关于犀牛角酒器，大概是中国独有的产物。犀牛角，在古代也是一种珍贵物品。我国已出土的明代的"尤侃款犀角山水人物杯"、"莲叶蛙螂纹透雕犀角杯"、

“花卉蟠龙纹透雕犀角杯”，都是古今中外酒器文化中罕见的尤物。

在我国历史上，还存在着其他一些材质的饮酒器，但都只是个例，不如以上所述材质的应用广泛与久远。例如，倒流壶（图 4.20）、鸳鸯转香壶（图 4.21）、九龙公道杯（图 4.22）、渎山大玉海等。

图 4.20 倒流壶

倒流壶：在陕西省博物馆有一件北宋耀州窑出品的倒流瓷壶，壶高 19 厘米，腹径 14.3 厘米，壶盖是虚设的，不能打开。在壶底中央有一小孔，壶底向上，酒从小孔注入。小孔与中心隔水管相通，而中心隔水管上孔高于最高酒面，当正置酒壶时，下孔不漏酒。壶嘴下也是隔水管，添酒时酒不会溢出，设计十分巧妙。

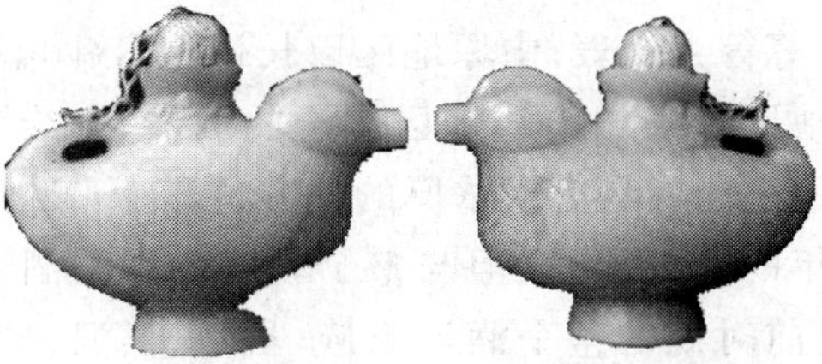

图 4.21 鸳鸯转香壶

图 4.22 九龙公道杯

鸳鸯转香壶：宋朝御用酒壶，能在一壶中倒出两种酒来。

九龙公道杯：产于宋代，上面是一只杯，杯中有一条雕刻的昂首向上的龙，酒器上绘有八条龙，故称九龙杯。下面是一块圆盘和空心的底座，斟酒时，如果适度，滴酒不漏，如果超过一定的限量，酒就会通过“龙身”的虹吸作用，将酒全部吸入底座，故称公道杯。

在不同的历史时期，由于社会经济的不断发展，酒器的制作技术、材料、酒器的外形自然而然会产生相应的变化，故产生了种类繁多，令人目不暇接的酒器。特别是到了近代，随着材料科学的不断发展，制作酒器的种类也越来越多。如：锡制酒器、景泰蓝酒器、玻璃酒器、铝制罐、不锈钢饮酒器、纸包装容器。

第二节　酒器的发展

一、根据时代划分

我国古代的酒器发展历程主要划分为五个时期：史前新石器时期、夏商周时期、秦汉至魏晋南北朝时期、隋唐时期和宋元明清时期。

(一)史前新石器时期

目前可确知的人工史前酒器，从质料上可分为陶酒器和漆酒器两种。其中以陶酒器为大宗。陶酒器从陶色上可分为彩陶、灰陶、红陶、白陶、黑陶等；器形有壶、尊、鬶、觚、罍和蛋壳黑陶杯等。新石器时代不同地区的考古学文化之间差异较大，地方特色均较浑厚，表现在陶酒器的器形和组合上也各不相同。山东地区以背壶、兽形鬶、彩陶觚、磨光黑陶罍、圆底大口尊等为代表；中原地区以长颈陶鬶、陶盉、单柄杯、高领尊杯为代表。另外，在西北地区和长城沿线地区出土的酒器，彩绘陶酒器十分丰富，酒器形态多以罐、壶、杯等为主，皆具有极浓厚的地方色彩。

史前时期的酒器虽然经历了两千年的风雨岁月，但与整个动态的中国酒文化史相比较，还只能说是“初入酒乡”。史前时期的整个酒器家族，虽也盛、温、斟、饮齐全，但器形上似乎还没有完全脱离大自然的怀抱，显得淳朴可爱，散发着泥土的气息。

(二)夏商周时期

夏商周三代时期(公元前 21 世纪—前 221 年)，是我国古代礼制的成熟期，也是中国古代礼制最为规范的时期。“礼以酒成”，无酒不成礼，因此，夏商周时期也是我国酒礼最复杂、酒与政治结合最为紧密的时期。正因为夏商周时期酒礼最受重视，因此，酒器发展也最为迅速，青铜酒器也就成为夏商周三代青铜文明中最为辉煌的亮丽点。

原始社会几千年的酒文化积淀，被后来的佼佼者——夏王朝的主人不折不扣地继承过来，并得到了飞跃性的发展和开拓。酒器的品类较之前有了很大的发展，但与后来的商周相比，则颇显单调，主要是陶器和青铜器，少数为漆器；器形有陶觚、爵、尊、罍、鬶、盉、铜爵、斝和漆觚等。

商代酒器发展较快，品类迅速增多，主要以陶器和青铜器为主，另有少量原始瓷器、象牙器、漆器和铅器等作辅助。器形有陶觚、爵、尊、罍、盉、斝、铜觚、卣、瓿、方彝、壶、杯子、挹等。原始瓷器主要为尊、象牙酒器和一种漆器。

西周早期酒器无论器类和风格都与商代晚期相似，中期略有变化，晚期变化较大，但没有完全脱离早期的影响，仍以青铜酒器为大宗，原始瓷酒器略有发展，漆酒器品类较商代晚期为多。

东周时期的酒器中，漆器与青铜器并重发展。青铜酒器有尊、壶、缶、鉴、扁壶、锺等，漆酒器主要有耳杯、蹲、卮、扁壶。另有少量瓷器、金银器，陶酒器则较少见。

夏商周三代的酒器，与史前酒器相比，无论以酒器的质料上或是从酒器的品种和数量上，都发生了质的飞跃，不仅说明夏商周时期的生产力水平已相当发达，而且也代表着夏商周三代进入了一个崭新的历史时期。

(三)秦汉至魏晋南北朝时期

公元前 221 年，秦国一统天下，中国酒文化史也随之揭开了新的一页。秦汉时期，大体承继了东周遗风，是青铜酒器和漆酒器并重发展，北方更着重青铜酒器，如中山靖王刘胜墓中出土的大量青铜酒器，镶金错银，嵌入绿松石等，极尽奢华；南方则更着重漆酒器，如马王堆一号汉墓出土的大批漆器，彩绘鲜艳，花纹飘逸洒脱，富有神秘感，堪称漆酒器中的极品。除青铜酒器和漆酒器外，还有少量金银、玉、瓷、玻璃、象牙等酒器，陶酒器仍有存在，多为大型贮酒器，如刘胜墓中出土的大陶酒海(图 4.23)。

图 4.23　大陶酒海

到了西汉末年和魏晋时期，青铜酒器逐渐衰微，漆酒器日益兴盛。从酒器的装饰艺术风格来看，青铜酒器对东周遗风继承较多，但也已向活泼实用方向发展，尤其纹饰制作偏向于纪实和具象性，神秘感减弱。

魏晋南北朝时期，由于连年战争，社会财富积累较少。在当时老庄思想的影响下，面对国家的腐败政治无能为力的众儒生们则逃离现实，饮酒清谈，常为“散发裸身之饮”。他们并不过多地讲究酒器的华丽与否，只要有酒即可。在这样的社会背景下，薄葬之风盛行，就连王室皇戚也不敢过分违背潮流。因此，考古发掘中很少有名贵精美的酒器出土。

但从仅有的一些酒器来看，魏晋南北朝时期基本以瓷酒器为主，器形包括壶、尊、杯、注子、温碗等，如经科学发掘出土的鸡首壶、青瓷莲花尊、飞鸽瓷杯等皆具明显的时代特征。总的造型风格渐趋生活化，如 1975 年冬在河北赞皇县发掘的北朝东魏里李希宗墓中出土的一套酒器，包括盛酒、温酒和饮酒三种功能的酒器，均做工精良、小巧玲珑，明显为家庭实用型酒器。

(四)隋唐时期

经过隋唐长达300余年的统一，使中国古代文化形成了自己独有的特色。此时的酒文化也得到了长足的发展，并形成了以瓷酒器为主，金银酒器为辅的新历史时期。

隋王朝虽存在时间不长，仅有短短37年，但犹如慧星划过长空，在中国古代酒文化史上留下极其闪亮的一笔。如“浮白釉”和“茶沫釉”等，皆为这一时期开创出来的新的瓷釉品种，而以这些釉色制作的白瓷酒器和褐色瓷酒器，也都是这一时期出现的新的酒器珍品。

唐代瓷器中，青瓷和白瓷酒器亦颇负盛名。有人赞颂唐代白瓷曰：“大邑烧瓷轻且坚，好似美玉天下传。君家白碗盛霜雪，急送茅斋也可怜。”可见唐代白瓷的制作工艺已达到相当高的水平。唐代酒器除三彩酒器和瓷酒器之外，金银酒器亦是异常丰富，器形有金杯、金碗、银杯、银碗、银盘等，如陕西西安南郊何家村金银器窖藏坑中出土的，“仕女狩猎纹八瓣银杯”、“狩猎纹高足银杯”、“掐丝团花金杯”、“舞伎八棱金杯”等，皆为不可多得的艺术珍品。

(五)宋元明清时期

北宋仍继承了隋唐酒文化的遗风，无论酒器的造型，还是酒器的装饰纹样和饮酒风俗等都包含着深厚的汉文化底蕴，如瓷酒器完全占据酒器的主要领地，官、定、汝、均、哥五大官窑以及景德镇等中外知名的窑址都生产了大批精美的瓷制酒器。器形主要有经瓶、杯盏、温碗注子和倒装壶等。其中倒装壶为前代所未见，是宋代首创之酒器。

然而在宋代“武功不足，文治有余”的特殊背景下，人们比以前更着重于“穷理尽性”。因此，酒器的造型与装饰，以及饮酒的风俗也与当时的诗词书画一样，不再注重大气、粗犷、慷慨，而是更加着重准确、细腻、韵味以至于新巧。

元代虽然只有短短的九十余年，然而在瓷器发展史上却是一个承前启后的关键时期，代表这一重要时代的特点的景德镇窑出现了空前的繁荣，创烧出了诸如高温颜色釉瓷、卵白釉(枢府)瓷和成熟青花等新的品种，不但“釉彩明亮”，而且还采用描金技术，在中国瓷酒器发展史上具有重要地位。如釉里红高足转杯、蓝釉爵杯、青花诗文菊花杯、白釉描金高足杯等酒器，无论在器形上或是釉色上都比以前有了很大的提高，而且以诗文词句装饰酒器的现象也颇为普遍，大大丰富了酒文化的内容。

明清时期，是我国古代瓷酒器发展的鼎盛时期。明初制瓷业以永乐、宣德年间为最盛，不论数量和质量都超过前代。江西景德镇成为陶瓷的中心，所烧造的白釉、青花瓷器颇为著名，不但享誉国内，而且成为国外贸易的主要商品。另外，此间生产的“斗彩”、“五彩”、“冬青”等均为新的品种，亦颇负盛名。明代中期，出现了一种新工艺，即景泰年间问世的“景泰蓝”。景泰蓝制品，多为帝王将相、高贵显达所用餐具和酒器，成为中国古代酒器发展史上新的奇葩。

清王朝时期，由于康熙、雍正、乾隆三代对瓷器的喜好，中国制瓷业得到进一步发展。瓷器除青花、斗彩、冬青外，又新创制了“粉彩”、“珐琅彩”、“软彩”、“硬彩”和“古铜彩”等，真可谓“五光十色，耀眼夺目，万紫千红，美不胜收”。

清代流传在世的精美瓷酒器颇不乏见，最常见的器形主要有梅瓶、执壶、高脚杯、压手杯和小盅等，如景德镇窑珐琅彩带托爵杯、康熙斗彩贺知章醉酒图酒杯、青花山水人物盖杯、五彩十二月花卉杯以及各种五彩人物压手杯等，均为清代瓷酒器精品，饮誉海内外。清代的瓷、金、银和玉等质地的酒器有一个明显的特点，极多仿古器。如清宫御用的双耳玉杯、龙纹玉觥、珐琅彩带托爵杯、铜彩牺耳尊、各类瓷尊、双贯耳瓷壶和天蓝彩双龙耳大瓶等，皆为清代仿古酒器。清代仿古酒器盛行，可能与康、雍、乾等皇帝嗜古有关。

二、按照酒器的材质划分

(一)历史悠久的陶制酒器

陶器的出现，具有划时代的意义，它使人类的物质文化生活向前大大推进了一步。最早出现的古陶酒器，质量较差，包括瓶、罐、杯、碗等器具，用于古代人民的酿酒饮酒活动中。这些原始的古陶酒器有泥质红陶、夹沙红陶以及白陶、灰陶和黑陶等古陶酒器，它们的烧制温度一般比较低，质地比较差，外观较粗糙。例如：陕西眉县杨家村二组出土的一批新石器时期的泥质红陶酒器；山东省宁阳堡头出土的一只大汶口文化遗址的白陶。另外，在有名的新石器时期的河姆渡文化遗址和龙山文化遗址，也出土了不少古陶酒器，其中包括河姆渡文化遗址考古中出土的一只从做工和烧制上都算比较好的黑陶壶，它们都是新石器时期已有古代酒生产的重要证据。

在新石器时期晚期，尤以龙山文化时期为代表，酒器的类型增加，用途明确，与后世的酒器有较大的相似性。这些酒器有：罐、瓮、盂、碗、杯等。酒杯的种类繁多，有：平底杯、圈足杯、高圈足杯、高柄杯、斜壁杯、曲腹杯、瓢形杯等。这些出土的龙山文化时期的酒杯制作精细、器壁薄如蛋壳的乌泽光洁的古陶酒杯；另外，考古中还出土有一只杯柄镂空、制作精致的高足杯(图 4.24),它们都说明了当时的制陶工艺技术已达到了一定的水平。

陶器的使用在新石器早期已比较普遍。到母系氏族公社繁荣时期,陶器的品种已相当发达。其中饮食和贮藏器就是最早的酒器。大致到父权制确立的时代,农业生产有了提高,已能用剩余的粮食酿酒,而人们的宗教观念业已形成,祭先祖鬼神都少不了酒,因而这一时期陶制酒器已成为陶器中的重品,且大多数器型种类是后来青铜酒器的先河。如距今 7 150—5 000 年的仰韶文化出土陶器中的杯、壶、瓶、瓮等,距今 7 300—4 000 年的大汶口文化中的肌形器、壶、矾、尊、高柄杯、单耳杯、高脚杯。到了商、周时期,不少的爵、觚等陶制酒器出现在当时的饮酒活动中。到了宋朝以后,由于酒度更高的蒸馏酒的出现和逐渐普及,更多的体积较小的饮酒器出现在当时的饮酒活动中。这类饮酒器逐渐发展成了现在一般家庭常备常用的简单实用的陶瓷小酒杯。由于古代饮酒活动在人们日常生活中占有重要的位置,所以出现了不少珍贵和奇特的酒器。例如:前面所述的珍贵的新石器时期的器壁薄如蛋壳的古陶酒杯和做工精细、杯柄镂空的高脚杯,还有唐代的色彩艳丽、造型奇特的"舟形三彩杯"和"鸭梅花三彩杯",以及江苏省南京博物院藏的明代的"紫砂桃形杯"(图 4.25)等饮酒器。明代的这只造型奇特而古朴的"紫砂桃形杯"上还刻有"醉乡"、"王母九霞觞"等 14 字的一首古诗,更明确地说明了它是一只奇特珍贵的饮酒器。

图 4.24　蛋壳陶高足杯

图 4.25　紫砂桃形杯

(二)华贵高雅的青铜酒器

自从新石器时代出现陶制酒器并经过了夏商两代的发展后,在出土的殷商文物中，青铜酒器占相当大的比重，说明当时饮酒的风气确实很盛。

青铜器，包括青铜酒器，是中国古代文物最富特色的门类之一。其内容之丰富，是世界各国、各民族望尘莫及的。所谓青铜，是指在红铜中加锡和铅所冶炼出来的一种合金，因为天然的铜呈红色，加锡和铅后，颜色会变成青灰，故名青铜。青铜酒器的产生，证明我国的酒器发展已进入了一个崭新的时代。从二里头时期到西周早期，青铜爵、觚出土量是十分有限的，绝大多数墓葬出土青铜爵、觚各器的数量在 1～2 件，尤以各器一件者居多；少数大、中型墓葬出土器物稍多，但亦多在各器 2～5 件。以殷墟妇好之尊贵，其随葬酒器也不过 53 件而已。如上述酒器为日常用器，那么，在一个人口众多的贵族家庭（族）里，其对酒器的需求就不是一个两个或三个五个了。青铜器的稀少与名贵，在考古发掘中得到了充分证明。

从史料和出土文物看，夏、商、周三代专用的青铜酒器可分为三大类。第一大类为贮酒器，如青铜尊缶、青铜大壶、青铜鉴缶等。第二大类为盛酒器和温酒器，两种酒器的功能往往是兼而有之。如青铜尊、青铜壶、青铜卤、青铜方彝、青铜瓮、铜尊，还有以各种鸟兽为形的十几种尊。第三大类是饮酒器，如青铜爵、青铜觚、青铜斝、青铜角、青铜杯等。这类饮酒器有的也兼有煮酒、温酒的功能。因此，有的就有三只足，以便放在火上加温。这些饮酒器的样子，更是琳琅满目，美不胜收。这些都说明，商周时期的酒器，在当时的青铜器制品中占有重要地位，也反映当时的青铜制造工艺水平。

商周的青铜器共分为食器、酒器、水器和乐器四大部，共 50 类，其中酒器就占了 24 类。按用途分为煮酒器、盛酒器、饮酒器、贮酒器。当时的职业中还出现了"长勺氏"和"尾勺氏"这种专门以制作酒具为生的氏族。商代酒器不仅造型优美，而且功能完善，以饮酒器为例，就有爵、角、觚、觯、斝、杯、舟。其中爵、角、觚、觯、斝这 5 件器物出土较多，合称为"五爵"。

最能代表奴隶制文化狰狞美的酒器是"虎食人卣"（图 4.26）。卣，形似壶，但有提梁，像椭圆形的大扁壶。基本形制是椭圆形，深腹、圈足、有盖和提梁（也有少量无提梁的）。甲骨文有"鬯一卣"（图 4.27）的记载。鬯（chàng）是一种用郁金草和黑黍酿成的祭祀神用的高级香酒，所以卣是专用盛鬯的。虎食人卣是中国商代晚期的青铜器珍品，通高 35.7 厘米，造型取踞虎与人相抱的姿态，立意奇特。虎以后足及尾支撑身体，同时构成卣的三足。虎前爪抱持一人，人朝虎胸蹲坐。一双赤足踏于虎爪之上，双手伸向虎肩，虎欲张口啖食人首。虎肩端附提梁，梁两端有兽首，梁上饰长形宿纹，以雷纹衬底。虎背上部为椭圆形器口，有盖，盖上立一鹿，盖面饰卷尾夔纹，也以雷纹衬底，与器体一致。虎两耳竖起，牙齿甚为锋利。该器表面大部分呈黑色，局部留有很薄的绿锈，它和许多出土于湖南商代后期的青铜器一样，纹饰繁缛，以人兽为主题，表现怪异的思想。关于虎食人卣的装饰功能，目前主要有以下五种看法：①表现统治者的专横残暴，以此造型威吓奴隶。②虎是奴隶主阶级的象征，人是奴隶的代表。③将人兽关系看作人借助动物的力量沟通天地。④象征人的自我与具有神性的动物的统一，以便获得动物的保护。⑤虎食人实际反映了"虎食鬼"的神话，即以威猛的虎驱逐恶鬼，取避邪之用。

图 4.26　虎食人卣

图 4.27　鬯一卣

据考古学家证明，在出土的殷商文物中，青铜酒器占相当大的比重，说明当时饮酒的风气确实很盛。然而周朝之后，大量在商时期流行的青铜酒器逐渐消失，究其原因，与周时期特殊的酒文化有着必然联系。一部分是因为禁酒令的出现，限制了酒器的大量生产；另一部分原因是因为其他材质的出现，大量取代了青铜器在人们生活中的使用频率，例如，汉代流行的漆器，六朝之后大量出现的瓷器。它们较之青铜更为美观、轻便。虽然青铜酒器在以后各朝代不再流行，但商代酒器以其繁杂的种类、丰富的造型在古代酒器制造中占有极为重要一席，酒器中大量生动、神秘、狰狞的纹饰为我们研究商代文化提供了大量资料。青铜器纹饰的产生也是中国劳动人民勤劳、朴实、聪颖、智慧的结晶，是体现人们美好心愿的依托物，是人类与大自然抗争、共存、达到"天人合一"朴素心愿的具体表现，他们用高超的铸造技艺，为我们留下象征中华文明的艺术瑰宝。

产生于我国古代的青铜器是铜、锡和铅的合金，铜中有了一些锡和铅，使它有更低的熔点和更好的铸造性能，故更有利于它的冶炼和青铜器的制作，从而促进了青铜器的发展，也就促进了其中青铜酒器的生产和发展。但是，正由于这些青铜中含有铅，故它们也成了我国古代产生最早、能对所盛酒液造成铅污染的酒器，对长期的使用者造成了铅中毒的威胁。随着社会的进步，人们逐步淘汰了这种酒器。

(三)轻盈俏美的瓷酒器

我国最早的瓷制酒器,可以追溯到商代。这种青釉酒器,在浙江绍兴一带也有出土,多为战国时遗物,多是仿照青铜酒器制作的,胎质坚密,器形规正,较之商代的"青釉酒器"有很大进步。商代的"原始瓷"又名为"青釉器",郑州二里岗、安阳小屯遗址中出土的青釉器中有不少是酒器。青瓷酒器多仿青铜酒器,这种现象同青铜酒器的造型多仿陶制酒器一样,制陶、制瓷均需用配置的土制胎,然后入炉烧制,铸造青铜器首先要制"沙型"。三者在制型过程之中多有相通相承之处。先秦的瓷制酒器在造型上虽然和青铜酒器多有相似,但瓷制酒器大多不是宗庙之上的礼器,而是世人的饮器。瓷器脱胎于陶器,大致出现于东汉前后,与陶器相比,不管是酿造酒具还是盛酒或饮酒器具,瓷器的性能都超越陶器。如1974年在浙江上虞凤凰山的一座汉墓中,就出土了一件造型非常美观的瓷酒杯,质地十分精良,整个酒杯酷似一只安然滑翔的飞鸽,杯体为鸽子的腹部,用以盛酒;鸽头在前部,圆头尖喙,为饮酒处;两侧双翼似飞展状,双足蜷缩于腹下,十分自然。这只酒杯,实用与审美已结合得相当完美,堪称艺术珍品了。

隋唐时代,由于社会经济水平空前提高,人民生活改善的速度加快,人们对酒器的精美、适用、高雅,又提出了新的要求。这时的酒器变得矮小了,变得精巧了。战国到秦汉时期普遍使用的壶、卮、尊等少见了,代之并盛行的是小巧玲珑的瓷制酒器。从唐代开始,酒器变小还有另外两个原因,一是从前饮宴时多为"席地而坐",酒器需高大些,取用方便;唐天宝年间(公元742—756年)出现桌子并推而广之以后,人们在桌上饮宴,取用方便,酒器就不必很大了,出现了一些适于在桌上使用的酒具。如注子,唐人称为"偏提"。二是酒精度不断提高,使大杯大盏自然逐渐减少。

宋代是陶瓷生产鼎盛时期,是一个强调"纯正中国味"的时代。唐代积累的雄厚财富、两宋经济的巨大发展、社会结构的深刻变化以及工艺技术的高度成就等诸多因素的存在,为宋代文化达到历史上的高峰期准备了物质条件。文人士大夫们创造了重情趣的宋词、文人画,而能工巧匠们也创造了举世闻名的"宋瓷"。宋瓷不但成为宋代造物艺术的典范,也使中国的造物艺术自青铜时代之后迎来一个高峰期——瓷器时代。宋代瓷器酒器不仅品类更加繁多,而且款式也更是五花八门。宋代人喜欢将黄酒温热后饮用,故发明了注子和注碗配套组合。另外,宋代还常仿古烧制尊等饮酒器,有的体形较大,多为陈设用品。耀州窑的青釉高足尊(图4.28)就比较闻名,该尊为六葵侈口,间以荷叶形翻卷沿,粗长颈,小圆肩,鼓腹,圆底,喇叭形高圈足。在向外斜伸的长颈上饰有六处筋纹,六处筋凸竖纹均匀分布在荷叶形翻卷沿上，象征着舒展开来的荷业之筋脉。与六出筋相对应的是肩腹部的凹竖六条瓜棱纹，纹样装饰洗练简洁，同时又与造型融为一体，起到了衬托和突出高足尊造型美的作用。

图 4.28　青釉高足

元明时期的瓷制酒器，珍品就更多了。如河北保定出土的元代的“宝石蓝金彩酒杯”，其精美程度是空前的。清代阮葵生的《茶余客话》中说，明代（公元 1368—1644 年）官办窑厂生产的多种酒杯，都十分名贵，其价值多在宋瓷以上。其中有名的酒杯叫“高烧红烛照红妆”，酒杯不仅制作非常精美，而且在杯上还绘了“一美人持红灯看海棠”的画，十分优美。

明清时期是中国陶瓷生产的黄金时代，官窑和民窑俱盛，彩绘和色釉并茂。这一时代的陶瓷酒具，继承了前期的酒具的特点，同时在工艺上也呈现了创新，比如釉上、釉下、五彩、斗彩的应用。各种花纹的装饰，特别是众多花朵、海浪、莲瓣、瑞兽等占据了酒具的主体。大器形方面仍沿袭了宋元时期的执壶、梅瓶等形状，只是由于元代以后，蒸馏酿造技术在我国普遍发展，随着酒精度的提高，酒具器形逐渐缩小。明代常见的酒具有玉壶春瓶（图 4.29）、梨形壶、龙柄壶、梅瓶、鸡心壶、天球壶等。在装饰手法上有青花、釉里红、白釉、青釉、朱红釉等。工艺技术有彩绘、刻画、镂空、瓜瓣、模印、脱胎等。清代造型更为丰富，品种也越发多种多样，如倒流壶、温酒壶等。在材质方面，除了陶瓷和青铜外，玉石、玻璃、紫砂、珐琅、金、银、锡等多种多样，在装饰上也更加丰富多彩。

图 4.29　玉壶春瓶

（四）庄重典雅的漆器酒器

漆制饮酒器，是在竹、木等制作的器胎上髹（xiū）漆而成的饮酒器。虽然不似青铜酒器那样品类繁多，也不似瓷制酒器流传那么久远，但它在中国酒器史上，的确红极一时，是中国饮酒器史上的一枝鲜艳的奇葩。漆器早在商周以前就已出现，1978 年浙江河姆渡出土的朱漆木碗，向我们展现了 7 000 余年前的漆器实物。根据出土文物和史料来看，最迟在战国时期（公元前 475 年至前 221 年），我国的漆制酒器，就有了很高的工艺水平。如在长沙楚王墓出土的文物中，就有一只漆制羽觞，制作已相当精美。这种酒器既轻便又美观，而且实用，显然比同时期的青铜酒器要优越得多。因此，据一些史料称，当时的贵族们，多以用漆制酒器待客为荣。

周代髹饰成就的漆器是 1981—1983 年在北京琉璃河燕国墓地 121 座墓葬中发掘出来的豆、觚、罍、壶、簋(guǐ)、杯、盘、俎等多种木胎漆器。其中漆罍、漆觚、漆豆都是朱漆地、褐漆花纹，最为精彩。到了春秋时期，社会生产力的发展使漆工艺得到迅猛的发展。春秋漆器多在河南、山西、山东偏北地区的墓葬出土，而在大量出土战国漆器的湖北、湖南却发现得不多。

到了汉代，漆器制作在中国古代工业史上，达到了高峰。从已出土的汉代漆制酒器看，汉代漆制酒器在造型上讲究简练、轻巧、实用，形体比商周青铜酒器大大减小，也不再以拥有漆制酒器的大小来区别社会等级，而以其拥有漆制酒器制作的精美程度来衡量贵族们社会地位的高低。近些年来，在河北省高阳、北京市怀柔、河南洛阳、湖南长沙、新疆罗布淖尔、广东广州、湖北光化、山东文登、江苏扬州，乃至朝鲜平壤、蒙古诺因乌拉等地，都发现了保存得很好的漆器，其中不少是酒器。这些出土的漆器酒器，以建国后在湖北江陵发掘出土的战国时代的漆耳杯为最早，但数量极少。秦汉时期出土的漆耳杯数量大增，可见在当时已普遍使用于王公贵族。主要有：河南泌阳发现的秦代“木制漆耳杯”；陕西茂陵、甘肃武威、湖北云梦出土的汉代“朱漆木制耳杯”(图 4.30)；秦代“彩绘几何纹铜箍三蹄足漆”，现藏河南省驻马店市文管会；西汉“彩绘夹芝胎漆耳杯”，现藏甘肃省博物馆；特别是西汉马王堆一号墓出土的 90 件“君幸酒”漆耳杯，虽说距今两千余年不见天日，江南四季又多雨，地下潮湿厉害，但是，漆色仍然艳丽夺目，朱墨分明，不减原来面目，足见其质量之高。

就漆制酒器的品种来说，以耳杯、樽、卮、扁壶(图 4.31)等实用酒具为主。大量涌现的圆桶形酒器，反映了汉代追求自由活泼的艺术风格。装饰方法上非常讲究色彩的艳丽、贴切，一般是红、黑两色配合，给人一种明快的感觉，在朴素中显现华美。而且在装饰中开始使用了金属镶嵌的方法。这些装饰方法都是青铜酒器和铁质酒器所不曾有过的，其精美和实用，是青铜酒器难以比拟的。这为以后瓷质酒具的装饰奠定了基础。因而漆制酒器取代陶制酒器、青铜酒器和铁制酒器，发展成为汉代酒器的主流。可见，汉代人对漆制酒器的重视程度，要比青铜酒器高数倍。

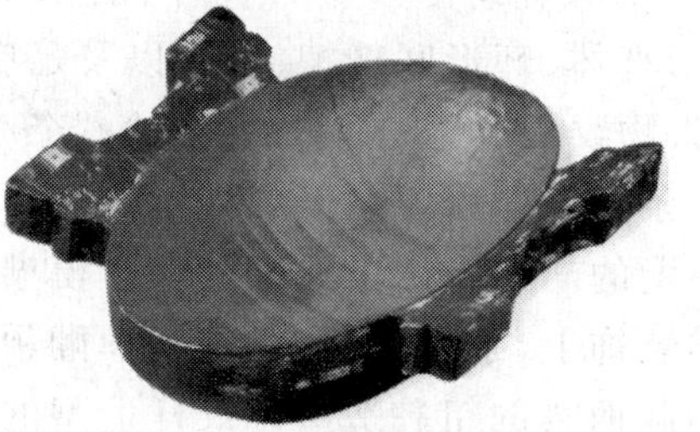

图 4.30　朱漆木制耳杯

图 4.31　漆扁壶

秦汉时期出土的漆制饮酒器中，比较多的还有卮，而且制作多很精美。湖北光化汉墓出土的一种卮，圆状、带把手、有盖、下有三足，美观而实用。《史记·项羽本纪》中说的项羽“赐之卮酒”，樊哙“立而饮之”的“卮”，指的就是这种酒器。“卮”，在战国时期是指一种盛酒的器皿，但秦、汉以后，就泛指饮酒器皿了。如晋人傅咸在《污卮赋》中，有“有人遗余琉璃卮”的词句；唐人于武陵在《劝酒》中，有“劝君金屈卮”的诗句；宋人邵雍在《插花吟》中，有“头上花枝照酒卮”的字句。

漆制饮酒器的纹样以几何纹、动物纹、抽象装饰纹、漆绘以及雕刻装饰纹样为主，色彩多为红黑二色相间，或用朱、青，或用朱、金彩绘，描绘纤细，形象生动，具有清新活泼的艺术风格，强烈大方，富有浓厚的生活气息。

(五)精工雕凿的金银酒器

从古至今，黄金、白银都是财富的代表。尤其是在古代，又以黄金更珍贵。金银制饮酒器是古代使用最早的金银器皿之一。在中国金银器史上，唐代无疑是一个顶峰，金银器制作上发生了很大变化，饮酒器也不例外。这时金银器皿的制作已有更高的工艺水平，而且数量也相当多。唐代酒器中，出现了较过去更多的金、银制作的酒杯，而且制作的工艺水平也较过去有了很大的提高。使用金银酒器者，只有那些帝王将相和富商大贾，平民百姓是难以问津的。在西安市何家村发现一处唐代窖藏的千余件文物中，金银器即有265件，其中酒器占了一半，著名的“舞马衔杯”银壶就是其中一件珍品。同时还出现了金银带把杯，有人倾向于将其归结为外来文化的影响，尤其是以杯把为最突出特征的粟特器物的影响，有学者甚至认为“如果不考虑粟特地区与唐代中国的关系，这类杯的出现便无从解释。”从这一时期的金银带把杯实物上，也可感受到浓重的异域色彩。何家村窖藏出土的人物纹金带把杯，其呈八棱状的杯体、以联珠环绕的底足、环形把以及把手上的人头形指垫，都是在中国传统器物造型上从没有出现过的，而上述造型恰恰是粟特带把杯最为显著的造型特征，因此，齐东方先生认为此杯“可能是一件外国输入的器物或外国工匠在中国制造的”。同出于何家村窖藏的人物忍冬纹金带把杯(图4.32)，作为窖藏中唯一一件纯金杯制品，虽其八棱形杯体、环形联珠把、指垫以及足底围绕的一圈联珠仍是明显的外来风格，但相比人物纹带把杯，其口沿已由直线条变为向内弯曲的曲线，仅这一处变化，就使口沿线条与微向内弧的器壁有了一种呼应关系，使杯子的整体造型感觉趋向柔和。指垫上的胡人头像也处理得较为模糊，不似前杯那样五官须发刻画得处处分明。纹样装饰上，手拿乐器、身着窄袖翻领胡服、姿态颇为谦恭的胡人形象已取代了前杯袒胸而舞的粗犷造型。纹样造型的转变，也显示出在万邦来朝的盛世下，唐人自身优越心态的体现。

金碗,是唐代的饮酒器具的另一杰出作品。作为酒器的碗,与盏相比尺寸要大一些。陕西耀县柳林背阴村出土的银金花鸿雁纹四曲碗,刻有“宣徽酒坊宇字号”字样的银金花鸿雁纹碗,便是晚唐金银酒碗的两种主要样式。如 1970 年自陕西省西安市南郊何家庄出土的唐代窖藏鸳鸯莲瓣金碗(图 4.33),此碗系锤打成型的金质酒器。敞口,肥腹,平底,喇叭口状圈足。这只金碗形态肥硕丰满,庄重大方,纹饰细密瑰丽,优美典雅,工艺精湛考究,气度非凡,可以说是大唐盛世的一个缩影。

图 4.32　人物纹金带把杯

图 4.33　唐代窖藏鸳鸯莲瓣金碗

到了宋代和元代,金银酒器得到了进一步的发展和广泛应用。金银酒器的种类既传承了前唐杯、碗、瓶的传统,又在前人的基础上做了进一步丰富和发展。如各式各样的杯盘、台盏、盘盏、散盏、瓶、马盂、马杓、屈卮等。

杯盘:仿古式金银夹层杯盏,是宋代发展出来的新器型,而为元代所继承。纹饰之外,它在造型上也或追仿古式。

卮:《碎金》中“酒器”一项所列举的“屈卮”,原是古称,也作“曲卮”或“卮”。就其本义来说,卮应是指一侧有环柄的酒杯。《梦粱录》卷三“四月皇帝初九日圣节”记度宗生日的各种盛况,云“御宴酒盏皆屈卮,如菜碗样,有把手,殿上纯金,殿下纯银”。卮通高 5 厘米,口径 79 厘米,系用套接法制作而成夹层杯,即以一个口沿处装饰弦纹、下有圈足的外杯套焊在内杯的腹部,一侧的把手上连内杯,下接外杯,把手的压指板做成圭形。

台盏:台盏原是酒盏与酒台子的合称,它是酒器中的一种固定组合。酒台子便是承托酒盏之盘,不过盘心凸起如一倒扣的小盏以为承台,因此得名。宋人称水仙花为“金盏银台”,便是从此类酒器而来。安徽六安县嵩寮岩花石咀一号墓出土的一副宋末元初银水仙花式台盏(图 4.34)。

图 4.34　银水仙花式台盏

盘盏:元代金银盘盏的发现远多于台盏。

盘盏的形制、纹饰与宋代相比，区别不算太大。就造型来说，宋代的异形盘盏如八方、椭圆等比较多，元代则不是很常见。金银盘盏一般说来盘总是很浅，高多在3厘米以下，而盘与盏的装饰纹样每每相互呼应。盘盏常常是宫廷盛礼中的用具，《宋史》卷一一二于宫廷庆寿仪礼中盘盏的使用有很详细的记述。

散盏：所谓“散盏”，似是相对台盏与盘盏而言。当然散盏也必要用到承盘，只是盘和盏不成为造型与纹饰一致的“一副”。换句话说，凡与盘不构成固定组合的盏，均可作“散盏”看。宋代流行的是十花盏，宋徽宗《宣和宫词》：“十花金盏劝宫娥，乘兴追欢酒量过。烛影四围深夜里，分明红玉醉颜酡。”“十花金盏”之“十”，在这里似可作“什”解，即其数未必是确指，而只是不同花式却风格一致的酒盏。菊花盏和葵花盏是元代象生花式盏中最常见的两种样式，其流行均始于宋，彭州窖藏中的一件金菊花盏(图4.35)，构思与同出的象生花式盘盏相同，即整个造型以菊花为式，圈足做成菊瓣纹，盏心打造花蕊，盏高4.6厘米、口径10.4厘米，重124克。

瓶：元代与盘盏同出的多为玉壶春瓶，此在元代壁画中也有相应的情景，如山西洪洞水神庙壁画里的备酒图和弈棋图，而河南登封王上金墓和焦作老万庄金墓壁画中均已有显示了这种组合的图像。作为酒具的玉壶春瓶，元代称作壶瓶。合肥市小南门内原孔庙大成殿西庑左近一处出土的“庚辰岁萃仲赫”银玉壶春瓶高34厘米，口径7.4厘米，重592.5克。

元代来自蒙古草原的元代贵族，常以拥有和使用金银器为荣耀，因而刺激了金银酒器的发展。如年在内蒙古自治区赤峰辽墓中，就出土了大量金银酒器，制作都很精美。

明清时期，金银杯在造型上的仿生性更明显也更成熟，如安徽合肥元代窖藏出土的金杯，做成带柄的半柿形。著名银工朱碧山就极擅长制作蟹杯、虾杯，从流行至今的银搓杯就不难看出其水平。湖南通道南明窖藏出土的银杯，全部做成立体的枝叶盘绕的蟠桃形。金银酒器不多，但工艺水平却是更上一层楼。如明皇陵出土的金壶、金爵，其制作之精美，工艺之细腻，是前代作品难以匹敌的。珍藏在北京故宫博物院的“金瓯永固”金杯(图4.36)，是清朝皇帝在每年正月初一的开笔仪式上使用的酒杯，宫廷重要的礼器，从造型和用途上看都有浓重的复古味道。

图4.35　金菊花盏

图4.36　金瓯永固金杯

(六)晶莹剔透的玉酒器

玉,在我国古人的心目中,其价值是和黄金相提并论的。如"金玉良言","金玉奇缘","金童玉女","金玉其表","金殿玉阶"等说法,都反映了玉在古人心目中的价值。宋代玉酒器文献记载,玉酒器在战国时就已出现,汉、魏之时又有发展,造型受青铜器影响较大。战国以前,多以黄金制作重要印章,而秦代却以玉石刻成玉玺,并成了后世传国之宝。应当说明的是,可称为玉的美石很多,但品质不一。一般来说,质地坚硬、色泽单一的有黄玉(古称黄精)、白玉、碧玉、翡翠;色泽鲜艳的有珊瑚、松石、玛瑙、芙蓉石;晶莹明洁的有水晶、绿晶、茶晶;宝光闪烁的有碧莹、蓝红宝石、猫儿眼、钻石等。

玉制酒器产生的年代,应在周代之前,如《周礼》中提到的"玉斝、玉攒",就都是祭祀时用的酒器。如河南安阳妇好墓中出土了 600 余件商代玉器,其中就有饮酒器。到春秋战国时期,玉制饮酒器就相当多了。如在河北省平山县中山王及其家族的墓中,就出土了 2 000 多件玉器,有辽宁的帕玉,南阳产的独山玉,张家口产的玛瑙等,其中的水晶、玛瑙酒杯,堪称艺术珍品。

秦汉时期的玉制酒器仍是十分珍贵的。汉代玉器素享盛名,"汉玉"几乎成了古代美玉的代名词。如典故中说刘邦和项羽争天下时,刘邦为了利用范增,就偷偷给范增玉斗一只。中国历史博物馆中收藏的西汉时期的玉杯,口、沿和底部都雕刻着云纹带,杯外壁雕琢的乳钉纹更为精美。还有一个角形玉杯,形似牛角,玲珑剔透,十分好看。如夔凤玉卮(图 4.37)是一件清代皇宫珍藏过的东汉玉酒器。此卮系采用优质新疆和田青玉制成,局部有褐色和紫红色侵蚀。卮身呈圆筒形,配圆形隆顶盖。盖顶中央有圆钮,上饰漩涡纹,边沿作凸出的三花瓣形,每瓣均有穿孔。盖面上还有三只立雕羊首。卮身通体以勾连云纹为锦地,锦地上隐起变形的夔凤纹三组。环形卮耳在腹中部,上饰一兽面。卮底三足呈兽蹄状,腹壁近足处亦各有一段兽面纹。

至隋、唐时期,我国玉制酒器则更加精美。只是唐代是玉器发展的低潮期,有玉杯出现,但玉制酒器比较少。如 1957 年在陕西一个隋朝墓中出土的一件镶金边的白玉杯,金玉结合,非常珍贵。尤为奇特珍贵的是一件绿晶琉璃酒杯,晶莹碧绿,透明熠光,酷似半透明的半个西瓜。1970 年在陕西河家村还出土了唐代的"花枝纹白玉八曲长杯"、玛瑙兽形杯,造型都匠心独具,精美至极。

宋、元时期的玉制酒器,做工更为精细。如中国历史博物馆收藏的北宋时期的"白玉葵花龙柄碗"、"白玉凤耳杯",都是不可多得的珍品。宋代是玉器发展的重要阶段,玉雕的造型艺术也大大地前进了一步。宋代玉酒器中玉杯的数量最大,这时的玉杯既有仿古作品，又继承了唐代玉器造型灵活，风格写实的传统，摆脱了青铜器的影响，并吸收唐宋瓷制茶具造型的特点，形成了独特的风格。赵宋宫廷使用的玉酒器数量较大，皇室的需要无疑对玉酒器的发展起了很大的推动作用，目前传世的宋代玉酒器中，很多是当时的宫廷用品。考古发掘到的宋代玉酒杯品种主要有椭圆杯和单柄杯。例如，故宫博物院收藏的鹿纹椭圆杯（图 4.38）。杯高 6.5 厘米，宽口径 14.5 厘米，窄口径 10.7 厘米。椭圆形，无柄，直口，口沿饰一周海水江牙纹，腹部凸雕鹿衔灵芝，并细线云纹地子。

图 4.37　夔凤玉卮

图 4.38　鹿纹椭圆杯

元代最有名的渎山大玉海（图 4.39）是专门用于贮存酒的玉瓮，据传这口大玉瓮是元始祖忽必烈在至元二年（公元 1256 年）从外地运来，置于琼华岛用来盛酒宴赏功臣的。此玉海用整块杂色墨玉琢成，周长 5 米，四周雕有出没于波涛之中的海龙、海兽，形象生动，气势磅礴，重达 3 500 千克，可贮酒 30 石。现保存于北京北海公园前团城。

到了明、清两代，玉制酒器较前代之精美更上一层楼，如明定陵出土的玉耳杯（图 4.40）和玉碗，中国历史博物馆收藏的清代的白玉嵌金错宝石碗，都是价值连城的珍品。仅白玉嵌金错宝石碗上，就镶有 180 颗红宝石，而且精美至极，堪称国宝。

图 4.39　渎山大玉海

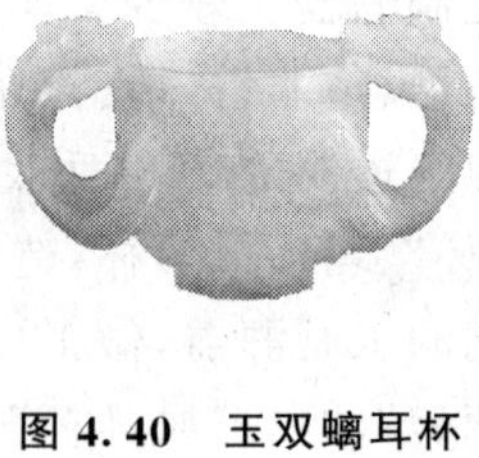

图 4.40　玉双螭耳杯

(七)清澈透明的玻璃酒器

古代的玻璃称之为璧琉璃、琉璃、颇黎等。“琉璃”一词最早见于东汉班固所著《汉书》,称“璧流离”。中国制作玻璃酒器的历史相当悠久。唐宋时期,能够制造玻璃瓶、杯、管等容器。晋代诗人陆机《饮酒乐》诗曰:“葡萄四时芳醇,琉璃千钟旧宾。”宋代文学家欧阳修《丰乐亭小饮》诗口:“人生行乐在勉强,有酒莫负琉璃钟。”王十朋有诗亦曰:“涂杯谓琉璃,不比田家盆。醉吟到高处,舞月成清欢。”从这些诗作来看,玻璃酒器在宋代盛行是无疑的。但现今所见的最早的玻璃酒器,是出土于河北的西汉玻璃耳杯(图 4.41),色泽艳丽,多姿多彩。但由于中国古代玻璃轻薄质脆,难以烧造,因此,出土的玻璃酒器极少流传。清代以前的玻璃器物大多是以工艺品问世的。真正作为包装的玻璃瓶直到清代才逐渐出现。玻璃酒器真正占领酒筵市场,是随着现代西方玻璃烧造技术的传入才发展起来的。例如,烟台张裕葡萄酒公司使用的玻璃瓶为传统的手榴弹式造型(图 4.42),瓶上的酒标很精美,注有 1892 年字样,标志着张裕公司已经走过了百余年的辉煌岁月。

图 4.41　西汉玻璃耳杯

图 4.42　张裕榴弹式酒瓶

现代科技的进步,使玻璃瓶增加了许多品种,玻璃瓶的造型也日趋多样化。如竹节瓶,造型酷似竹节,装上黄酒,透过晶莹的玻璃呈现出竹子的本色,给人以一种返璞归真的美感;不倒翁瓶,瓶身似花瓣,瓶底圆球形,轻推摇晃而不倒,好似一名醉汉,情趣盎然。塔瓶,以上海东方明珠塔为原型而制作的酒瓶,高高耸立,象征着国际化大都市上海的繁荣。雕花圆柱瓶,以北京人民大会堂门前的立柱造型,显得庄严肃穆。火箭瓶,以发射火箭作为造型,有种腾空欲飞的美感。如全兴大曲瓶,开口笑瓶,金六福球形瓶,北京醇八棱形瓶,剑南春鼓胸瓶(图 4.43),五粮液容量瓶式瓶,中国龙圆柱瓶(图 4.44)等,各有特色。又如水晶瓶、磨砂瓶、瓷质玻璃瓶等。在制作上采用玻璃抛光、玻璃彩饰、玻璃贴花、玻璃移花、玻璃喷花、玻璃印花等先进工艺技术。

图 4.43　剑南春鼓胸瓶

图 4.44　中国龙圆柱瓶

第三节　酒瓶收藏也醉人

中国酿酒历史的悠久和酿造技术的发达,形成了中国酒文化的源远流长。酒业的发展,带动了酒包装的设计和生产从最初的土罐、陶罐,发展到青铜器、漆器、瓷器、金银器,到今天的优质陶、瓷酒器、磨砂玻璃瓶、水晶瓶……发生了一系列的变化。饮酒器具的演变无疑也是中国酒文化史不可分割的一个主要内容,而不同时代的饮酒器具也有不同的收藏鉴赏价值。随着酒瓶多种多样的材料、千姿百态的造型、五彩缤纷颜色的变化,酒瓶已不仅仅是一种装载液态酒液的器皿,而是一种集使用品、装饰品、艺术品多种功能为一体的特殊工艺品。许多酒瓶不仅颜色、造型漂亮,它还涵盖了酒艺、酒史、陶艺、瓷艺、考古、文物、绘画、书法、诗词、雕刻、民俗、典故、礼仪、产地、性质、风景名胜于一体,反映当时社会的政治、经济、文化、技术、艺术的真实情况;小小酒瓶含有丰富的知识性、艺术性、趣味性、技术性、史料性、纪念性、鉴赏性、稀有性,是历史文化的缩影,是民族智慧的结晶,是悠久灿烂中华酒文化的一部分。

酒瓶收藏,最早起源于欧美国家。随着人们生活水平的提高和收藏热的兴起,酒瓶的收藏也逐渐为国人所重视。我国起初只是有人收集酒标,20 世纪八九十年代,随着收藏热的兴起,逐渐有人开始涉及酒瓶的收藏。博大精深的酒文化和绚丽多彩、造型千姿百态的酒瓶艺术魅力,有陶瓷的、玻璃的、竹木的、皮革的、紫砂的……感召着酒瓶收藏爱好者们,他们用国人独有的眼光和审美观念去获得乐趣,他们不惜金钱收藏各个时代的酒具以及中外当代造型各异的酒瓶,五彩斑斓的酒瓶不仅成为人们日常生活中一道亮丽的风景,也引起了更多的收藏界人士的关注。这里说的酒瓶是指盛装过酒的熟瓶,不是没盛装过酒的生瓶或假瓶。我国酒瓶收藏目前还是比较“年轻”的收藏品种。酒瓶收藏爱好者们不惜金钱收藏酒瓶,其价值主要体现在 3 个方面:史料价值、艺术价值和科技价值。

1. 史料价值

通过酒瓶收藏,可以了解某一酒品的发展史。比如茅台酒,它是我国的国酒,有着悠久的生产历史。茅台酒厂博物馆里陈列的一只最早的酒瓶,是一个土陶瓶,口小、颈短、鼓腹,是乾二十年即公元 1755 年的制品,瓶口以木塞封固,再盖以肠衣,用麻绳缠紧密封,瓶身贴有“贵州省茅台酒”三角形简易商标。这样的包装确实过于古朴粗糙,因而在 1915 年巴拿马国际博览会上被西方人瞧不起,幸亏我方人员急中生智,把酒瓶摔碎,使得酒香四溢,美酒的香醇震惊了博览会,终于获得了金奖。通过茅台酒的收藏,可以了解到茅台酒的历史,了解到近半个世纪来中国的政治经济沿革状况,给人以无穷的思索。

2. 艺术价值

酒瓶是酒的载体,又是一种特殊的工艺品。无论是酒瓶造型、还是书画图案、诗词文学、酒名酒标,都有丰富的文化内涵,有着较高的艺术欣赏价值。如安酒酒瓶造型为古老的傩(nuó)戏脸谱,包装盒上贴着贵州民间蜡染布饰,印着篆体文字,古色古香获得了亚洲之星和世界之星的包装奖。财神酒的造型是一尊金光闪闪的武财神像,摆放在店堂或家中增添了热烈吉祥的气氛。秦俑特曲酒瓶,是一尊秦俑塑像,那庄严肃穆的神态,把人带进了遥远的古代。罗汉酒瓶则是笑口常开的罗汉像,那笑容可掬的面庞,那敞开的大肚可以容纳世界一切荣辱。这些酒瓶的形式美、曲线美、色彩美以及它们的意蕴美,使原本平常的酒容器魅力大增,身价倍升,艺术品位和文化氛围立刻体现了出来。真乃是瓶小乾坤大,自然灵气多。

3. 科技价值

现代多姿多彩的酒瓶,是现代科技的结晶。就拿玻璃来说,由于原料配方不同,做工不断改进,出现了晶质玻璃、石英玻璃、无色玻璃、有色玻璃、玉色玻璃、琥珀玻璃、微晶玻璃等,因而玻璃酒瓶也越来越漂亮。瓶口的封闭物,古时用肠衣、猪尿泡、木塞、松节油等,现代发展到塑料盖、金属盖、螺旋盖、防盗盖、防伪盖……为了保护品牌、打击假冒产品,现在又出现了激光全息防伪技术,幻纹防伪技术。在酒品包装上又出现纸质酒瓶,相对玻璃、陶瓷酒瓶来说轻便安全,不易破碎,便于运输,成本较低,确是一大更新。通过酒瓶收藏,可以窥见酒类包装的技术进步。

一、象形类酒瓶

我国现代酒瓶的造型，目前已出现了百花齐放的生动局面，名酒辈出，瓶花烂漫。如太白醉酒瓶(图 4.45)的造型为"太白坐在酒坛旁边，他双眼微闭，似乎在吟咏诗句呢，表现了李白但愿长醉不复醒的狂放性格。"炎帝神酒瓶，是炎帝神农氏的一尊塑像，"手拿稻穗，身背药篮，眉清目善，凝视前方，表现了农耕文化开创者的精神风貌"；沱牌生肖酒瓶一套，"用 12 个陶瓷瓶雕塑成 12 种动物属相，采取写意的手法，美在似与不似之间……"当我们看到这些神形兼备的艺术酒瓶时，谁不为之惊叹！

现代酒瓶的造型，千姿百态，五花八门，多种多样，应有尽有。可分为普通型和特异型。普通型有：圆柱形、圆锥形、圆球形、椭圆形、四方形等。特异型有：龙形、凤形、琵琶形、葫芦形、古钱币形、人物形、动物形等。有的抽象夸张，有的写实逼真，活灵活现，栩栩如生；如：西游记酒瓶师徒四人和白龙马、八仙过海酒瓶八位仙人形象、红楼梦金陵十二钗酒瓶十二美女、寿星佬酒瓶、四大文人酒瓶、四大美女酒瓶、十二生肖酒瓶、天地合一阴阳一体酒瓶、牧童骑牛酒瓶、红旗酒瓶、华表酒瓶、天书酒瓶等都很奇特。按照象形类别来分又可以分为：动物造型，如龙、象、龟、虎、鱼、鸡等；名人塑像造型，如炎帝神、舜帝神、李时珍、李太白、关公等；古典文学人物造型，如红楼十二钗、水浒一百零八将、西游记唐僧、卓文君等；民俗吉祥物造型，如长命锁、八卦图等；名胜景点造型：如长城、华表、张家界金鞭岩、贵州红岩天书、西湖三潭、月石塔、滴水洞等；生活用具造型：如背篓、水车、土车、乒乓球拍等；乐器造型：如小提琴、琵琶、大鼓、芦笙、萨克斯等；军事用品造型：如土炮、步枪、手雷等；古代钱币造型：如裤币、铜钱、刀币等；现代派造型：以似是而非的造型，在像与不像之间表现一种创新的思维。这些酒瓶的丰富性、多样性、艺术性，构成了中国酒瓶的艺术特色，是那些外国酒瓶所望尘莫及的。

二、书画类酒瓶

中国酒瓶，是中国书画家大显身手的地方。书画为酒瓶添彩，酒又给书画增添了浓香的氛围。酒、诗、书、画、瓶结合在一起，形成一种独特的文化现象，这些酒瓶在国外是很难见到的。如湖南省"酒鬼"酒的酒瓶，其造型为麻布袋，一根红绳捆扎麻袋口，古朴粗犷，非常别致，这是土家族著名鬼才画家黄永玉先生设计的"无上妙品"酒鬼酒瓶(图 4.46)，包装上有黄永玉画的《酒鬼图》，还配有酒诗一首："酒鬼喝酒鬼，千杯不会醉。酒鬼出湘西，涓涓传万里。"整体看，酒瓶具有非常强烈的艺术冲击力，深受人们喜爱，酒鬼酒从此畅销国内外，给厂家带来了巨大的经济效益，其酒瓶亦深受收藏者的喜爱。

青花"明万历年造"款双龙戏珠纹梅瓶高 52 厘米，口径 6.1 厘米，底径 15 厘米，腹围61.3厘米，该瓶造型挺拔高挑，质地细润，釉色艳丽，白中略泛青。直颈唇口，硬折肩，瘦长腹，腹以下至胫渐收，胫至足稍外扬，平底。从器形及字体看，此瓶应为“官搭民烧”的产品。“官搭民烧”指当时朝廷御厂器用不足，政府强派任务给民窑烧造。这一方面促进了民窑兴旺和发展，同时也使官窑制品逐渐吸收了民窑产品自由活泼的风格。宣德青花携酒寻芳(图4.47)(携琴访友)图梅瓶高38.2厘米，口径6厘米，底径11厘米，腹围65.3厘米，该瓶1972年出自桂林市东郊明代靖江安肃王朱经扶夫妇合葬墓。瓶体工整端正，美观秀雅；胎体厚重，瓷质细腻，釉色匀润白净，极其雅致夺目；小唇口，圆台状短颈，颈下部外斜，丰肩圆腹，腹以下至足渐收，沙底略上敛。整器图案共分四层，各层间以弦纹分隔。颈部绘青花龟背锦地纹，肩部绘青花波涛开光海马纹，其波涛有浊浪排空之感，汹涌澎湃，气势磅礴。海马则奋蹄疾首，极富力度。胫部绘青花海波纹，与肩部海波纹遥相对应，笔法夸张洒脱而又不失写实风格，流畅而又豪放，给人以宽阔无边之感。腹部主题图案绘青花山水人物图，取古文人雅士“携酒寻芳”及“携琴访友”之意，颇富情趣。图中一高士神态怡然，坐骑徐行。从其衣着服饰着应为朝廷官员。马前一琴童状琴引路，马后另一仆人肩担酒食随行。远处群山滴翠，碧水横流。整图构图精妙，形神兼备。笔法极为细腻，人物马匹器用景物比例准确，层次分明，线条流畅。路旁柳枝随风摇曳，人物衣饰亦隐约飘动，生动有趣，犹如一幅精美的中国水墨画。古代文人画中常有“携酒寻芳”、“携琴访友”这类题材。与春秋时期俞伯牙、钟子期“高山流水，得遇知音”及魏晋以后文人高士隐居山林，相聚豪饮，琴棋书画有关。此瓶另一特色是图中仆人肩上所担，一头为一只竹编的三层食簞(diàn)，另一头为一只装满美酒的梅瓶，这只瓶中瓶对研究古代酒文化及梅瓶用途提供了形象直观的实物资料。明代永乐、宣德时期是中国青花瓷器的黄金时期，该瓶从器形到图案可谓奇花瓷器中之极品。这些酒瓶，都有较高的文化品位，都有着迷人的艺术魅力。

图4.45　太白醉酒瓶

图4.46　酒鬼酒瓶

图4.47　携酒寻芳瓶

三、名瓷类酒瓶

国外酒瓶普遍使用玻璃瓶、水晶瓶，很少有陶瓷酒瓶。中国的酒瓶除玻璃瓶外，陶瓷瓶占有很大的比例，成了中国酒瓶一大特色。陶瓷酒瓶是指经过艺术加工后，有一定文化性、欣赏性，陶瓷酒瓶在制作时具有很强的可塑性，可以制作出形态各异的造型。陶酒瓶无论从形态上还是在色彩上，都有凝重典雅之美，收藏这种酒瓶，在艺术修养上也会得到极大地提高；瓷制酒瓶在酒瓶发展史上有着重要的位置，一般以白瓷为主，瓶体上有各种相应的浮雕画面，给人以厚重、大方的感觉。有的瓷制酒瓶涮上各色彩釉，然后印上古今中外文人墨客的诗词，有着浓郁的文化气息，收藏这种酒瓶也有利于提高自己的文化素质。因此，陶瓷酒瓶越来越受到人们的喜欢。在大量陶瓷酒瓶上，我们能够感受到这种厚积薄发的传统文化影响，也因此构成了酒瓶收藏的重要价值。中国的酿酒历史悠久，而装酒的酒瓶也应运而生，通过对酒瓶的收藏，可以了解我国酿酒、饮酒和各种名牌酒品的发展历程，见证我国酒类包装的发展。

目前，收藏市场上可以看到的酒瓶有人物类、动物类、书画类、名瓷类和纪念类。其中名瓷酒瓶是用我国古代官、哥、汝、定、钧等名窑技术烧制出来的，且往往装上当地名酒，是难得的藏品。瓷酒瓶与玻璃酒瓶虽然都是装酒的器皿，可两者之间却有着很大不同，相比较而言，瓷酒瓶收藏价值要比玻璃酒瓶大得多。我国是世界闻名的陶瓷古国，陶瓷是我国古代劳动人民对世界文明的伟大贡献。瓷酒瓶的制作工艺传统且复杂，大都是由具有经验丰富的匠人设计、彩绘、上釉、烧制，一般成品大都是从百余件中精选出来十余件或更少，所以瓷器具有很高的观赏价值、收藏价值和投资价值。而玻璃酒瓶的制造工艺却很现代，且已经达到了很发达的程度，可以用电脑设计，可以用流水线制造。陶瓷酒瓶的最大特点是包含了较深的历史知识。如四川广汉产的三星堆古酒系列，采用商代青铜面具千里眼、顺风耳仿制的酒尊以及仿古龙凤瓶，展现中国 4 000 多年前的灿烂文化。唐朝时湖南长沙窑烧造过大量的陶瓷酒壶，长沙窑是第一个烧造釉下彩酒壶，第一个在酒壶上题诗的窑。“春水春池满，春石春草生；春人饮春酒，春鸟鸣春声。”酒瓶的发展跟社会发展是同步的，是一脉相承的。

新石器时代盛酒的多系陶罐，到了商周时代则变为青铜器制成的壶、钫为主，汉代以后，历朝各代的酒器更是推陈出新，一直到当代以陶、瓷、玻璃酒瓶为主，可谓千姿百态，目不暇接。尽管酒瓶是盛酒的器皿，却也同样是件让人赏心悦目的工艺品。尤其是在陶瓷酒瓶上可领略到中国酒文化的高超艺术价值。在这些酒瓶上，有风光、人物、戏剧、民俗、绘画、动物、建筑、书法艺术等图案，也有记载着酒的历史、典故、产地等诸多信息，更有圆形、壶形、方形、葫芦形、棱形和古代酒具等造型，至于技术上则有古代的官、哥、汝、定、钧等名窑烧制，此外青花、粉彩、素釉、斗彩、珐琅彩和五彩等瓷艺无所不包，俨然是现代藏品中的"古玩"汇集处。如秦俑特曲酒瓶(图 4.48)，就是一尊秦俑塑像，那庄严肃穆的神态，似乎带人走进了遥远的古代。康雍乾酒采用了清代皇帝帽型瓷瓶，显得非常独特而皇家气十足。山西杏花村出产的汾酒，采用粉彩瓷瓶，画面上一个路人向骑在牛背上的牧童问路，而旁边则书晚唐诗人杜牧"借问酒家何处有，牧童遥指杏花村"的著名诗句，将酒名蜚声海内外的杏花村表露得一览无余。

图 4.48　秦俑特曲酒瓶

辽宁道光二十五集团满族酿酒有限责任公司出品的"四大美女宫廷贡酒"酒瓶也是多彩釉瓶。加上名画家作的画，绘制复杂，烧制麻烦，要求有较高的技艺和技巧。黑龙江鹤城酒业有限公司出品的"黑土地"酒青花瓷酒瓶系景德镇玉风窑手绘青花瓷，是以钴料为着色剂，在洁白干燥的瓷坯上，用毛笔勾画出各种图案，然后罩上一层透明釉，经 1 300 摄氏度左右的高温一次烧成，具有色调明快，呈色稳定，蓝白相应，永不退色的特点。

四、纪念类酒瓶

为了反映某些历史事件、特定的人物等而发行的纪念性的酒瓶更具收藏价值。而且这一类型的酒瓶发行量相对比较少，更加提升了其价值。例如，山东省有个小城，名叫禹城，相传曾是大禹治水的地方。此城借此历史意义，纪念对中国水利建设有卓越贡献的古代水利大师大禹，酿造出了驰名全国的美酒，盛着这种历史味道极浓的美酒的酒瓶也别具一格。其中有一套，瓶体都呈四面立方体，质地为白瓷，瓶体下部是大禹治水内容的浮雕画，形象逼真，一套为一箱，一箱共六瓶，瓶瓶不同，每一瓶都讲述了一个大禹治水过程中的故事。分别为：禹接受使命开始治水；采用疏的办法治水；第一次经过家门与有身孕的妻子相望而未入家门；第二次经过家门看了看已十岁的儿子，匆匆离去；第三次经过家门带上已成人的儿子共同治水；治水终于成功，得到万民拥戴。这类酒瓶比较难得，相应的价值也较高。

当代的酒瓶更具历史纪念特色，早期纪念瓶较少，近代纪念瓶比较多。纪念瓶因为存世量少而更显得珍贵。如：新中国成立后酒瓶上出现国营酒厂，大跃进时期酒瓶上有三面红旗标志；文化大革命时期酒瓶上都有"毛主席语录，抓革命，促生产”;20 世纪 60 年代邯郸大麯酒瓶上有“最高指示,要斗私,批修”;五粮液建国 55 周年红旗型纪念酒瓶(图 4.49);台儿庄大战 55 周年纪念酒瓶;2006 年 1 月 3 日,贵州茅台酒股份有限公司出品神舟载人飞船发射纪念珍藏酒;2005 年,神舟六号载人飞船发射成功,为纪念这一民族盛事,国酒茅台倾其精华,特制2 005瓶神州珍藏纪念酒,因其品质上乘,数量有限,同时又承载重大历史事件,实为收藏之上品;2008 年 1 月 13 日,大乘玉佛寺 108 位高僧开光法会纪念瓶;2008 年 5 月 18 日济南,全国第五届中外酒器文化交流会纪念酒瓶;2008 北京奥运会,由北京市典藏礼宾酒文化有限责任公司设计,北京市二锅头酒业股份有限公司出品红旗型“典藏二锅头”酒酒瓶(图 4.50),限量绝版发行 2 008 瓶,每瓶都有编号和收藏证书;中国大驾酒厂出品的参观少林寺纪念瓶;由国防科学技术工业委员会新闻宣传中心、中国收藏家协会烟酒茶艺收藏委员会和山东古贝春有限公司联合研制开发的“神舟七号”成功纪念收藏酒;2009 年中国山东济南,中国扑克收藏文化纪念酒酒瓶,由香港三生酒行专业陶艺师霍厚昌先生制作,酒瓶选石湾陶艺编号生产 1 000 个,是目前国内存世量最少的纪念酒。这些纪念酒酒瓶意义非凡,价值都比较高。

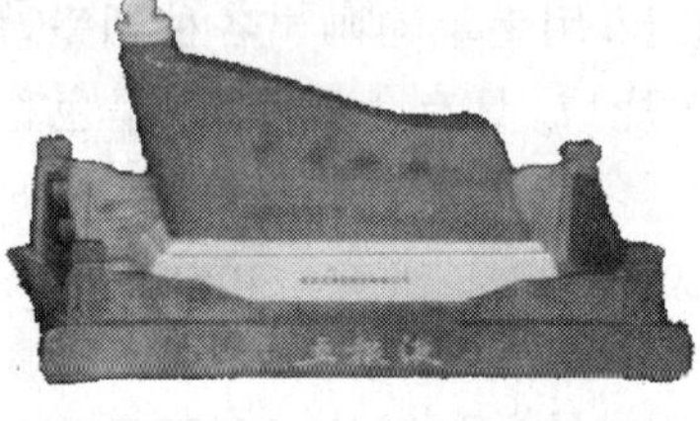

图 4.49　五粮液红旗型酒瓶

图 4.50　红旗型二锅头酒瓶

为了纪念公司自己重要的历史事件,酒企业本身也会生产一些纪念性产品,把公司一些重要的事件配以某些图案印在酒瓶上,这一类酒瓶也有相当高的收藏价值。仅以茅台酒瓶为例:1952 年地方国营茅台酒厂出品,商标是一颗金色齿轮中的红五星;20 世纪 70 年代中国茅台酒厂出品,商标是葵花中间有一颗向日葵;还有早期专供外贸出口的茅台酒瓶上除了有英文名称外,商标也不同于内销的“五星”标志,而是“飞天”标志;1997 年 1 月成立茅台集团有限责任公司后,瓶子是中国贵州茅台酒厂出品;1999 年集团公司实现股份化,成立了贵州茅台酒股份有限公司,酒瓶上是贵州茅台酒股份有限公司出品,商标是飞天标志。2001 年 11 月 24 日,贵州茅台酒股份有限公司出品,茅台荣获国际金奖 86 周年暨国酒茅台辉煌 50 年纪念酒酒瓶,中国宜兴紫砂制瓶,印了 MOUTAI 新商标,酒瓶上是贵州茅台酒集团股份有限公司出品。酒瓶是认识社会发展的一个窗口,是社会变迁的印迹。

股份制改革以后，一些酒厂消失了，酒瓶成了稀世绝品。比如国营沈阳酿酒厂就不存在了，它出品的青花双耳乾隆如意营养酒瓶就罕见了，其价值连城。能反映社会特点的酒瓶价值就比普通瓶价值高。

有些名人在一些收藏者心里拥有至高无上的地位，某些名人用过的器具在他们看来都显得极其珍贵，其收藏价值就自不待言了。如：美国洛杉矶的一次拍卖会上，曾拍卖过一套玛丽莲·梦露生日派对上使用的酒具。整套酒具由高档水晶制成，酒瓶形状更是别出心裁，是一只含苞待放的玫瑰，看起来，更像一只高脚酒杯，这套酒具，由一富商以不菲的价格买走。

五、其他

酒瓶的数量很大，品种也繁多。在应接不暇的大量酒瓶中，如何甄别具有收藏价值的酒瓶，也是很关键的一个问题。除了根据前述酒瓶的类别进行有针对性的挑选外，在选择收藏或在收藏的过程中还要留意一些问题，尽量确保或提高所选酒瓶的价值。

第一，首先要能确认它是酒瓶。酒瓶品种繁多，形式包罗万象，但总体分为有个性化酒瓶和普瓶，所谓有个性化酒瓶即是企业为某个品牌酒设计专门酒瓶，在酒瓶制作中将酒名、酒厂名烧制在酒瓶上。不管酒瓶是什么造型，但一眼就能看出这是酒瓶。另一种是普瓶（或代用瓶）。普瓶是通用瓶，它造型设计中没有明显能表现酒厂或酒的标记，所以很多行业都可以用。所能区分是哪个厂，只有酒标能够分清。也有些企业使用造型十分别致、漂亮的工艺品作为酒瓶（景泰蓝花瓶），它与工艺品的区别就在于贴上酒标。这样一来，酒标在这过程中是确认酒瓶唯一身份的标记，千万要保存好，不可损坏贴于瓶身上的酒标。

第二，酒瓶的完整性很重要。一个完整的酒瓶应该是瓶体、瓶盖、瓶标俱全的整体，由于这三者在设计时是以整体协调来布局的，因此缺一不可，在收藏时应尽可能地完整收集齐全。值得关注的是，近年来不少酒厂都采用一次性防伪盖，其打开后往往遭到破坏而被丢弃，但这就令其完整性遭到破坏，所以收藏者在开启瓶盖后要及时将瓶盖与连接物收藏起来，等待与空酒瓶再连接，尽量恢复原状，通过如此方式就可保持酒瓶的完整性，以提升收藏价值。

第三，仔细查看酒瓶的知识内涵。酒瓶从设计、制作、造型、原料、材质、装酒的特点等方面都具有一定的知识性，知识含量多价值就高，许多酒瓶上都有诗词故事。山东景芝酒厂出品的“景阳春”酒瓶，荣获第 29 届布鲁塞尔国际金奖，瓶上有诗一首：“景阳芳酒透瓶香，壮士豪饮十八觞。酒助神威降猛虎，谁道三碗不过岗。”辽宁千山酒业集团有限公司出品的“千山酒”，荣获辽宁名酒，已有 300 多年历史，酒瓶上印有国家级重点文物辽阳白塔、红楼梦作者曹雪芹、王尔烈百寿屏、广佑寺和辽阳市简介。山西杏花村汾酒集团有限责任公司出品的"杏花村"酒，瓶上都有"借问酒家何处有，牧童遥指杏花村。"山西洪洞酒厂出品的"玉堂春"酒，瓶上有"常年歌酒两深情，洪崖古洞寻知音。"中国陕西省杜康酒厂出品的"杜康酒"，酒瓶上有"慨当以慷，忧思难忘。何以解忧，唯有杜康。"四川舍得酒业有限公司出品的"舍得"酒，瓶上有舍得铭诗："诗酒联袂生，词曲共一炉。无事酒兴起，人尽自看月。酒是忘忧物，灵肉自穿越。欢伯常呼我，白堕自愉悦。光阴似过客，饮者且自得。酒箴是舍得，人生大秘密。天地为一朝，万古似须臾。座中客满，唯忧百榼之空。身后名轻，但觉一杯之重。在醉常醒，孰是狂人之药。得意忘味，始知至道之腴。"沈阳酒厂出品，二十二冶陶瓷厂制"诗仙醉"酒瓶上有李白诗句"天若不爱酒，酒星不在天。地若不爱酒，地应无酒泉。"古井贡酒酒瓶上有曹操诗句："朝日乐相乐，酣饮不知醉。"杏花村汾酒厂出品的"老白汾酒"瓶上有杜牧诗"清明时节雨纷纷，路上行人欲断魂。借问酒家何处有？牧童遥指杏花村。"黑龙江省双城花园酒业有限公司出品"花园大麯"酒瓶上有诗句："风来隔壁诱人醉，雨过开瓶十里香。"酒瓶的文化博大精深，酒瓶的知识性非常广泛。大诗人李白、杜甫、杜牧、苏轼都有关于酒的诗，"李白斗酒诗百篇，长安市上酒家眠；天子呼来不上船，自称臣是酒中仙。"据郭沫若统计，李白留存下来的诗文有 1 500 首，其中直接写到酒的大概就占到 16%；杜甫留下来的诗文有 1 400 篇，其中有 20%里头有"酒"字。"举杯邀明月，把酒问青天。"诗中有酒，酒中有诗。酒瓶知识含量越多，价值就越高。有诗句就比没诗句的价值高。

第四，酒瓶的趣味性。趣味性有助于提升酒瓶的价值。酒瓶盛酒藏酒是它的基本功能，喝酒观瓶是极大乐趣，俗话说："美酒不如美瓶"。惟妙惟肖，五彩缤纷。见瓶令人欢欣鼓舞，开瓶笑逐颜开。奇特的造型，色彩斑斓，五颜六色，趣味盎然。如：湖南醴陵新世纪陶瓷有限公司烧制的"东方红"红釉瓷酒瓶等一批中国红酒瓶；红花郎、红西凤、红古井贡、红口子窖、红茅台龙凤呈祥酒瓶、红汾酒国宴特供、红汾酒杏花村等。浙江绍兴县醉翁酒具有限公司烧制的京剧脸谱酒瓶形象逼真，让人联想国粹京剧，妙趣横生；乳白瓶的柔润、洁白瓶的晶透、珍珠白瓶的亮丽都非常迷人；盛世汾酒、会稽山、花雕、老龙口、绍兴酒、洮南香等青花瓷白地兰花古朴典雅；青瓷光滑如玉；北京二锅头的黑金刚挺拔坚强，黄地流金富贵高雅。名人题字赋诗给酒瓶增添光彩，十大元帅像彩釉令人叫绝，丰富的色彩提升酒瓶收藏价值。观赏五颜六色的酒瓶，品鉴醇香浓郁的美酒，唱着祝酒歌，推杯换盏，交流情感，憧憬未来，人生极大快乐；快乐就是幸福，心顺就是天堂；收藏酒瓶乐趣无穷。

第五，酒瓶的技术含量。酒瓶的制作技术越来越高超，由简单到复杂，由一种材料到几种材料合成，有的手工艺制作，有的机械化生产。材质是多种多样的，金属的、陶瓷的、玻璃的、塑料的、紫砂的、木制的、竹制的等。材质昂贵，瓶也高贵，用金银铜锡制作的酒瓶就比其他材质做的价值要高贵，陶瓷酒瓶比玻璃酒瓶价值高，玻璃酒瓶要比塑料瓶价值高，紫砂酒器稀少珍贵，木制和竹制的要看制作工艺如何了，有雕刻的比没雕刻的价值高，还要看做工是否精巧，有无渗漏，做工细腻表面光滑亮丽就比做工粗糙的价值高。烧制彩绘图案和商标的比贴图的价值高。釉彩比普彩的好，多色釉比单色釉好，六彩釉比四彩釉好。中国泸州国粹酒业有限公司出品的"国粹酒"酒瓶满瓶都是京剧脸谱，北京双庆和酒业出品的"京粹酒"酒壶满壶都是京剧脸谱，都是瓷都景德镇烧制的多彩釉瓶。京韵京味相得益彰，备受收藏爱好者喜爱。沈阳天江老龙口酿造有限公司出品的"龙韵清风"酒瓶也是景德镇烧制的多彩釉瓶；辽阳酒厂出品"千山酒"瓶六楞平面都有彩釉内容；山西太原徐沟酒厂出品的"太原大曲"瓶上人物饮酒画就是四彩釉；山西洪洞酒厂出品"玉堂春酒"酒瓶人物是五彩釉烧制；山西是酒瓶艺术发展较早的省份之一。最近，湖南陶瓷研究所研制出一种释釉瓷，这种瓷成坯烧成后，即成釉色，光亮色美，减少了上釉工序，节约了成本，成为一种受人喜爱的新品种。

第六，酒瓶的鉴赏性。当代酒瓶制作发展迅速，科技含量高，种类繁多，款式多种多样，材质无所不包，颜色无所不有，五颜六色，千姿百态，令人眼花瞭乱，有较强的观赏价值。许多美瓶让人看得眼馋，爱不释手，美不胜收。首先看其品相如何，再光彩照人的瓶如果有残损，价值也不高，看其形体有无残缺、裂纹、退色、疤痕、修补，表面是否光洁，颜色是否鲜艳；全品相的藏品才有收藏价值。其次看形状是否奇特，形状特殊有观赏价值，让人耳目一新，越看越爱看，如中国唐山出品的龙形酒壶，造型新颖奇特，小巧玲珑，人看人爱；红旗形纪念酒瓶；道光二十五出品的四大美女酒瓶；山西杏花村出品的花瓶形酒瓶；茅台和五粮液出品的一帆风顺酒瓶；浙江花雕出品的青花瓷和青瓷酒瓶；许多酒厂出的中国红、宝石蓝琵琶形酒瓶；沈阳天江老龙口酿造有限公司出品的青花龙套瓶、红花龙套瓶、哥窑瓷酒罈、蓝宝石瓶、蓝宝石镶金龙镶银龙瓶、璇木雕刻龙瓶、乳白寿星佬酒瓶都非常受收藏爱好者追捧；西游记师徒四人和白龙马的造型；火箭形、潜艇形等。再次看酒瓶内容是否丰富，有无名诗名画，有无名人题字，是否有重大历史事件，是否有联想故事，像玉堂春酒瓶上人物图、景阳春酒瓶上的武松打虎图、十年陈精品花雕酒瓶上的酿酒图、山西大曲酒瓶上的松下独饮图、道光二十五三楞瓶上造酒鼻祖高士林画像等。品相完好，造型奇特，内容丰富的酒瓶价值就高于普通酒瓶。

第七，酒瓶的稀有性。物以稀为贵，存世量越少价值就越大，少就不容易收集，收集难度大。同时，年代越久远价值就越高，独一无二的为孤品绝品，是宝贝藏品；

存世量少的称珍品，是珍贵藏品。远的不说，就说茅台酒瓶"葵花"商标就比"飞天"商标贵，辽宁凤城老窖 250 毫升奖杯形绿釉酒瓶罕见，凌川白酒外贸瓶存世量稀少。目前，市面上有很多漂亮、高贵、典雅的酒瓶为什么价不高？甚至低于出厂成本价都没人买呢，就是发行量大，几百万、几千万的制作，酒厂需求大，酒瓶就多，多了就很普通了，很容易收集到，大家都有就不足为奇了，甚至成了垃圾瓶。限量发行的纪念瓶，有故事内容的套瓶，有研究价值的对瓶等都比普通的酒瓶有价值。不仅看数量，而且看材质是否稀缺，制作技巧是否高超。

第八，要重视收藏保存问题。酒瓶收藏需保持清洁，并在赏玩和清洁过程中轻拿轻放。对于酒标的清洁更要细心操作，要防止酒标霉变及注意无盖酒瓶安全。因为绝大多数酒标都是纸质的，长期受潮酒标会变灰、变干，甚至会发霉脱落。所以清洁时千万不可用湿布擦拭，以防受潮霉变，藏家用干的小软毛刷轻掸灰尘即可。

另外，区分等级很重要。随着酒瓶收藏者的与日俱增，收藏市场上的价格也在逐渐攀升。如 20 世纪 80 年代之前出品的一些酒瓶价格就大幅上扬，与 20 世纪末相比，这些酒瓶的价格已从 10 元左右扬升到百元之上，个别精品的价格则接近千元，涨幅极为可观。而 20 世纪 90 年代至今的酒瓶价格相对不高，普通的陶瓷酒瓶在 2～30 元，品相好一点的为 10～50 元，造型漂亮独特的酒瓶则可卖到 50～100 元。目前，酒瓶收藏界对酒瓶价值划分了 4 个等级，分别为：①特等——参考价在 1 000元以上。主要指装有名酒或古酒的特制瓶装酒、古代珍贵酒瓶、贵重材料制作的酒瓶，著名艺术大师制作的酒瓶，重要名人长期存用的酒瓶，成套且极稀少的酒瓶精品，某些工艺极为复杂的酒瓶，这类酒瓶属于珍稀级。②一等——参考价在 100～1 000元。主要指存世量较少、造型极优雅、纹饰非常生动的酒瓶，一些名窑烧制或名家艺人创制的当代酒瓶精品，带有明显历史烙印的民国酒瓶和文革酒瓶，特大型酒瓶，成套、成系列的精美酒瓶，限量生产的样瓶或纪念酒瓶等。这类酒瓶为名贵级，也是收藏和投资的侧重点。③二等——参考价在 20～100 元。主要指社会上虽有一定的存量，但艺术性较高，制作较精致，或者具有一定纪念意义的现代酒瓶。这类属于上品级，因存世量较多，主要为收藏对象，个别品种可适当考虑投资。④三等——参考价在 20 元以下。主要指数量较多，但有一定造型或特点的酒瓶。这类属于中品级，主要作为收藏把玩对象。

总之，随着社会的发展，人类的进步，特别是我国改革开放以来，酒器发展到了鼎盛时期，各种各样的酒器如雨后春笋般破土而出，出现了百花争艳的繁荣局面，并已形成一种文化现象，成为酒文化的一个重要分支——酒瓶文化。酒瓶之所以"异军突起"，一是因为人们的生活水平提高了，审美意识增强了，对精神方面的需求强烈了。饮者在沉醉于醇酒本身的美味时，开始注重酒瓶的视觉效果和文化内涵，追求更高层面的饮酒过程；二是因为商家紧跟形势，适应民情，驱使市场激烈竞争，催生了对酒的包装功能。如果说过去民间的传统酒瓶更注重日用性和实用性，那么现代酒瓶更注重艺术性和科学性。现代酒瓶内涵丰富，已超出了仅为盛酒容器的概念，赫然变为一种特有的包装艺术品，有人形容酒瓶的韵味是“无声的诗、立体的画、凝固的音乐、含情的雕塑”，不无道理。

第五章 酒与健康

第一节 适当饮酒有益健康

一、酒精在体内的代谢过程

酒精通过口腔和胃肠时没有变化，一旦进入血液就会在几分钟内迅速随血液进入肝脏，在肝内大部分滤出，流入心脏，入肺，再回到心脏，然后通过主动脉进入动脉而流至全身，最后进入大脑和高级中枢神经系统。

饮酒中的酒精，在消化道内不需要消化即可吸收，吸收快而且完全。一般在胃中吸收20%，其余80%被十二指肠和空肠吸收。乙醇在人体内的分解代谢主要靠两种酶：一种是乙醇脱氢酶，另一种是乙醛脱氢酶。乙醇脱氢酶能使乙醇分解变成乙醛；而乙醛脱氢酶则能把乙醛转化为乙酸，最终分解为 H_2O 和 CO_2，并释放出能量。人体内若是具备这两种酶，就能较快地分解乙醇，中枢神经就较少受到乙醇的作用，因而即使喝了一定量的酒，也行若无事。在一般人体中，都存在乙醇脱氢酶，而且数量基本是相等的。但缺少乙醛脱氢酶的人就比较多。这种乙醛脱氢酶的缺少，使乙醇不能被完全分解为 H_2O 和 CO_2，而是以乙醛的形式继续留在体内，使人喝酒后产生醉酒症状。因此，不善饮酒者，即属于乙醛脱氢酶数量不足或完全缺乏的人。对于善饮酒的人，如果饮酒过多、过快，超过了两种酶的分解能力，也会发生醉酒。

每个健康的成年人都具有相当不错的乙醇分解能力，因为人体的肠道细菌在正常情况下，每天可释放出约30毫升的乙醇。由于人体可自然分解乙醇，故适当饮酒不但不会影响健康，甚至有益健康。

二、酒中含有的各种营养成分

(一)啤酒中含有的营养成分

啤酒是一种以麦芽为原料，添加酒花，经酵母发酵酿制而成的含有 CO_2 的低酒精度酿造酒。啤酒营养丰富，素有"液体面包"之称。1972 年 7 月 1 日在墨西哥召开的第九次世界营养食品会议上，把啤酒正式列为营养食品。这是因为它具备营养食品 3 个重要条件：一是啤酒含有多量和多种氨基酸。二是啤酒含有较高的热量。三是啤酒易被人体消化和吸收。啤酒中这些营养成分都以溶解状态溶于啤酒中。

1. 氨基酸

啤酒中的氨基酸是原料大麦含有的蛋白质经过酶的作用分解而产生的，它的含量很丰富。经分析，啤酒中含有 17 种氨基酸，其中有 7 种是必需氨基酸。它们可以 100％被人体消化吸收和利用。啤酒中碳水化合物和蛋白质的比例约在 15∶1，最符合人类的营养平衡。

2. 维生素

啤酒中含有的维生素有：维生素 B_1、维生素 B_2、维生素 B_6、维生素 C 以及烟酸和泛酸。每升啤酒中含有维生素 B_1 0.1～0.15 毫克，维生素 B_2 0.5～1.3 毫克，维生素 B_6 0.5～1.5 毫克，烟酰胺 5～20 毫克，泛酸 0.5～1.2 毫克，维生素 H 0.02 毫克，胆碱 100～200 毫克，叶酸 0.1～0.2 毫克。其中，B 族维生素及啤酒花浸出物可增加食欲，帮助消化；菸酸则有软化血管、降低血压、改善血液循环、预防动脉硬化的作用；叶酸有助于降低人们血液中的半胱氨酸含量，而血液中半胱氨酸含量高会诱发心脏病。

3. 糖类物质

每升啤酒中一般含有 50 克糖类物质，它们是原料中的淀粉在麦芽中含有的各种酶催化下形成的产物。水解完全的产物，如葡萄糖、麦芽糖、麦芽三糖，在发酵过程中可被酵母转变成酒精；水解不太彻底的产物，我们称之为低聚糊精，其中大部分是支链寡糖，它不会引起人们血糖增加和龋齿病。这些支链寡糖可被肠道中有益于健康的肠道微生物（如双歧菌）利用，协助清理肠道。

4. 乙醇

每升啤酒还含有大约 35 克乙醇，是各类饮料酒中乙醇含量最低的一种含醇饮料，适量饮用啤酒，可以帮助饮者抗御心血管疾病，特别可以冲刷血管中刚形成的血栓。啤酒中没有脂肪，饮用啤酒不必担心脂肪摄入过多引发的肥胖病。另外，每升啤酒含有 50 克左右的 CO_2，可以协助人们胃肠运动，也有益于人体解渴。

5. 有机酸

每升啤酒中大约含 400 毫克有机酸，如丙酮酸、柠檬酸、苹果酸、乳酸、醋酸、葡萄糖酸等。这些有机酸容易被吸收,激活人体物质代谢,对人体防治多种疾病是有益的。例如,乙酸具有杀菌、抗病毒、扩张血管、促进胃酸分泌、降血脂等功效;乳酸对很多致病菌有极强的抑制作用,*L*-乳酸是人体必需的有机酸,它能促进双歧杆菌的生长而使人体内微生态达到平衡;丁酸为癌症治疗剂,能抑制肿瘤细胞的生长与繁殖,促进肿瘤细胞死亡。

6. 无机离子

啤酒从原料和优良酿造水中得到矿物质,每升啤酒含有20毫克的钠和80～100毫克的钾,钠钾比在1∶(4～5)。这一比例有助于人们保持细胞内外的渗透压平衡,也有利于人们解渴和利尿。啤酒是低钠饮料,不会导致人体摄入过多的钠而引起高血压。另外,每升啤酒约含有40毫克的钙、100毫克的镁及0.2～0.4毫克的锌。钙是人们骨骼生长的必需离子,镁和锌则是人体代谢系统中酶作用的重要辅助物质。锌离子在啤酒中通常处于络合态,有利于人体的吸收。每升啤酒中的锌和镁足够人们每日的需要量。每升啤酒还含有50～150毫克的硅,一定量的硅有利于保持骨骼的健康。啤酒中还含有一些阴离子,因而是一种微酸性的饮料,一般啤酒的pH值为4.1～4.4。由于人们的食物大多为碱性,因此,饮料的酸性有利于人体内的酸碱平衡。

7. 抗氧化物质

现代医学研究发现,人体中代谢产物——超氧离子和氧自由基的积累,会引发人类的心血管疾病、癌症和加速衰老。啤酒中存在多种抗氧化物质,如从原料麦芽和酒花中得到的多酚或类黄酮,在酿造过程中形成的还原酮和类黑精以及酵母分泌的谷胱甘肽等,都是减少氧自由基积累的最好的还原性物质。特别是多酚中的酚酸、香草酸和阿魏酸,可以避免对人体有益的低密度脂(LD)遭到氧化,防止心血管病的发生。

(二)葡萄酒中含有的营养成分

葡萄酒色香味俱佳,既能满足人们的感官享受,又具有相当高的营养和保健价值。葡萄酒中含有23种氨基酸和多种微量元素,是生命所必需的营养物质。无论在葡萄中还是在葡萄酒中,都含有8种人体"必需氨基酸",这是任何水果和饮料都无法比拟的,所以它们被称为"天然氨基酸食品",并被联合国卫生组织批准为最健康、最卫生的食品。

随着科学技术和葡萄酒学的进步和发展,人们对葡萄酒的认识和了解不断地深入。例如,人们确定的葡萄酒的成分已经由1950年的50多种增加到1986年的

600种。目前,在葡萄酒中已鉴定出1 000多种物质,其中有350多种已被定量鉴定。

1. 醇类

葡萄酒中的醇类主要是乙醇,它是酵母发酵的主要代谢产物,是香味物质的良好溶剂。葡萄酒的酒精度一般为12%~16%。除乙醇外,葡萄酒中还含有高级醇,主要包括戊醇、异戊醇和异丁醇,是葡萄酒的香味成分之一。

2. 有机酸

葡萄酒中的有机酸包括酒石酸、柠檬酸、苹果酸、乳酸、琥珀酸及挥发酸(甲酸、乙酸和丁酸)等。这些酸有的是在发酵过程中产生,有的来源于葡萄本身。

3. 氨基酸

葡萄酒中含有24种氨基酸,是葡萄酒的重要风味物质和营养物质。

4. 维生素

葡萄酒中含有多种维生素,并且种类齐全。

5. 矿物质

葡萄酒中含有钾、钠、钙、镁、铜、铁等无机离子,其中钾离子最多,约占阳离子的75%。

6. 其他物质

葡萄酒中含有锰、锌、钼、硒等微量元素,微量元素在抗病、防癌、延年益寿等方面都起着非常重要的作用。另外,葡萄酒中还含有一定量的白藜芦醇,白藜芦醇具有防治冠心病、高血脂症、抗氧化、清除自由基、抗过敏等作用。

葡萄酒是含酒精饮料中唯一的碱性饮料。医学上证明,要保持人体健康,首先应保持人体处于弱碱性状态。葡萄酒中含有的营养成分和风味物质很丰富,虽然它们的含量有的甚微,但混合在一起的相互作用,却使葡萄酒的物质结构变得十分复杂,因而具有较高的医疗保健价值。每天喝200毫升以下红葡萄酒能降低血浆黏稠度,使血栓不易形成,预防动脉硬化,减少患骨质疏松等老年病的几率。

(三)黄酒中含有的营养成分

黄酒是我国最古老的酒种,迄今已有6 000多年的历史。它是以糯米、粳米或黍米等为原料,以特制曲和酒母为糖化发酵剂而酿成的发酵酒。黄酒具有酒度低、口味独特、营养丰富的特点,是一种兼饮料、食疗、药疗及佐料等多种功能为一体的特殊酒种。黄酒含有大量的氨基酸、有机酸、碳水化合物及维生素和矿质元素，被形象地誉为“液体蛋糕”。

1. 碳水化合物

黄酒中碳水化合物的含量因类型的不同，差别较大，最低的为干型黄酒，含量1%左右，最高的为甜型黄酒，含量在10%以上。并且黄酒中的碳水化合物几乎全部是微生物发酵所产生的葡萄糖、果糖和低聚糖，这些糖能直接被人体吸收利用或转化为糖元备用，不会导致人体发胖或引发龋齿病等不良后果，而且所含的低聚糖易被肠道中有益微生物利用，起到调理肠胃的作用。

2. 氨基酸

每升黄酒中蛋白质和氨基酸的含量平均达30克以上，分别是啤酒的9倍和葡萄酒的3倍，而且主要以氨基酸的形态存在，种类多达18种以上，其中含有8种人体必需氨基酸，可被人体全部吸收，对组织细胞的生成和修补及一些激素、抗体的合成具有重要作用。

3. 维生素

黄酒中含有丰富的维生素，有关分析表明，黄酒中一般都含有丰富的维生素 B_1、维生素 B_2 和维生素PP，有些黄酒所含种类更多，除上述三种外还含有维生素 B_5、维生素 B_6 和维生素C等，在人体的新陈代谢中起重要作用。例如，黄酒中每100毫升含0.018 6毫克维生素 B_1，若每天饮用200毫升黄酒，即相当于需要量的2.86%，这在营养学上是很有价值的。

4. 矿物质

由于黄酒的独特工艺和对酿造水的特殊要求，其所含的矿质元素也异常丰富，不仅含钾、钠、钙、磷、镁这些常量元素，还含有铁、锌、铜、锰、硒等微量元素，其每100毫升总含量高达130毫克，是啤酒的1.5倍、葡萄酒的2倍，容易被人体吸收利用，其中钙对人体骨骼的生长发育有重要作用，镁可增强人体代谢时酶的活力，锌对人体的智力发育提高起关键作用，硒具有抗癌的功能。

(四)白酒中的化学成分

白酒属于蒸馏酒，与啤酒、葡萄酒和黄酒相比，基本没什么营养，白酒行业的工作者也在试图改变这种状况，试制既有营养、酒精度又低的复合型白酒。白酒虽不含营养物质，但却含有大量的香味成分，归纳起来主要有醇、醛、酸、酯四大类。

三、酒的功效

（一）适量饮酒帮助消化

内分泌实验研究表明，适量饮酒60分钟后，体内胰液素明显增加。而胰液素是胰脏分泌的消化激素，对人体健康有利。在步入中年以后，人体消化系统的功能开始降低。所以，对消化功能减退的中老年人来说，饭前适量饮酒可促使其胰液素大量分泌，同时胰液素又可刺激人体消化系统的酶，促使体内各种消化液的分泌，从而增强胃肠道对食物的消化和吸收。

正常人摄入60～100克葡萄酒，可以使正常胃液的分泌量提高120毫升。红葡萄酒中的丹宁可以增加肠道肌肉系统中的平滑肌纤维的收缩性。因此，葡萄酒可以调整结肠的功能，对结肠炎有一定的疗效。甜白葡萄酒含有山梨酸钾，有助于胆汁的分泌。因此，葡萄酒可以帮助消化，防治便秘。同时，葡萄酒中含有丰富的B族维生素，能促进新陈代谢，消除因运动不足或过食而积累的赘肉。此外，葡萄酒还能预防因精神压力引起的过食反应，间接达到减肥的目的。

（二）适量饮酒能够减轻心脏负担，预防心血管疾病

葡萄酒中含有较多的花色苷、原花青素、单宁等酚类化合物，这些物质具有明显的扩张血管、增强血管通透性的作用。这些物质在红葡萄酒中的含量比在白葡萄酒中丰富。现代医学指出，导致心血管病的罪魁祸首是血液中高含量的胆固醇和血脂。人体含有一种高密度脂蛋白，它能把血管里的胆固醇运送到肝脏里，再转变成对人体有用的激素，多余的部分就从大便中排出。适量饮用葡萄酒，特别是红葡萄酒可使高密度脂蛋白在体内增加，降低血液中的胆固醇和血脂的含量，因而能减轻动脉粥样硬化和心血管疾病。不仅如此，红葡萄酒中的多酚类物质，还能抑制血小板的凝集，防止血栓形成。虽然白酒也有抗血小板凝集的作用，但几个小时之后会出现“反弹”，使血小板凝集比饮酒前更加亢进，而红葡萄酒则无此反弹现象。在饮用18小时之后仍能持续地抑制血小板凝集。

美国有关调查发现，酗酒者血压最高，其次为不饮酒者，少量饮酒者血压最低。还发现适量饮酒可以增加血液中的蛋白质成分，而且具有防止心脏病发作和减少动脉硬化的危险。英国医学研究会对18个国家研究了有关死亡原因和饮酒的关系，结果有趣的是，意大利和法国人因心脏病而死亡的比率最低，而这两个国家饮果酒量却最高；相对的美国人饮酒量较少，因心脏病而死亡的人数却最高。

目前，心脏病特别是冠心病，已成为世界死亡原因最多的疾病之一，而且发病

年龄逐渐减小。世界卫生组织(WHO)调查表明:心血管疾病已经为威胁人类生命的第一大病,但是适量饮酒却能预防冠心病。冠心病发病的祸首是胆固醇增高,人体内的高密度脂蛋白的作用就是要将胆固醇运走并送到肝脏转化成对人体有用的激素,而适量饮酒可增加高密度脂蛋白。所以,适量饮酒有减轻心脏负担、预防心血管疾病的功效。饮酒适量可减少胆固醇在冠状血管的沉积,并且还能将原来沉着在血管内壁上的胆固醇溶解。适量饮酒可以抑制由血小板凝集而造成的血液凝固,并且还可以使已凝固的血凝块中的纤维蛋白溶解,从而使凝血重新溶解,起到活血化瘀之功效。

此外,饮酒的保健作用还在于能解除应激(机体在各种内外环境因素及社会、心刺激时所出现的全身性非特异性适应反应)。饮酒能使与应激相呼应的儿茶酚胺的生成减少,从而可解除应激。而应激是人体中活性氧增加的最主要因素,所以饮酒能抑制应激这一作用对于人体健康是十分重要的。适量饮酒能够产生全身松弛和安宁的快感,随着紧张状态的解除,就预防了高血压、胃溃疡等疾病。老年人少量饮低度酒可扩张血管、促进血液循环、延缓胆固醇等脂类在血管壁沉积,对心脑血管有利。

(三)适量饮酒能够加速血液循环,调节和改善体内生化代谢功能

古代医学已证明,酒有舒筋活血、通筋活络的作用。明代《本草纲目》载有药酒69种,近代医家更是将其发扬,现代应用的药酒不下千种。药酒乃是将中药适当调配,加酒浸制而成,可治疗内、外、妇、神经、跌打损伤等诸多疾病。适量饮酒能扩张皮肤血管,促进血液循环,使人体温升高,促进发汗,从而能够防止和治疗伤风感冒。例如,被日本人称为“玉之肤”的酒浴酒,对全身皮肤有一种良性刺激作用,不但能促进血液循环,还对神经传导产生良好的刺激作用。中国也有用药酒来治疗跌打损伤和用酒擦身暖身的许多案例。

(四)适量饮酒益于身心健康

随着现代医学研究的发展,人们已经发现许多疾病的产生与环境及人的心理状况有着密切的联系。如果长期处于孤独和紧张状态,就容易生病,而适量饮酒能使人精神愉快。酒的陶醉作用能够缓和人的忧虑和紧张状态,增强安定感,提高生活兴趣,对老年人尤其如此。例如,在日本,针对不少老年人易发怒、易不满、孤独不快以及其他令人难以理解的古怪性情,一些养老院用一两杯酒代替通常服用的镇静药物和心情舒展的药物,成功地使养老院的气氛豁然开朗,洋溢出和睦家庭中才有的气氛。同时,老人中睡眠差的人数,从以前的40%下降到18%。

(五)适量饮酒能够延年益寿

近年来许多国家的研究显示,适量饮酒比滴酒不沾者要健康长寿。适量饮酒可以增加高密度脂蛋白的含量,可防止心脏病,预防动脉内胆固醇的积累。研究者指出:如果每天摄取酒精 10～30 克,可使死亡率降低 20%～80%。日本对5 139名男性医师进行了 12 年的跟踪调查,结果表明,每天饮酒 27 毫升以下的饮酒者死亡率明显低于戒酒者或滴酒不沾者。英、美等西方国家的科学家对白酒的调查结果是:长期适量饮用白酒的人和不饮用白酒的人相比,前者的平均寿命高于后者的平均寿命 10～15 岁。科学证明:长期适量饮酒有延年益寿的作用,但如果过量饮用则有害无益。全世界已有大量资料确认饮酒与死亡率之间存在着"U"形曲线关系。

四、饮酒禁忌

(一)忌多种酒混饮

酒分为发酵酒和蒸馏酒两种,在体内的反应不一样。发酵酒酒精含量少,而蒸馏酒酒精含量多,二者能否掺着喝呢?凡是有经验的饮酒者都非常忌讳几种酒掺着喝,因为这样容易喝醉。醉后的难受程度大大高于饮一种酒的醉酒程度。发酵酒和蒸馏酒两者一经掺和,会大大促进人体对酒精的吸收,使醉酒状态提早到来,引起诸如头痛、眩晕、恶心、呕吐及中毒等症状,同时各种酒会给胃肠带来多种刺激,从而降低了机体的耐受能力。因此喝酒切勿多种酒混饮。

(二)食用海鲜时不要饮用大量啤酒

食用海鲜时最好不要饮用大量啤酒。海鲜是一种含有嘌呤、核苷酸两种成分的食物,而啤酒中则富含分解这两种成分的重要催化剂维生素 B_1。吃海鲜时喝啤酒容易导致血尿酸水平急剧升高,诱发痛风,以至于出现痛风性肾病、痛风性关节炎等。吃海鲜应配以干白葡萄酒,因为其中的果酸具有杀菌和去腥的作用。

(三)忌睡前饮酒

失眠是一种常见病症,有人认为,睡前饮酒可助入眠。医生认为,"饮酒助眠"实不可取,因为饮酒虽可暂时抑制大脑中枢系统活动,使人加快入眠,然而酒后引起的睡眠与正常生理性入睡完全不同。酒后入睡其大脑活动并未停止,甚至比不睡时还要活跃得多,因而在酒后醒来的人们,常会感到头昏、脑胀、头痛等不适症状。

经常夜饮入睡的人，还可能导致酒精中毒性精神病、神经炎及肝脏疾病等。专家认为，人体生理节律要顺应昼夜阴阳之变化，方能不病。白天属阳，夜间属阴，而酒性属阳，性温热。夜主静，人入睡时，以静为主，不仅要外静，且内也要静，夜间饮酒必然扰阳，阳动则阴也不安，从而会导致人体气血紊乱，五脏六腑阴阳失衡。

睡前饮酒还最易导致"胃不和"，所谓"胃不和则夜不安"，这不仅影响胃肠消化功能，还必然影响睡眠质量，使人休息不好，致使精神不振，久而久之对人体会造成诸多危害。

酒中含有一些有害物质，如甲醇、杂醇油、铅等，这些物质进入人体后，要靠肝脏的解毒功能，才能排出体外。白天人体新陈代谢较旺盛，酒中毒素相对容易被排泄（如从汗液和尿中排出），但夜晚饮酒入睡后，人体新陈代谢减慢，肝解毒功能也相应减弱，有害物质容易积蓄，故对健康极为不利。所以，失眠者切莫以饮酒助眠，应积极寻找病因，以求正确的治疗。健康人在夜间入睡前，也切莫在餐桌上贪杯好饮，否则，同样也会损害你的健康。

（四）忌空腹饮酒

空腹饮酒即使酒量不多，对人体也是十分有害的。酒下肚后，酒在胃内停留的时间很短，其中80%的酒精由十二指肠和空肠吸收，其余的由胃吸收，1.5小时的吸收量可达90%以上。饮酒后5分钟，人的血液里就有了酒精，当100毫升血液中酒精的含量在200～400毫克时，就会产生明显的中毒；含量在400～500毫克时，就会引起大脑深度麻醉，甚至死亡，所以，空腹饮酒对人体的危害极大。而且人体在空腹时，因胃里没有食物，酒精便会直接刺激胃壁而引起胃炎，重者可能导致吐血，时间长了还会引起胃溃疡。因此，在饮酒前，最好先吃些东西，或者同时摄食其他食品，慢慢地边吃边饮。这样，可使酒精浓度降低，并且能延长酒在胃内停留的时间，酒受到胃酸的干扰，吸收缓慢，不易醉酒。

空腹喝酒会增加患高血压的危险。过去的研究已经证实，大量喝酒与高血压有关，但新的研究又进一步说明，如果没有吃食物就少量喝酒的话，即使是喝得不多也较有可能患高血压。

空腹饮酒会引起低血糖。任何一种酒均含有酒精（乙醇）。在正常情况下，饮酒后乙醇在人体内经肝脏代谢变为乙醛，再继续分解成水和二氧化碳。如果人在空腹饥饿时饮酒，乙醇会很快吸收到血液里，可刺激胰腺β细胞分泌出大量胰岛素，使血糖浓度降低。同时，乙醇迅速进入肝脏，还能抑制肝糖原的分解和异生，促使低血糖的出现。

(五)喝咖啡、服药、患感冒时不宜喝酒

酒精能毒害人体的一切细胞。而咖啡的主要成分是咖啡因,适当地饮用,具有兴奋、提神和健胃的作用,但过量饮用同样可造成中毒。如果酒精与咖啡同饮,犹如火上浇油,加重对大脑的伤害,并刺激血管扩张,加快血液循环,极大地增加心血管负担,造成的危害是单纯喝酒的许多倍,甚至更容易危及生命。

有上百种药物在酒后服用,可以增加毒性及副作用。如酒后服痢特灵等药,就会出现心律失常、血压升高等反应;又如酒后服镇静药、催眠药、抗癫痫药、抗过敏药、降压药等,一方面可增加对大脑的抑制效应,而另一方面又使药力陡增,超过人体正常耐受量,致使发生危险。特别是年老体弱或患有心、肝、肾疾病的人更应避免酒后服药。

患有感冒者如果喝酒会使感冒更加严重。因为感冒病人,尤其是严重者,多半有不同程度的体温偏高,也就是俗称的发烧。医生必然要开退烧药服用,一般多是扑热息痛。如果一旦饮用了白酒等烈性酒,两者产生的代谢物将对肝产生严重损害,直到完全坏死。

(六)忌孕期饮酒

酒精对大脑的亲和力很强,对成人如此,对胎儿亦是这样。酒中的酒精能通过血液危害胎儿。胎儿越小,对有害因素越敏感,饮酒会使胎儿的大脑、心脏受酒精的毒害,造成胎儿发育迟缓,死亡率提高,出生后对智能也有影响。

孕妇饮酒容易使胎儿患酒精中毒综合症。这种中毒胎儿的典型特征是:体重低、心脏及四肢畸形、智力低下等。传统的理论认为孕妇适量喝酒对胎儿影响不大,只有到酗酒的程度才会引起胎儿酒精中毒。但最新研究结果表明,孕妇体内的低量酒精也会对胎儿造成伤害。

(七)忌生气和运动后喝酒

人在生气或剧烈运动后,血中的尿酸会迅速上升,达到较高程度。尿酸是体内的一种代谢产物,如果尿酸在体内过高就会沉积在关节处的疏松结缔组织之中,从而引起关节的疼痛,这就是痛风性关节炎。高尿酸血症是痛风的主要原因,其病症往往反映在指关节。凡患有此病的人,如果饮酒可使疾病发作,大拇指关节红肿,剧烈疼痛。因此,为避免诱发痛风病,在剧烈运动或重体力劳动和生气后不要立即饮酒。

(八)忌酒后饮茶

有人喜欢酒后饮茶,认为有利解酒,从中医阴阳学来看,酒味辛,先入肺,肺主皮毛,与大肠相表里。饮酒应取其升阳发散之性,使阳气上升,促进血液循环。茶素味苦,属阴,主降。若酒后饮茶必将酒性驱肾,肾主水,水生温,于是形成寒滞则导致小便频浊、阳痿、大便燥结等症状。

现代医学研究表明,酒中含有的酒精成分对心血管的刺激性很大,而浓茶同样具有兴奋心脏的作用。两者合二为一,双管齐下,更增加了对心脏的刺激。这对于心脏功能欠佳的人来说,其后果是可想而知的。

醉酒后饮浓茶,对肾脏也是不利的。因为酒精的绝大部分,均已在肝脏中转化为乙醛之后再变成乙酸,乙酸又可分解成二氧化碳和水,经肾脏排出体外。浓茶中的茶碱,可以迅速地对肾脏发挥利尿作用,这就会促进尚未分解的乙醛过早地进入肾脏。由于乙醛对肾脏有较大的刺激性,从而对肾功能造成损害,严重者可危及生命。因此,酒后不宜饮茶,尤其是浓茶。

第二节　酒为百药之长

一、酒与中药

"酒为百药之长"一说,出自《汉书·食货志》,这是我国古人对酒在医药上应用的高度评价。酒在医学上的应用,是我国医药学的一大发明。"醫"字包含"酉"(酒),即是由于酒能治病演化而来。酒未问世之前,人们得了病要求"巫"治疗,由于酒的酿造,我们的祖先在饮酒的过程中,发现了酒能"通血脉,散湿气","行药势,杀百邪恶毒气","除风下气","开胃下食","温肠胃,御风寒","止腰膝疼痛"等作用。加之用酒入药还能促进药效的发挥,于是,"巫"在医疗中的作用便被"酒"逐渐取而代之。这是古人认识上的一次飞跃。

在古代,用酒治病,特别是制成药酒来防治疾病的现象十分普遍。例如,用酒泡大黄、白术、桂枝、桔梗、防风等制成的屠苏酒,是古代除夕夜男女老幼必用之品。端午节饮艾叶酒,重阳节饮菊花酒以避瘟疫。《千金方》载:"一人饮,一家无疫,一家饮,一里无疫"。可见药酒在古代预防疾病的重要性。

现代医学研究表明,用酒浸药,不仅能将药物的有效成分溶解出来,使人易于吸收,而且由于酒能宣通血脉,还能借以引导药物的效能到达需要治疗的部位,从而提高药效。另外,药物用酒浸渍后不易腐坏,便于保存,可以随时饮用。这就是药酒受到历代医家重视和广大群众欢迎的原因。

(一)白酒在中药养护中的作用

中药材在贮藏保管中经常会出现虫蛀、霉变,这不仅浪费大量药材,而且是造成中药质量下降的原因之一。中药材养护防治的方法有许多,如高温或低温杀虫法,化学药剂喷洒、熏蒸防治法和加强仓库管理等。而一些含糖、蛋白质和淀粉较多的药材因其易遭虫蛀、发霉变质等原因,使该类药材的养护较困难。

酒的主要成分是乙醇,它的解吸作用和渗透作用都比较强。由于乙醇对水有很大的亲和力,能破坏蛋白质胶粒的水化膜,使蛋白质沉淀析出变性,从而起到杀菌、消毒、防腐的作用。利用高度白酒贮藏保管中药材,具有操作简单,对环境无污染等特点。

(二)中药酒制的作用

中医学认为:酒,乃水谷之气,味辛、甘,性大热,气味香醇,入心、肝二经,能升能散,宜引药势,且活血通络、祛风散寒,有健脾胃、消冷积、矫臭矫味之功效。现代医学也认为:酒能扩张血管,增加脑血流量,刺激中枢神经系统、血液循环系统、消化系统等。酒制中药是根据医疗、调剂、制剂需要而确立的炮制方法之一。酒制所用的辅料临床上有黄酒、白酒两大类。

1. 中药酒制对药物有效成分的影响

(1)分解转化药物的有效成分,降低或缓和原料的副作用。如生何首乌,甘寒有小毒,有致泻的副作用。经酒制后,其致泻成分蒽醌衍生物被水解为无致泻作用的游离蒽醌衍生物,从而消除了副作用;乌梢蛇、紫河车、蛤蚧等中药,内含大量蛋白质及脂肪,有腥臭味,不利于服用,经酒制后,蛋白质凝固、变性而被破坏,脂肪中所含挥发性成分也大多失去,而酒性香醇,从而达到矫臭和利于服用的作用。

(2)提高有效成分溶出量,增强原药生理活性。中草药中所含成分如生物碱及盐类、苷类、鞣质、有机酸、挥发油、树脂、糖类等皆溶于乙醇。药物经酒制后,有助于有效成分溶出,从而增加疗效。如生黄连中小蘗碱的溶出率为58.17%,经酒制后,溶出率为85%,说明酒制对小蘗碱在煎液中的溶出有促进作用;丹参经酒制后,其活性成分水溶性总酚浸出量显著提高,所以能增强其活血调经镇痛作用;蟾酥酒经酒制后,其强心成分总强心甾含量也高于生品。

(3)消除分解酶,保持或提高原药活性。如黄芩,其抗菌消炎有效成分为黄芩苷和异黄芩甙,但同时也存在能酶解有效成分的黄芩酶。经用酒制后,黄芩酶则失去活性,且水浸出的有效成分含量比生黄芩高出 16.7%,其抑菌消炎作用也显著提高。

2. 中药酒制对中药性能的影响

(1)改变药性,引药上行。对于大黄、黄连、黄芩、黄柏等性味大苦大寒类的中药,经酒制后能缓和药性。大黄是泻下药中的首选药物,其生用气味重浊,泻下作用峻烈,易伤胃气。经酒润炒干其力稍缓,并借酒升提之性引药上行,可清上焦实热。酒炖后泻下作用缓和,腹痛等副作用减轻,活血祛瘀功效增强。试验证明,大黄酒制后某些成分在胃与小肠内吸收增加,以致通达全身,在不同部位起到清热、消炎、活血化瘀作用,缓和了泻下功能,变峻下为缓下,达到了"酒制升提"的目的。

(2)增强活血通络作用。临床上常用的一些活血祛瘀通络中药如当归、川芎、桑枝等,多用酒制,一方面能使酒与药物协同发挥作用,另一方面能使药物有效成分易于煎出而增强疗效。如川芎生用多用于血瘀气滞的月经不调、闭经、痛经、跌打损伤、风湿痹痛等症。经酒制后,能增强活血行气止痛作用,多用于血瘀头痛、偏头痛、胸胁疼痛等症。研究表明,川芎饮片经酒制后,其所含的生理活性成分生物碱波洛立林增加,总生物碱含量提高。

(3)降低药物的毒副作用。一些药物具有毒副作用,如生大黄有引起腹痛、恶心、呕吐等胃肠道反应的副作用,而熟大黄则无上述消化道不适反应;仙茅生品有毒,以散寒祛湿、消痈肿为主,酒制后可降低毒性,以补肾助阳为主。

(4)矫臭去腥作用。一些具有腥气的动物类药物,经酒制后可除去或减弱腥臭气,以利于临床应用。如乌梢蛇、蕲蛇、紫河车等。

二、药酒

(一)药酒的起源与发展

按最新的国家饮料酒分类体系,药酒属于配制酒范畴。配制酒是以发酵酒、蒸馏酒或食用酒精为酒基,加入可食用的花、果、动植物或中草药,或以食品添加剂为呈色、呈香及呈味物质,采用浸泡、煮沸、复蒸等不同工艺加工而成的改变了其原酒基风格的酒。配制酒分为植物类配制酒、动物类配制酒、动植物配制酒及其他配制酒。

中国药酒的主要特点是在酿酒过程中或在酒中加入了中草药,有的药酒以治疗疾病为主,有特定的医疗作用;有的药酒以滋补养生健体为主,有保健强身作用。

药酒在我国已有几千年的应用历史,具有易于被人体吸收和发挥药效、便于储藏和保存等优点。药酒和其他中成药一样,主要是用来治疗某些疾病,不同的药酒有着不同的功效和治疗范围,还有不同的禁忌,所以切不可当做饮料来饮用。在不了解自己身体状态的情况下,随意饮用药酒可能会引起不良反应或毒副作用,严重者甚至危及生命,我国每年都有因服用药酒而死亡的病例报道。所以说,药酒是药不是酒,随意饮用药酒也属于滥用药物的行为。

中药店出售的药酒主要分为内服及外用两大类。外用药酒多由活血化瘀、消炎止痛及芳香辛窜的中药配制而成,主要用于运动系统损伤的治疗,包括关节或肌腱扭伤、肌肉劳损或风湿神经疼痛等,如正骨水、骨友灵、樟脑酒等。内服药酒又可分治疗风湿关节痛和治疗跌打损伤两类。治疗风湿病的药酒主要由祛风除湿、散寒止痛的中药材配制而成,具有舒筋活络的功效,如国公酒、虎骨酒、舒筋活络酒、五加皮酒、五蛇酒等。治疗跌打损伤的药酒主要由活血化瘀、疗伤止痛、补肾强腰的中药配制而成,具有活血化瘀、消炎止痛的功效。

补酒可分为补气、气血双补及补阳三大类。补气类药酒以人参酒为代表,对因气虚症所致的神疲乏力、少气懒言者有较好疗效;气血双补类药酒以八珍酒、十全大补酒为代表,以补气的四君子与补血的四物为主,用于气血两虚症所致的面色苍白、神疲体倦、心悸气短等;补阳类以人参鹿茸酒、虫草酒、龟灵集酒为代表,用于肾阳虚症所致的腰膝酸软、畏寒肢冷、性功能减退等。

药酒的起源与酒是分不开的,中国是人工酿酒最早的国家,在新石器时代晚期的龙山文化遗址中,就曾发现过很多陶制酒器。周代,饮酒越来越普遍,已设有专门管理酿酒的官员,称为"酒正",酿酒的技术已日臻完善。

汉代,随着中药方剂的发展,药酒便渐渐成为其中的一个部分,其表现是临床应用的针对性大大加强,所以其疗效也进一步得到提高,如《史记·扁鹊仓公列传》收载了西汉名医淳于意的25个医案,这是我国目前所见最早的医案记载,其中列举了两例以药酒治病的医案。一个是济北王患"风蹶胸满"病,服了淳于意配的三石药酒,得到治愈;另一个是菑川有个王美人患难产,淳于意用莨菪酒治愈,并产下一婴孩。东汉·张仲景《伤寒杂病论》中,则载有"妇人六十二种风,腹中血气刺痛,红蓝花酒主之"。红蓝花的功能是行血活血,用酒煎更加强药效,使气血通畅,则腹痛自止。此外,瓜蒌薤白白酒汤等,也是药酒的一种剂型,借酒气轻扬,能引药上行,达到通阳散结,豁痰逐饮的目的,以治疗胸痹。至于他在书中记载以酒煎药或服药的方例,则更为普遍。

随着酿酒工艺的不断发展和提高,有些药酒不但具有强身保健,治疗疾病的优点,而且口味醇正,成为风行一时的名酒,并成为宫廷御酒。

元代建都于北京,是当时世界各国最繁华的都城。国内各地和欧亚各国的商客川流不息,国内外名酒荟萃,更成为元代宫廷的特色。羌族的枸杞酒、地黄酒;大漠南北各地的鹿角酒、羊羔酒;东北各族的松节酒、松根酒、虎骨酒;南方的五加皮酒、茯苓酒;西南的乌鸡酒、腽肭脐酒等均为当时流行之名酒。明代宫廷则建有御酒房,专造各种名酒,尚有"御制药酒五味汤、真珠红、长春酒"。如当时名噪金殿的"满殿香"就有白术、白檀香、缩砂仁、藿香、甘草、木香、丁香等各种药物,合白面、糯米粉等酿制而成。

当时,民间作坊也有不少药酒制作出售,如薏苡酒、羊羔酒。另有一些人们自酿自饮的酒,如正月的椒柘酒、端午节菖蒲酒、中秋节桂花酒、重阳节菊花酒,都成为人们常酿的传统节令酒类,其中有不少就是药酒。

清代乾隆初年,就以"酒品之多,京师为最"了。当时出现了一些药酒店用"烧酒以蒸成"的各色药酒,因由花果所酿,故此类酒多以"露"名之,如玫瑰露、茵陈露、山楂露、五加皮、莲花白等,其中不少药酒具有"保元固本、益寿延龄"之功,故多为士子所嗜饮。

民国时期,由于战乱频繁,药酒研制工作和其他行业一样,也受到一定影响,进展不大。中华人民共和国成立以后,政府对中医中药事业的发展十分重视,建立了不少中医医院、中医药院校,开办药厂,发展中药事业,使药酒的研制工作呈现出新的局面。药酒酿制,不仅继承了传统制作经验,还吸取了现代科学技术,使药酒生产趋向标准化。

为了加强质量管理,国家还把药酒规范列为国家药典的重要内容。由于药酒生产单位与医疗、科研部门进行科研协作,保证了临床疗效的可靠性。近十多年来,中医药工作者和药酒研究生产人员的共同努力,对中国药酒的发展历史、中国药酒的特点和应用、工艺及质量等方面做了较为全面的归纳和总结。

(二)药酒的作用

1. 治疗疾病

药酒治疗疾病的效果是相当明显的。因为药酒中的各种药物成分经过高度酒的浸泡以及酿制后,会将其药用成分充分地挥发至酒中。饮用药酒后,吸收迅速,可及早发挥药效。因为人体对酒的吸收较快,药物之性(药力)通过酒的吸收而进入血液循环,周流全身,能较快地发挥治疗作用。

2. 强健体魄、修养身心

根据有关部门统计,喜爱每日浅酌几口的中老年人会比同龄不喝酒的人,身体以及心理各方面的功能普遍略长4%~9%。对于不适合大补的病人,最好就服用补酒进行温补,提高自身的免疫力,饮酒的同时也能起到放松情绪的作用。

3. 益寿延龄、美容养颜

药酒，既可治病防病，又可养生保健、美容润肤、延年益寿。这一点在历代的医疗实践中已得到了证实。如对老年人具有补益作用的寿星酒；补肾强阳、乌须黑发的回春酒等。李时珍在《本草纲目》中列举了69种不同功效的药酒。如五加皮酒可以“去一切风湿痿痹，壮筋骨，填精髓”；当归酒可以“和血脉，壮筋骨，止诸痛，调经”；人参酒能够“补中益气，通治诸虚”；黄精酒具有“壮筋骨，益精髓，褒白发”的功效。

(三)饮用药酒的注意事项

我们既然已经知道药酒是“药”不是“酒”，就应该按照中成药服用方法来饮用药酒。饮用药酒时要注意以下几个方面。

(1)科学地选用药酒：不同品种的药酒功效主治各不相同，所以一定要根据自己的机体情况来选择药酒。

(2)适当控制酒量：根据自己的酒量和药酒的药量两个方面考虑药酒的剂量，不宜过量，以免出现不良反应。

(3)有些人不宜服用药酒：如妇女的月经期、妊娠期、哺乳期，儿童及少年，肝炎、肝硬化、消化性溃疡、肺结核、心功能或肾功能不全以及对乙醇过敏或不能饮酒者。另外，服用某些药物时不能饮酒。

第三节　酒的妙用

一、酒与烹饪

(一)白酒烹饪时的妙用

(1)炒鸡蛋时，加点白酒，炒出的鸡蛋鲜嫩松软。

(2)先把河鱼在白酒中浸一下，然后再裹面油炸，可去泥腥味。

(3)在烹调脂肪较多的肉类或鱼类时，加些白酒，能使菜肴香浓、味美而不油腻。

(4)剖鱼时弄破苦胆，马上在鱼膛内抹一点白酒，然后用冷水冲洗，可消除苦味。

(5)把太咸的腌鱼洗净后，放在白酒中浸泡2～3小时，可去鱼身上的盐分。

(6)当红烧羊肉开锅时,倒入少许白酒,可去除膻味,并有助于将肉炖烂。

(7)饭烧好后,趁热取出,在锅巴上洒些白酒,再盖锅闷片刻,锅巴很易取出。

(二)啤酒烹饪时的妙用

(1)做清蒸鸡时,可先将鸡放入有20%～25%浓度啤酒的水中腌浸10～15分钟,然后取出蒸熟,格外滑嫩可口。

(2)清蒸鱼类时,可先用啤酒腌浸10～15分钟,蒸熟后,既大减腥味,又有一种螃蟹的美味。

(3)啤酒炖鱼,在炖制过程中,啤酒和鱼能产生化学反应,香气浓,味更美。

(4)用啤酒代水和面,做成的香油饼味道更香脆。

(5)拌饺子馅时适量放点啤酒,煮出来的水饺更鲜嫩、更好吃。

(6)做凉拌菜时用啤酒取代开水,将蔬菜浸在啤酒中煮一下(时间不宜太长,煮沸即可),然后让其冷却,这样食用更加美味可口。

(7)将宰好的鸡放在胡椒、盐和啤酒中浸1～2小时,可以去掉鸡肉的膻味。

(8)在烹调脂肪较多的肉或鱼时,加适量啤酒,可以使鱼、肉更加爽口。

(9)炒肉片或肉丝时,用淀粉加啤酒调糊挂浆,炒出的肉片格外鲜嫩,风味尤佳。

(10)烹制冻猪肉、排骨等菜肴时,可先用少量啤酒将肉腌浸10分钟左右,用清水冲洗一下再烹制,可去除异味。

(11)在腌制的酱菜中,加入一点啤酒,能使酱菜变得更为鲜美。

(12)如果在火锅里加一点啤酒,火锅里的肉类会变得滑嫩而不老硬。

(13)肉类在烹调之前,预先淋上一些啤酒,会变得比较柔软,对牛肉尤为适用。而且经啤酒处理的肉类也比较不易腐坏,味道更鲜美。

(14)制作葱花饼时在面中适量加些啤酒,烙出来的小饼既脆且香。

(三)葡萄酒烹饪时的妙用

(1)炒洋葱时,加一点白葡萄酒,就不易炒焦。

(2)做油煎鱼时,在锅里喷上半小杯红葡萄酒,防止鱼皮粘锅。

(3)鱼肉有腥味,用红葡萄酒处理,酒中鞣质及香味可将腥味消除。

(4)烹调菜肴时,在锅里加入少量红葡萄酒,就能达到增加色、香、味的效果。

(5)把肉浸入葡萄酒内,由于酒有多种酵素和酒精,与肉的蛋白质相互作用而使肉变软,保持相当的新鲜度,肉煮熟后鲜嫩好吃。

(6)火腿切口处涂些葡萄酒,包好放入冰箱,能保持火腿色香味不变。

(四)黄酒烹饪时的妙用

(1)黄酒在烹饪中的主要功效为祛腥膻、解油腻。烹调时加入黄酒,能使造成腥膻味的物质溶解于热酒精中,随着酒精挥发而被带走。黄酒的酯香、醇香同菜肴的香气十分和谐,用于烹饪不仅为菜肴增香,而且通过乙醇挥发,把食物固有的香气诱导挥发出来,使菜肴香气四溢、满座芬芳。

(2)黄酒中还含有多种多糖类呈味物质,而且氨基酸含量很高,用于烹饪能增添鲜味,使菜肴具有芳香浓郁的滋味。在烹饪肉、禽、蛋等菜肴时,调入黄酒能渗透到食物组织内部,溶解微量的有机物质,从而令菜肴质地松嫩。

二、酒与美容

1. 红酒与美容

红酒具有下列美容功能:①去斑:红酒中的聚酚能浸透肌肤,让斑点停止产生或消除,具有美白效果。例如,红酒蜂蜜面膜,将一小杯红酒加 2～3 勺蜂蜜调至浓稠状态后,均匀地敷在脸上,八分干后用温水洗干净,可起到美白滋养的功效。②加速血液循环:红酒能够促进皮肤的血液循环,加速身体的新陈代谢。③抗氧化:红酒中含有的 SOD 活性特别高,具有抗氧化性。

2. 清酒与美容

清酒具有很好的美容疗效,能够帮助减轻厚重的粉妆对皮肤的伤害。清酒能活化肌肤,还有保湿的功效,所含的酒精成分不但不会刺激皮肤,反而能深入毛孔清除污垢,从而保持皮肤光滑,而且能加速面部血液循环,让皮肤自然而然白里透红。

3. 啤酒与美容

啤酒中含有的维生素 B 和锌,可有效增强身体的免疫力,并帮助去除体内多余水分和脂肪,改善皮肤状况及防止衰老。用啤酒美容可以达到营养肌肤、防止感染,使粗糙的皮肤变得细腻、滑嫩,而且对面部皮肤病也有一定辅助疗效。用啤酒洗发可治疗头皮瘙痒、头屑过多,同时还有润泽毛发的作用。啤酒中的少量酒精能够杀掉头皮上的细菌,其中的维生素、矿物质和氨基酸又能为发丝提供营养,是天然的美发剂。如先把啤酒在热水里烫温,然后倒在头发上将头发弄湿,保持 15～30 分钟,并不断地轻揉头皮。然后用温水冲洗,最后用普通洗发膏洗净,每日 2 次,四五天就可以除尽头皮屑、消除瘙痒。这种方法对头皮没有丝毫损伤,还能使头发变得更有光泽、更柔顺。

三、酒的其他用途

(1)餐桌上的油污,用少许白酒倒在桌上,再用布擦,油污即可去除。

(2)盆栽菊花,在出现花蕾时喷些酒,开花时特别香郁。

(3)鲜花买回来后,先将花茎浸在水中,把尾端剪去 4 厘米,然后插入花瓶中,再在花瓶内滴几滴白酒,即可使鲜花更持久地保持盛开。

(4)君子兰在拔箭时,如分多次喷少量啤酒,可避免花朵夹箭。

(5)养花护花。用 1/3 的啤酒和 2/3 的水兑好浇花,可以调节土壤的酸碱度,对喜酸的花卉非常有利。用兑好水的啤酒液轻轻地擦洗花卉的叶子也非常好,一则可以擦去灰尘,二则可以叶面施肥。例如君子兰,被擦洗后的叶子非常有光泽,顿增几分观赏价值,这主要是啤酒里的营养成分溶解在了叶片的表面。如果把剩下的啤酒直接倒入花盆里,还是一种极好的肥料,能使花朵更艳丽。

(6)洗涤真丝织物。真丝织物常会由于频繁洗涤或清洗不当造成颜色发乌发旧。把过期啤酒兑入冷水中,浸泡已清洗干净的真丝衣物 20 分钟,再捞出漂洗后晾干,原本鲜艳的色泽就会恢复本来面目。

(7)除污。将蘸了啤酒的毛巾拧干之后,擦拭冰箱里面的表层,不但冰箱会显得光亮无比、干净清爽,还可以起到消毒、杀菌的作用。

窗户玻璃如果脏污,可以将毛巾蘸上啤酒,拧干后擦拭,再用干净的抹布擦一下,玻璃会光亮无比。这是由于啤酒是胶体溶液,抹布蘸啤酒擦玻璃不仅会使玻璃变得格外明亮,用它擦完玻璃也不会留下抹布的纤维。

贴有耐火板的家具一旦脏了,可先用啤酒作为去污剂,再用干净的抹布擦拭就会光亮如新(但此法不适用于上漆的木制家具)。

(8)衣物增色。蓝、黑等深色的衣物,洗多了容易褪色,很难看。如果在洗衣服的时候加入一些啤酒,把衣服泡上 15 分钟再洗,不仅会使衣物变得更柔软,而且还会使一些易褪色的深色棉布衣物恢复本来的颜色。

第四节　醉酒与解酒

一、喝酒与车祸

“酒后驾车”,是十分危险的一种行为。每一个酒后驾车的人在行为上已经有了造成交通事故的可能,成为潜在的马路杀手。有些机动车驾驶人,对于酒后驾车的认识还处于“有常识、欠意识”的状态，社会公众对酒后驾车的危害认识还存在一定的误区，我们应正视酒后驾车的危害。

(一)什么是酒后驾驶

顾名思义，酒后驾驶就是在喝酒后驾驶车辆。酒后驾车分为饮酒后驾车和醉酒后驾车两种。国家质量监督检验检疫局发布的《车辆驾驶人血液、呼气酒精含量阈值与检验》国家标准规定：车辆驾驶人员血液中的酒精含量≥20 毫克/100 毫升、<80 毫克/100 毫升时为饮酒驾车；血液中的酒精含量≥80 毫克/100 毫升时为醉酒驾车。据专家估算：20 毫克/100 毫升大致相当于一杯啤酒；80 毫克/100 毫升则相当于 3 两低度白酒或者两瓶啤酒；而 100 毫克/100 毫升就大致相当于 0.5 千克低度白酒或者 3 瓶啤酒。

(二)酒后驾车的危害

机动车是一种速度快、冲力大的交通工具，它要求驾驶员行车时，对于道路上瞬息万变的交通情况，要在 0.75 秒内做出迅速判断，并采取恰当的技术措施，才能保证交通安全。饮酒后，酒精会对人的中枢神经起麻醉抑制作用，所以酒后驾车存在很大危害。

1. 触觉能力会降低

酒精的麻醉作用会使人手、脚的触觉能力降低，往往无法正常控制油门、刹车及方向盘。

2. 判断能力和操作能力降低

饮酒后，人对光、声刺激的反应时间延长，感觉器官和运动器官，如眼、手、脚之间的配合功能发生障碍，从而无法正确判断距离和速度。

3. 视觉障碍

饮酒后会使视力暂时受损，视像不稳，辨色力下降，因此不能发现和正确领会交道信号、标志和标线，同时饮酒后视野大大减小，视像模糊，眼睛只盯着前方目标，对处于视野边缘的危险隐患难以发现，易发生交通事故。

4. 饮酒后有些人还会出现反常现象

在酒精的刺激下，人有时会过高地估计自己，对周围人的劝告常不予理睬，往往会做些一反常态的事。

5. 饮酒后易困倦，表现为行驶不规律，空间视觉差等疲劳驾驶的行为

据统计，驾驶员酒后开车，其发生交通事故的比率为没有饮酒情况下的

16倍。

国外专门对饮酒对开车的影响进行了研究和试验。美国对饮酒量不同的汽车司机在危险和复杂地段行驶时的行为做过实地考查。当酒精在血液中浓度为0.06%时，与完全清醒的司机相比，发生危险的机会增加2倍；浓度达到0.1%时增加5倍；浓度达到0.15%时增加25倍；而浓度达到0.2%时几乎增加50倍。英国为研究饮酒对驾车的影响进行了一项有趣的试验：从市内公共汽车司机中选择了三组人，他们都是有丰富经验、级别很高、从未出过事故的司机。实验前第一组不喝酒，第二组每人喝45克威士忌(40度)，第三组每人喝140克同样酒精度的威士忌。实验中每个司机都要从两堵墙壁夹成的"走廊"通过，而墙壁间的距离可以根据司机的要求而加以改变。结果表明，饮酒完全破坏了司机们的目测力，有人认为能够通过比汽车还窄的"走廊"，其中有一位司机确信自己能把2.5米宽的大汽车从2.2米宽的"走廊"中开过去，还有一位司机甚至认为可以通过1.95米宽的"走廊"。无疑，这是酒精对人的影响，从而使人产生了判断上的错误。

(三)酒后驾车的处罚

《道路交通安全法》对酒后驾驶行为的法律责任作了详细的、具体的规定：饮酒后驾驶机动车者，处暂扣一个月以上三个月以下机动车驾驶证，并处200元以上500元以下罚款；醉酒后驾驶机动车者，由公安机关交通管理部门约束至酒醒，处十五日以下拘留和暂扣三个月以上六个月以下机动车驾驶证，并处500元以上2 000元以下罚款；一年内有前两款规定醉酒后驾驶机动车的行为，被处罚两次以上的，吊销机动车驾驶证，五年内不得驾驶营运机动车。驾驶人酒后驾驶肇事逃逸的、有人员伤亡的将依据《刑法》追究刑事责任。

酒后驾车严重威胁着交通安全，已成为交通事故中的"一大杀手"。仅靠公安机关对酒后驾车现象进行处罚来约束是远远不够的，处罚酒后驾车者只是一种手段，作为司机应当充分认识酒后驾车的危害性，自觉提高自我约束能力。千万不要心存侥幸，酒后逞强好胜，要从根本上杜绝酒后驾车这一严重违法行为。

总之，饮酒过量，不仅会使人的知觉、思维、情感、智能、行为等方面失去控制，飘飘然忘乎所以，还会摧残人的肌体，导致营养障碍、精神失常、胃肠不适、肝脏损伤，甚至引起心脏、癌症等多种病变和中毒身亡的严重后果。长期过量饮酒者的患病率极高，死亡率也大。如果一个人长期过量饮酒，他的寿命便会缩短十至十二年。

二、解酒之方

(一)水果解酒

①香蕉:性味甘寒,能清热利尿、通便解毒、降压补钾。可去皮食肉,或取果皮60克煎服解酒。

②苹果:性味甘凉,有清热生津、开胃醒酒、除烦解暑之功。可以生食、榨汁用来解酒,或切块与山楂煎汤为佳。

③杨桃:性味酸甘平,有生津止渴、下气开胃的功效。可用醋渍杨桃水煎服解酒。

④西瓜:味甘淡,性寒,能清热消暑、解渴除烦、利尿。取500～1 000克西瓜瓤进食,或用西瓜皮60克煎水喝可解酒。

⑤白梨、沙梨:味甘微酸,性凉,有清热生津、润燥化痰之功效。可取白梨或沙梨1个,榨汁频服,也可慢慢嚼食以去除酒意。

⑥草莓:味甘酸,性凉,可生津润肺、健脾解酒。取鲜果90～150克,洗净后一次吃完可解酒。

⑦橄榄:味甘酸涩,性平,有清热、利咽、生津、解毒之功。取鲜果5～10个,去核,将果肉打烂,加白糖水煎,取汁饮;或用去核橄榄肉10个,煎汤代茶饮可解酒。

⑧柑橘:味甘酸,性凉,能滋阴生津、止咳化痰、醒酒利尿。解酒时可取鲜果2个,去皮、榨汁、加开水拌匀顿服;或与甘蔗1 000克,榨汁饮。

⑨柚子:味甘酸,性凉,能生津止渴、开胃止呕。可取鲜柚子(去皮)瓤200克食用,或榨汁频饮解酒。

⑩甘蔗:性味甘寒,能清热生津、下气润燥、降逆解酒。可取甘蔗200克,配鲜萝卜15克,切碎,水煎至萝卜烂熟,去渣取汁频服,亦可榨汁频服,可达解酒的目的。

⑪杨梅:性味甘酸微温,能生津止渴、和胃消食。对醉酒引起的口干渴、呕吐等有很好的疗效。可取鲜杨梅5～10个嚼食或煎汤频饮。

⑫葡萄:新鲜葡萄中含有丰富的酒石酸,能与酒中的乙醇相互作用形成酯类物质,降低体内乙醇的浓度,达到解酒的目的。同时,其酸酸的口味也能有效缓解酒后反胃、恶心的症状。如果在饮酒前吃葡萄,也能有效预防醉酒。

(二)菜肴解酒

①糖醋白菜心或萝卜丝:将白菜心或萝卜切成细丝,加上醋、糖凉拌,该菜清香

酸甜，爽口解酒。

②糖醋泡菜：将泡菜中的萝卜或黄瓜切成薄片，加上醋、糖凉拌，再浇上两匙泡菜卤水，也能解腻醒酒。

③炒糖玉片：将大白菜帮洗净，切成一寸长，三、四分宽的窄条，加醋腌渍15分钟后取出，放少许油在锅内，用大火煸炒白菜，再倒入醋、糖，翻炒起锅，色如白玉，因此称玉片。

④清炖冬瓜汤，或喝一些味道清淡的菜汤可解酒。

⑤取绿豆适量，用温开水洗净，捣碎，以滚水冲服，或稍煮后再食用。

⑥饮食醋：用陈醋50克、红糖25克、生姜3片共煎水服，有较明显的解酒效果。

⑦饮白萝卜汁：白萝卜汁加红糖适量，每次饮1杯。

⑧牛奶：牛奶可以缓解酒精在胃内的吸收，保持胃黏膜不被酒精灼伤。

⑨将芹菜挤汁服用，可去醉酒后的头痛脑涨，颜面潮红。

⑩西红柿：富含特殊果糖，能促进酒精分解吸收，一次饮用300毫升西红柿汁，能使酒后头晕感逐渐消失。实验证实，喝西红柿汁比生吃西红柿的解酒效果更好。饮用前若加入少量食盐，还有助于稳定情绪。

（三）中药解酒药方

①竹茹：性甘微寒，有清热化痰止呕作用。竹茹10～15克水煎饮服，可治饮酒后头痛呕吐等症。

②高良姜：性味辛热，有温中止呕、散寒止痛之功。高良姜10～15克水煎服，可治饮酒太多，身寒呕逆。

③苦参：性味苦寒，有清热燥湿、祛风杀虫、利尿作用。苦参10～12克煎汤饮服，有益醒酒。

④葛花：为葛藤未开放的花蕾，性味甘平，善解酒毒，醒脾、和胃、解渴。葛花10～15克水煎服，可治饮酒过度引起的头痛、头昏烦渴、胸膈饱胀等症。

⑤五味子：性味酸、甘、温，有敛肺滋肾、生津敛汗、涩精止泻之功。五味子10～12克水煎饮服可解酒。

⑥肉豆蔻：味辛温，有收敛止泻、温中行气、消食之功。取肉豆蔻10～12克水煎饮服，可治醉酒后脘腹饱胀、呕吐等症。

⑦白茅根：别名茅根、茅草根等，性寒味甘，具有凉血止血、清热利尿的功效。若解酒，可用本品15～30克，煎服，鲜品倍用。若治饮酒太过，伤及胃络所致胃出血，可与仙鹤草、地榆、蒲黄同用，或单用。

⑧丁香：别名公丁香，温味辛，具有温中降逆、温肾助阳之功效。治饮酒所致呕吐、身寒等症，可单用，或与人参、生姜、法夏、柿蒂配用。预防酒精中毒，可用本品3～5克，泡茶饮。

第五节　饮酒养生之方

古人对饮酒与养生保健的关系早有认识。《诗经·豳风》中便载有“为此春酒，以介眉寿”，“称彼兕觥，万事无疆”的诗句。上句的意思是说用酒帮助长寿，下句的意思是说举觥敬酒祝长寿，都把酒和长寿联系到了一起。而现代人更注重养生，那么怎样做到饮酒养生呢？

一、常饮优质、低度酒

酒的种类很多，比如白酒、啤酒、黄酒、葡萄酒等。从人体的健康角度说，以红葡萄酒对人的健康最为有利。据研究发现，红葡萄酒含有一种被称为槲皮酮的植物色素成分。这种色素具有抗氧化和抑制血小板凝固的双重作用，可以保持血管的弹性与人体血液畅通，因此不易导致心脏缺血，所以经常饮用红葡萄酒可以减少心脏病的发病率。荷兰一医生观察805名男性发现，常饮红葡萄酒患心脏病的危险会降低一半。而法国人少患心脏病即得益于此。白葡萄酒虽与其“同宗”，但因在酿制过程中槲皮酮丧失殆尽，故几乎无保护心脏的作用。

古人对酒的品质十分讲究。早在周代，酒便有了《五齐》、《三酒》之分。《周礼·天官冢宰》记载：“辨五齐之名，一曰泛齐，二曰醴齐，三曰盎齐，四曰缇齐，一曰沈齐。”“辨三酒之物，一曰事酒，二曰昔酒，三曰清酒。”五齐是按酒的清浊及味的厚落分为五等，三酒是依据酒的酿造时间和长短而划分的。《吕氏春秋》说：“圣人采阴阳之宜，辨万物之利以便生，故精神安乎形，而年寿得长焉。长也者，非短而绩之也，毕其数也。毕数之务，在乎去害。何谓去害？大甘、大酸、大苦、大辛、大成五者充形，则生害矣；……凡养生，莫若知本，……凡食，无(勿)强厚味，无(勿)以烈味重酒。”认为不应该饮用那些度数高而质量低的烈性酒，而应该适量饮用一点味淡而质量较好的酒，这一观点深为后世注重养生的人所重视。那么究竟什么样的酒算是好酒呢？清代顾仲在《养心录》中有过一段精辟的论述：“酒以陈者为上，愈陈愈妙。暴酒(指仓促酿成的酒)切不可饮，饮必伤人。此为第一。酒戒酸、戒独、戒生、戒狠暴、戒冷；务清、务洁、务中和之气……不苦、不甜、不咸、不酸、不辣，是为真正的好酒……清烈为上、苦次之、酸次之、臭又次之、甜斯下矣。”所以古人认为质量较高、有利于延年益寿的酒主要有黄酒、葡萄酒、桂花酒、菊花酒、椒酒等,后来才发展到白酒及以白酒为原料的各种药酒。

根据现代科学测定,酒液中酒精含量较高,有害成分也就越高。如蒸馏酒和发酵酒比较,有害成分主要存在于蒸馏酒中,而发酵酒中相对较少。高度的蒸馏酒中除含有较高的乙醇外,还含有杂醇油(包括升戊醇、戊醇、异丁醇、丙醇等)、醛类(包括甲醛、乙醛、糠醛等)、甲醇、氢氧酸、铅、黄曲霉毒素等多种有害成分。人长期或过量饮用了这种有害成分含量高的低质酒,就会中毒。轻者会出现头晕、头痛、胃病、咳嗽、胸痛、恶心、呕吐、视力模糊等症状,严重的则会出现呼吸困难、昏迷甚至死亡。

发酵酒中的黄酒是中国最古老的酒之一,含有丰富的氨基酸、多糖类、有机酸、维生素等,自古至今一直被视为养生健身的"仙酒"、"珍浆",深受人们喜爱。葡萄酒含有较多的糖分和矿物质以及多种氨基酸、柠檬酸、维生素等营养成分,也是古人喜爱的一种养生酒。三国时的魏文帝曹丕曾经盛赞它"甘于曲糵,善醉而易醒。道之固以流涎咽唾,况亲食之邪!"唐太宗李世民不仅十分喜爱饮用,而且还亲见督造。大臣魏征擅长酿制葡萄酒,他曾亲自写诗称赞他酿制的葡萄酒"千日醉不醒,十年味不败。"《新修本草》已将葡萄酒列为补酒,认为它有"暖腰肾、驻颜色、耐寒"的功效。元人忽思慧在《饮膳正要》中称它有"益气调中,耐饥强志"的作用。李时珍也说葡萄酒有"驻颜色、耐寒"的作用。明代著名戏曲家高濂在《运生八笺》中也将它列为"养生酒"。

另外,还有桂花酒、菊花酒、椒柏酒、菖蒲酒、枸杞子酒、莲花酒、人参酒等滋补酒,均是养生益寿的好酒。桂花酒早在春秋战国时就已为古人所饮用。屈原在《九歌》中说:"蕙肴蒸兮兰藉,奠桂酒兮椒浆。"是指用最好的祭品来敬事天神,蕙、兰、桂、椒,是屈原诗歌中常用的香草,具有高洁的象征意义。汉代,人们已用菊花酿酒。刘歆《西京杂记》裁:"菊花舒时,并采茎叶,杂黍米酿之,至来年九月九日始熟,就饮焉,故谓之菊花酒。"古人认为菊花是经霜不凋之花,所以菊花酒可以抗衰老。《本草纲目》等医书说菊花有去风、明目、平肝、清热等功效,对老年人的听见、视觉尤其有益,所以古代菊花酒备受青睐,是重阳节的必备之物。

二、饮法要得当

也许有人认为,饮酒是一件非常简单的事情,其实不然。饮酒实际上是一种境界颇高的艺术享受,有许多学问。特别是在古代,人们不仅注重酒的质量和强调节制饮酒,而且还十分讲究饮酒的环境和方法,例如什么时候能饮、什么时候不宜饮、在什么地方饮酒、饮什么酒、如何饮酒等,都有许多规矩和讲究。比如关于饮酒的理想环境，吴彬《酒政三则》就曾做过如下概括：

饮人：高雅、衰侠、直率、忘机、知己、故交、玉人、可儿。

饮地：花下、竹林、高间、画舫、幽馆、曲石间、平嘻、荷亭。另，春饮宜庭，夏饮宜效，秋饮宜舟，冬饮宜室，夜饮宜月。

饮候：春效、花时、情秋、瓣绿、寸雾、积雪、新月、晚凉。

饮趣：清淡、妙今、联吟、焚香、传花、度曲、返棹、围炉。

饮禁：华诞、座宵、苦劝、争执、避酒、恶谵、唷秽、佯醉。

饮阑：散步、歌枕、踞石、分匏、垂钓、岸岸、煮泉、投壶。

(一)饮酒时心境要好

酒不能乱饮，只有在身体和情绪正常的情况下才能饮用。身体不适、过分忧愁或盛怒之时都不能饮酒。否则会损害身体健康。按中医的理论说，人在发怒时，肝气上逆，面红耳赤，头痛头晕，如再饮酒，加上乙醇的作用，势如火上浇油，更宜失控，以致造成不堪设想的后果。所以，饮酒时心情要好，即要做到：

1. 选择合适的饮酒时间

如凉月好风，袂雨时雪；花开满庭，新酿初熟；旧地故友，久别重逢时饮酒，可达到宾主尽欢的愿望；而在日炙风燥，渡阴恶雨；近暮恩归，心情烦躁，不速客至，而有他期之时，则不宜饮酒。

早晨和上午不宜饮酒，尤其是早晨最不宜饮酒。因为在上午这段时间，胃分泌的分解酒精的酶——酒精脱氢酶浓度最低，在饮用同等量的酒精时，更多地被人体吸收，导致血液中的酒精浓度较高，对人的肝脏、脑等器官造成较大伤害。

每天下午 14:00 以后饮酒对人体比较安全，尤其是在下午 15:00—17:00 时最为适宜。此时不仅人的感觉敏锐，而且由于人在午餐时进食了大量的食物，使血液中所含的糖分增加，对酒精的耐受力也较强。所以此时饮酒对人体的危害较小。

另外，人在空腹、睡觉前或在感冒时饮酒，对人体也有很大的危害，尤其是白酒对人体的危害较大。

2. 选择合适的饮酒场合

无论在花前月下，泛舟中流的露天场合，还是在宅舍酒楼，只要使人感到幽雅、舒畅，便是饮酒的最佳场合。

(二)温酒而喝

古人饮酒多温热了喝是有道理的。因为酒中除乙醇外，还含有甲醇、杂醇油、糠醛、丁醛、戊醛、乙醛等有害物质。甲醇对视力有害，10 毫升甲醇就会导致眼睛失明，摄入量再多则会危及生命。但甲醇的沸点是 64.7 摄氏度，比乙醇的沸点 78.3 摄氏度低，温酒后，它会蒸发掉。乙醛是酒的辛辣气味的主要构成因素，过量吸入会出现头晕等醉酒现象，而它的沸点只有 21 摄氏度，用稍热一点的水即可使之挥发。同时，在酒加热的过程中，酒精也会随之挥发一些，这样，酒中的有害成分也就少了许多，对人体的损害也就少些。当然，酒的温度也不能加得太高，酒过热了饮用，乙醇及其他香味成分挥发的太多，再好的酒也没味了。这里说的一般是指白酒或黄酒。

（三）饮必小咽

现代人饮酒时常讲究干杯，觉得痛快或显得豪爽。其实这样饮酒是不科学的。正确的饮法应该是轻酌慢饮。《吕氏春秋》说："凡养生，……饮必小咽，端直无戾。"清代诗人朱彝尊在《食宪鸿秘》中也说："饮酒不宜气粗及速，粗速伤肺。肺为五脏华盖，允不可伤。且粗速无品。"

（四）控制最佳饮量

饮酒时不应强逼硬劝别人，自己也不能赌气争胜，不能喝硬要往肚里灌。张潮在黄九个《酒社刍吉》小引中说："饮酒之人，有三种，其善饮者不待劝，其绝饮者不能劝。唯有一种能饮而故不饮者宜用劝，然能饮而故不饮，彼先已自欺矣，吾亦何为劝之哉。故恩谓不问作主作客，唯当率喜称量而饮，人我皆不须劝。"清代阮葵生在所撰《茶余客话》中引陈畿亭的话说："饮宴苦劝人醉，苟非即是客人，不然，变意谷也。君子饮酒，率真量情。文人儒雅，概有斯致。夫惟府井仆役，以通为恭敬，以谵为慷慨，以大醉为欢乐。"所以说，不要劝人醉饮是极为可取的。

人体肝脏每天能代谢的酒精约为每千克体重 1 克。一个 60 千克体重的人每天允许摄入的酒精量应限制在 60 克以下。低于 60 千克体重者应相应减少，最好掌握在 45 克左右。换算成各种成品酒应为：60％白酒 50 克、啤酒 1 升、威士忌 250 毫升。红葡萄酒虽有益健康，但也不可饮用过量，以每天 2～3 小杯为佳。

（五）饮酒的最佳佐菜

酒对身体的危害大小，与血液中酒精的浓度有极大的关系，当空腹饮酒时往往会导致血液中酒精浓度急剧升高，对人体的危害较大。而在饮酒时选择理想的佐菜，不仅能满足饮酒者的口福，同时也减少了酒精对人体的危害。从酒精的代谢规律看，最佳佐菜当推高蛋白和含维生素多的食物。因为酒精经肝脏分解时需要多种酶与维生素参与，酒的度数越高酒精含量越大，所消耗的酶与维生素也就越多，故应及时补充。富含蛋氨酸与胆碱的食品尤为有益，如在饮酒时应多吃一些新鲜蔬菜、鲜鱼、瘦肉、豆类、蛋类等。注意，切忌用咸鱼、熏肠、腊肉等食品作为下酒的佐菜，因为熏腊类的食品中含有大量色素与亚硝胺，在人体内与酒精发生反应，不仅伤害肝脏，而且会损害口腔与食道黏膜，甚至诱发癌症。

第六章 饮酒习俗与礼仪

第一节 酒与祭祀

祭祀是指祭神、祭祖，根据宗教或者社会习俗的要求进行的具有象征意义的一系列行动或仪式。从宗教和民俗意义上按照辞海的解释，祭指祭神、供祖或以仪式追悼死者的通称，如祭天、祭祖、公祭。祭祀从内容上包括场地、仪式、祭文(祝祷词)、祭品等；仪式有祭礼、祭典；节日有祭典、祭日、庙会；对象有祭亡灵、祭天地、祭神灵(神和世界万物)，有祭祖、祭烈士、祭死难者。据现有文字可考，各种祭祀蕴含着不同的内容与不同的祭祀方法，然而，不论哪一种祭祀方法，在祭坛上敬献的食品都离不开酒。

酒祭是中国传统祭祀文化中最具特色的礼仪。酒，最初与社会文化生活发生联系，首先是用于“礼天地，事鬼神”，在高高的神龛上，酒成为古代先民祭祀和缅怀先祖的寄托物。

祭祀活动起源于原始社会后期的父系社会，种类大致分为祭天地、祭社、祭祖、祭灶几种。在酒没有出现之前，祭祀主要用水，称之为玄酒，后来专供祭祀用酒发展到用五齐，即按酒的清浊程度依次为：泛齐、醴齐、盎齐、缇齐、沈齐。此外还有“三酒”之说：有事临时酿的酒为事酒，酿造时间较长的为昔酒，酿造时间比昔酒更长的，一般头年冬天酿造第二年夏天饮用的酒称清酒。这三酒主要是祭祀后供人饮用的。祭祀前，五齐、三酒都得准备好。“凡祭祀，以法共(供)五齐三酒，以实八尊”(周礼·天官家宰)，数量讲得十分清楚，要装满八个大樽。还有更具体的规定：凡是祭上帝、先王的大祭祀，可以添酒三次；祭四望山川的中祭祀，可以添酒两次；祭风雨师的小祭祀，只可添酒一次。用酌盛酒于樽，都有规定数量。

在古代的祭祀礼中，不管是王公贵族、士大夫的宗庙祭祀，还是一般民间祭祀，都要先行“酹酒”(以酒洒地)，后宴饮，成为传统祭祀中必不可少的礼仪。在酹酒前，主祭人手举酒盅，恭敬肃穆，神色庄重，口中或念念有词，或默念祷词，祝祷神灵祖先后，将盅中祭酒在地上分洒三点，再将其余酒在地上洒成一半圆形(表示以酒在地酹成“三点一长钩”的“心”字形，寓意“心献”之礼)。而在祭祀江河湖海时，则要以酒酹水。祭祀中的酹酒习俗，后来在少数民族地区逐步发展成人们平时饮酒也有先酹再饮的礼法。

祭祀时要献三次酒，称为三献，一边献一边口中还要祈祷，不可没有声音。第一次献泛齐，第二次献醴齐，第三次献盎齐。大夫和士不能像天子、诸侯那样奉神主，他们供奉的对象是"尸"。祭祀祖先，不见亡亲形象，哀慕心情难以宣泄，于是就以兄弟中一人为尸主，用他来代替死者的形象，作为行祭施敬的目标，后世用画像代替了"尸"。祭祀者向"尸"行三献之礼，以示心诚。祭祀之礼的最后一道程序是酹酒。苏轼词有"一樽还酹江月"(《念奴娇·赤壁怀古》)，因在长江上，当只能酹江月。一般祭祀，祝祷之后必须以酒酹地，才意味着祭祀结束，与祭的人才能开始食飨，否则祭祀不能算结束。

一、祭天地

在上古人们的心目中，自然界是神秘而又可怕的。因此，古代人类对神灵十分虔诚。在恐怖的黑夜，他们盼望阳光再回大地；在漫长而寒冷的冬季，他们要祈祷明媚的春天重回人间。古人认为，天地是生命的根本，先祖是家族的起源，君王是治民的基础。因而，古人的祭祀，也常围绕着这些项目进行。古人认为天地是生命的根本，他们生怕天翻地覆。因而，祭祀天地被当做头等大事看待。

祭祀天地，也叫郊祭。祭品丰盛，礼仪隆重。《国官》上说：冬至，天子在南门外祭天，以迎接较长白天的来临；夏至，则祭祀地神，以祝愿风调雨顺、五谷丰登。现在北京城南的天坛及地坛，就是专事皇帝祭祀天地的圣地。每逢祭奠必有酒，祭毕再饮酒。郊祭的习俗，在我国已经沿袭了 4 000 年。

古代统治者认为："国之大事，在祀在戎"。可见祭祀是生活中的一件大事，祭祀活动中，酒作为美好的东西，首先要奉献给上天、神明和祖先享用。反映周王朝及战国时代制度的《周礼》中，对祭祀用酒有明确的规定。如祭祀时，用"五齐"、"三酒"共八种酒。主持祭祀活动的人，在古代是权力很大的，原始社会是巫师，巫师的主要职责是奉祀天帝鬼神，并为人祈福禳灾。后来又有了"祭酒"主持飨宴中的酹酒祭神活动，人们便用"祭酒"泛称位尊或年长者。汉魏以后，祭酒还被用作官名，含有为首者或主管者的意思。

古人常以皇天后土并称，皇天指天神，后土指社神，也称土地神。社神包括社稷、五祀、五岳、山林川泽、四方百物之神。但在社神中，以社稷为首，社祭即祭社，就是祭社稷之神，以祈求丰年。社代表土地神，稷代表谷神。古人祭土神与谷神，属于中国原始宗教迷信之自然崇拜。古人崇拜土地，因为人们赖以维持生命的是土地和谷类。这一活动也叫社日，开始是一种春祀秋报之祭祀活动，后来成了一种节日习俗，并且用社日这一名称代替了祭社的名称。社日一般在戊日。汉以前只有秋社（也有资料云只有春社）；汉以后有了春社与秋社之分，即立春后第五个戊日为春社，立秋后第五个戊日为秋社，相当于春分秋分前后。不同时代，祭祀方式不尽相同。周时祭社稷之神要用大量的酒。《诗经·周颂》中的《载芟》、《良耜》正是周时春祈秋报祭祀社稷时演唱的歌曲。古代对社稷的祭祀，不止是君王或皇帝，平民百姓也都来参加。春社祈谷，秋社报神；分别在仲春举行"春祭社"，以祈膏雨，五谷丰熟；在仲秋举行"秋祭社"，以祈百谷丰稔，所以报功。祭祀社稷后即是饮宴行乐，民间社稷既是祈求丰收的活动，又是他们借以休闲欢歌的畅饮之日，除供社酒外，还要食社饭、社肉、社糕、社粥和社面等，都是祭社时的祭品，祭神毕则分而食之。吃社酒被认作是"神惠"。届时村民皆借酒肉至田间或大树下设坛祭社神，祭祀毕，人们原地欢饮，尽醉而归。在这一天，人人都能饮酒娱乐而不受任何约束，边歌边舞，尽情娱乐。

历代帝王都热衷的泰山封禅（封为祭天，禅为祭地），不辞辛苦，千里迢迢跑到泰山去举行露天祭祀。祭天地山川一般都在户外。而祭祖先一般都在室内，天子在太庙，百姓在家里（或称家庙）。野外祭祀，酒的陈列方法记载不详，室内祭祀，酒的陈列规定得极为明白。

现代少数民族也有其独特祭天地的风俗，蒙古族历史上存在过原始宗教信仰，相信天地万物均有神灵，对这些神灵，人们要表示虔诚的敬意。凡饮酒，先酹之，以祭天地。蒙古族人不但在祭祀中，即在平时的饮酒中，也有先以酒酹之以祭天地后再饮的习俗。居住在湘黔一带的苗族同胞饮酒前，也要由席中年长者，用手指沾酒先对天弹酒，后对地弹酒，以祭祀天地神灵后，才能开怀畅饮的习俗，至今仍旧盛行。鄂伦春族普遍信仰萨满教，信奉自然界中的各种神灵。山神白那查是鄂伦春猎人最崇拜的神灵之一。猎人在山上狩猎期间，每逢饮酒吃饭，都要先用手指蘸酒向上弹三下，或将酒碗高举过顶绕几圈，口中念念有词，祷告白那查多赏猎物，然后才能饮酒吃饭。

二、祭故人

（一）用酒哀悼和纪念亡者的形式与含义

祭祖即祭祀神灵祖先，这个习俗在中国可谓源远流长。早在殷周时期，祖先被奉为神明。自汉代以来，墓祭之风更流行。旧时，每逢农历正月初一、清明、冬至，都是民间重要的祭祖日。其时一家之长，即要率领全家给各路神主斟酒，并行"酹酒"礼，以祈求祖宗神灵的庇佑。

哀悼和纪念亡者习俗中的酒俗列举如下：

用酒哀悼和纪念亡者是表示哀伤、思念或祈福的一种庄重肃穆的仪式。汉族老者逝去，亲朋好友都要来吊祭死者，“吃斋饭”或者叫做“吃豆腐饭”，这就是葬礼期间举办的酒席。虽然都是吃素，但酒还是必不可少的。死者三天之内不能入葬，要进行三夜的美酒祭奠。在死者的灵柩前，家庭中同辈人和小辈依长幼排列两旁，有两位祭奠主持人下跪斟酒，然后再由家人亲朋一个接一个给灵魂磕头，烧纸钱，焚高香，祭美酒，哀伤肃穆的神秘氛围中，寄托着生者的无限悲情。待棺材入土时，先要用酒淋洒墓穴，让酒气永远充溢坟茔，驱妖辟邪。有人甚至还在墓穴内放入酒，为的是死者在阴间也能享受到人间饮酒的幸福。一些重要的节日，举行家宴时，都要为死去的祖先留着上席，一家之主这时也只能坐在次要位置，在上席，为祖先置放酒菜，并示意让祖先先饮过酒或进过食后，一家人才能开始饮酒进食。在祖先的灵像前，还要插上蜡烛，放一杯酒，若干碟菜，以表达对死者的哀思和敬意。凡是到了重要的节日，死者的晚辈后代们都要提着美酒去他们的墓前祭奠。

饮福酒：汉族有“饮福酒”的祭祖风俗，流行于长江中下游地区。至每年清明节由族长率领全族长幼祭扫祖墓。祭扫毕，由族长主持，集合全族至本族祠堂内，按辈分大小依次向祖宗牌位跪拜并进香点烛烧纸，祭毕按长幼尊卑就座，分食祭祖之酒菜，象征祖先赐福于子孙，故称为“饮福酒”。

三茶六酒：浙江绍兴、宁波一带，供奉神灵，祭祀祖先时，祭桌上除鸡、鸭、鱼、肉外，还必须置备杯盏九只，其中有茶三杯、酒六杯，称“三茶六酒”。中华传统，丧事用茶酒，只能成单，不能成双，而“九”为奇数之终，代表多数，可示丰盛隆重之意。

开丧酒：汉族的丧葬习俗，大多在亡人出丧后再举办丧宴款待前来吊唁的亲友邻里。但有些地区却也有在开始接受吊唁的当天中午，即举办酒席招待来宾的，故称“开丧酒”。

三奠酒：晋北地区，亡人“开吊”奠祭之日，吊唁的当天中午，即按长幼尊卑的次序进行奠仪。首先开祭时，以三根干草捆成一束支起，斟酒三杯，然后端起酒杯，一杯一杯将酒往干草上点奠。最后焚香一炷，烧纸钱三张，向亡人叩头而起，再由主持丧事的司仪招呼吊唁客人依次祭奠，称之“三奠酒”。

家祭酒：亡人开吊当日或次日，家人还要另外举行仪式祭吊亡灵。家祭时须请乡里德高望重者为“点主”，另请四名“赞礼生”。由赞礼生指挥亡人的家人，在灵前供酒、果、菜、肴四样，同时要开闭灵堂之门三次，意让亡魂独享祭品，谓之吃“家祭酒”。

丧宴酒：吃丧宴酒是至今广泛流行的丧葬酒俗。一般多在送出亡人后，由亡人家属招待众亲朋好友邻里的酒宴。丧宴中除酒外，菜肴中的豆腐是必不可少的，故有吃丧事宴谓“吃豆腐饭”之说。

在我国部分地区，旧时丧宴开席前，还要由亡人孝子按桌去叩首敬酒，要叩首三次，并由孝子斟酒劝饮。亡人的所有孝子必须按序遍桌叩首谢客并斟酒，众宾客受叩跪之礼后，将孝子所斟酒饮尽才能开席宴饮。

路祭酒：晋北地区旧时遇人亡故，棺木出行，孝子等亡人亲属在后送行时，还流行给亡人设“路祭酒”的风俗。路祭的原意是亡人生前友好突闻丧讯，而一时来不及去亡人家吊唁时，只得拦路而祭，以示悼念，称“路祭”，后来逐渐演变为一种特定的丧俗。一般在送葬途中的十字路口，由祭吊者备好祭品祭礼，待棺木至，即拦棺设祭，摆供奠酒，上香化纸，意为亡魂最后一顿受亲友宴请，称“路祭”。

封山酒：家中有人亡故举行祭奠的风俗，在我国已成定例。但在我国四川西部丘陵地区，遇丧家有人亡故后并不一定举行祭奠。这时，有些亡者的邻里亲友会待亡者入土后，相约携酒食菜果并香烛纸钱，至亡人坟前献祭。此时如亡人家属闻知，必会送来酒食答谢，而就地于亡人坟前和众人聚饮，因坟形似“山”，故名“封山酒”。

祭祀神灵祖先，不仅是汉族的礼俗，各少数民族都普遍通行。少数民族每年也都有自己一定的祭祀日，同样成为合族欢饮美酒的重大节日。有的祭祀天神，有的祭祀土神，也有的祭祀山神、龙神，凡逢祭日，村村寨寨必集体饮酒狂欢，历代相传至今。

有的少数民族在吊丧时持酒肉前往，如苗族人家听到丧信后，同寨的人一般都要赠送丧家几斤酒及大米、香烛等物，亲戚送的酒物则更多些，如女婿要送二十来斤白酒，一头猪。丧家则要设酒宴招待吊者。云南怒江地区的怒族，村中若有人病亡，各户带酒前来吊丧，巫师灌酒于死者嘴内，众人各饮一杯酒，称此为“离别酒”。死者入葬后，古代的习俗还有在墓穴内放入酒，为的是死者在阴间也能享受到人间饮酒的乐趣。汉族人在清明节为死者上坟，必带酒肉。

居住于贵州、广西、云南的仡佬族，往往是把敬拜自然神灵和祭祀活动合二为一。农历三月三祭神树，也是仡佬人悼念祖先的一种仪式。祭祀时，在神树前要摆放十个碗、六双筷和一碗五谷掺合煮的饭，一个专用牛角酒杯，一盘猪和鸡头尾、内脏合拼而成的供菜。仪式开始后，点香烛、焚纸钱、放鞭炮，主祭老人用一小木杓挨次往十个碗中斟酒，并口念祭词，祝愿老祖保佑全寨人、畜平安，五谷丰登。祭祖毕，人们就饮酒吃饭。

（二）酒在殡殓祭奠仪式中的运用与作用

我国各民族普遍都有用酒祭祀祖先，在丧葬时用酒举行一些仪式的习俗。

贵州布依族整个丧葬过程都少不了酒。亲友接到报丧信，便要备办酒礼等物去祭奠，亲友吊丧完毕，丧家要加祭，哭诵祭文。加祭时，须备酒礼、猪头等。加祭后，半夜12:00起，请魔公为死者开路，超度死者上天。魔公念着开路经，后辈女婿要给他上酒，魔公喝够了，就把酒赏给丧家女婿，表示上方把粮赏给女婿了。开路到天亮出殡时刻，孝子要提一壶酒，斟在碗里，请帮忙抬灵柩的众寨邻每人喝一口，才抬起灵柩出发。待死者安葬下土后，送葬人返回丧家，孝子则还要留在墓地，摆一桌事先准备好的刀头酒礼敬给死者吃，孝子要陪死者喝酒吃饭。葬后第三天，女婿及丈母娘还要携带酒礼来为死者复三。

云南双江地区布朗族，在把死者送至墓地后，同时要在棺木的四角放四对蜡烛点燃，随棺木一同埋入墓穴，同时在死者的头部埋入一壶酒、一杯茶，意思是让死者吃饱酒食后顺着火光照亮的路去和祖先团聚。

红河地区的哈尼族闻知丧讯，即携带猪、鸡、米、酒来祭。

普米族的丧葬仪式中有"给羊子"的习俗。即请巫师为死者指点祖先的名字，交待归宗线路，并用一只白羊为死者引路。在这个仪式中，须在羊耳上撒酒和糌粑，如果羊摇头，表示死者欢喜，全家吉利，死者家属就要跪在地上向羊磕头，请羊喝酒，再由巫师把羊杀死，用羊心祭祀，并为死者念《开路经》。

台湾高山族世代有用酒来奠祭亡灵的传统，以此来表达生者对死者的哀思。高山族人认为酒是一种能够动天地、感鬼神的美好之物，因此他们往往借美酒来向神灵祈求和表达他们的愿望。插秧播种前，要"酹酒祝空中，占鸟音吉，然后男女偕往种插。收成时各家皆自蠲牲酒以祭神"。他们不仅用酒祈求祖先神灵保佑丰收平安，而且还念念不忘虔请过世的人来饮酒。每逢村里有人死亡，则"结彩于门，不用棺木，所存器皿、衣服与生人计分匀受；死者所应得同埋于院中。三日后，会集亲党，死者取出，设坐，各灌以酒，重为抚摩，然后埋葬"。他们给死者灌酒，显然是希望死者能饮上最后一口酒。不仅反映了高山族人传统的丧葬仪礼，而且也反映了高山族人对酒的特殊情感和知识。

彝族人死后，亲友无论远近，都要牵牛羊带酒肉等祭品吊祭死者。入门时，丧家须给酒，让其举杯痛饮，愈饮愈哭，愈哭愈饮，哭到无泪时则作歌历数死者功德。彝族认为人死后灵魂不死，故火化后需对灵魂进行招亡，先用木杆、羊毛、草扎一五寸许人形，以此代表死者灵魂，由毕摩对其诵经念咒，家人凡吃肉吃酒，先在此偶像前进行祭奠。

因为佛教的影响，藏族对丧葬不甚铺张，死对于佛教徒仅是转入来生的开始或"解脱"，故亦不特别悲伤。藏族社会早期信仰苯教，苯教认为人死后魂会脱离其原躯体，需要用一种降魂的办法使"魂尸相合"。在这种降魂仪式中，许多地方都要用酒。降魂仪式开始后要献上一瓢“招魂酒”，招请灵魂来降。在降魂过程中要作“献三瓢酒”仪式。在“尸与魂相合”时还要献上三次“相合酒”。用酒来招请游离的灵魂，象征着美好生活对魂的吸引作用。在这里，酒的地位已与生存必需的食物相等同了。现代藏族丧葬中虽已无上述仪规，但仍要用到酒：进行天葬时，死者家要给天葬职业者喝酒。在嘉绒藏族的丧事中要“奠酒请神”；丧礼结束时丧家和舅舅家要一起喝“咂酒”，对唱酒歌，追述死者生平，表达对死者赞颂和惋惜之情。

（三）酒在丧事过程中的其他用途

古人举行丧仪虽不饮酒，国君死后却要用秬鬯这种气味芬芳之酒为死者沐浴，以掩死者身上之恶臭，使之散发香气。周代从事这项工作的叫小宗伯。《周礼·春官·宗伯》曰：“王崩大肆，以秬鬯弥（mi，洗尸身）。”古人认为人死后有灵魂，故相信鬼神，认为鬼是人的灵魂。古人还认为人有家，鬼也应有家；坟墓就是鬼的家。人要有酒食，鬼也要有酒食，因此随葬物有尊、罍、觚、爵等酒器。

酒可用于随葬。古代帝王，随葬之风甚盛，他们死后也想美酒相伴，享受奢华生活，故酒也成常见的随葬品。长沙马王堆出土的文物，有大批精美的漆器，其中有贮酒钟 2 个，钫（盛酒器，容 18 千克）4 个，内均有酒的沉渣。还出土白酒、米酒等共 8 坛。尤其景帝之子中山靖王刘胜夫妇墓内耳室，陈列 33 个盛酒大陶缸，高 77 厘米。有的缸上还写有朱红色文字，如“黍上尊酒十五石”、“甘醪十五石”、“黍酒十石”、“稻酒十一石”、“甘醪十石”等。据专家估算，这些陶缸当时共盛酒约 5 000 多千克，数量之大，甚是惊人。从出土于商代的陶器和青铜器中发现出土文物中以酒器为最多。

第二节 酒与婚礼

婚姻是人生的大喜事，大喜事必要伴以佳酿美酒，这是我国许多民族共有的习俗。许多民族，从恋爱、订婚、结婚、回娘家及生儿添女，都要以酒称贺，无酒不成礼仪，无酒难结姻缘。

自古以来，民间都将结婚酒宴称做“喝喜酒”，说明酒与婚礼关系的密切，婚礼嫁娶是人生重大礼仪，在隆重的婚礼中，象征着吉祥喜庆的酒宴不可或缺。

一、酒与汉族人的婚礼

(一)与婚姻有关的酒俗

1. 交杯酒

“交杯酒”是我国婚礼程序中的一个传统仪式,交杯在古代又称为“合卺”(卺意思本来是一个瓠分成两个瓢),《礼记·昏义》有“合卺而酳”,孔颖达解释道“以一瓠分为二瓢谓之卺,婿之与妇各执一片以酳(新郎新娘各拿一个),用以饮酒,就叫合卺。即用瓢(葫芦)分两半,当做酒杯,婚礼时用彩线连接卺的柄端,两人饮酒后合成一体,象征夫妇相亲相爱,风雨同舟。所以都把合卺与入洞房连在一起,其寓意与心态都是一致的,结永好、不分离的暗示,合卺又引申为结婚的意思。

饮“合卺酒”在古代婚礼中世代传承。合卺始于周代,匏是苦不可食之物,用来盛酒必是苦酒。所以,夫妻共饮合卺酒,不但象征夫妻合二为一,自此已结永好,而且也含有让新娘新郎同甘共苦的深意。正如《礼记》所载:“所以合体,同尊卑,以亲之也。”“合卺”还有另一层意义,就是生育。“卺”俗称苦葫芦。葫芦形圆多籽,类似于十月怀胎的孕妇。新婚时行“合卺”之礼,即预祝新郎新娘日后子孙兴旺。

秦汉即有交杯酒习俗,唐代亦有交杯酒这一名称。宋词中有“倾合卺、醉淋漓,同心结,倍相宜”之句。宋代以后,合卺之礼演变为新婚夫妻共饮交杯酒。《东京梦华录·娶妇》记载:新人“用两盏以彩结连之,互饮一盏,谓之交杯。饮讫,掷盏并花冠子于床下,盏一仰一合,谷云大吉,则众喜贺,然后掩帐讫。”即用两个酒壶以彩结相连,并绾成同心结之类的彩结,新郎新娘互饮一盏,称其为“交杯酒”。饮完酒,把酒盏掷于床下,酒盏若是一仰一俯,谓之大吉。

在现代婚礼上,新娘新郎共饮“交杯酒”,在婚礼上常常可以看到这样的场面,两个酒杯斟满酒,新娘新郎各取一杯,面对面站着,双目对视,用拿酒的手臂相互交错套折,在一片温情和欢乐的笑声中一饮而尽,喝完后手臂再放开。

2. 回话酒

是女家款待男家相亲宾客的酒宴。旧时在四川川西、川南一带,男方托媒求婚,女方如同意则“回话”议婚,然后男青年上女方家,女方家则邀亲戚相看未来女婿,并设酒招待,称“回话酒”。

3. 订婚酒

男女订婚时大多都备酒宴招待宾客,双方亲友均到场祝贺。在我国晋北地区,一般都在男家到女家送婚契时,女家设酒宴招待。订婚仪式的酒席也称作“会亲酒”，喝了“会亲酒”，表示婚事已成定局，婚姻契约已经生效，此后男女双方不得随意退婚、赖婚。

4. 受盘酒和回盘酒

在苏南水乡，男家择良辰吉日送聘礼到女家，女家邀请亲友喝“受盘酒”，这时女家要回赠礼品，称为“回盘”。回盘时除必须有表示允诺婚事之意的描金“允”帖和象征吉祥的“发禄袋”，还必须设酒宴招待亲友，称饮“回盘酒”。

5. 盒酒

也为定亲酒的一种。流行于陕西武功一带，当地民间以“盒酒”为定亲凭证。“盒酒”指在木制的菜盒内，放置菜肴八样，酒二壶。女方接受男方盒酒前，不论男方送了多少财礼给女方，女方都可退婚，但一旦收受男家盒酒以后，则婚事已正式确定，女家不得退婚，应当即邀请亲朋好友，宣布婚事确立。

6. 挑酒

广东地区在婚期前夕，由男家请婚姻介绍人送酒肉至女家，供操办“嫁女宴”之用。同时送去聘金，金额需以九为尾数，寓意天长地久。因酒、肉都用肩挑送去，故称“挑酒”。

7. 婚前豁拳酒

苏州吴县东山地区，于婚礼的前一天，男方要请岳父大人赴酒宴。席中，岳父坐于首位，另有四位善饮酒者分坐两侧陪同，此为主桌。主桌前置放半桌一张，称为“拳台”。拳台中置大钵两只，钵旁放大碗、中碗、小碗、大盏、小盏等各式饮具，谓之“酒桥”。半桌旁的小几上放置橘子、甘蔗等果品和咸菜一碟，均为醒酒食品。豁拳时，由岳父发布“酒令”，然后每桌上参加豁拳的宾客均至“拳台”上豁拳，输者罚酒。先从“酒桥”边的小饮具喝起，越喝饮具容量越大，最后输者要喝可盛 1 千克酒的大钵，且喝时必一饮而尽。凡参加酒宴的每桌宾客都要豁到拳，最后要由岳父饮“押台酒”，称为“满堂红”。

8. 开包酒

我国青海部分地区，结婚之日迎娶新娘的迎亲队伍到女家后，先借女方家中酒及酒盅置于果盘内，请新娘之姑妈或姐姐，由娶亲人向她们行聘请礼，并斟酒三杯再献上钱币，称为“开包钱”，女家被请者收钱后，将男家送来嫁妆包袱打开检查后即设宴招待，谓之“开包酒”。

9. 花烛酒

在四川川南、川北一带，男家于婚礼前一日，设酒宴请亲友、大媒、邻里等，席间还请十名童子陪伴即将做新郎者。因过了此夕即为洞房花烛夜，故名“花烛酒”。

10. 别亲酒

浙江杭州一带，女儿出嫁前夕，父母为之置备酒席。入席时，嫁女坐于首席，由平辈或小辈陪饮，又称为“辞家宴”。席间先由新娘母亲为女儿斟酒，当堂训以敬公婆、尊丈夫等话语，宴毕由长者引导辞别祖先、家堂、灶司，并礼拜父母双亲及诸亲好友等人。

11. 上马酒与出阁酒

晋北地区，男家迎亲队伍去女方迎亲时，要专为迎亲队伍设宴，称“上马酒”。席间新郎父亲或叔伯要举杯为迎亲队伍饯行，预祝一路平安。

在我国四川地区，凡女儿出嫁当天，去婆家前，女方父母要于这一天置办酒席送女儿出嫁，称“出阁酒”，意为女子将离开闺阁，出嫁去婆家。

12. 迎门酒

陕西安康一带，新娘跨进男家大门时的一种敬酒礼仪。新娘由迎亲队伍接到男家大门口时，有妇女两人站于门口，一人捧盘举杯，一人执壶斟酒，向新娘和送亲宾客敬酒，新娘饮酒后方能进夫家门，故又称“拦门酒”。

13. 闹酒

云南地区的婚礼当天，新郎新娘同至宾客宴席前敬酒。届时宾客要出绕口令、谜语、咏诗、唱歌等考题，要新郎新娘当众猜、唱或咏，若不从，宾客则拒饮，若文不对题，则引起哄堂大笑，取“越闹越热，越闹越发”之意。此俗流行至今。

14. 回马酒

为汉族婚姻中的一种特殊饮酒仪式，流行于我国青海省乐都、平安等地区，婚礼过后，女方宾客离开男家走一程后，一些青壮年会勒马回首，飞驰而回至男家门前，接过男方递过来的酒痛饮后，再策马扬鞭而去，少顷又复勒马奔回痛饮，如此再三，观者无不拍手称好，而饮者则以豪饮为荣。

15. 出堂酒

浙南地区在婚礼后的第七天晚上，男方要置办酒席请所有参与操办喜事的亲朋好友欢饮，因新娘从此日起要主持夫家的家务，故名“出堂酒”。

16. 回门酒

结婚的第三天，新婚夫妇要“回门”，即回到娘家探望长辈，娘家要置宴款待，俗称“回门酒”。回门酒只设午餐一顿，酒后夫妻双双回家。

(二)婚礼敬酒的礼节

敬酒是婚宴上的重头戏,是新人和宾客互动的时机。在敬酒时,新人应事先了解嘉宾背景,并注意敬酒的顺序。首先是主桌,先敬女方父母和男方父母,再敬其他长辈;然后是次桌,是亲戚和父母的同事、朋友;最后是与新人同辈的朋友、同学、同事。不仅每桌都要敬到,而且桌上的宾客也要一一敬到,不可失礼。通常敬酒的时机是在主桌吃完冷盘和头道菜后,新人开始逐桌敬酒。这时许多新娘会换上旗袍或中式裙褂。

敬酒时新人要亲手为客人将酒杯倒满,一般为两杯,寓意好事成双,双手为客人端起,客人接过酒杯,同时说些祝福的话,将酒喝完。等客人放下酒杯后,新郎、新娘要说声"谢谢"。并再次将酒杯添满,方可再向下一位客人敬酒。在敬酒的过程中,伴郎、伴娘要捧酒瓶或饮料随行,随时斟倒。若遇到需要代酒的时候,伴郎、伴娘也是义不容辞的。

古往今来,酒筵几乎是每对新婚夫妇行婚礼时必不可少的仪式,流传到今天。"吃喜酒"已成为民间行婚礼的简称。酒筵有繁有简,规模不等,但最主要的意义则是新郎新娘的婚姻得到了亲朋好友的承认。因此,酒筵是婚礼中最具有社会意义的环节。

二、少数民族的婚礼酒俗

婚礼是社会约定的婚姻程序中最为重要的环节,在少数民族求婚、订婚过程中,酒所起的作用主要是表达意愿的媒介;而在婚礼上,酒所蕴含的文化意味复杂而浓烈。各民族在婚礼中繁复多样而各具特色的饮酒习俗,形成一道绮丽迷人的酒文化风景线,折射出各民族特定的社会结构和文化背景。

1. 酒与蒙古族人的婚礼

蒙古族人的婚礼过程,有定亲、婚礼、回门三个阶段。定亲分小定和大定,都离不开酒。小定时,媒人要将一条哈达和一瓶酒献给女方父母,同时说明求婚来意。女方同意,则收下哈达;女方若喝完媒人带来的酒后,再将空瓶装满,让媒人带回,则表示不同意。大定时,男方要送整皮囊的酒和整只的羊等作为定亲礼,女方则要设宴招待。结婚正日,白天男方亲友向男家送礼,男家要设宴请酒。黄昏时,新郎与伴郎等去女家迎亲,新郎要向女方客人一一敬酒,并和大家一起对酒欢歌。席间,女方祝词者一边劝酒,一边唱歌发问,男方的祝词者对女方要有问必答。如果答不上来,就遭人笑,而要被罚酒。次日早晨,新郎带新娘回家,男方要迎亲,把酒、奶茶等摆在地上,由祝颂人致迎新词。其中有关于敬酒的:"乳汁的精华是奶酒,我们把奶酒敬上。”拜过天地后，新郎手执酒壶，新娘子捧酒杯，逐个给客人敬酒，表达谢意和敬意。客人不管酒量如何，都要接过来一饮而尽，并祝愿一对新人白头偕老。

2. 酒与藏族人的婚礼

藏族求婚，要请媒人到女家献哈达和酒。我国西藏地区，男女双方确定婚姻关系后，在举行结婚仪式的当天，有饮“迎亲酒”的习俗。届时男方须请一能说会唱的亲友任“迎亲人”(藏语称“捏本”或“赘本”)，迎亲人随男方迎亲队伍至女方家门口时，女家主人必须端酒相迎，这时迎亲人边喝迎亲酒边唱祝贺歌，以表示吉祥吉庆。有讲究的女家，还在男方迎亲队伍来女家途中，派人分批迎亲，中途男女家每相遇一次即要停下饮一次“迎亲酒”，边饮边唱，十分隆重。迎亲酒大多为藏族常饮的“青稞酒”，也有少数地区用黄酒。婚礼吉日，新郎迎来新娘，男家也必须在离家不远处设迎亲路席。新人来到，男方要向送亲者大碗敬酒，并有歌手唱迎亲曲。婚礼结束后，喜宴正式开始，无论亲友，还是歌手，都悠扬地唱起祝酒歌来。

藏族婚礼上的祝酒歌，内容丰富，数量很多，不同地区，各不相同。西藏地区有首《祝酒歌》是这样唱的：请松开腰带款款地吃，请抱起酒坛畅怀地喝，愿草原上每日都有新婚夫妇，愿“卡哇坚”(藏语，意为雪山之族，是藏族对本民族的一种自豪称呼)天天举办盛筵喜事，祝福啊，我再一次祝福！青海地区有首藏族《祝酒歌》又是这样唱的：森林里最可爱的是梅花鹿，森林里最清香的是列克图(一种香草)，梅花鹿能活一千年，列克图的清香溢山谷。远道而来的亲戚请举起杯来，你们像莽莽苍苍的林海，滋生着列克图，哺育着梅花鹿，新郎新娘正像它俩长寿而幸福。歌助酒兴，喜筵场面十分热烈。

3. 酒与侗族人的婚礼

侗族的结婚酒宴一般要摆三天，三天的酒席都各有其名，其中以婚礼第二天的酒宴最为隆重，称为“正席酒”。在饮正席酒的过程中，敬酒时，与座者都要用酒令、礼词来表达宾主间的情意。酒半酣时，宾主要进行一种“打马游街，解粮讨赏”的酒礼。席中由一人充当“解粮官”，手托茶盘，盘内放置酒四盅，扣肉一碗，另有一持酒壶的副手陪侍，双双前来“解粮”，以酬敬“皇客”(女方送亲的客人)。双方要在一场你盘我诘的辞令战中敬酒与回敬，场上气氛十分热烈，充分体现了侗族同胞语言辞令的丰富和独特的婚礼酒俗。

4. 酒与土家族人的婚礼

婚娶当天，新娘上花轿后，村寨中与新娘平辈的堂兄弟们要赶来随轿护送。有的则会事先拦在渡口，坡坳口，以不让男家花轿通过。而男家都会事先准备，先派人将酒席挑在上述地方，就地宴请他们，迎亲花轿才能顺利通过，因为是就地蹲在路边喝酒，所以称之为“茅宴酒”。这种习俗主要在湖南湘西一带流行。在婚娶中一些路途较远的新娘家同族堂兄弟辈，如赶不上饮“茅宴酒”，新郎家则必须当即摆酒宴请。因从远路赶至饮酒，俗称“赶脚酒”。湖南湘西土家族婚礼上还有喝上马酒的习俗，婚娶中女家堂兄弟路上护送新娘至男家后，男家须在堂屋中摆酒宴招待。充当舅姥爷的堂兄弟坐在祖先神龛下特设的正中席位，俗称坐上马位，陪客坐于左右边位。桌上酒菜须按礼规摆成马蹄形，若摆错了位置，舅姥爷借故不饮，或只喝头尾两杯，那么其他客人的酒席一概开饮不成。

流行于青海地区的土家族婚礼中的酒俗有“跑马酒”，土族语音译为“适达强”。当婚礼完毕，女家贺礼宾客告辞时，要一边向外走，一边饮酒，至男家门口时要连饮完三杯。骑上马后还要向男家要酒喝，并连声高喊“适达强”，然后要在百米远的道路上策马往返奔驰三次，围观助兴的众人这时也会在路边不断高喊“适达强”，每跑一次，男家要敬酒一杯，以示新人双方的情谊。

5. 酒与满族人的婚礼

满族人在举行婚礼前后的“谢亲席”：将烹制好的一桌酒席置于特制的礼盒中，由两人抬着送到女家，以表示对亲家养育了女儿给自家做媳妇的感谢之情。另外，还要做一桌“谢媒席”，用圆笼装上，由一人挑上送到媒人家，表示对媒人成全好事的感激之情。满族人结婚时的“交杯酒”：入夜，洞房花烛齐亮，新郎给新娘揭下头盖后要坐在新娘左边，娶亲太太捧着酒杯，先请新郎抿一口；送亲太太捧着酒杯，先请新娘抿一口；然后两位太太将酒杯交换，请新郎新娘再各抿一口。

6. 酒与达斡尔族人的婚礼

达斡尔族的“接风酒”和“出门酒”：送亲的人一到男家，新郎父母要斟满两盅酒，向送亲人敬“接风酒”，这也叫“进门盅”，来宾要全部饮尽，以示已是一家人。尔后，男家要摆三道席宴请来宾。婚礼后，女方家远者多在新郎家住一夜，次日才走，在送亲人返程时，新郎父母都恭候门旁内侧，向贵宾一一敬“出门酒”。

7. 酒与壮族人的婚礼

壮族人能歌善舞，也喜酒。其酒有家酿也有购买。民间称15%左右的酒为“单酒”，30%左右的酒为“双酒”，60%左右的为“三花”；称米酿者为“米酒”，木薯酿者为“木薯冲”，榨甘蔗制糖的副产品为“糖泡酒”。壮民们爱饮米酿双酒，称为“米双”，“米双”被美称为“土茅台”。

有的壮族地区在婚礼过程中，男方给女方送的订婚礼品中必须有米酒6千克。女方受礼，请亲友女宾吃订婚酒。之后，岳父择日宴请女婿，在酒宴之间考察女婿人品、才学。酒过三巡，女婿必须逐一给长辈敬酒。饭后，女婿逐一给长辈请安。这时，主家给女婿端来一碗酒，称为“漱口水”。女婿拿起调羹对他说：“两人过河互相扶，壮家打鱼要均分，宴会席上要平等，主人食来客不饮。”将酒饮完毕。结婚前10天，男方送钱、糯米、猪肉和米酒1千克给女方，称“报喜日”，协商聘礼（通常有钱有肉有米，并有酒50千克）。婚礼非常隆重，头一天在女方家置办酒宴，婚日在男方家置办酒宴。在壮族接亲仪式中，酒和歌几乎占了全部的内容。接亲的那一天，女方家在正门梯阶的每一级都要摆上一碗酒，这叫“拦梯酒”，还在门口摆上三碗酒，这叫“拦门酒”。在拦门酒的后面，站着三至五名当地最著名的歌手，构成坚固的城池，来抵御男方派来接亲的队伍。接亲队伍领头的常常是一位壮年男子，骑着高头大马，歌才出众、酒量超人，人们习惯尊称为接亲伯。来到女方家的门梯下，熟练地用一首山歌表白自己的身份和使命。紧接着，女方歌手便以歌盘问，从盘古开天、壮族的婚姻历史，到新社会的婚姻法和计划生育等，无所不问。每问一首，若接亲伯能顺利唱答，女方家便把阶梯上的一碗酒拿开，并让接亲伯登上一级阶梯；若是接亲伯有哪首对不上，便要喝下这碗酒，才能登上阶梯。不管是以歌行进还是喝酒登梯，接亲伯总要竭尽全力，奋不顾身地“冲锋陷阵”，把他带来的接亲队伍引进亲家的大门。当晚饮酒猜拳，唱歌通宵。次日早上，在把新娘接出家门之前，要举行“搬酒杯”的仪式。这时，新娘在内房梳妆打扮，房门虚掩着，紧挨着房门口摆着一个八仙桌，桌上放着72杯酒，接亲伯必须对答女方歌手盘问的72首歌。在一问一答的歌唱中，若是接亲伯答对了一首，便把一杯酒搬开，若是哪一首答不对，他就要喝下那杯酒。桌上的72个酒杯全部解决，然后才能搬开桌子，推开房门，把新娘请出房子，接出家门。

8. 酒与瑶族人的婚礼

瑶族的“连心酒”又叫“连台酒”，是瑶族人的婚姻酒俗。广西桂平地区的瑶族同胞在结婚当天，男方置办婚宴之“首席”，要用五张桌子连成，由新人的双方父母、哥嫂、弟妹及至亲好友、族长、媒人等在首席入坐，席上先由新郎新娘给每位宾客斟酒满杯，然后将各杯中的酒再倒回酒壶中混合，并再次斟入各人的酒杯中，称之为“连心酒”。斟酒后要由席上主婚人高声大喊：“干杯！”这时“连心酒宴”便正式开始。此时新郎新娘要继续向各位来宾敬酒，每敬一杯，自己也要陪饮一杯。等到婚宴中首席上的“连心酒”饮完后，其他酒席才能开始。

广西巴马地区瑶族同胞的婚姻酒俗是，当地凡是姑娘出嫁，女方在宴请男方迎亲人员时，迎亲人员要伺机偷取女方家的酒杯四到六只（一定要是双数），到男方家交予新郎。在新婚之夜，新人们饮交杯酒的时候，新郎会以从女方家偷得的酒杯为新娘敬酒，取新娘出嫁仍与在自己家中一样“诸事顺达”之意。婚礼后，新人们还必须将偷得的酒杯中的两只永世珍藏，以怀念父母养育之恩，剩下酒杯为日常使用。

9. 酒与黎族人的婚礼

黎族男女青年订婚以后，男方要送酒、肉和大米，到女家商量迎亲的事。当天晚上女方的父母要请寨里的人喝酒，全寨的人都要来看他们的女婿。当新娘迎进家后，男方便在门前摆喜酒，一般都是席地而坐，没有桌椅，每人面前都盛上一大碗酒，空地中间放置一大酒坛，坛口里面插着细竹管，先由主婚人的长辈和新郎、新娘吸吮后，凡参加婚礼的人都轮着吸。然后才喝自己面前碗里的酒。边喝边唱边舞，通宵达旦。

海南岛的黎族有婚礼尾酒之俗，亦称收席酒。新郎家设此酒宴，一方面答谢那些婚礼期间予以资助或帮助煮饭做菜的亲友，一方面为了聆听亲友们的教诲。亲友们边喝边唱，嘱咐新婚夫妇要互相照顾、生儿育女、发展家业。因亲友不断登门祝贺，往往酒宴要延长到三天三夜或更长时间。

10. 酒与羌族人的婚礼

羌族人习惯“做小酒”。羌族青年男女，一般很早就定亲。在清代末年，定亲时男方要送五吊二百钱给女方，另外办酒席招待女家亲友。男家如果是富户，就摆上二三十席，无钱户也要凑够十席。在宴会上要对婚期作出决定，所以称为“做小酒”。然后，男方要宰一只羊加上十九两二钱的银子，一并送到女家，这又叫“送日子”。女方随男方的人回转，男方再次办酒席，这个酒席称“花月酒”。此后，新郎及同辈六人，加上媒人，齐到女家赴宴并将新娘接回，男家自办酒宴招待亲友，女方家也要办酒席招待男方亲友，此称“回礼”。

居住在四川阿坝州羌族同胞的习俗是：男方请红爷（媒人）去女家说亲，若女家同意，即向男家提出须办多少酒席，费用由男家承担，表示订婚初步成功，这叫吃开口酒。

11. 酒与景颇族人的婚礼

在景颇人的婚礼上，酒除大量被饮用外，还具有重要的媒介意义。如“抢婚”，男方先到女方寨中，将意中的姑娘“抢”到手，带往男方村寨。然后由“长桶”（婚礼中女方寨子中的人）背着“抢婚者”带来的酒到女方父母家议婚。同时，“抢婚者”在快回到本寨的附近时，要鸣枪示告家人，家人闻之，知道“抢婚”成功，速送酒至寨门口，众人一同饮酒后进寨，送新娘至“勒脚”（婚礼男方寨内中的人）家歇息。正式举行婚礼时，要专门选出两人往新娘歇息处送四次酒，每次水酒、烧酒各一筒。第一次送酒的意思是：你们来了欢迎，欢迎！第二次送酒的意思是：来请坐下。第三次送酒的意思是：请吃饭。这时，“勒脚”家才端出早已准备好的饭菜招待新娘及其陪客。第四次送酒的意思是:起脚起手到新娘家去。两位送酒者各背一竹箩,一只装着送给新娘的衣裙、长刀和长矛;另一只装有水酒、烧酒各一大筒。其中一筒带到新郎家饮用;一筒当场由新娘分给大家饮用。饮酒后,新娘梳妆打扮。然后"长桶"背着装有酒的背箩,执矛带路,送新娘至新郎家。在新郎家门口,二位送酒者又要送酒四次,由新郎家里送至新娘坐处。第一次送酒的意思是"接来了";第二次送酒的意思是"来,一起坐下",新娘此时正式入席;第三次送酒的意思是"嚼草烟",新娘便把草烟递给参加婚礼的人;第四次送酒的意思是"跨蓬草",新娘由新郎之弟或母亲牵扶,经过事先置于四束草丛中的"竹木躺"(独龙桥),登楼进入新郎家中。婚后第二天,新娘须亲自酿制水酒,以备10天之后的"回门"用,同时也检验新娘的酿酒技术。回门的酒要备两大筒水酒和两大筒米酒。盛酒的竹筒一定要用新竹子做,象征完婚成双,荣华富贵。

12. 酒与彝族人的婚礼

彝谚说:"汉人贵茶,彝人贵酒。"彝人逢年过节,亲朋相聚,酒是必不可少的。彝族青年男女的一种婚恋社交仪式是"吃山酒"。在赶街、放牧、串亲等外出的路上,小伙子若是看中了某一位姑娘,不管相识与否,夺走她的帽子和轻便物品,姑娘也可以主动抢走男方的东西。如果被抢的一方不中意,便不追赶,主动抢的一方只好将原物送还;如果被抢的一方中意,就会追打而来,至僻静的地方商量好约会地点,由男方买糖,女方买酒,双方邀约自己的伙伴,到山里围火对唱,饮酒叙情,习称"吃山酒"。酒礼歌是彝族男女青年结婚时唱的歌,有的又叫"婚礼歌"、"出嫁歌",有几种不同的唱法,有的唱一个晚上,也有唱一个月的。"酒礼歌"按其内容可分为22个部分。因此就用22个谱子来唱,出嫁时姑娘要唱一半左右,另一半由主婚人、歌师、媒人、出嫁姑娘的父母兄弟姐妹及参加婚礼的男女宾客唱。"酒礼歌"唱完,已经是天亮了,人们吃了早饭,就开始"送嫁"。八男八女,手持花巾,边舞边唱,就这样,姑娘被送往婆家去了,小辈的来要糖,同辈的来闹房,出嫁姑娘到婆家第三天回门。回门在娘家住三四天后回到婆家,就开始履行做媳妇的义务了。

13. 酒与独龙族人的婚礼

独龙族男女相爱定情后,男方父母便带着酒,到女方家来求婚。求婚时,边饮酒,男方便唱起了古老的《求婚歌》。女家如果不满意,要拒绝。即使满意了,也要找出种种借口来推辞,最后才用歌声表示同意。

独龙族婚礼,是在女家举行的。晚上,在结婚仪式上,男女双方都要各自介绍自己的儿子或女儿的情况,并勉励一对新人婚后要互相关心、和睦相处、吃苦耐劳、勤俭持家,即使手脚残疾,眼睛瞎了,也要相依为命,终生相伴。然后,双方父母递给新人一碗米酒，新郎新娘同时双手接过，当众表示，一定要听从老人的教诲，互相尊重、互相爱护、永不分离、白头偕老。接着，两人箍紧肩膀，脸腮相贴，捧起酒碗，同饮而尽。独龙族人称之为喝“同心酒”。此后，宾客及全寨人进入宴席，一家有喜，全寨参加，十分隆重。然而，席上饮食却极其简单，多是新郎新娘家做的和宾客带来的炒面、粑粑、米酒、熟肉等物。婚礼几乎是泡在酒杯中进行的，人人都可以同新娘共饮。所以，当新娘入洞房时，几乎成了“醉娘”。喜宴后，男女青年彻夜歌舞，庆贺新婚。

14. 酒与苗族人的婚礼

苗族青年男女自由恋爱后，就要由男方派人带酒礼到女方家通报，叫喝“认亲酒”。若是女方的父母同意这门亲事，就收下男方的酒礼，并热情款待使者喝酒；若不同意，便将使者拒之门外。因此，使者回寨时要回答的第一个问题是：“喝到酒了没有？”是否喝到认亲酒乃是亲事成败的关键。一支明末清初由云南镇雄迁到贵州贵定县定东乡竹坪村自称“客苗”的苗族，在男女婚恋过程中要喝一次“凭证酒”，才能最后确定其婚姻是否有效。男方通过一系列的礼节取得女方家同意后，由双方媒人商定男方家送女方家的酒数字，并按时如数送到。然后由女方家请女方亲友吃饭，称为吃“凭证酒”以示婚姻合理，有凭有证。吃凭证酒后，男方要择定结婚日期并通知女家，女方家同意后，双方媒人商定彩礼后才可举行婚礼。

贵州雷山县西江镇一带苗族，男女双方正式结婚这天，新郎本人不到女方家迎亲，而由男家先派能喝能唱的本寨男壮年若干人和新郎的代理人（同胞兄弟或叔伯兄弟），提鸡鸭各一只，挑酒一壶，抬糯米饭一箩，于傍晚时候说说唱唱到新娘家去接新娘。到新娘寨子时要闯过三道酒关：第一道是“进寨酒关”，第二道是“还娘头钱酒关”，第三道是“门上顶角酒关”。每道酒关都是长桌拦道，桌上摆满鱼肉菜肴，桌下放着酒坛若干。把关人都是主办人家一些能说能唱会打闹的年轻小伙和年轻媳妇。接亲人来到“进寨”酒关前时，每人要仰脖饮下三大碗酒，方能入寨；入寨后来到新娘家门前，即闯第二道酒关，这道酒关是新娘舅家设的“还娘头钱”酒关，新郎的代理人，要向新娘的舅家交还“娘头钱”，作为对舅家曾经养育母亲的酬报。交够“娘头钱”就过了第二道酒关，如交不够数，或代理人故意逗闹取笑不如数交付，把关人就把酒坛搬上桌来，唱着酒歌向客人大碗小碗地敬酒，逗笑热闹一阵之后，才搬开桌子让客人过关；接着便到第三道“门上顶角”酒关，这是新娘父母设的把门酒关，门上吊着装满酒的三只水牛角，接亲人每人要仰饮三牛角后，主人家才开歌拦路接亲人的能歌者即对歌作答。客人对歌输了，每人要喝罚酒三大碗；对歌赢了，主人家自饮三杯，即接客人进屋。

15. 酒与布依族人的婚礼

出嫁酒是流行于贵州罗甸布依族中布依姑娘出嫁前酬谢亲友的酒宴。姑娘出嫁这天,家族中的家家户户都要备办美酒佳肴。把房前屋后打扫得干干净净,人人穿上漂亮衣服准备迎接客人。当客人到来后,陪客就餐十分讲究,舅父母、姑父母、姨父母为贵宾,受到特殊优待,专门由家族中的同一辈人作陪;表兄弟和表姐妹,也由家族中一二人作陪;其他来宾则由一人作陪。宾主之间互敬酒菜,饮酒对歌,并按宾主老少顺序到堂屋参观嫁妆,称之为"出嫁酒"。布依族青年结婚时,由男方备办款待女方送亲客的酒宴,叫发脚酒。新娘过门时由娘家亲人陪送,陪送新娘的人叫送亲客。送亲客到新郎家后,由新郎家族中的同辈人陪着坐上席,品尝丰盛的美酒佳肴。第二天早上,举行新婚拜堂仪式,新娘新郎一起立下山盟海誓,表示志同道合,忠贞不渝。结婚仪式完成,第三天下午,新郎家要办酒宴欢送"送亲酒",这顿酒宴叫"发脚酒"。

16. 酒与仡佬族人的婚礼

仡佬族人订婚时有"吃允口酒"的礼俗。行礼时须杀鸡敬祖先,并宴请亲友。借吃"允口酒"的机会正式肯定男女双方的婚姻关系,从此受到大家的关心和监护。由此可见,吃允口酒就是喝允许婚事的酒。行礼中最值得注意的是:象征着允许婚事的第一碗酒,须先请女方母亲喝,当轮到其父喝酒时,父亲要明确表示:"娃娃是母亲养大的,要由她娘做主。"只有如此说才被认为是合乎规矩,这种风俗据说是人类母权制时期留下的遗风。不过,这倒真正体现了仡佬族人民尊重妇女、承认妇女地位的可赞之处。仡佬族男女青年相爱后,男青年向女方父母求婚时,要拎一壶糯米酒,到女方家来把酒放在八仙桌上后,女方的亲属和寨邻就都闻讯而来聚集,求婚的男青年向女方父母提出要求,如果女方父母应允了,就会说:"多谢你带来了天上神仙酿造的糯米酒,就让我们享享口福吧。"说完取出三个碗,把酒注入碗里,由女方的父亲先喝一口,然后依次传递给在座的男亲属轮流喝。酒喝毕,女方家备一桌简便的酒席请求婚男子吃,然后即可择定吉日举行婚礼。仡佬族有祭奠天地、祖先的告奠酒的酒礼仪式。并有专用酒具,这种酒具只能用于婚礼和老人寿诞(特别是 60 岁以上)等特点的酒礼场合。婚礼告奠仪式有三次,男家第一次到女方家下聘礼,女方于堂房设宴告奠天地和祖先,其礼节最重,曰"烧香";第二次告奠为接亲之日,由男方接亲者在女方家施礼;第三次则由女方家送亲到男方家后施礼。告奠酒十分珍贵,除祖先、丈人丈母、姑娘的舅父以外,其他亲朋不得享用。

17. 酒与门巴族人的婚礼

门巴族人举行婚礼时,要有路旁敬酒的举动,男方家不直接去女方家迎亲,只是在半路上迎候新娘及送亲客。他们要带上几筒酒和酒碗，请新娘途中喝三次。还要在筒边和碗边上抹上酥油，象征着吉祥守候在路旁。当新娘、媒人及送亲的客人来到时，男方人主动迎上前去向他们敬酒，同时还要唱劝酒歌，如："南方印度的竹器酒杯，黄铜镶边的竹器酒杯，看在黄铜镶边的面上，亲人啊！请你喝上一杯。家乡门隅的木器酒杯，银子镶边的木器酒杯，看在银子镶边的面上，亲人啊！请你喝上一杯"。路旁的小伙们，不但向送客敬酒，还要向新娘敬三杯酒。新娘羞答答地勉强举杯只喝一点，机灵的小伙子们要一遍又一遍地唱劝酒歌，直至新娘饮尽为止。

西藏门巴族在迎亲时，婚宴上新娘舅舅面对酒肉不吃不喝，先挑毛病，说一句就用拳头击一下桌子，新郎家赶紧献上哈达，添酒更菜，直到舅舅满意，众宾客才开怀痛饮，以此考验男方的诚意。席间新娘轮流给每个客人敬酒。众人还要求新郎新娘互赠一碗酒对饮，比比谁喝得快，据说，谁先喝完这碗酒，谁今后在家中的权力就大。

18. 酒与俄罗斯族人的婚礼

居住在新疆伊犁哈萨克地区的俄罗斯族同胞，在婚礼中有一种酒俗，即在大喜之日，新郎新娘要在东正教教堂举行婚礼，婚礼毕一起至新郎家中参加婚宴。当婚宴开始后，众宾客便连声高喊"苦啊、苦啊"，意思为宴席上的酒太苦，而要求新郎新娘接吻，以使苦酒变甜酒，在新人接吻后，酒宴才正式开始。在席间，宾客中还不断有人喊出"苦啊，苦啊"的声音，听到喊声，新人又要一遍一遍地接吻，直至婚宴毕。故当地吃喜酒又称饮"接吻酒"。

19. 酒与纳西族人的婚礼

云南丽江纳西族，在定亲过程中，颇有以酒联姻的意思。定亲，纳西语叫日蚌，意为送酒。男孩长至五六岁时，父母便到寺庙里烧香求签排八字，给他物色媳妇。相中女孩后，父母便托媒人带一壶酒给女家为儿子说亲，如女方父母同意，待女孩十岁左右即择日举行订婚礼。订婚时，男家须向女方送酒一坛及白米、红糖、茶叶等，其中糖、茶、酒是不可缺少的礼物，称小酒。小酒后，任何一方觉得不合适，都可悔婚。退婚时，女方须把所收礼物如数退还男家。若男家毁约，通知女家即可。小酒后隔上一年半载，男家再得给女家送第二次礼，叫做过大酒，也称小过门或请媳妇。除备有过小酒的礼物，还要赠送土布一匹、衣服两件、手镯一对、猪肉三十斤及现金等，披红挂彩，由媒人和男家亲友将聘礼送到女家。女家以酒席相待，客人要称赞男家送的酒好，向结亲两家祝贺。女方要送一壶酒和两盒红糖为回礼。送大酒后的第二天，男家要将女方的回礼喜酒、喜糖供祭祖先，祈其认可，并由男家的至亲去女家会亲，从此两户人家开始互访以亲家相待，订亲男女须视为夫妻。

20. 酒与白族人的婚礼

云南白族的婚礼酒俗也别具特色。当新郎新娘扶进洞房，一对中年夫妇端着一壶有辣椒面的喜酒，首先进洞房给新人喝，新人喝过后，再给院子里所有在场的人一小杯辣椒酒。“辣”字在白族话中与亲字发音一样，喝了这酒，表示祝愿新郎新娘亲密无间。吃晚饭时，几十人围成一大桌开始闹席，新郎新娘要给在座的每个人斟酒鞠躬。而后进行富有民族特色的小游戏。

21. 酒与畲族人婚姻酒俗

畲族婚礼逢洞房花烛之夜，男家请眷族八人饮酒，俗称“八仙唱佳期饮酒传花”。饮酒前，从八人中选一年长者为“佳期头”。选两年少者为“子弟官”。各人再分别命名为柚花、梅花、茶花、松花、萍花、莲花等，各花都有绰号。饮酒时八人依次呼叫各命名花卉的绰号，若被叫者忘了绰号而不接应，则要罚酒一杯。如此反复轮转，周而复始，直至八人均醉倒。这时新郎即道“感谢六亲传话作陪”，然后八人同时干杯散宴，谓之饮“传花酒”。

22. 酒与鄂伦春族人的婚礼

鄂伦春族人在岳父参加完婚礼返家时，走到房门口，新郎须敬酒相送，岳父上马时，新郎同样得敬酒相送。女方送亲人员，可藏酒杯而走，而男方敬酒人员，须将酒杯追抢回来。

23. 酒与维吾尔族人的婚礼

维吾尔族信奉伊斯兰教，《古兰经》把饮酒作为大忌。但随着社会的开放，现在也有部分城市年轻人在婚礼上开始设酒宴，一般也只有男士饮酒，女士不饮酒。

24. 酒与其他民族的婚俗

朝鲜族订婚，把酒看得比财产重要。赫哲族求婚时，由男方邀请亲友长辈，带上栓有红布的两瓶酒和鲤鱼，到女家求婚。取得女家同意后，第二天，女婿要来拜见未来的岳父母，敬酒、磕头，送给岳父马和貂皮，还要送上一坛酒、一口猪作为聘姑娘时招待亲友用。鄂温克族订婚过程是先由媒人带一瓶酒到女方家，说明来意，然后拿出酒来给女方父亲敬酒。女方父亲喝酒，亲事就算成了，反之就没有订成。常有的情形是，女方父母开始时假装不喝酒，激媒人多费口舌，把男方的品德、长相等述说一番，觉得满意后方才喝。喝酒时还要把女方家庭内的人都请来参加。

与鄂温克族相似的鄂伦春族在求婚时，同样由男方请媒人到家边喝酒边提亲。然后男方托媒人送两瓶聘酒给女家。如订婚成功，认亲和过彩礼时，男方必须带上酒、野猪送给女家作为聘礼。由此可见,大多数少数民族眼里,酒是联络感情的媒介,是尊贵隆重的象征。

第三节 酒与宗教

酒,最初只是一种单纯的饮料或药剂,《淮南子》指出:清醠美酒,始于耒耜。是说:造酒来源于农业生产的发展和剩余,酒最初也是作为一种"酒化食物"而由自然进入人类社会的。随着社会的发展,其物质、社会属性及功能内涵在不断升华中得以极大丰富,酒逐渐进入人类精神生活,以物质财富和精神财富的双重身份参与社会活动,酒像血液一样在华夏文化的脉络里汩汩流淌,连绵数千年,在中华文字记载中都可以闻到酒的芳香,寻觅到酒的踪迹,几经变迁,最终形成了一种博大精深、源远流长、独具特色的文化现象——酒文化。酒文化是一种多角度、多视野的社会文化现象,中国酒文化是一座历史悠久、丰富多彩的艺术宝库。

酒,作为上苍恩赐人间的"圣物",在我国远古时代的先民们就用于敬天地、畏鬼神的早期精神文化活动。在漫长的历史长河中,酒与宗教也经历了深刻的冲突与融合。

一、酒与佛教

佛教与基督教、伊斯兰教并称为世界三大宗教。它于公元前六世纪晚期产生于古印度,佛教约在西汉哀帝元寿元年(公元前二年)传入中国内地,但一般以东汉明帝永平十年(公元 67 年)佛经被介绍到中国来作为我国佛教之始,浩瀚的佛教经典是中国传统文化的重要组成部分。

佛教虽是一种外来宗教,但自传入中国之后,受中国古代经济、政治和思想文化的影响,逐步走上了中国化的道路,产生了与原有印度佛教不同的精神和新面貌;当佛教广泛传播之后,又反过来对中国古代的学术思想与文化产生了巨大的影响。

经、论、戒典中均有对酒的定义和分类,一般可区分为由米麦等谷类酿成的穴罗(梵语,苏罗);以果实或植物的根、茎酿成的迷丽耶(梵话 maimya);没有完全发酵而可令人生醉的末陀(梵语 madya)3 种;也分为谷酒、果酒、药草酒等 3 类;或分为以各种米麦酿制的大酒和以植物的皮、果、花等浆汁酿成的杂酒等。

原始佛教经典《阿含经》记载佛陀所宣"不饮酒,不杀生,不偷盗,不邪淫,不妄语"五戒,是为佛教徒所要遵守的五种基本行为准则,由此断除恶因,进求佛果。

佛教戒律反对饮酒，无论在家、出家都一律禁止饮用。严格地说，但凡有酒色、酒香、酒味，或仅具其一而能醉人的，不论为谷、酒、果(木)酒、药酒、甜酒(蜜、糖、葡萄等酿制)、清酒，乃至酒酢、酒糟，皆在禁戒之列，饮咽则犯。戒律在佛陀时代的印度产生过实际的影响，如《佛说戒消灾经》载，在佛法弘化初期的中心舍卫国，当时有一个县皆奉行五戒十善，全县界内没有酿酒者，一位大姓子弟因犯戒饮酒，被父母逐出了家门。

根据对象的不同，三藏诸部经典中把关于饮酒的过失归纳概括为两类：一类是针对世间的在家人，多从一般现实生活、事业、财富的得失，利弊而言。以《阿含经》之《阿雀夷经》为代表，经中佛陀告诫富商善生世间有六种恶行能损财业，一类即是由饮酒而产生的六种恶行，“一者失才，二者生病，三者易生争斗，四者恶名流布，五者恚怒暴生，六者智慧日损”；唯有加以避免，才会财业日增，生活和乐。另一类则是针对信人的四众弟子，是对出家众人的开示，有“十过(颜色恶；少力；眼不明；现嗔相；坏业资生；增疾病；益斗讼；恶名流布；智慧成少；坏命终，堕诸恶道)”、“三十五过”、“三十六失”等，不仅止于世间善恶得失，进而更上升至饮酒对出世的终极解脱的极大危害。除函括前类过失外，更从滋求、造作恶业、破坏信仰、妨碍修行等方面数陈其罪，以为信持佛法者的警鉴。

佛教是主张“出世”的，它要求人们戒除“三毒”(贪、嗔、痴)，摈弃一切欲望和追求，皈依于佛、法、僧“三宝”。佛教重视智慧，饮酒之后还能够自制而不致昏乱的人不多，而多饮酒或酗酒后的闹事、丧德随处可见；佛讲究的是修身养性，四大皆空，是拒绝饮酒的，岂能诗酒疯狂？所以，为了保持清醒，利于修行，特别是为了达成修行的目的必须戒酒，不得饮酒乃是印度佛教徒的特色。在佛教众多经典之中皆有戒酒，不但戒“喝酒”，禁止教人饮酒，而且把“沽酒”(买酒、卖酒)列为“十重戒”，不得操持、沾染任何酒业、酒缘，即不得饮酒，不得尝酒，不得嗅酒，不得卖酒，不得以酒饮人，不得谎称有病欺饮药酒，不得至酒家，不得和酒客共语。

总之，酒是昏狂之药，一切严重的过失都因此而生。如《多论》以为此戒极重，能使人作四逆重罪，并能使人因酒醉而破犯一切戒，造一切恶，实是昏神乱思，放逸之本。经律中每每将酒譬喻为毒药，甚至有宁饮毒药不可饮酒的教诫。

在佛制的戒律中，佛教徒亦非绝对地不可饮酒。依律制，倘患病而由医生处方不得不用的情况下使用酒，即以酒为药，或饮，或含口中，或以酒涂疮，都不为犯戒。对原本嗜酒，出家后因戒酒而病瘦不调的僧人，佛陀也非毫不通融，一味禁止，而是为其略开方便之门。据记载，佛陀特许断酒致病的比丘，以造酒植物的根茎、叶、花、果等的屑末，用白布包裹起来，放置于“无力不醉淡酒”中浸渍，“匆令器满而封盖之，后以清水投中搅饮”；或者“以面及树皮，并诸香药，捣筛末，布吊裹之，用杖横击，悬于新熟酒瓮内，勿令沾酒，经一二宿以水搅用”，以此止息酒渴之病。也有允许病酒者于瓮上嗅酒味、以酒身、吃用酒和面作的酒饼，乃至于酒中自渍的记载。

汉传佛教所承授的《四分律》，准许僧人在有病而其他药治愈不了的情况下，以酒为药，非唯“和水饮酒”，直接服饮也是可以的，较原始佛教似为宽松。但为防止滥行，《南山戒本疏》又特别强调，不是有病就可饮药酒，而是必须用其他药遍治不愈后，才能服用。

佛教自 7 世纪传入西藏后，亦经过 300 年左右的适应过程，在与原有的土著宗教——苯教斗争与融合中，就像佛教传入汉族地区后，为适应深受儒家文化熏陶的环境，遂吸取儒家文化发展形成佛教宗派——禅宗一样，形成了带有藏区特色的佛教——喇嘛教。自元代开始，喇嘛教不仅在宗教方面而且在政治方面取得在藏区的统治地位，出现了与佛教宗旨相矛盾的政教合一制度。终其教义、经典仍是佛教，但在某些仪轨和神祇方面都来自苯教，而且在修习上则偏重于密宗。

喇嘛教僧人实际上也并不都是戒酒的。在一些宗教书籍内，反而对饮酒的事津津乐道，承认酒对修行者有所裨益。喇嘛教最上乘的密宗是允许适量地饮酒的，酒对修上乘密宗的僧人是一种“方便”(即手段)，事实上许多密宗大师都是饮酒的，著名的喇嘛教宁玛派(红教)祖师莲花生就是个极爱饮酒的僧人。

不仅以密宗为主的宁玛、噶举等派饮酒，就连以“戒律精严”著称的喇嘛教格鲁派(黄教)，亦有僧人饮酒。如六世达赖喇嘛仓央嘉措便是“耽于酒色”的，但虔诚的宗教徒们并不因此而减少对他的尊崇。

著名格鲁派僧人——十四世达赖的哥哥的土登晋美诺布活佛，曾任塔尔寺住持有一精彩的阐释：“吃肉本身并不是坏事。要说坏的话，就坏在你心里的想法：如果你认为吃肉是件快乐的事，那你就是以索取别的生命来寻欢作乐，这就成了坏事了；如果你吃肉仅仅是因为没有别的食物，或没有肉吃就难以维持生命，那就不是坏事。”推及于酒，在非吃酒不可时，饮酒亦不算是坏事，只要不影响对信仰的坚定。当然，酒毕竟与肉在“生存必需”这点上，不能相比。因而格鲁派戒律，不戒吃肉，但仍戒酒，僧人饮酒的事例是极少的。

长期停滞于封建农奴制阶段藏族社会，不仅生产力低下，物质贫乏，而且居住地区大都自然条件严酷，高寒多风。酒作为自古传下的一种“天之美禄”的生活品，适度饮用和血行气，壮神御寒，消愁遣兴；另一方面，世俗的藏族上层亦有饮酒的嗜好，佛教要取得他们的支持，亦不能不迁就他们。因此，佛教在藏族社会的传播过程中，不能不对藏族人民传统的饮酒习惯表示某种认同。在一份古代藏族文学作品《茶酒仙女》中把茶和酒分别作为高僧大德和国王、大臣各自的理想饮料，并说，国王和大臣们饮了酒，“智谋会像春潮澎湃，荣耀如旭日东升”；将军和勇士喝了酒，

"胆量会像烈焰腾空，入阵时如同猛虎下山"。这种把世俗与宗教人员相区别的态度和对酒的功用的肯定，反映了喇嘛教对酒及酒文化的现实主义态度。

当然，由于佛教戒酒，藏族在向神佛教敬献和祭祀时是不能用酒的，而是以净水代替。这与汉族和一些少数民族习惯以酒作祭祀品是不同的。

佛教的四大"根本戒"（即入门五戒中除酒以外的四戒）中并不包括戒酒，可见酒并非在佛教深恶痛绝之列。只不过对出家人加以酒戒，防止其贪杯乱性，不能致志于修行，对于广大的信教群众来说，仅要求信仰教义，并不苛求戒律，自然在四根本戒之外的酒戒更不会施之于群众了。

因而，在宗教深入社会各个方面和人心灵深处的藏族人民中，既笃信喇嘛教（藏传佛教），又都喜爱饮酒，在藏族社会中，佛教文化与酒文化并行不悖共同发展，尽管寺庙中戒酒，民间的造酒、饮酒照样兴盛发展。正是这种文化上的兼容和涵化，在藏族社会、雪域高原诞生、创造出了丰富多彩、更具特色的藏族酒文化。

总之，随着对象、时域的差别流迁，"不饮酒"戒的某些具体细微的规定虽然有所不同，或宽或松，但作为行为指导规范的戒律本身却从未动摇，反对饮酒、禁止信徒饮酒的主旨始终一以贯之。

二、酒与道教

道教是现存的中国宗教中唯一的本土宗教，是我国汉民族固有的宗教，它的许多思想和观念与中华传统文化浑然交融，经千百年的延续阐发，对中华民族的思维、生活和行为方式及文化等有着深远和广泛的影响。如果说中国传统文化是浩瀚的大洋，则道教文化就是这大洋中的一片辽阔的大海，在漫长的社会历史的发展过程中，道教的思想文化在中国酒文化中烙下了深深的烙印。

早在道教形成前，我国远古酒文化就已经非常发达，远古的神祀宗教不但不禁酒，而且把酒作为祭奠神祉的重要供品，甚至还设有专门掌管宗教活动中敬酒事项的官职，称为"酒人"。据《周礼·天官·酒人》记载："酒人掌为五齐三酒，祭祀则共（供）奉之"。可以说，从远古时代开始的神祀宗教就深深被酒文化浸染了。

中国道教鼻祖老子对中国传统文化影响深远，老子的道家文化为饮酒文化不可分割的一部分。老子故里，有着悠久的酿酒历史，在距今约 5 000 年的鹿邑长子口墓文化遗存中，其中就有酒器 48 件，包括盛酒器、温酒器和饮酒器，共计有尊、斛、角、觥、壶和斗等共 11 种，距今 3 600 余年。

老子非常爱饮酒，酒量也很大，但把饮酒提到文化的高度来对待，从不当成单纯的物质享受。他把如何饮酒与侍奉国君、孝顺双亲、婚丧嫁娶看成同种重要，就是对酒具，也不是简单地将其看成盛酒所用的东西，而是讲究饮酒要有相应的酒具来陪衬，创造出一种文化的意境。老子讲究饮酒要饮出文化品位，饮出酒的灵性与真谛，要饮得洒脱飘逸、聪颖睿智，饮得心清气爽、神采飞扬，但绝对不可烂醉如泥，饮酒者的风范或善饮者的精、气、神是中国酒文化的君子形象和绅士风度。

老子道教文化的核心——“道”，是符合规律的认识，是人类以及万物行为必须遵循的规则。“道法自然”，即“道”的运行规律，传统的酿酒法是建立在自然发酵的基础上的。因此，老子思想更易为传统酿酒法所接受，在老子的思想及老子“柔弱胜刚强”思想影响下，形成的“缓火蒸馏缓慢发酵”传统操作工艺，获得了以缓慢之柔来求得酒体的绵、软、甜、不糙、不辣等特性之果。

道教历代仙真、历史人物多有与酒有不解之缘者，在道教仙真中甚至有仙真因酒而得度者。八仙之名从晋代即有，至今仍广为流传的八仙故事最初即与酒有关。

人们盛称的唐代八仙，在名义上乃因共好酒而成挚友的八位士大夫即“酒八仙人”，是指李白、贺知章、李适之、汝阳王进、崔宗之、苏晋、张旭、焦遂，他们的酒友诗谊已成为千古佳话。

经信道之士历代不断编撰，直到明朝才确定下来的李铁拐、钟离权、张果老、何仙姑、蓝采和、吕洞宾、韩湘子、曹国舅这八仙，是最流行的八仙。传说被全真道教奉为祖师的吕洞宾生在唐末、五代之际，少习举业，两举进士不第，后游长安，在酒肆中遇钟离权祖师，经过“十试”，得受长生久视之术而成仙。

年轻时嗜酒，陶醉于诗词文赋之中，堪称诗酒中人的清代光绪年间著名道士李涵虚，是丹道西派创始人。

早期，道教戒律是约束道士的言行，不使陷入邪恶的条规，并无不饮酒的条规。

现存最早的道教戒律五斗米道《老君想尔戒》，分上中下三行，每行三条，共九条皆无戒酒之条。道教对普通教徒虽然并不严格戒酒，但是坚决反对酗酒。

道教经典对酒的害处有专门论述：①酿酒浪费粮食。“盖无故发民令作酒，损废五谷”，“念四海之内，有几何市，一月之间，消五谷数亿万斗制”；②损害身体健康。“凡人一饮酒令醉，狂脉便作”，“伤损阳精”，“或缘高坠，或为车马所克贼”；③影响正常工作。酒醉之后“买卖失职”，“或早到市，反宜乃归”；④危害家庭。因酗酒“或孤独因以绝嗣，或结怨父母置害，或流灾子孙”；⑤影响社会乃至天地气。酒醉之后，“或为奸人所得”，“县官长吏，不得推理，叩胸呼天，感动皇灵，使阴阳四时五行之气乖错，复旱（干）上皇太平之君之治，令太和气逆行”。总之，酒的害处是很多的，“推酒之害万端，不可胜记。”

总之，老子塑造了中国酒文化的雏形，道家文化的幽灵，总是或隐或显地呈现于酒文化的宝库中，《诗经》中的风、雅、颂大量散发着幽雅的酒香和酒文化。

三、儒家的禁酒思想

孔子(公元前551年至前479年)春秋末期思想家、政治家、教育家,儒学学派的创始人。曾修《诗》、《书》,定《礼》、《乐》,序《周易》,作《春秋》。孔子的思想及学说对后世产生了极其深远的影响。

春秋是一个酿酒与饮酒同趋大盛的时代,人们不仅利用“自然发酵”酿酒,而且发明了曲蘖酿酒,相当普遍地掌握了蘖酿“固态发酵法”与曲酿“固态发酵法”——“复式发酵法”。《尚书·说命》记载殷王武丁与大臣的对话:“若作酒醴(lǐ),尔维曲蘖。”曲是酒母,又叫酒曲;蘖是麦芽、谷芽之类的糖化发酵剂。曲酿法克服了蘖酿法糖化高、酒化低的缺点,并使糖化、酒化两种步骤同时进行,相互催化,提高了酿酒质量,缩短了酿酒过程,因而称为“复式发酵法”,比欧洲人领先了一千多年。“鲁酒薄而邯郸围”的著名故事,不仅反映当时的酒已经深入到军国政治生活之中,更重要的是,它曲折地透露出春秋时代各国酿酒你追我赶的社会现实。

然而,伴随酿酒技术的进步,统治者酗酒成风。《左传·襄公三十年》:“郑伯有嗜酒,为窟室而夜饮酒,击钟焉。”《晏子春秋》:“齐景公饮酒七日七夜不止,弦章请赐死以谏之。”《新序》:“赵襄子饮酒,五日五夜不废酒。谓侍者曰:我诚邦士也夫,饮酒五日五夜矣,而殊不病。优莫曰:君勉之,不及纣二日耳。纣七日七夜,今君五日。”优莫还对他说:“桀纣之亡也,遇汤武。今天下尽桀(jié)也,而君纣也,桀纣并世,焉能相亡!”足见此风之盛。按照古礼,夜饮为淫,君子曰:“酒以成礼,不继以淫,义也;以君成礼,弗纳于淫,仁也。”饮酒夜以继日,“礼崩乐坏”。社会上层腐化,民间酤饮亦无禁忌。“工商食官”的旧体制已经瓦解,私营工商业异常活跃,酤酿求售便是其中一个重要行当。《诗·小雅·伐木》:“有酒谓(xū)我,无酒酤(gū)我。”《韩非子·外储篇》:“宋人有酤酒者,升概甚平,遇客甚谨,为酒甚美,悬帜甚高。”

儒家不反对饮酒作乐,儒家提倡“德将无醉”,无论祭事敬神,养老奉宾,都是德行,但却不能荒淫过度。《尚书》孔传曰:“以德自将,无令至醉”,是言君子以酒德为尚,节饮有秩,避免醉酒失态。“无醉”是自我克制,自我把握的尺度,也是酒德起始的具体体现。

孔子关于酒文化的论述中就涉及老子重礼仪、重情义、重文艺的观点,在他整理的《诗歌》总集中,与酒有密切关系的酿酒、宴饮、礼俗、酒器、品评及酒的其他知识乃至醉态等都写得十分精彩。自酒问世以来,酒行为有其延续的合理价值,一味禁戒不是办法,绝对的禁酒办法与“中庸”之道不合,已属相对落后。况肇乱之源并不在酒本身,也不在饮酒行为之中,而在人欲贪婪和无节制的滥饮。嗜酒之风需要节制,改良的办法是要规定一些具体的道德规范和礼仪制度,循循善诱,进行自我约束，辅助酒禁的实施。

孔子提倡的酒德观念是儒家酒文化思想的核心，也是儒家修身养性、从政化民的政教哲理的延伸。“酒德”二字，最早见于《尚书》和《诗经》：“无若殷王受之迷乱，酗于酒德”，“既醉以酒，既饱以德”，“醉酒饱德，人有士君子之行”。是说饮酒之人要具备德行，不能像纣王那样“颠覆厥德，荒湛于酒”。反而言之，遵循酒德，便为君子。儒家反对“酗酒废政”，将酒德精神与邦国兴亡的政治教化联系起来。

《尚书·酒诰》最能体现儒家酒德精神与政治教化，《酒诰》的宗旨是要阐述殷鉴之亡，“明大命于妹邦”，并将酒德政教的精神推行于西周各诸侯国。诰中反复告诫：上天启肇我民酿酒，是为祭祀专享，不能常饮，封侯们赴所治诸国，要禁止民众群饮，不听命令的收捕之，勿令佚失，尽拘送京师，重罪诛杀。身为主民之吏的官员，自己饮酒也要节制，以为民表率，酗酒会丧德乱行，悖忤天意，邦国也会因此而覆亡，周之代商就是因为不沉湎于酒的缘故。在周公看来，民乱国丧无非因酒，群聚而饮将为奸恶。

《尚书·酒诰》规定了儒家酒文化观念的四条原则，也是评判酒德精神的四条标准：

一是“饮惟祀”。孔传曰：“惟天下教命，始令我民知作酒者，惟为祭祀。”又曰：诸侯行“于所沼众国饮酒，惟当因祭祀。”

祭祀是古代的重典，是先民最初酿酒的主要目的之一，这在甲骨文和先秦典籍中均有记载。以“取其馨香，上达求诸阴之义”。我国夏代用水奠祭，称为“元酒”或“玄酒”；殷商用醴（lǐ）祭祀，也仅仅是粗有酒气的甜水（薄酒）而已；西周才比较普遍地使用曲酿醇酒来祭祖敬神。

二是“无彝酒”。孔传曰：“惟祭祀而用此酒，不常饮。”又曰：“谓下群吏教之，皆无常饮酒。”

上古时代，粮食匮乏，酒更珍稀，《礼记·射义》云：“酒者，所以养老也，所以养病也。”孔子亦曰：“身有痨则浴，首有创则沐，病则饮酒食肉，”说明上古时代酒已作为珍稀药品，医治疾病。无彝酒的精神与农业社会中的节粮观念相联系，珍稀之物是要用来敬祀神灵，用孝厥养父母的，因而不能常饮，更不可暴殄浪费。

三是“执群饮”。孔传曰：“民群聚饮酒，不用上命，则汝收捕之。勿令失也。”又曰：“尽执拘群饮酒者，以归于京师，我其择罪重者而杀之。”

惩民之化是孔子与儒家学派一贯的思想主张，酒德政教也就是治民之道。《论语·为政》云：“道之以政，齐之以刑，民免而无耻”。只有君王才能享遇特殊，“惟辟作威，惟辟作福，惟辟玉食”。

四是“禁耽湎”。孔传曰：“勿使汝主民之吏湎于酒，言当正身以帅民。”又曰：

"汝若忽怠，不用我教辞，唯我一人不忧，汝乃不诰汝政事，是汝同于见杀之罪。"

几千年来，酿酒业在小农经济的制约下，始终与民本问题（人口问题）、粮食问题以及天灾人祸相冲突。人多粮少，神多酒稀，不酿不祭不成，滥饮不禁也不成。儒家酒德观念的提出，代表了一种进步的社会历史观。其特点虽是上宽而下严，等级分明，但治民者也要正身正人，禁耽湎就是对大小官员和邦国君主的酒德要求。孔子有云："其身正，不令而行。其身不正，虽令不从。"

孔子与儒家文化将上古农业文明的遗产——禁酒之教与酒政管理结合，倡导、赞赏在酒德原则指导下的酒政措施。

第四节　酒桌习俗与礼仪

一、中国的食礼

中国是"礼仪之邦"、"食礼之国"，懂礼、习礼、守礼、重礼的历史，源远流长。最早出现的食礼，与远古的祭神仪式直接相关。《礼记礼运》有概括性的描述，其大意是：原始社会的先民，把黍米和猪肉块放在烧石上烤炙而献食，在地上凿坑当做酒樽用手掬捧而献饮，还用茅草扎成长槌敲击土鼓，以此来表示对鬼神的敬畏和祭祀。

古代食礼由人与神鬼的沟通扩展出调节社会关系的"人与人之间交际的行为准则和筵席、餐饮上的礼尚往来的各种饮食礼仪与礼俗"，逐步演变成为中华民族优秀的文化传统之一。食礼是饮膳宴筵方面的社会规范与典章制度，是餐饮活动中的文明教养与交际准则。

"食礼"系饮食礼仪、饮食礼制、饮食礼义、饮食礼俗、饮食礼貌、饮食礼节等概念的通称。是"礼"的重要组成部分，其中，饮食礼仪是人们在饮食活动中应当遵循的社会规范与道德规范；饮食礼制是被国家礼法所肯定的饮食典章制度和重要经籍；饮食礼义是筵席时为表示某种敬意而隆重举行的各种仪式；饮食礼俗是与礼义、礼制、礼义相关并且在民间流传已久的饮食风习；饮食礼貌是餐饮活动中表示敬重与友情的日常行为规范；饮食礼节是饮食礼仪的节度和饮食礼貌的综合评价。

远在上古时代，酒与礼就结下了不解之缘，酒与礼关系非常密切，中国自古便有"酒以成礼"的说法，到了西周，酒礼的规定已经非常具体。《礼记·乐记》云："夫豢（huàn）豕（shǐ）为酒，非以为祸也；而狱讼益繁，则酒之流生祸也。是故先王因为酒礼。一献之礼，宾主百拜，终日饮酒而不醉焉。此先王之所以备酒祸也。故酒食者，所以合欢也；乐者，所以象德也；礼者，所以缀淫也。是故先王有大事，必有礼以哀之；有福，必有礼以乐之。哀乐之分，皆以礼终。”

酒礼在古代是一项很隆重的礼仪，内容庞杂。比较通俗、典型的酒礼规则有：饮酒不能至醉，饮酒的人要做到“朝不废朝，暮不废夕”，免得发生酒祸，主人和宾客一起饮酒时要相互跪拜。晚辈在长辈面前饮酒，叫做侍饮，通常要先行跪拜礼，然后座入席次。长辈酒杯中的酒尚未饮完，晚辈也不能先饮尽，长辈命晚辈喝，晚辈才可举杯。

上古人席地而坐，赤脚上坐叫做“宴”，不饮酒陪坐的叫做“醧（yù）”。闭门饮酒久不出叫做“湎”，“齐颜色，均众寡”叫做“沉”。礼制上规定：君子可以宴，可以醧，不可以沉，不可以湎；大抵说来，按仪礼饮酒约有“拜、祭、啐、卒爵”四步，即先做出拜的动作，表示敬意；再把酒倒出一点在地上，祭谢大地生养之德；然后尝尝酒味，喷（pèn）喷赞美，令主人高兴；最后仰杯而尽。

主人敬客人酒叫“酬”，客人回敬主人叫“酢（cù）”。敬酒时往往要说几句“祝福长寿”的话，所以敬酒又叫“为寿”，普通为寿均以三杯为度。《礼记·玉藻》云：“君子之饮酒也，受一爵而色酒如也，二爵而言言斯，礼以三爵而油油以退”，是怕“酒过三巡”而演出失态之故；客人之间相互交错敬酒叫“旅酬”，依次向人敬酒叫“行酒”。敬酒时敬的人和被敬的人都要“避席起立”。

儒家酒礼、酒德观念的规定，体现了孔子“克已复礼”的仁学思想。酒礼与酒德是形式与内容的逻辑统一；酒礼为酒德所规定，酒德又以酒礼为传播载体；无逾酒礼，便是酒德。

无论是古人，还是现代人，酒礼甚多，主要集中体现于酒桌的座次、倒酒、敬酒等诸多环节。

二、酒桌上的座次

中国，非常重视酒桌上的“座次”，不能马虎。《礼记》中“天地位焉”，意即天地万物各有其位，在我国，“尊左”还是“尊右”不是一成不变的，有年代和地域的区别，更因桌具的演进，座位的排法也在相应变化，至今仍存在争议，不能简单地认为我国是“以左为尊”。

“主陪”与其位置：主陪——是请客的最高职位者，或陪酒的最尊贵的人，也即主人或者东家（就是请客的人），酒桌上有时戏称为“坐东”或“庄主”，是请客一方的第一顺位，在正冲门口的正面位置。

“副陪”与其位置：副陪——是陪客者里第二位尊贵的人，是请客方的第二顺位，在主陪的对面，即背对门口位置。

“主宾”与其位置：主宾——是客人里面职位最高者或地位最尊贵者，是客人方的第一顺位，在“主陪”的右手边位置。

“副主宾”与其位置：副主宾——是客人一方的第二顺位，在“主陪”的左手方位置。

“三宾”与其位置：三宾——是客人一方的第三顺位，在“副陪”的右手方位置。

“四宾”与其位置：四宾——是客人一方的第四顺位，在“副陪”的左手方位置。

“主陪”位置的确认一般有两种办法：一是桌子上杯中餐巾的折叠形状、颜色或高矮等与其他不同，一般是折叠成圆筒形状，插在杯子里面的，而副陪的餐巾则是叠成扇面状的，其余位置的餐巾则是一般的三折呈花瓣状，桌上餐巾的整体布局有点像展翅的凤凰；二是筷子，比较正规，主陪和副陪位置的筷子是各两双，俗称“公筷”。

一间房雅座，正冲着门口的座位是主陪；多间雅座，冲着装饰门的就是主陪。若为八仙桌，则正对大门一侧的右位为主客；如果不正对大门，则面东的一侧右席为首席。如为大宴，首席居前居中，桌与桌间的排列左边依次 2、4、6 席，右边为 3、5、7 席。

《鸿门宴》中的主人项王、长辈项伯东向坐，亚父范增南向坐，沛公北向坐，张良西向侍就讲明了项王、项伯、范增以及刘邦的座位顺序；《林黛玉进贾府》段也反映出古时座次的尊卑有别及严格。

在涉外礼仪中，右高左低是国际惯例。所以既要讲中国传统，也要知道国际礼仪。总之，座次排序基本规则是：以右为上（遵循国际惯例），居中为上（中央高于两侧），前排为上（适用所有场合），以远为上（远离房门为上），面门为上（良好视野为上）。

三、倒酒方式

在愈来愈注重餐桌文化的现代生活中有各种宴会，上酒礼仪是一个颇受关注的话题。不论宴会是在住家或餐厅举行，如果提供的是珍品佳酿，务必把酒瓶拿出来给客人瞧瞧；如果提供的只是普通酒类，就事先把酒倒在有塞子的玻璃瓶内。如果你同时准备了红酒和白酒，就把两种酒分放在桌子两端，绝对不要用同一个杯子喝两种酒。

（一）白酒

宴会前先把白酒摆在冰箱至少两小时，或放入装着冰块和冰水的冰酒器 20 分钟，白酒品质愈好，降温所需时间也愈短。如果忘记事先预冰，就把酒瓶临时放进冰室大约 15 分钟左右，但千万记得取出来！在盛夏可用隔热器来保持白酒的冰度。

第一次上酒时，主人可依逆时针方向亲自为所有客人倒酒，最后才轮到主人自己。客人喝完一杯后，可以请坐在你对面的副陪帮忙为他附近的人添酒。

倒酒要注意以下几点：

(1)在瓶颈垫上一条毛巾防滑，且瓶口尽量朝上，免得酒洒出来。

(2)商标面向上，手握在酒瓶 1/3 处。

(3)中国的方式倒酒要倒 2/3，除非客人有特殊要求，西餐是要倒二分之一。

(4)如果服务员倒酒，则按顺时针方向进行，即从主宾、主陪、副宾依次进行。

(二)红酒

款客的红酒温度应相当于室温，如果接受，便可倒酒；如果红酒太冰，可建议客人用手暖酒。

比较正式与讲究的场合，要提前醒酒、试酒。

醒酒是让开瓶后红酒先氧化一会以达到可饮用阶段，因酒的类型、品质以及成熟程度不同需要静放 15 分钟至 1 小时。之后，经闻木塞、观酒液、嗅酒味、尝味道等四个步骤试酒，无误后，就可以倒酒。在餐厅用酒时，试酒结果满意，便可示意侍者倒酒；如不满意，可对侍者表示不接受。因此倒酒时要小心，除了不可晃动酒瓶，倒到最后，还要留一点在瓶的肩部。

醒酒很重要，红酒开瓶以后，让它与空气“呼吸”进行化学作用。如果直接倒进酒杯(不要超过杯子容量的 1/3)，可晃动酒杯，加速酒与空气接触的概率。建议去餐厅点餐之前先点酒，这样侍者可以先开酒醒着，你可以慢慢看菜谱、吃头盆、喝汤，等主菜上来，酒也醒得差不多了。

一般规则：

(1)每次倒入的分量应为 1/3 杯。

(2)避免振荡，不能倒尽最后一滴酒，尤其是年份久的酒。

(3)酒质较轻的葡萄酒应比酒质较重的葡萄酒先上。

(4)干葡萄酒先上，甜葡萄酒后上。

(5)酒龄较短的葡萄酒先于酒龄长的葡萄酒。

(6)如果不想更换葡萄酒的品种，则可按不同的年份划分先后上酒次序。

对于一些葡萄酒，特别是红葡萄酒，在瓶内经过较长时间的贮存后，很难避免在瓶内产生一些沉淀物，在这种情况下，须先除去沉淀物后再上。

无论哪种酒，在倒酒时要留意一点，每次倒酒后，不要直线向上拿起瓶，应轻微旋转提起酒瓶;为防止瓶口的红酒滴落弄花酒标,损害酒的欣赏价值,倒酒时酒标面向上。

四、敬酒礼仪

酒作为一种交际媒介,在迎宾送客,聚朋会友,彼此沟通,传递友情的交际过程中有独到的作用;酒桌上喝酒更有许多“奥妙”,如何喝酒也是一个既古老而又新鲜的话题。

在仪式场合,通常会有酒司仪或主持人等在就餐开始前致与场合相吻合的祝酒词,不用太长,如想表现得更有风度、口才等,则可增加一些回忆、赞美以及相关的故事、笑话或幽默;提议祝酒,一小口足矣,不必喝干。在毫无准备的情况下,被推举出来提议祝酒时最好就是说出你的感受及一些简单的话摆脱困境。

在餐会上,致祝酒词通常是男主人或女主人的优先权。如果无人祝酒,客人则可提议向主人祝酒;如果其中一位主人第一个祝酒,一位客人可以第二个祝酒。

过去,除非是酒精饮料,否则不祝酒;而今,各种饮料都可用来祝酒。你不喝各种酒精饮料,当然可以谢绝喝酒,但应该在祝酒时举水杯加入。

论酒量比不上蒙古人,论饮酒的猛烈程度比不上东北人的山东人有梁山好汉之遗风,喜欢喝酒,酒桌上的风俗和礼节、喝法很具有代表性。一般在宾主入席落座后先给每位满上一杯,叫门前杯,这杯酒是每位到场的人必喝的,不喝是对主人或者东家的不尊重。第一杯酒是由主人带领大家喝,一般有一番客套的开场白,然后定个分次喝完的标准,为图吉利一般是6次,叫“六起”,含有“发达”的意思;在主人的带领下,大家边喝、边吃、边说话,一般不碰杯,山东人叫“碰杯喝了不算”;但在举杯的时候可在桌子上点一下,叫“过电”,酒桌戏称“丐帮开会”。

第一杯后就轮到主陪,同样是客套一番,也带领大家喝一杯酒。一般情况下,主人会宣布礼毕,大家可以自由活动,即可以和任何人单独喝酒。这个时候,客人要对主人的盛情款待表示一下谢意,一般第一轮是主宾与主人,次宾与主陪,依次类推。

在酒桌上,应该注意以下几个方面:

(1)众欢同乐,切忌私语。酒宴上应尽量多谈论一些大部分人能够参与、认同的话题,尽量不要太偏,避免唯我独尊,神侃无边。尽量不与人贴耳小声私语,以防引起嫉妒。

(2)区分主次,把握大局。大多数酒宴都有一个主题,在酒桌上应首先分清主次。既要恰当把握难得机会,更要维护主题与大局。

(3)语言得当,诙谐幽默。什么时候说、说什么话要语言得当,当然,诙谐幽默更显个人才华、修养和交际风度,给人很深的印象和好感。

(4)劝酒适度,切莫强求。在酒桌上劝别人喝酒要适度,不要过分,以防损伤感情。

敬酒前要先考虑好敬的顺序,一般可以年龄大小、职位高低、宾主身份等为序。与不熟悉的人在一起喝酒,要先打听其身份或是留意别人如何称呼。切记:敬酒有序,先后分明。

(5)了解人心,适度交际。了解人心,演好酒桌上的角色,察言观色,左右逢源。

(6)锋芒渐射,稳坐泰山。酒席宴上要正确估价自己的实力,注意说话的分寸,稳坐泰山,不要太冲动、过分表露;可择机放射锋芒、实力。

五、酒令

古时,酒令是有关节制人们饮酒的律令,森严的礼仪制度萌生于西周,起源儒家之"礼",除设有专门"掌酒之政令"的酒官外,在酒宴上还设有专门监视人们饮酒的"监"、"吏"。不管是敬酒、还是罚酒,都要受到"监"、"吏"的节制,不准饮酒过度,不准有失礼仪,违者予以惩处。《史记》中有"酒令如军令"之典,云西汉初吕后大宴群臣,以守虚侯刘章为监酒吏,章对吕后道:"臣,将种也,请得以军法行酒令。"吕后许之。席间有一吕氏家族中人酒醉逃席,章拔剑斩之并报吕后道:"有逃酒一人,臣谨行军法斩之。"

古代酒令,重在觞政。西周晚期,针对酒宴上醉而失礼的种种情况,为了维持酒席上的秩序而设立"酒监",并制定了"酒礼",即宴席上饮酒的各种规矩,到春秋和战国时代,称为"觞政",就是在酒宴上执行觞令,对不饮尽杯中酒的人实行某种处罚。"酒令"之名,始见于刘向《说苑》。几经演化,原本是维护"礼"所制定的酒令,由节制饮酒转变为劝酒的一种形式。久而久之,觞政处罚之酒令渐渐湮没,佐饮助兴之酒令却流传下来。通常是一人为令官,按一定的规则,或划拳,或猜枚,或巧编文句,或进行其他游艺活动,负者、违令者或不能完成者均罚饮(遇同喜可庆之事项时,则共贺之,谓之劝饮,含奖勉之意),"当筵歌诗"、"即席作歌"在文人雅士中十分流行,其欢乐、活泼的酒令为大众所喜爱。

酒令,由战国初,经唐及宋、元、明、清不同时代演变发展,最终成为饮酒时的一种风流文雅、睿智隽永的娱乐活动,行令只为劝酒,饮酒只为行乐。在宴席上,酒令更是一种佐酒助兴、活跃气氛的主要手段,是文化入于酒,劝酒行为的文明化和艺术化,是酒中的社会文化、大众文化,是我国酒文化中一朵别有风姿的奇葩。

鼎盛的唐代,酒业振兴,酒风甚浓,为酒令成长提供了沃土,诗词的繁荣带动了酒令的发展。宋代酒令由雅趋俗，俗中见雅；元代以后，随着通俗文学的发展，酒令从士大夫、文人雅士及富豪之家的酒宴之间普及到民间百姓之家；明清时代，酒令进入巅峰状态，其形式越来越丰富多彩，或投壶猜枚，或联诗对句，或拆字测签，或猜拳行令等。例如，清代俞敦培所撰《酒令丛抄》，全书包括《古令》、《雅令》、《通令》、《筹令》4 卷，是古代酒令的集大成之作。该书所载酒令有 322 种，凡人间事物、花草虫鱼、经史典故、佛经八卦、风俗习惯、时令节气、唐诗宋词、小说俗语等，无一不可入令。

东晋永和九年（353 年）三月初三，王羲之即与谢安、孙绰等 42 人在兰亭借宛转溪水饮酒作诗，因此，有《兰亭集序》和“曲水流觞”流传千古。

行酒令的方式可谓是五花八门，文人雅士与平民百姓行酒令的方式自然大不相同，可即兴创造和自由发挥。文人雅士常用对诗或对对联、猜字或猜谜等，一般百姓则用一些既简单，又不需做任何准备的行令方式。

掌握酒令的有关知识，并把它适当地应用到饮酒活动当中，可以调节气氛，增添乐趣，陶情冶情，增进智力，提高饮酒的文明程度。本书将酒令分为雅令和通令两大类。

（一）雅令

雅令，顾名思义，是一种斯文高雅的酒令。大多是争奇斗巧的文字游戏，须引经据典，分韵联吟，当席构思，即席应对，是斗机智、逞才华、比试思维敏捷与智力的比赛，最能展示饮者的文采和才华，是酒令中的“阳春白雪”。

雅令，按内容可分为字令、诗令、词令和花鸟虫令，要求象形、会意兼有。形体结构随意增损离合变化殊多，或遣词造句，或意义通联，或妙语双关，或双声叠韵，或顶针回环……

古代文人宴集行酒令，虽无一定不变的规则，但也有一些约定俗成的习惯。虽不一定都要推定明府（相当于酒宴的主席）、录事（纠察席上秩序及行酒令）等职司，但掌管行酒令的令官是非设不可的。令官通常由三种人担任：一是主人，二是席中地位最高的人，三是座客中精通各种酒令、知识渊博、符合人意且酒量宏大的饮材。由令官宣布行令的规则，令官行令前，须先饮干自己的“门杯”，即门前杯；行令时用一公杯罚酒，通常用较大的杯子，公杯中先斟满酒备用，称“酒面”。每行完令，又须就门杯饮干一杯，或稍稍沾唇示意，称为“酒底”。令官出酒令，或出诗句，或出对子后第一个应令，其他人按首令之意续令，所续必在内容与形式上相符，不然则被罚饮酒。《红楼梦》中写有鸳鸯作令官，喝酒行雅令的情景。

1. 字词令

汉语言独特的字形结构为文人们在词令上争奇斗巧提供了广阔的天空,“字令”有拆析离合、移字换形、交易增损、音义异同、象形指事等项。

(1)一字藏六字令。要求将字分剖成包括本字在内共六个字,合席轮说,不成罚酒。如:“章”字,剖为“六”、“立”、“日”、“十”、“早”及“章”。

(2)八字令。每人说出一个带“八”字的词,此词必是八个同类的总称,说不出者饮。如:“八仙”、“八卦”等。

(3)拆字对令。拆字令有很多种,最能反映人们对汉字的认识、熟悉程度及头脑的反应能力。有一字拆两字的,有一字拆三字的,还有把一个字全部拆开行令的,可谓是五花八门。

一字拆成两个同样的字,再举一个相同的事物来,如同样的颜色、同样的物体等,所举之物不限。如:“一个朋字两个月,一样颜色霜和雪;不知哪个月下霜,不知哪个月下雪”;“一个出字两重山,一样颜色煤和炭;不知哪座山出煤,不知哪座山出炭”;“踏破磊桥三块石,分开出路两重山。”

(4)词牌合字令。说出三种曲牌名,三个曲牌的第一个字合起来成另一字(末尾的字),不成者饮。如:木兰花、卜算子、早梅芳(棹);月下笛,西地锦,女冠子(腰);金缕曲,小秦王,月中行(销)。

(5)离合字贯诗文成名。如品字三个口,水酉字成酒,口、口、口、“劝君更饮一杯酒”。

(6)同色离合字贯俗语。如同色茶如酒,吕字两个口,饮茶大口,饮酒小口。

(7)拆字贯诗句或俗语。如一卜为下,二人说话,一人争上,一人争下;“青山在屋上,流水在屋下。”

(8)离合字贯俗语。如门口问信,人言不久便来;八刀分肉,内人私议不均。

(9)推字换形。如木在口内为困,推木在上为杏;十在口内田,推十往右为业。

(10)一字中有反义词令。所说之字是由两个反义词或对义词构成的,合席轮说,不成罚酒。如“俄”,“人”与“我”,义相对;“捉”,“手”与“足”义相对;“斌”,“文”与“武”义相对;“傀”,“人”与“鬼”义相反。

(11)一字五行偏旁皆成字令。要求在字的左右上下加上“五行”即“金”、“木”、“水”、“火”、“土”字后,都能成另外一个字,合席轮说,不成罚酒。如“佳”可变为“锥”、“椎”、“淮”、“帷”、“堆”等。

2. 诗词令

春秋时期,诸侯会盟,必须“酒以成礼”,在樽俎之间与会者人人要赋《诗》,大夫有不能诵《诗》者，不得参加朝享之礼。这种在宴会中必须诵《诗》的不成立法，可说是最早的诗令。到了后来，演变成酒宴上即席赋诗和联句等多种形式。

(1)天字头古诗令。每人吟诗一首，第一句的第一字必须是"天"字，合席诸人依次轮说，不能吟或违背要求者，皆罚酒一杯。如"天风吹我上南楼，为根姮娥得旧游。"

(2)诗中含字令。每人吟诗一句，要求不拘，由参与者临场决定。如须"春"字在句首，合席依次轻吟，如"春宵一刻值千金"、"春城无处不飞花"；也有要求每人吟诗一句，第一人所吟之诗句必须"春"字居首，第二人所吟之句春字居二，依次而降至"春"字居第七字后，再从头起，如"春城无处不飞花"，"新春莫误由人意"，"却疑春色在人家"，"草木知春不久归"，"十二街中春色遍"，"昨夜日日典春花"，"诗家情景在新春"；含"口"，"故国三千里"，"稚子牵衣问"；含"酒名"，"兰陵美酒郁金香(兰陵酒)"，"小亭带雪酌鄗渌(鄗酒)"；含"车"、"马"，"门前冷落车马稀"，"云为车兮风为马"，"而无车马喧"……

(3)数目字诗令。背诵古诗一句，四言、五言、七言不拘。句中须含令官所规定数目字，多者为佳，无数目字者罚。如"花面丫头十三四，南朝四百八十寺，一二三四五六七"；"人生七十古来稀，汉家离宫三十六，十三学得琵琶成，二十五弦弹夜月，二十四桥明月夜，会须一饮三百杯"……诗含数字：秦基重关一百二，汉家离宫三十六(骆宾王)；十三学得琵琶成(白居易)；会须一饮三百杯(李白)。

(4)作诗令。作诗令主要有赋诗和联句两种。赋诗要即席赋诗，一般要限定时间，规定韵脚；联句是由在席之人联句，共同组成一首诗。顺口溜亦可。

(5)诗分真假令。规定发令者背诗一句，下一位辨其内涵之真假，并再背诗一句，供下一位辨别，以此类推，误者罚酒。如"葡萄美酒夜光杯(真酒)"，"花开四张藕如船(假船)"，"窗含西岭千秋雪(真雪)"，"柳絮飞时花满城(真柳絮)"，"二月春风似剪刀(假刀)"，"疑是地上霜(假霜)"，"寒夜客来茶当酒(假酒)"，"朝如青丝暮成雪(假雪)"，"未若柳絮因风起(假柳絮)"，"门泊东吴万里船(真船)"，"浩歌且尽湘鄗酒(真酒)"，"经雨不随山鸟散(真雨)"，"休将云雨下山来(假雨)"……

(6)诗说女子。又称女儿令，此令有数种行法，凡女儿之性情、言语、举止、执事，皆可言之，下七字用成句更妙。如女儿难，"相见时难别亦难"；女儿欢，"只言容易得神仙"；女儿喜，"楼上箫声随凤史"；女儿乐，"秋千架上春衫薄"；女儿悲，"南阳征人去不归"；女儿愁，"悔教夫婿觅封侯"；女儿忧，"谁能脉脉待三秋"；女儿苦，"夫死沙场子在腹"；女儿愁，"何处相思明月楼"；女儿悲，"青春已大守空闺"；女儿欣，"果得深心共一心"；女儿凄，"侧耳空房听晓鸡"……

(7)改字诗令。行令的人各吟两句古诗，要求第一句中，有意读错一个字，而在第二句中，再用一句古诗将前面古诗所改的字加以解释，即将古诗读错一字，另引一句诗解之。不工者饮一杯，不成者饮双杯。如：旧时王榭堂前花，（“燕”怎成“花”?）只因“红燕自归花自开”；少小离家老二回，（明是老大，何云老二?），只因“老大嫁作商人妇”；晴空一雀排云上，（明明是鹤，何云为雀?）只因“黄鹤一去不复返”；是一年秋好处，（明明是春，何云是秋?）只因“三秋桂子，十里荷香”；白日放歌须倒酒，（明明是纵，何云是倒?）只因“朱门酒肉臭”；铜雀春深锁一乔，（明明是二，何云是一?）只因“小乔出嫁了”；寒食秋风御柳斜，（明明是东，何来是秋?）只因“昨夜秋风入汉关”；春城无处不飞叶，（明明是花，何来是叶?）只因“无可奈何花落去”。

3. 回环令

凡诗句中首尾二字相关、回文反复者均可。如“一马当先”，“先睹为快”，“快人快语”；“上海自来水来自海上”；“人过大佛寺，寺佛大过人。”

4. 筹令

筹子用竹或木片制志，1982 年，在江苏丹阳县丁卯桥出土的金龟背负《论语》玉烛筒一种，酒令筹五十枚，是迄今为止发现的最古筹令。

筹令因从筒中掣筹行令，故名，名目繁多，雅俗共赏，均在筹上刻铭刻经书或唐诗、宋诗、元曲名句及文学名著之人名或名贤故事，每筹下注明饮酒对象及数量。始于唐代盛行于明清，用时不必费脑筋而又颇有趣味。临席摇扯，对上即饮。

5. 名贤故事令

类似于筹令，将 32 位名贤做成 32 个酒筹，将筹插于筒中，行令时自令官起依座位的顺序挨个掣筹，中者按筹上预先酒约行酒。如“赵宣子假寐待旦”，闭目者一杯；“庄周生诙谐诞妄”，笑语者一杯；“淳于髦赤首缨冠”，秃发者一杯；“关尹喜望见紫云”，吸烟者一杯；“廉将军一饭三遗”，告便者一杯；“平原君珠履三千”，穿履者一杯；“张子房借箸筹国”，举筹者一杯；“朱翁子担上书声”，讲文者一杯；“邓仲华仗策从军”，出席者饮酒；“黄初乎叱石成羊”，属羊者饮酒；“马伏波披甲上马”，年高者饮酒；“马北海尊酒不空”，酒未饮干者一杯；“吕奉先辕门射戴”，争论者各饮；“曹孟德割须弃袍”，无须脱衣者一杯；“曹子建七步成诗”，曰诗者饮酒；“孟参军龙山落帽”，升官者饮酒；“王羲之坦腹东床”，未婚者饮酒；“王司徒奉扇蔽坐”，持扇者饮酒；“毕吏部醉倒饔边”，近壶者饮酒；“江文通梦笔生花”，在痒者饮酒；“视士雅闻鸣起舞”，于舞者饮酒；“陶渊明白衣送酒”，穿白衣者饮酒；“薛仁贵箭定天山”，习武者饮酒；“李青莲脱靴殿上”，穿靴者饮酒；“宋学士扫雪烹茶”，吃茶者饮酒；“曹武惠周岁取印”,生子者饮酒;“周茂叔爱月观莲”,爱花者饮酒;“王钦若闭户修斋”,吃素者饮酒;“欧阳公坐见朱衣”,穿颜色衣者饮酒;“苏长公正襟危坐”,端坐者饮酒;“陈季常怕闻狮吼”,惧内者饮酒。

6. 酒牌令

以牌的形式,分别刻上四十八位仙人的名字及所行酒令。使用时,只要任意抽取其中的一张牌,按照牌面上的饮酒法则行事即可。如“老子”牌上写“寿者欢”,即在席年龄最大的人饮;“黄石公”牌上写“有著述者一杯”,即在席有著作的人饮一杯,等等。

7. 故事令

要求在席间或说贼,或讲故事,或说笑话,可由令官开始或上一轮行令受罚者开始、依次轮流说,讲不了或者讲出笑话不惹人笑者饮酒;如能逗引全席或多数人发笑,全席各饮一杯;如仅能逗引一人或少数人笑,则罚笑者饮酒。

8. 猜谜

猜谜可以限定范围,限于席上所有物或室内所有物之类,由令官行令前宣布。猜不中者罚酒,猜中则猜者有下一轮出谜权,出谜人罚酒。

9. 混合令

既是综合以上几类酒令内容的酒令,很难单独划分,故曰混合令。

总之,文字令还有捷令、限时令之分。捷令要在令官出令后斟酒至某人(依座次顺行)处时即刻应令,或掷骰子以数字指定应令人即时应令;限时令如作诗赋之类,通常点香限定时刻,如半柱香燃尽不完令就要罚酒;也有以奏乐催令的,一曲终了即须缴令;也有用刻烛和击鼓的方法来限时的。

(二)通令

传花、掷骰、抽签、划拳、猜数等酒令,不必劳神动脑,通俗易懂、简单易学,也很容易造成酒宴中热闹的气氛,几乎人人皆可为之,是大众化的酒令,通常被称作“通令”。本书将通令大致可分为游戏令和赌赛令两大类。

1. 游戏令

(1)传花。用花一朵,或用其他小物件如手帕等代替,是一种老少皆宜的方式。令官蒙上眼,将花传给旁座一人,依次顺递,迅速传给旁座,令官喊停,持花未传出的一人罚酒,罚酒者充当下一轮的令官。

也有用鼓声伴奏的,称“击鼓传花令”。令官拿花枝在手,使人于屏后击鼓,开始击鼓时，座客依次传递花枝，击鼓者有时紧，有时慢的技巧会造成一种捉摸不定的气氛，既热闹，又紧张，每个人都唯恐花束留在自己的手中，一旦鼓声停止，大家一哄而笑并不约而同地将目光投向接花者，此时，紧张的气氛一消而散，接花者饮酒，如果花束正好在两人手中，则两人可通过猜拳或其他方式决定负者。

(2)拍七。进行时要求速度快，使行令者忙中有错受罚，从令官报数，从一数起顺报，下数不限，至明七(如七、十七、二十七……)和暗七(即七倍数，如十四、二十一、二十八……)时，应报者应明拍桌(上)及暗拍桌(下)且不出声，矢口出声报数、误拍者罚饮酒，下一轮即令罚酒人从头报起。

(3)汤匙令。着一汤匙于空盘中心，用手拨动匙柄使其转动，转动停止时匙柄所指之人饮酒。

(4)指掌令。以指为戏，故称指掌令，主要有五行生克令、抬桥令、大小葫芦令、拳(又称猜拳、拇戏)、打更放炮令等。

划拳又叫豁拳、拳、猜拳、拇战，此乃我国古传至今仍时尚流行的饮酒游戏，它增添酒兴，烘托喜庆。划拳时口呼指数，从零到十共十一个数，其数皆用典故巧妙呼出，且语带吉祥、祝福。

唐朝时有“开元通宝”，泛指钱财。故开头呼“宝不露”，猜拳时一般是紧握拳头不出指，口呼“宝不露”即财不外露的意思；“一”呼一心敬，此出唐代诗圣杜甫《高都护马行》：“与人一心成大功”，表示祝酒人诚心敬酒，同心共饮之美好心愿；“二”呼两相好，今人划拳多以“两相好”开局，乃至哥俩好、爷俩好；“三”呼三星高照，系祈盼福星、禄星、南极老寿星高照；“四”呼四鸿喜，古人“四喜”是指“久旱逢甘雨，他乡遇故知，洞房花烛夜，金榜题名时”；“五”呼五魁首，“五魁首”者，系指古人苦读《诗》、《书》、《易》、《礼》、《春秋》五种经籍著作，以求功名，夺得魁首；“六”呼六大顺，《左传》云：“君义，臣行，父慈，子孝，兄爱，弟敬；此数者累谓六顺也”；“七”呼七巧，相传农历七月初七，天上牛郎织女相会，民间妇女比穿针引线，斗巧取胜，祝贺织女喜会牛郎，俗称“乞巧”，因“乞”“七”谐音故之；“八”呼八马，周穆王常驾八匹骏马四处游玩，相传曾在昆仑山瑶池与西天王母诗酬谢唱，今人划拳常呼“八仙庆寿”以取代“八马”；“九”呼久长，据《史记》载：“建久安之势，成长久之业”，后人取其“久长”二字作为典故，谐音为“酒长”，借喻人们相聚美酒不尽；“十”呼十全，清朝乾隆皇帝自诩文治武功，福禄寿俱全，自称“十全老人”，今人常理解为“十全十美”。行令时两人同时伸出手指并各说一个数，谁说的数目跟双方所伸手指的总数相符，谁就算赢，输的人喝酒。

(5)虎棒鸡虫令。每次两个人互相挑战，以筷子相声，同时或喊虎、喊棒(子)、喊鸡、喊虫，以“老虎”吃“鸡”，“鸡”吃“虫”，“虫”蛀“棒”，“棒”打“老虎”论胜负，说到

“被降”的东西的那个人执行约定的惩罚，若棒与鸡或虫与虎同时出现，则不分胜负，继续喊。

(6)官兵捉贼。事先准备好分别写着“官、兵、捉、贼”字样的四张小纸，将四张纸折叠起来，每次4个人参加游戏，每人各抽一张，抽到“捉”字的人要根据其他三个人的面部表情或其他细节猜出谁拿的是“贼”字，猜错受罚，如何惩罚由抽到“官”者决定，抽到“兵”者执行。

(7)剪刀石头布。玩法很简单：双方出剪刀、石头、布的手势，布、石头、剪刀三者按循环顺序互赢。

(8)地方戏名令。行令者每人说一种地方戏名，并指出一个名演员的说不上者饮两杯，说出一半者饮一杯。

(9)揭彩令。令官将一张写有数字的纸条用杯子扣在桌子上，合席之人除令官外均不知此数字，但要求这个数字必须在6～36之间。令官饮完，口中说出“6”字后再送给席间的任何一人，以此类推，如果所加数字之和刚好与杯中所扣数字相等，叫做得彩，则该人饮一杯酒。倘若又轮到令官而数字又未超过杯中之数，则令官只许加“1”再送给他人，如果累计已超过杯中数，那么该人与接者猜拳，过几个数猜几拳，输者饮酒。

(10)拧酒令儿。明清两朝较为流行的酒令，即不倒翁令，它使用一种苏州泥胎为具，一般为彩绘滑稽逗乐形象。先拧着它旋转，待停下后不倒翁的脸朝谁就罚谁饮酒。《红楼梦》六十七回写薛蟠给薛姨妈和宝钗带的礼物中就有这种惟妙惟肖的酒令儿。

2. 赌赛令

(1)投壶。远古时代有射礼，为宴饮而设的称为“燕射”，即通过射箭，决定胜负，负者饮酒。投壶源于西周时期的射礼，是从“六艺”中的“射”演变过来的，因为宴会的场所狭小，所以用壶替代靶，用短矢代替长箭。酒宴时，宾主依次取箭在同样的距离依次投矢壶中，中或中多者胜，不中或少中者负，可以罚其饮酒。

《礼记》介绍，投壶之前，主客之间要请让三次才能进行。投时，专有管计数的人面东而立，如果主人投中一次，就从装着记数的竹签的器皿里抽出一支，去在南面，如果客人投中一次，就把竹签丢在北面，最后由记数的人根据双方在南、北两地面上得竹签的多少来计算胜负。两签叫“纯”，一签叫“奇”。如果打得十支签，报数时称“五纯”，如果得九支签，报数时称“九奇”，结果为胜“一奇”；如果双方得签数相等叫做“均”，报数时称“左右钧”。

参加投壶的宾主，包括侍从，都要“毋怃、毋敖、母偝立、母锦言”，指不能怠慢、不可傲慢、不得背立、不准谈论他事；否则，也要受到惩罚。

投壶贿酒，两汉六朝，极为普遍，是当时最常行的酒令，唐宋以后才逐渐衰歇。流传至今的南阳汉代画像石刻中，有一幅生动地再现古代投壶场面的投壶图。

(2)赌棋。赌棋饮酒，三国两晋时尤为盛行。“阮籍当葬母”说的是阮籍与人饮酒赌棋，有人来报告其母病危将死，他仍不肯放手，要赌赛到底，直到胜负已决，才“饮酒三升，举声一号，吐血数升。”

(3)掷骰。即骰令，是古人常用的酒令之一。骰亦称“色子”，正方形，六面体。以骰子来行令，有用一枚，有时用多枚，最多可达六枚骰子，依令限数，因人、因时而定。此令简单快捷，带有很大的偶然性，不需要什么技巧，全凭运气，特别受豪饮者欢迎。骰令名目繁多，方法多样，有猜点令、六顺令、卖酒令等。

“猜点令”：令官用骰筒以两枚骰子摇，摇毕置于桌上，秘而不宣。全席间一人猜所得之点数。猜毕，当众开启摇筒数点，不中，猜者自饮一杯；中，则令官饮一杯。

“六顺令”：合席用一枚骰子轮摇，每人每次摇六回，边摇边说令辞，曰：一摇自饮幺，无幺两邻挑；二摇自饮两，无两敬席长；三摇自饮川，无川对面端；四摇自饮红，无红奉主翁；五摇自饮梅，无梅任我为；六摇自饮全，非全饮少年。

“事事如意取十六令”：合席用四枚骰子轻掷。以总点数计得十六点者免饮，少于十六点自饮，多于十六点对家饮，所饮杯数，以多于或少于十六点数为准。

(4)猜物。把某物藏起来，使在席之人猜测其所藏之处。猜中者胜，猜错者饮。有藏钩、猜花等。

“藏钩”也称“送钩”，简便易行。即甲方将“钩”或藏于手中或匿于手外，握成拳状让乙方猜度，猜错罚酒。

“射覆”，射是猜或度量之意，玩时先分队，也叫“分曹”，先让一方暗暗覆物于器皿下让另一方猜。唐代诗人李商隐精于此道，有诗道：“隔座送钩春酒暖，分曹射覆蜡灯红。”

酒令的内容无所不包，它的艺术风格丰富多样，上至星辰，下至地舆，详及花鸟虫鱼，细如书目章句，古今名贤毕集，四时节令具纳；可运用多种修辞手段，长短不拘，妙语解颐，熔诗、词、曲、语于一炉，采典故俗语为篇什，即兴赋咏，思捷神驰，流觞飞动。

酒令适用于婚丧嫁娶，寿辰贺宴，宾朋唱酹，接风饯行，节日聚餐，盛会招待等，举杯敬酒，觥筹交错，酒令叠换，夸奇争胜，雅俗咸宜。考之历史，酒令实无定制，雅令、通令，可分别进行，也可结合在一起进行，发展到今天，在酒桌上依然使用的酒令已经为数不多。

六、酒律

远古时代，由于粮食生产并不稳定，酒的生产和消费一般来说是一种自发的行为，酒并不是商品，而只是一般的物品，人们还未认识到酒的经济价值，这种情况一直延续到汉朝前期。

周代以后，由于酒特有的引诱力，一些贵族们沉湎于酒，已成为严重的社会问题，鉴于夏、商穷奢极欲，制酒池肉林，最后亡国的教训，对饮酒有了一定的限制，在王朝内设了掌管饮酒的官员"酒正"。

从夏禹绝旨酒开始及周公发布《酒诰》，酒政的具体实施形式和程度随各朝而有所不同，实行不同的酒政，往往涉及酒利在不同社会集团之间的分配问题，基本上是在禁酒、榷酒和税酒之间变来变去。随着时代发展，酒的管理制度和措施的内容越来越丰富，形式越来越多样化。另外，由于政权更迭，酒政的连续性时有中断，酒政作为政策的一部分，其实施的内容和方式往往与国家整个经济政策有很大的关系。

在中国历史上，夏禹可能是最早提出禁酒的帝王。相传帝女令仪狄作酒而美，进之禹，禹饮而甘之，遂疏仪狄而绝旨酒。曰："后世必有以酒亡其国者。"

夏商的两代末君都是因为酒而引来杀身之祸导致亡国的。从史料记载及出土的酒器看：酒器不仅数量多，种类繁，而且其制作巧夺天工，堪称世界之最，可见夏商二代统治者饮酒的风气十分盛行。夏桀"作瑶台，罢民力，殚民财，为酒池糟纵靡靡之乐，一鼓而牛饮者三千人"。夏桀最后被商汤放逐。商代贵族的饮酒风气并未收敛，反而越演越烈。据说商纣饮酒七天七夜不歇，酒糟堆成小山丘，酒池里可运舟。据研究商代的贵族们因长期用含有锡的青铜器的饮酒，造成慢性中毒，致使战斗力下降。西周统治者在推翻商代的统治之后，发布了我国最早的禁酒令《酒诰》，西周初中期，酗酒的风气有所敛。这点可从出土的器物中，酒器所占的比重减少得到证明。《酒诰》中禁酒之教基本上可归结为，无彝酒，执群饮，戒缅酒，并认为酒是大乱丧德，亡国的根源，这构成了中国禁酒的主导思想之一，成为后世人们引经据典的典范。

禁酒，即由政府下令禁止酒的生产、流通和消费，禁酒的目的主要是：①减少粮食的消耗，备战备荒。这是历代历朝禁酒的主要目的。②防止沉湎于酒，伤德败性，引来杀身之祸，禁止百官酒后狂言，议论朝政。③禁群饮，在古代主要是为了防止民众聚众闹事。

《尚书·酒诰》云殷商政权因嗜酒贪饮而亡，西周政权因废酒戒饮而兴。

酿酒要用去大量粮食，这种饮酒风习在以农业起家的周人看来，简直无法容忍,《酒诰》即是针对殷民饮酒成风,在政策上区别对待而发,基本思想处罚要慎重,要依法从事。周公并非完全禁酒,祭祀庆典的时候还是可以喝点。群饮是不行的,不可放过,要统统捉来"以归于周","予其杀"。"予其杀"是我将要杀,未必杀。所以"归于周",是不要给殷人以像"小子封刑人杀人"的印象。应该引导殷民去"艺黍(shǔ)稷(jì)"即种庄稼,也可"肇牵牛,远服贾",去经商养父母。殷代先王,从成汤至帝乙都不敢"自暇自逸",何敢聚会饮酒。至于工匠饮酒,另当别论,不要杀,姑且先进行教育。改造陋习——酗酒,一是限制,二是引导,三是区别对待。

(一)量"刑"标准

西汉初,新王朝刚刚建立,统治者为杜绝反对势力聚众闹事,相国萧何制定的律令规定:"三人以上无故群饮酒,罚金四两",实行"禁群饮"的制度,实际上是根据《酒诰》而制定的。

汉初的《韩诗外传》载:"齐桓公置酒令曰:'后者罚一经程(一种饮酒器)!'管仲后,当饮一经程,而弃其半曰:'兴其弃身,不宁弃酒乎。'"

(二)律令条款

明末清初王常月创全真丛林,全真道龙门派声势大振,该教的《初真戒律》、《中极戒》、《天仙大戒》等合称"三堂大戒",多达数百条,其中大量吸收了佛教五戒(不杀生、不偷盗、不邪淫、不妄语、不饮酒)和儒家的名教纲常思想,对生活各方面均做出规定。教规中有明确的不许饮酒的戒律,甚至在一些教内文献中还明确了违犯这些教规的惩罚办法,如《教主重阳帝君责罚榜》便做出"……酒色财气食荤,但犯一者,罚出"的规定。《全真清规》是道教清规中比较有影响的。它对违规行为的惩戒。

道教经典对酗酒者的惩罚办法是鞭笞和贬降:"但使有德之君,有教敕明令,谓吏民言:从今已往,敢有市无故饮一斗者,笞三十,谪三日;饮二斗者,笞六十,谪六日;饮三斗者,笞九十,谪九日。各随其酒斛为谪。"对作酒、卖酒者,则罚以修城郭道路官舍:"酒家亦然,皆使修城郭道路官舍,所以谪修城郭道路官舍,为大土功也。"因为酒属水,建筑属土,以土治水,以补其过:"土乃胜水,以厌固绝灭,令水不过度伤阳也。""修道路,取兴大道,以类相占,渐置太平。"

当然,对远行的"千里之客",或家有老人、病人"药、酒可通"者,或"祠祀神灵"者用酒是不在受罚之列的。

在佛教经典中皆有明确的禁酒指示与规定。《阿含经》中最基本的戒律:不饮酒,不杀生,不偷盗,不淫邪,不妄语。

在家居士受“五戒”时，有“不喝酒”的规定。在《梵网经菩萨戒本》中，不但戒“喝酒”，而且把“沽酒”（买酒、卖酒）列为“十重戒”，“七众”同犯，大小乘俱制，为的是防止无量过失。戒律不仅禁止自己饮酒，而且禁止教人饮酒，不得操持、沾染任何酒业、酒缘。如《大爱道比丘尼经》云，不得饮酒，不得尝酒，不得嗅酒，不得卖酒，不得以酒饮人，不得谎称有病欺饮药酒，不得至酒家，不得和酒客共语。

第七章 酒与社交

俗话说,要交友,常喝酒。自古以来,酒与社交有着内在的联系。酒的交往名谓甚多,是其他任何物质都无法比拟和替代的。

饮酒为结交朋友提供了良好的契机。例如:为来客设宴有接风酒、洗尘酒、光临酒;为客送行有送行酒、辞行酒。

在不讲职业、政界的酒席中,酒有利于协调人与人之间的关系,加深了解,促进友谊,增加感情。例如:新婚有祝福酒、贺喜酒;冬天有避寒酒;学习有深造酒;受险、碰跌受伤有压惊酒、消灾酒。

"水酒无情人有情,酒是人情水",喝酒是表达友好的一种方式,也是化解个人之间恩怨的有效手段。"度尽劫波兄弟在,酒杯一端泯恩仇"。双方之间不管有多深的积怨,只要一端杯,矛盾差不多就化解了。

举杯同饮的"同心酒",交臂搭脖一饮而尽的"盟誓酒",不仅会起到增进了解、密切感情的作用,甚至会达到同生死、共命运的盟誓效果。

同时,饮酒也是展示个人风采和魅力的重要窗口。温雅的姿态、得体的举止、文明的谈吐都会给人留下美好的印象,提高个人的社会地位和知名度。由此可见,酒作为一种交际媒介,在迎宾送客,聚朋会友,彼此沟通、传递友情等方面发挥了独到的作用,在国际交往中也起着重要的作用。

第一节 酒与个人交往

"一壶浊酒喜相逢,古今多少事,都付笑谈中。"酒的沟通、媒介作用从古代一直延伸到现代。"刎颈之交"、"鸿门宴"、"桃园三结义"、"乾隆千叟宴"等诸多事实表明,酒在人际交往过程中具有举足轻重的作用。

一、酒是交友之媒介

(一)刎颈之交

"刎颈",即割脖子。刎颈之交是指可以同生死、共患难的朋友,出自《史记·廉颇蔺相如列传》:“卒相与欢,为刎颈之交。”战国时期,赵国蔺相如因完璧归赵,赵王曰:“寡人得蔺相如,身安于泰山,国重于九鼎。相如功最大,群臣莫及。”于是任命他做上卿,位在廉颇之上。廉颇说:我做赵国的大将,有攻城野战的大功劳,而蔺相如只不过凭着几句言辞立了些功劳,他的职位却在我之上。再说蔺相如本来是卑贱的人,我感到羞耻,不甘心位居他之下!扬言说:“我碰见蔺相如,一定要侮辱他。”蔺相如听到这些话后,不肯和他会面,每逢上朝时常常托辞有病,不愿跟廉颇争位次的高下。过了些时候,蔺相如出门,远远看见廉颇,就掉转车子避开他。在这种情况下,门客一齐规劝他说:“我们离开父母兄弟而来侍奉您,不过是因为仰慕您的高尚品德。现在您与廉颇职位相同,廉将军散布一些恶言恶语,您却怕他,躲着他,怕得太过分了。平庸的人对这种情况尚且感到羞耻,更何况是将相呢!我们实在没有才能,请允许我们告辞离开吧!”蔺相如坚决挽留他们,说:“你们看廉将军与秦王相比哪个厉害?”门客回答说:“廉将军不如秦王厉害。”蔺相如说:“凭秦王那样的威风,我蔺相如敢在秦的朝廷上呵斥他,侮辱他的臣子们。相如虽然才能低下,难道偏偏害怕廉将军吗?但是我想到这样一个问题:强大的秦国之所以不敢轻易侵犯赵国,只因为有我们两个人存在啊!现在如果两虎相斗,势必不能都活下来。我之所以这样做,是以国家之急为先而以私仇为后啊!”舍人等很是叹服。有一天,蔺相如的门客与廉颇的门客在一家酒店中不期而遇,双方争座。蔺相如的门客说:“吾主君以国家之故,让廉将军,吾等亦宜体主君之意,让廉氏客。”于是廉颇更加骄傲。河东人虞卿游赵,闻说此事后,去见廉颇,先颂其功,廉颇大喜。虞卿说:“论功蔺君不如将军。论量则还推蔺君。”廉颇不高兴,说:“彼懦夫,以口舌取功名,何量之有?”虞卿说:“蔺君非懦士也,其所见者大。”于是,详细地介绍了蔺相如对他的门客所说之言,且说:“将军不欲托身于赵则已,若欲托身于赵,而两大臣一让一争,恐盛名之归,不在将军也。”廉颇听到这话,很是惭愧,说:“吾不及蔺君远矣。”于是,解衣赤背,背着荆条,到蔺相如家门请罪,说:“鄙性粗暴,蒙君见容,惭愧无地!从今愿结为生死之交,虽刎颈不变!”廉颇下拜,蔺相如答拜。因置酒筵款待,极欢而罢。后世称“刎颈之交”,正谓此也!

(二)忘年之交

忘年之交是指年辈不相称而结成的好朋友。在历史上,这样的朋友交往,不乏其例。如三国时期的孔融与祢衡的交往:孔融,字文举,鲁国人,孔子二十世孙。性耿介好学,博涉多览,扬善嫉恶,名重当时。《三国演义》诗赞曰:“孔融居北海,豪气贯长虹;坐上客长满,樽中酒不空;文章惊世俗,谈笑侮王公;史笔褒忠直,存官纪太中。”孔融傲当世,轻名士,独与白衣祢衡忘年相交。两人虽然相差20岁,但一见如故,经常同吃同饮。祢衡赞孔融是“仲尼不死”;孔融回赞祢衡是“颜回复生”。二人这段兄弟交往名动天下，堪称佳话。此外，在历史中的南朝梁人裴子野和张缵；北朝魏、齐之间的李神隽和邢邵；唐代陆贽和张镒；宋代钱惟演和梅尧臣等人的交往，都称之为“忘年之交”。

除了“忘年之交”，历史上尚有“忘形交”，即不拘身份、形迹的知心朋友；还有“布衣交”、“贫贱交”等。交后之饮，倍感亲切！

(三)八拜之交

八拜是方位，即东、南、西、北、东南、东北、西南、西北，表示无论何地都生死与共。桃园三结义(图 7.1)的故事，不仅在中国有“忠义千秋”之誉，而且在世界上也是流传甚广，成为“八拜之交”的楷模，时至今日依然为人们所敬佩。

图 7.1　桃园三结义

这个故事发生在东汉末年，当时朝廷腐败，张角率领农民起义，反抗朝廷，起义军头戴黄巾作为记号，这就是历史上有名的“黄巾起义”。东汉皇帝为了镇压“黄巾”，下令各地招收新兵。这天，刘备正看招兵的告示，身后挤过来一个黑脸大个儿，名叫张飞。两个人便商量一起去参军。

刘备和张飞来到一个酒馆。他们正喝着酒，一个红脸大汉进来了，喊道：“快给我拿酒来，我急着去参军呢！”刘备见他身材高大，非常威风，就请他一起喝酒。这人名叫关羽，因为杀了本地的恶霸，才来到这里。刘备说：“我们一起干一番事业吧！”三人喝完酒，一起来到张飞的桃园。他们在桃园里对天起誓，结为兄弟。这就是著名的“桃园三结义”。

刘备、关羽、张飞的友谊不比一般，时至几千年后的今天，一直称颂不绝。

(四)“竹林七贤”

在魏晋时期，由于不满司马氏篡权和阶级斗争的尖锐，出现了七个著名的社会名流：嵇康、阮籍、刘伶、向秀、山涛、阮咸、王戎。他们虽然在政治观点上和哲学信仰上不尽相同，但各有所见，各有其长。他们经常酣饮纵酒，交游于竹林之中，时而弈棋，时而赋诗，海阔天空，无拘无束，听其自然，结下了深厚的友谊，所以人们称之为“竹林七贤”(图 7.2)。

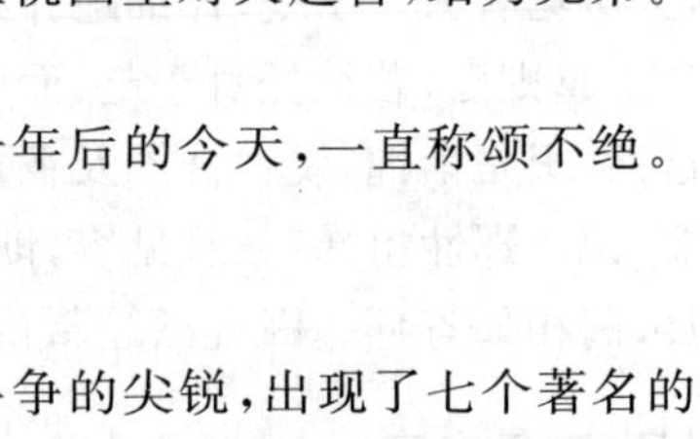

图 7.2　“竹林七贤”

1. 嵇康

嵇康(224—263年,图7.3),字叔夜,譙(qiáo)郡(今安徽宿县西南)人,三国魏时期著名的文学家、思想家、音乐家。魏晋玄学的代表人物之一,世称嵇中散,善于音律,创作有《长清》、《短清》、《长侧》、《短侧》,合称"嵇氏四弄",与东汉的"蔡氏五弄"合称"九弄"。与魏宗室通婚,官至中散大夫。他的政治观点"非汤武而薄周孔",厌恶儒家各种人为的繁琐礼教,突出"越名教而任自然",并认为"元气陶铄,众生禀焉",主张回到自然。他思想新颖,往往与古时旧说反对。在政治上不满司马氏集团,弃官归里,当了铁匠,逍遥岁月,善饮酒。他为人正直,不苟同权势,他的酒友山涛劝他入仕为官,他竟然撰写了《与山巨源(即山涛)绝交书》,誓死不仕司马氏,后遭钟会构陷,遂为司马昭所杀。

图 7.3　嵇康

2. 阮籍

阮籍(210—263年,图7.4),三国时期曹魏末年文学家、思想家,字嗣宗。陈留尉(河南开封)人,曾官至步兵校尉,世称阮步兵。颇有盛名,与嵇康齐名。在哲学上,他认为天地生于自然,万物生于大地。道者,法自然而为化,侯王能守之,万物将自化。主张把自然和封建等级制度相结合,做到在上而不凌乎于下,处卑而不犯乎贵。蔑视礼教,尝以白眼看待礼俗之士。一生嗜酒,不拘小节。邻家少妇有美色,当垆估酒,籍尝诣饮,醉便卧其侧。籍既不自嫌,其夫察之,亦不疑也。他与嵇康不同,康因饮酒醉失言而丧生,而阮籍往往借酒醉而保护自己。籍有女儿,司马昭(晋文帝)初欲为子求婚于籍,籍沉醉三十日,不得言而止。钟会欲治之罪,皆以酣醉豁免。

图 7.4　阮籍

3. 刘伶

刘伶(图7.5),字伯伦,沛国(今安徽淮北市)人,擅长喝酒和品酒,著有《酒德颂》。魏末,曾为建威参军。他反对司马氏的黑暗统治和虚伪礼教,思想接近庄子。为避免政治迫害,遂嗜酒佯狂,任性放浪,无视礼仪,玩世不恭。他好赤裸身体,时常在家里脱光了衣服饮酒。一次有客来访,他不穿衣服。客责问他,他说:"我以天地为宅舍,以屋室为衣裤,你们为何入我裤中?"他这种放荡不羁的行为表现出对名教礼法的否定。《晋书》本传记载,其为官时,常乘鹿车,携酒一

图 7.5　刘伶

壶，使人荷锸随之，谓曰："死便埋我"。《史书》载："伶放情肆志，常以细宇宙，齐万物为心。澹默少言，不妄交游。与阮籍嵇康相遇，欣然神解，携手入林。扬不以家产无介意"，一日，他的妻子劝他说："君酒太过，非摄生之道，必宜断之。"刘伶说："好的，但我不能自禁，需要对鬼神发誓，你去拿些酒肉来祭诸神吧。"妻子以为他真的要发誓戒酒，把酒肉准备好了。刘伶却跪在神像前大声说："天生刘伶，以酒为名。一饮一斛，五斗解酲。妇人之言，慎不可听。"说完把酒肉都吃完了，复然大醉。他嗜酒如命，放浪形骸由此可见。

关于喝酒，"竹林七贤"里的每一个人都喜欢喝酒，但刘伶却独以酒而闻名，可见他的酒量之多。他的喝酒，或许同阮籍一样，是因为受逼于黑暗的政治，污浊的社会，但他却能沉醉在酒乡的混沌世界中，不像阮籍、嵇康充满着愤懑之心。他喝酒的方式也是极其豪迈的。

4. 向秀

向秀（227—272 年，图 7.6），字子期，河内怀（今河南武陟西南）人。魏、晋时哲学家、文学家，官至黄门侍郎、散骑常侍。他主张"名教"与"自然"统一，合儒、道为一。认为万物自生自化，各任其性，即是"逍遥"，但"君臣上下"亦皆出于"天理自然"，故不能因要求"逍遥"而违反"名教"。擅诗赋。曾著《思旧赋》哀悼嵇康。他在山阳地方灌园以自给。山阳是嵇康住宅所在之地。他们两人交往甚密。但是种田、栽培蔬菜并不是他们的嗜好所在。以田园工作换取生活所需，一旦有了空闲，就相携出游于大自然间，逃脱政治的黑暗樊笼，得到精神上的自由。向秀、嵇康两人的行止亲近，性格却相异，嵇康傲世不羁，向秀则好读书。

5. 王戎

王戎（234—305 年，图 7.7），字濬冲，琅琊临沂（今属山东）人，西晋大臣。生于大富之家，幼颖悟，神采秀彻。好清谈，嗜酒，常出入竹林之中。他是"七贤"中最庸俗的一位。在七贤当中，王戎的年纪是最轻的，他比山涛小二十九岁，比阮籍小二十四岁，比嵇康小十一岁。

王戎一生，官运亨通，平步青云，位高爵显，身当国家重任，但却对朝政一无贡献，只是一味地逃避求荣，阿谀求全。对于王戎这个人而言，他以前虽有政治抱负，可惜的是在他掌握大权时，却因为一味地避祸，而对国家、人民并没有贡献，十分可惜。但也有人认为，这也许是在乱世中的一种生存方式吧！就竹林七贤而言，王戎是有些愧于一个“贤”字的。

图 7.6　向秀

图 7.7　王戎

6. 山涛

山涛(205—283 年,图 7.8),字巨源,西晋河内怀县(今河南武陟西)人,少时丧父,家贫,但气量非凡,卓然不群,生性喜爱《老子》、《庄子》,常常有意掩盖自己的锋芒,不让人知。他和嵇康等人要好,后来又遇见阮籍,就结交成竹林贤士,山涛是“竹林七贤”中最年长的一位。山涛嗜酒,为官清廉,任吏部尚书多年,每次选用官吏,都秉承晋武帝的意旨,对这些候选人亲作评论,时称“山公启事”。终年 79 岁。

7. 阮咸

阮咸(图 7.9),西晋陈留尉氏(今属河南)人,字仲容。阮籍之侄,与籍并称为“大小阮”。为人狂放,不拘礼法。善弹直颈琵琶,时为著名的音乐家。历官散骑侍郎,补始平太守,嗜酒纵饮,交游于竹林之中。

图 7.8　山涛

图 7.9　阮咸

二、酒与会客

自酒问世后,人们聚会见客时,以酒谈心、话情、道义,别有一番滋味,故有“无酒不成宴”之说。同时出现了各种各样的饮酒方式,如宴筵敬酒、歌乐劝酒、过关饮酒等趣味方式,极大地丰富了酒文化。

(一)宴筵敬酒

人们常在喜庆或迎宾送客的筵席上举杯相敬,表示祝贺或赠梅折柳之意。古人所谓“酬醉”就是指互相敬酒。主人敬客人叫“酬”,客人敬主人叫“醉”。古人饮酒,就仪礼而言,约有四部曲:拜、祭、啐、卒爵,即先作出“拜”的动作表示敬意,接着把酒倒出一点在地上,以祭谢大地生养之德;然后尝尝酒味,啧啧称美,令主人高兴;最后仰杯而尽。“卒爵”,也就是“干杯”,这是古人的礼。因为古酒淡薄,干杯不算难事。而干杯,今人每说先干为敬,但古人却是后干为敬。《礼记·曲礼》上说“侍饮于长者”,“长者举未釂(jiào),少者不敢饮。”意思是说陪侍尊长喝酒,尊长举杯未干,年少的就不敢喝。而宾主之间,则是客客气气,有节有度;敬酒时总要说句类似“祝您长命百寿”的话语,所以敬酒又叫“为寿”。普通为寿以三杯为度。礼记《玉藻》说,君子饮酒,饮了一杯,表情肃穆恭敬;饮了两杯,显得温雅有礼;饮了三杯,心情愉快而知进退。这是筵席上礼节的分寸,因为如果酒过三巡犹然不止,量浅的人难免失态。《左传》记载晋灵公赐赵盾饮酒,埋伏甲兵要攻杀赵盾,赵盾的贴身侍卫提弥明察觉阴谋,急忙登阶入堂,说:“臣侍君宴,过三爵,非礼也。”于是扶出赵盾逃难。可见三爵是礼,过了三爵,就可以不受礼节约制而纵饮为欢了。所以曹植诗《箜篌(kōng hóu)引》曰:“乐饮过三爵,缓带倾庶羞;主称千金寿,宾奉万年酬。”仪礼中的饮酒,最后也有“无算爵”,意思是说,能喝多少就喝多少,不必计较杯数了。

少数民族在宴席待客敬酒中普遍表现出礼仪隆重和坦诚真挚。

青海土族在招待贵客时,讲究“三杯酒”,即客人进门饮三杯酒洗尘,客人上炕就坐入席饮“吉祥如意三杯酒”,客人告辞时饮“上马三杯酒”,有酒量的一饮而尽,表现出豪爽真诚,主人很高兴;不胜酒力的,只需以左手无名指蘸酒向空中弹三次,表示敬神、领情和致歉,主人绝不勉强,因为不能饮者强饮之则无快乐,可谓体察入微。

贵州苗族人家待客,在酒席上每巡给客人敬酒都是双杯,表示主人祝福客人好事成双、福禄双至,也寓有“客人是双脚走来的,仍能双脚走回去”,健康平安。若客人推辞,女主人就会捧杯唱起敬酒歌,直至客人领受他们的祝愿。

佤族民间俗话说“无酒不成礼,说话不算数”。新中国成立后,随着人民生活水平的提高,农民几乎家家酿酒,饮酒自然成为日常生活的重要节目。喝酒时喜邀亲友欢聚同乐。主人给客人敬酒,必须给在座客人一一敬到,若有疏漏,便有违阿佤礼仪。敬酒时，双手捧竹节酒筒，走到客人面前，弓身将酒筒由自己胸前沉下，再向上送到客人嘴边。客人双手把住酒筒，将它推向主人嘴边，主人喝一口，再次敬给客人，客人一饮而尽。第一个被敬酒的人是在场客人中最被敬重者或最年长者，他接过酒后，以右手无名指蘸出几滴酒于地，口诵祝词，表示对主人祖先的敬献。拒绝阿佤人的饮酒邀请是不礼貌的表现，喝多少，可以量力而行，主人是为了友谊和高兴，绝不会勉强。

广西红水河两岸的瑶族，在客人光临前，即把一只灌满酒的酒葫芦挂在堂屋门背后，待客人将近大门时，即刻斟酒一碗，迎上前去，一手搭在客人肩上，一手递到客人面前，说："请饮进门酒。"客人忙说："我喝干，我喝干。"若逢节日或喜庆，客人喝完酒后，主人还要朝天鸣放鸟枪，向全寨人通报有喜客光临。"进门酒"之后，主家全体成员出来迎客进屋。客人若无酒量，可浅尝辄止，表示谢意。

广西巴马瑶族在迎接村寨的集体客人或十分重要的单个客人时，要设"三关酒"迎接，即主家派人在屋外必经之路上设三道酒关，每经一关须饮两杯，三关之后，方进屋饮宴。传说此俗起源于巴马瑶族的祖先"卡罗"，卡罗生下三个月后父母相继过世，善良的汉人盘尧收养了他。卡罗成家后为报答养父母的恩情，率家人采药物酿酒宴请二老，在迎接养父母的当天，卡罗带族人到寨外十五里处设酒关，每五里设一关，每至一关卡罗敬二老甘醇的美酒两碗，以表隆重和真诚。此传说不仅反映了汉瑶人民的团结友谊，而且寓意瑶家敬贵客如敬再生父母，其情真挚感人！

西藏门巴族当客人到家时，主人便用铜瓢或竹节筒盛满酒，先倒点酒在自己手掌心，当众吸啜，表示酒中无毒、自己待客以诚，尔后依次向客人每人敬酒一瓢或一竹筒，客人须一饮而尽。旧时无专门酒具，门巴人以芭蕉树皮卷成小酒槽给客人敬酒，贵客四槽，一般客人两槽。

云南傈僳族在待客时，主人用精致的竹筒斟满酒后，先往地上倒一点，表示敬祖，接着自己先喝一口，表示酒是好的，请客人放心，然后再斟满其他竹筒，双手捧到客人面前请客人畅饮。

滇西北高原崇山峻岭中的普米族对待客人，不论生熟亲疏，都热情接待，因为他们认为客人临门是一种荣耀和吉兆。当主人听到狗叫，发现有客人光临时，家人都会出来帮客人牵马拿东西，请客人进屋。当客人在火塘旁坐定后，主妇便端上水果、食品和一碗酥里玛酒。普米族以火塘上方的一块长方形石柱代表家族祖先神灵，可称之为"锅庄"。主人先敬家神，在锅庄上滴几滴酒，若是燃起火焰，则为最吉，主人会很高兴。一般度数较高的醇酒都能接火而燃。主人看到酒燃，便念道："客人到，福气到，贵客犹如金太阳照，给我家暗淡的房子里，带来了光明和吉兆。客人到，福气到，贵客好像吉星照，木楞房里充满了喜庆与欢笑，彩色的祥云在我头上飘。”祝颂完毕，主妇捧酒献客。客人先抿一口，不得有吸饮的响声，随即说“真醉人”，以表赞美和感谢。此后客人便根据自己的需要随便饮酒。若有主家的长辈在场，客人要主动请长辈坐上席，并请其先品尝酒。客人用饭，主人家人均在旁侍候，绝无不周到之处。客人吃完，主人家才围坐在一起吃饭，若客人第二天就要登程，主人还为他准备路上的食品，多是鸡腿、鸡蛋、肉块、油炸粑粑等。受到如此礼遇，客人往往会感到自己不是客人，而是主人家的至亲好友。

藏族人好客，用青稞酒招待客人时，先在酒杯中倒满酒，端到客人面前，这时，客人要用双手接过酒杯，然后一手拿杯，另一手的中指和拇指伸进杯子，轻蘸一下，朝天一弹，意思是敬天神，接下来，再来第二下、第三下，分别敬地、敬佛。这种传统习惯是提醒人们青稞酒的来历与天、地、佛的慷慨恩赐分不开，故在享用酒之前，要先敬神灵。在喝酒时，藏族人民的约定风俗是：先喝一口，主人马上倒酒斟满杯子，再喝第二口，再斟满，接着喝第三口，然后再斟满。往后，就得把满杯酒一口喝干了。这样做，主人才觉得客人看得起他，客人喝得越多，主人就越高兴，说明主人的酒酿得好。藏民族敬酒时，对男客用大杯或大碗，敬女客则用小杯或小碗。

西北裕固族待客敬酒时，都是敬双杯。主人不论客人多少，只拿出两只酒杯，在场的主人轮番给客人敬双杯。壮族人敬客人的交杯酒并不用杯，而是用白瓷汤匙，两人从酒碗中各舀一匙，相互交饮。主人这时还会唱起敬酒歌：“锡壶装酒白连连，酒到面前你莫嫌，我有真心敬贵客，敬你好比敬神仙。锡壶装酒白瓷杯，酒到面前你莫推，酒虽不好人情酿，你是神仙饮半杯。

(二)歌乐劝酒

用歌舞乐曲佐酒侑食，周朝时就已有记载。如《周礼·天官·膳夫》上便载有“以乐侑食”的情况。《诗经·唐风·山有枢》也说：“子有酒食，何不日鼓瑟？且以喜乐，且以永日。”周朝的大典、大宴，用大雅乐；一般宴会，用小雅乐。小雅之乐不但用于宫廷，也用于一般贵族之家。到了汉代，歌舞侑酒之风更加盛行，而且还出现了专门供官宦文人饮酒取乐的歌舞妓。此风直至唐代仍盛行不衰。这些歌舞妓大多色艺俱佳。“樱桃樊素口，杨柳小蛮腰”、“红绡信手舞，紫绡随意歌”。她们大都是主人用金钱买来后加以训练而成的。每遇饮宴，便命她们歌舞以助兴送酒。她们的姿色、歌舞成为主人宴宾待客祝酒、劝酒的重要手段。许多达官显贵、文人骚客置身于这种场景，往往被技艺超群、花容月貌的美女所倾倒，难以自制，或言语举止失态，或纵情豪饮，一醉方休。据《本事诗》载：李司空非常仰慕刘禹锡，常邀他到家中饮宴，“酒酣，命妙妓歌送之。”刘禹锡面对轻歌曼舞的美女，心绪难平，即兴作诗道：“鬟髻梳头宫样状，春风一曲杜韦娘。司空见惯浑闲事，断尽江南刺史肠。”

李司空闻听此言,也只好忍痛割爱,将刘禹锡喜欢的妙妓慷慨相送了。唐朝时期,在一些较大的酒肆、酒楼、身置边疆的军中,也盛行以乐曲歌舞侑酒。苏用弱的《集异记》里就描述过诗人王昌龄、高适、王之涣等人在酒肆里有乐妓们唱曲助饮、"饮醉竟日"的盛况。歌妓姬妾歌以送酒的习俗在唐诗中也多有描述,如刘禹锡《路傍曲》中的"处处闻弦管,无非送酒声",吕温《遵州寄襄阳裴相公》中的"最忆过时留宴处,艳歌催酒后庭深"等。

自先秦至唐,每个朝代都有劝酒诗歌之作。如晋代成公绥创作的《晋四箱歌》16篇。其中一首说:"上寿酒,乐未央。大晋应天庆,皇帝永无疆。"仅从歌词来看,就可断定它是一首劝酒歌。在盛行以歌送酒的唐代,歌词多是当时流行的诗作。譬如白居易的《劝酒》:"劝君一盏君莫辞,劝君两盏君莫疑,劝君三盏君始知,面上今日老昨日。心中醉时胜醒时。天地迢遥自长久,白兔赤乌相趋走。身后堆金拄北斗,不如生前一樽酒。君不见春明门外天欲明,喧喧歌哭半死生,游人驻马出不得,白舆素车争路行。归去来兮头已白,典钱将用买酒吃。"又如他的《赠梦得》:"前日君家欢,昨日王家宴,今日过我庐,三日三会面。为我尽一杯,与君发三愿。一愿世清平,二愿身强健。三愿临老头,数与君相见。"

唐代送酒的唱歌者除了陪酒的歌妓姬妾外,也有饮者"自拉自唱"或主人唱歌为客人送酒以及主客相互送酒的形式。主人亲自唱歌劝酒,是表示对客人的特殊礼遇。譬如《旧唐书》中就记载了身为节度使的安禄山为了安抚部下亲自唱歌以送酒的事。客人为答谢主人的盛情,一般也起身为主人送酒,如主人劝客人饮酒,却不唱歌,客人便可请主人先唱歌后再饮杯中酒。白居易《劝我酒》中"劝我酒,我不辞,请君歌,歌莫迟",说的便是这种习俗。

劝酒的方式除歌舞乐以外,跳舞助酒也是其中一种方式。譬如《项羽本纪》中记载的鸿门之宴,范增要项庄入内敬酒,然后剑舞,趁机杀刘邦于座中。项庄对项羽说:"君王与沛公饮,军中无以为乐,请以剑舞。"这时和刘邦约为婚姻的项伯,看情形不对,也拔剑起舞,"常以身翼蔽沛公",以致项庄始终无法下手。项家叔侄这场武舞,虽然让刘邦如坐针毡,汗流浃背,但所借的题目正是筵席间助兴为欢。又如《魏其武安侯列传》记载魏其侯窦婴宴请武安侯田蚡,等到饮酒半酣,将军灌夫起来跳舞,舞毕,请丞相田蚡接舞,田蚡竟不起身,灌夫觉得很失面子,便说了许多冒犯的话,主人窦婴在一旁排解致歉。后来田蚡娶燕王女为夫人,列侯和宗室都前往道贺。酒喝到差不多时,田蚡向宾客敬酒,宾客都离开席位,伏在地上,表示不敢当。不久,窦婴起身敬酒,只有那些旧交避席,其余的人照样坐着,连膝都没有离席。灌夫看在眼里,心中不快,也离位依次敬酒,敬到田蚡时,田蚡坐着不动,说,不能再饮满杯了。灌夫气极了,却嬉笑着说,您是个贵人,还是请干杯吧!田蚡不予理会，灌夫有气没处发，敬到临汝侯，临汝侯正跟程不识交头接耳，又不避席，灌夫便破口大骂起来，终于弄得不可开交，被田蚡当场扣押。从此窦、灌和田蚡结下深仇大恨，窦、灌终于被田蚡诬陷而死。灌夫“使酒骂座”的结局虽然古今为诫，但由此也可见汉代人敬酒和席间的礼俗，即可以跳舞助兴，一人跳毕，被邀的人必须接续；敬酒时敬人的和被敬的都要离席起立，而且要彼此饮干满杯，如果不是这样，就是傲慢失礼。

宴会上饮酒的乐曲、舞蹈因时代不同，也多有变化。汉魏之际，大多是古月和俗乐并行，歌声轻柔，舞姿缓慢。南北朝以后，风格迥异的少数民族乐舞大量涌入中原，使人耳目一新，于是侑酒的歌舞多改为胡乐、胡舞了。到了唐代，少数民族的乐曲更加被汉族统治者所欣赏，于是胡乐越发流行。唐代以后，历经宋、元、明、清各朝，以歌舞送酒已是他们迎宾待客最主要的劝酒手段。当今之世的卡拉 OK、KTV 饮酒、酒吧饮酒，与古人歌舞乐曲助兴的礼俗，尤为相像，可以说是一脉相传。

我国少数民族自古以“能歌善舞”著称于世，节日有节日歌，生产劳动有生产歌，谈情说爱有情歌，同样，饮酒也少不了酒歌。“酒不离歌”，“有酒必有歌”，而且不同社交场合有不同的酒歌：迎客酒歌、敬酒歌、劝酒歌、送客酒歌、节日酒歌、婚礼酒歌、满月酒歌等。酒席宴上，酒歌活跃增加了喜庆气氛，融洽了人们之间的情感，更为重要的是，有些民族没有自己的文字，许多关于民族历史渊源的传说故事、生产和生活经验、人生哲学等往往都是通过酒歌口头传承和反映出来的。因此，少数民族的酒歌超出了纯娱乐性的范畴，包括了更为广阔的深邃的文化内涵。

蒙古人爱酒，把酒看成是食品的精华。有客到，必以酒相待。敬酒礼仪特别隆重。主人常将美酒斟在银碗或盘子里，托举在洁白的哈达上，恭敬、虔诚地给客人连连敬献三巡。客人不喝，主人便即兴唱歌相劝，有时还真诚地单膝跪下请客人喝。有多少酒，便有多少歌。牧区的男女老少，人人都会唱。鄂尔多斯草原有一首敬酒歌，历史悠久，流传广泛，时至今日仍传唱不已：“金杯中斟满了醇香的美酒，高高地举过头顶，敬献给父老长辈表深情。塞拉尔白咚赛！像那青山的泉水一样清澈，似那草原的鲜花一样美丽，吉利相遇的亲朋至友啊，敬上这醇香如蜜的琼浆……”

高山族嗜酒，古籍中有许多关于高山族以歌送酒的记载，譬如《椑海纪游》载：番人不分男女皆嗜酒。酒熟，各携所酿，聚男女酣歌，歌呼如沸，累三日夜不辍。高山族的酒歌有《会饮歌》、《敬酒歌》、《饮酒歌》等。黄叔璥《台海使差录》中记载了很多清代的高山族民歌，其中不少都与酒有关。如他们在捕鹿、农耕得到好的收获之后聚众会饮时所唱的《会饮歌》：耕田园，过好年岁；收得麻，收得米，捕得鹿且多。父子祖孙齐来饮酒，欢呼唱歌为乐。高山族不仅酒歌多，而且还有助兴劝酒的酒舞。酒舞是在室内或庭院内饮酒时的舞蹈，一般由两三人并肩而舞或四人对舞，多由老妇人在酒宴间向宾客敬酒时跳。

壮族也是一个能歌善舞的民族，许多人常常以歌代言，出口成歌。而且自古以来又非常重礼、好客，大凡男婚女嫁、祝寿贺喜、迎宾待客，都要摆酒设宴、敬酒唱歌。不同的场合，又要唱不同的酒歌。如婚礼《敬酒歌》、《贺饮满月酒歌》、《十杯美酒定情歌》、日常待客《敬酒歌》等。婚礼《敬酒歌》唱道："敬了茶完把酒来，筛杯淡酒上高台。今日食杯成双酒，早种桃花夜望开。……谢你媒人酒一坛，还有封包日后还。口水讲干话讲尽，草鞋走烂几多双。……众位送亲把酒嫌，难道招待不周全？酒到面前不肯饮，个个低头过一边……"歌的最后，为酒淡肴粗，招待不周，向宾客们深表歉意。从歌里，我们还可以窥见壮族人民热情、谦逊的美德。

布依族人民在社交中很讲究礼仪，佳节与喜庆，亲友们互相走访，主人必先捧酒招待宾客，客人也尊敬主人，显得彬彬有礼。吃饭时还要用酒歌来表达宾主之间的相互询问与祝福。主人在歌中对宾客的来临表示热烈欢迎；客人也以歌相答，对主人的热情款待表示衷心感谢。歌词内容包含着团结互助，友好往来的精神，还带有一种农家淳厚、简朴、恬适的古风。较常唱的歌如《酒歌》、《吃酒歌》、《敬酒歌》、《谢酒歌》、《问酒歌》、《祝贺歌》、《问姓歌》、《要筷子歌》、《敬老人歌》、《客人来要请坐》、《赞歌》、《送客歌》等。例如在宴席待客时，主人先唱《酒礼歌》："贵客到我家，如凤落荒坡，如龙游浅水，实在简慢多。"客人对主人家的热情款待表示感谢，便用歌声来表达自己的心情，回唱《吃酒歌》："喝酒唱酒歌，你唱我来和，祝愿老年人，寿比南山坡。祝福后生伙，下地勤做活。祝福姑娘家，织布勤丢梭。祝福主人家，年年丰收乐。"主人再唱《敬酒歌》："举起杯来好朋友，喝干这杯白米酒，别客气呀别拘束，干杯情谊多交流。"宴罢，客人还要唱《谢酒歌》，感谢主人全家用劳动获得的果实殷勤招待亲朋。客人告辞时，主人也唱起《送客歌》，再次为招待不周表示歉意，并祝客人一路平安，心情愉快，希望下次再来。

另外，其他少数民族也伴酒歌敬酒。如：苗族的"这杯酒来清又清，美酒首先敬客人。世间贫富本是有，不讲贫富讲交情"；"米酒酿满缸，九排七间房。""酒杯斟酒酒杯青，笑在眉头喜在心，茅棚换成砖瓦屋，沙发靠椅样样新。酒杯斟酒酒杯黄，电灯下面缝衣裳，节日佩戴银装饰，平时穿的花的凉。"侗族的"你左我右手，各端一杯酒，我俩手拉手，喝下这杯酒，今后日长久，永记此时候，情意胜浓酒"。水族的"酒不醇怪酿酒药，酒不香不敢多斟，敬一杯谨表心意，亲友啊请你畅饮，若不会也应接杯，不负我对你尊敬。""主人家待客殷勤，酒席上意重情深，你双手把酒劝敬，喝杯酒，祝你风云"。"端起这杯香米酒，我的心里好害羞，非怕醉后红我脸，如何把情来领受？""这是主家粮食蒸的酒，叫人闻到就心甜，叫人喝了就心醉。""一杯酒固是情分,半杯酒也是看承,接过酒来领了情,多谢老表和主人。"

(三)过关饮酒

饮酒过量会乱生祸害,这是众人皆知的事。严重的会像殷纣王、更始刘玄、后秦符生那样终至国灭身亡,轻微的也可能像才高八斗的曹子建那样"醉不能受命"、"醉酒悖慢,劫胁使者",被贬爵安乡侯。而自古以来讲究礼仪排场的筵席,如果动不动就有像灌夫那样使酒骂座的人,那还了得!

所以,后来宴会时就出现了以一人为令官,众人皆听其号令的酒令。它以游戏方式,定饮酒次序。酒令的形式很多,其中,像射狭、投壶、藏钩、赌棋、掷骰、猜枚乃至于时下的划拳,含有赌赛为欢的性质。如诗经《宾之初筵》所云:"发彼有的,以祈尔爵。"就是指射箭中目标的人,可以叫不中的人喝酒。而像传花、拍七、筹令等则纯为游戏作乐性质。

酒令到了文人手中,就逐渐成为逞机智、斗才学的风雅之事了。譬如褚人获《坚瓠(hù)二集》记的"欧阳酒令":欧阳修在起席间行酒令,限定作诗两句,诗意须犯徒刑以上的罪。有人作:"持刀哄寡妇,下海劫商人。"又有人作:"月黑杀人夜,风高放火天。"而欧阳公作的是:"酒粘衫袖重,花压帽檐偏。"人问他,这怎能算是犯徒刑,他说,在醉意浓重、美色当前的时候,徒刑以上的罪也就做了。欧阳修的酒令表面不合格,但实寓机趣、别出心裁,所以能博人一笑。

三、亲朋聚会

(一)合家之饮

合家之饮形式较为普通,大多是在自己家中与家人同饮。工作之余回到家里,或外出归来,或逢佳节、爽事,炒上几个菜,拿过酒来,父子、夫妻、兄弟喝上几杯,既解疲劳,又舒胸怀。诗人画家则往往借酒吟诗作画,谈古论今,如唐代大诗人李白在《春夜宴桃李园序》中所云:"夫天地者,万物之逆旅。光阴者,百代之过客。而浮生若梦,为欢几何。古人秉烛夜游,良有以也。况阳春召我以烟景,大块假我以文章。今桃李之芳园,叙天伦之乐事。群芳俊秀,皆为惠连,吾人咏歌,独惭康乐。幽赏未已,高谈转博。开琼筵以坐花,飞羽觞而醉月。不有佳作,何伸雅怀,如诗不成,罚依金谷酒数。"其大意为:光阴易逝,人生苦短,当应及时行乐。古人尚且手持明烛长夜游玩,更何况大自然的绚丽风光将我们召唤。聚会在桃李芬芳的名园,畅叙兄弟间的欢乐事情。诸位贤弟有杰出的才华,都是谢惠连一类的人物;而我做的诗,自愧不如谢康乐。幽雅的景色还没观赏完毕,高谈阔论已转入清雅。珍美的筵席摆设好后，大家在花丛里就坐，杯盏飞快地传递，全都沉醉在皎洁的月光之下。没有好诗，怎能抒发高雅的情怀！假如有人吟不出诗来，就依照金谷园的宴饮规矩，罚酒三杯。

该叙记述了李白与其堂弟们，相聚桃花园中，饮酒赋诗，畅叙天伦之乐的情景，表现了一种旷达的情怀。

(二)朋友之饮

以酒会友的最普遍形式是朋友之饮。这种借酒相会的形式一般极为随便，朋友三三两两聚在一起，举杯畅饮，各抒所怀，乃生活中的一大快事。古往今来，朋友之间，彼此谈心，互为知己，大多以此为引。

1. 东晋新亭会

西晋末年，中原经过八王之乱和永嘉之祸后，北方大片土地落入了胡人之手。北方士家大族纷纷举家南迁，渡江而南的占十之六七，史称“衣冠渡江”。南渡后的北方士人，虽然一时安定了下来，却经常心怀故国。每逢闲暇他们便相约到城外长江边的新亭聚饮。名士周顗(yǐ)叹道：“风景不殊，举目有江河之异(指长江和洛河的区别)”。在座众人感怀中原落入夷手，一时家国无望，纷纷落泪。为首的大名士王导立时变色，厉声道：“当共戮力王室，克服神州，何至作楚囚相对泣邪！”众人听王导这么说，十分惭愧，立即振作起来。

这就是史上非常著名的新亭会。后世咏叹国破家亡的诗词歌赋里常常见到的“风景殊异”、“新亭会”、“江河”，就是来自此次新亭会。这次新亭酒会对东晋政权的建立有着非同寻常的意义。北方士人是组成东晋司马睿政权的重要力量，此次酒会上王导打消了众士人的委靡颓废之态。后来，众士人团结起来，使东晋政权从无到有，从小到大，很快建立起来。名相王导也被时人称为“江左自有管夷吾(管仲)”。

2. 石曼卿的故事

石曼卿，字延年，是宋代文学家，是个磊落的奇才，在当世很出名，他的诗文极为欧阳公所欣赏。他长相俊伟，酒量过人。欧阳修《归田录》中记载：有个叫刘潜的人，也是个有志向有义气的人，与石曼卿是酒量相当的酒友。听说京城的沙行王氏新开了一座酒楼，于是前去，两人对饮了一整天，不说一句话，王氏奇怪他们饮的酒过多，不是一般人的酒量，认为他们是奇人，赠送了他们菜肴水果，还拿来好酒，非常恭敬地请他们喝。两人依然从容地饮酒吃饭，傲然地一点都不管王氏。到了晚上两人脸上还是没有醉意，互相作揖而去。第二天，满京城都传遍了王氏酒楼有二位酒仙来喝酒的事。后来才知道是石曼卿、刘潜二人。

3. 九老会

老人最忌寂寞。我们现代的文化生活比较丰富，老人们可以参加各种文体活动以达到娱乐、养生的目的。古代就不同了，古人除了儿孙绕膝之外，大都喜欢与友人相聚饮酒为乐。其实他们聚饮的目的也并不在于吃喝，而主要在于活动筋骨，舒畅身心。据史籍记载，唐代大诗人白居易自号“香山居士”，极喜以酒会友，在他70岁那年他还邀约了胡杲(gǎo)、吉略、郑株、刘真、卢真、张浑、狄兼幕、卢真8位老人，宴集于洛阳，聚会欢饮，一时成为美谈。后人誉为“九老会”，并绘“九老图”。

(三)群宴之饮

古有国宴之饮、君臣之饮、庆功之饮，时至今日，摆酒设宴之饮，几乎随处可见。这种宴饮，高朋满座，盛友如云，觥筹交错，热烈温馨。现略举几则。

1. 绝缨大会

春秋时期，楚庄王为了奖励平定叛乱，繇(yáo)基一箭之功，在渐台之上置酒大宴群臣，妃嫔皆从。楚庄王说：“寡人不御钟鼓，已六年于此矣。今日叛臣授首，四境安靖，愿与诸卿同一日之游，名为‘太平宴’。文武大臣官员，俱来设席，务要尽欢而止。”群臣拜谢后，依次入座。饮至日落西山，尚未尽兴。楚庄王命点灯再饮，忽然，刮起一阵大风，把宫中灯烛全部吹灭。席中有一喝得半醉的将军忽然拉住了一位妃子的衣服。妃子大惊，折断了他头盔上的帽缨，其人惊惧放手，妃子取缨在手，急忙走到楚庄王面前，附耳说：“妾奉大王的命令，敬百官酒，其中有一人无礼，乘灯灭想侮辱我。臣妾拿到了他的帽缨，大王明查。”楚庄王马上说：“且慢！我今天请大家饮酒尽欢，使有的人喝醉了。酒后失礼不能责怪。我不能为了显示你的贞节而伤害我的大臣。”庄王又说：“今天痛饮，不拔掉盔缨不算尽欢，大家都把盔缨拔掉！”宴会上，有盔缨的100多人全部拔掉盔缨后，才重新点灯。君臣直喝得尽欢而散。三年以后，楚晋大战。有一位将军奋不顾身冲在前面，他首先冲进敌阵，击溃晋军。庄王把那位将军召到跟前，对他说：“我平日并没有特殊优待你，你为什么这么舍生忘死地战斗呢？”那个人回答说：“三年前宴会上被折帽缨的就是我。蒙大王不杀不辱，我决心肝脑涂地，以报大王之恩。”由于楚国将领个个效忠，终于打败了晋军，楚国从此得以强盛起来。

有诗云：“暗中牵袂醉中情，玉手如风已绝缨；尽说君王江海量，畜鱼水忌十分清。”描述的就是这段故事。后世人命名此宴为“绝缨会”。

2. 兰亭盛会

东晋大书法家王羲之，琅琊临人，官至会稽内史。于永和九年(353年)3月，在浙江绍兴西南湖口兰亭,邀请宾朋开了一次盛大的酒会。这次大会热闹非凡。当时,王羲之任地方太守,曾用他的书法妙笔,撰写一篇著名的《兰亭集序》,记载了大会盛况:“永和九年,岁在癸丑,暮春之初,会于会稽山阴之兰亭,修禊(xì)事也。群贤毕至,少长咸集。此地有崇山峻岭,茂林修竹。又有清流激湍,映带左右,引以为流觞曲水。列坐其次,虽无丝竹管弦之盛,一觞一咏,亦足以畅叙幽情。是日也,天朗气清,惠风和畅。仰观宇宙之大,俯察品类之盛。所以游目骋怀,足以极视听之娱,信可乐也。夫人之相与,俯仰一世,或取诸怀抱,晤言一室之内。或因寄所托,放浪形骸之外。虽取舍万殊,静躁不同,当其欣于所遇,暂得于己,快然自足,曾不知老之将至。及其所之既倦,情随事迁,感慨系之矣。向之所欣,俯仰之间,已为陈迹,犹不能不以之兴怀。况修短随化,终期于尽。古人云:死生亦大矣。岂不痛哉!每览昔人兴感之由,若合一契,未尝不临文嗟悼,不能喻之于怀。固知一死生为虚诞,齐彭殇为妄作。后之视今,亦犹今之视昔,悲夫。故列叙时人,录其所述,虽世殊事异,所以兴怀,其致一也。后之览者,亦将有感于斯文。”其大意为:在永和九年三月上旬的某一天,人们在会稽郡山阴县的兰亭聚会,举行祓禊活动。年轻和年长的有贤德的人都来到这里会集。这里有高大险峻的山岭,茂盛高密的树林和竹丛;又有清澈激荡的水流,在亭的左右辉映环绕。把水引来作为飘传酒杯的环形渠水,人们在它旁边排列而坐,虽然没有管弦齐奏的盛况,可是饮一杯酒,赋一首诗,也足够用来痛快地表达幽雅的情怀。这一天,天气晴朗,空气清新,微风和暖。抬头观望辽阔的宇宙,低头品察繁盛的事物,所用来放眼四望、舒展胸怀的景观,都足够用来让人尽情享受视听的欢乐,实在快乐啊!人们彼此相处,俯仰之间就是一生。有的人从自己的情趣思想中取出一些东西,在室内跟朋友面对面地交谈;有的人通过寄情于自己精神情怀所寄托的事物,在形体之外,不受任何约束地放纵地生活。虽然人们的人生取舍千差万别,好静好动,也不相同,但是,当他们对所接触的事物感到高兴时,暂时得意,快乐自足,竟不知道衰老即将到来;待到他对于自己所到达的地方感到厌倦,心情随着当前的境况而变化,感慨就会随之而来。以前感到欢快的事俯仰之间已经变为陈迹,仍然不能不因此产生感慨,何况人寿的长短随着造化而定,最后将以生命的结束为最终结局。古人说:“死和生也是件大事啊!”怎能不悲痛呢?每当我看到前人发生感慨的缘由,跟我所感慨的如同符契那样相合,没有不面对着他们的文章而嗟叹感伤的,在心里又不能清楚地说明。我本来就知道,把生和死同等看待是荒诞的,把长寿和短命同等看待是妄造的。后人看待今天,也像今人看待从前一样,真是可悲啊!因此,我一一记下参加这次聚会的人,抄录了他们的诗作。即使时代不同,情况不同,但人们的情致却是一样的。后代的读者读这本诗集也将有感于生死这件大事吧。

王羲之将这次盛会,从天文地舆(yú),到人际感慨,写得淋漓尽致。时至今日,奉为佳作。对酒会来讲,这是一次既文明又高雅的盛会。

3. 乾隆千叟宴

乾隆五十年,四海承平,天下富足。适逢清朝庆典,乾隆帝为表示其皇恩浩荡,在乾清宫举行了千叟宴。宴会场面之大,实为空前。被邀请的老人约有三千名,这些人中有皇亲国戚,有前朝老臣,也有的是从民间奉诏进京的老人。在座老人中有不少是饱学鸿儒,当众吟诗联句,即席用柏梁体选百联句被史官记录入史。乾隆皇帝还亲自为90岁以上的寿星一一斟酒。当时推为上座的是一位最长寿的老人,据说已有141岁。当时乾隆和纪晓岚还为这位老人做了一副对子:"花甲重开,外加三七岁月;古稀双庆,内多一个春秋"。上联是两个甲子年,120岁,再加三七二十一,正好141岁;下联是古稀双庆,两个七十,再加一,正好141岁。堪称绝对。

这场群宴是清宫中规模最大,与宴者最多的盛大御宴,其影响力比现在的春节团拜会要大得多。它体现出来的皇家气派自与民间大不相同,不但有御厨精心制作的满汉全席,还有皇家贡品酒水。千叟宴这场浩大酒局,被当时的文人称作"恩隆礼洽,为万古未有之举"。

(四)结社之饮

古代有志同道合者结为团体,称之为结社。古时农村每遇到丰收时节,村中结社就以饮酒庆丰收。譬如宋代诗人陆游作的《社酒》诗:"农家耕作苦,雨旸每关念。种黍蹋麴(qū)蘖,终岁勤收敛。社瓮虽草草,酒味亦醇酽。长歌南陌头,百年应不厌。"既描述了农民终年劳作的艰辛,也写出了他们对欢度社日,畅饮社酒的向往。又如清代《清稗类钞》中《林希村结酒社》一则的记载:"侯官林希村大令晸(zhěng)家居时,与林怡庵、林枳怀、叶与恪、梁开万诸人结酒社。日高睡起,即登酒楼,终日痛饮。醉则歌呼笑骂,必夜深乃扶醉而归。归则寝,明日又往矣。希村为勿村中丞之仲子,怡庵为郑苏庵方伯之舅氏,皆能不事事而沈饮,殆晋七贤、八达之流也。"描述了众人结社畅饮的欢乐情景。

结社之饮是以饮酒为中心而出现的,但是随着社会的演变和政治斗争的需要,到了近现代,已有名无实,貌似而实非。

第二节　酒在国际交往中的作用

酒不仅是一种健康品味的饮品和社会交往的语言,在国际交往的舞台上,它还是外交沟通的桥梁和纽带。

一、国际论坛

随着国际交往活动的增加,企业家、政务人员及其他各界人士应多掌握一些国际社交知识。丰富的社交知识不仅能够表现自身的社会地位,而且有助于与外国人沟通。酒是一种无声的社交语言,发挥着意想不到的作用。现列举几例国际历史政治论坛中与酒有关的故事。

中美建交的"和平祝酒":1972年,在周恩来和基辛格的周密安排下,美国总统尼克松第一次飞到中国,与毛泽东握了手,这被称为改变世界格局的一瞬间,从此中美关系的坚冰开始打破。为了与中国领导人共庆中美关系正常化,尼克松总统特地从美国带来了与法国香槟同等工艺的葡萄酒——起泡酒,而就在当天晚上的国宴欢迎仪式上,周恩来同时用中国葡萄酒和白酒招待了尼克松和基辛格。周恩来对尼克松说:"你把手伸过世界上最辽阔的海洋来和我握手,25年没有交往了啊。"中国用葡萄酒和白酒向世界表达了"礼仪之邦"的睿智与豁达,这就是国际外交史上闻名遐迩的中美"和平祝酒"。

丘吉尔酒探斯大林:丘吉尔访苏,与斯大林达成联手抗德共识之后,兴冲冲准备回国。上飞机前几小时,斯大林邀他共饮,丘吉尔以善饮闻名,当然不推辞。其实,丘吉尔的用意是想借最后一点时间在酒桌上更深一步了解斯大林,因为当时有传闻说斯大林在国内的地位不甚稳固。在斯大林住宅内,宾主对饮,庆祝这次会谈圆满成功,两人交杯换盏,很快就酒酣耳热。这时,英洛托夫走了进来,他是斯大林的红人,酒量颇大,斯大林特地叫他前来助兴。英洛托夫入席后,不住地为丘吉尔劝酒,不多一会儿,三人都有些醉意,丘吉尔觉得时机已到,对斯大林说:"您是否了解您的外交部长最近访问纽约时说,他去纽约完全是自己的主张,回来迟了,也并不是飞机出了问题,而是他本人的意志。"苏联官员在斯大林面前一向唯唯诺诺,言不敢高声,果然英洛托夫吓坏了,惊慌地盯着斯大林。斯大林酒兴正酣,也不以为意,半开玩笑地说:"他去的不是纽约,而是另一些暴徒居住的芝加哥。"言毕,继续举杯邀饮。英洛托夫这才放下心来,拘谨地微笑了一下。丘吉尔把这一幕看得真切,证实了斯大林在国内的无上地位,相信他们之间的协议有了保障。

德国总理亲挑国宴酒:欧盟首脑峰会在柏林举行时,德国总理默克尔为了满足法国总统希拉克及欧盟其他国家领导人挑剔的口味,防止德国在国宴葡萄酒方面受到吹毛求疵的批评,默克尔不得不向德国著名葡萄酒生产商组织主席萨尔姆寻求帮助。萨尔姆称,他希望默克尔所选定的葡萄酒能激发政治家的灵感,他说:"一杯好的葡萄酒能使他们产生好的想法"。国宴葡萄酒由德国总理亲自挑选指定,这在欧洲各国一时被传为佳话。

中国领导人访问法国受特别礼遇：法国总统府待客的酒单和菜单意境深刻。对友国的客人，以顶级酒庄最佳年份的名酿葡萄酒款待；而对不同道国家的客人，酒菜虽好，却通过细微的不同方式以表达微妙的关系。当江泽民主席访问法国时，总统宴会菜单多加了一道汤，酒单上则增添了最高档的香槟，此举引起西方记者的注意，猜测到中法关系发展的美好前景。

除了政府交往层面，西方其他主流社会皆以酒道交友待客。任何酒会、宴会、聚会，从酒单便可看出所邀请客人的地位或宴会主人的用心和意图。

二、谈判

社交如此，谈判也是如此。如与欧美国家的人员谈判，饭局同样是重要的场合，酒自然是欧美国家通饮的葡萄酒了。如果懂葡萄酒，在进餐时熟练地点菜配酒，能令对手尊敬自生，为谈判增加了自己的优势；如果不懂，则在气势上拜下风了。

葡萄酒是社会交流的语言，此处无声胜有声。了解这种语言是一种情趣，既欣赏了美酒，又获得国际交往中如鱼得水的自如。如某公司驻外主管车尔就有这样的经历。他在美国著名金融家索罗斯家做客时，主人以法国名庄陈酿葡萄酒款待客人。车尔以在行的方式晃杯、闻酒、品酒时，索罗斯非常注意地观察他。饭后，当车尔就索罗斯对中国民族色彩强烈的担忧作解释时，索罗斯非常认真地听，接受了车尔的意见，并表示感谢。车尔能说服索罗斯，同他丰富的外交经验有关，而懂得葡萄酒则大大助了他一臂之力。

国际上以葡萄酒为礼较为普遍。需注意的是，礼品葡萄酒要与场合、主人的地位相适应，否则就尴尬了。礼品酒以高档或稀有为佳。在我国，若以葡萄酒为礼物赠送外国朋友，当然以中国葡萄酒为好。

三、涉外酒会

酒会是一种以酒水为主的、形式较活泼的招待会，又称“鸡尾酒会”，多用于节庆、迎宾、开幕式、闭幕式、文艺体育等大型招待活动。酒会一般不设座位，仅设茶几或小型餐桌，与会者可自由走动。酒会所用饮料除鸡尾酒外，还要有其他类非烈性酒及各种果汁，食品多为三明治、面包托、炸春卷及香肠之类的小吃。一部分饮料和食品，可事先摆在茶几上；另一部分可由招待员随时以托盘端送。酒会的举办时间往往在中午、下午或晚间，应邀者应根据请柬上所注起止时间，自由来去。

四、国际交往中的饮酒规则

葡萄酒是西方人常用的佐餐饮料，所以一般都是先点菜，再根据菜的需要点酒。有关葡萄酒餐桌礼仪最早形成于西方，如今已逐渐为国际社会所通用。其规则主要有以下几点：①在开瓶前，先让客人阅读酒标，确认该酒在种类、年份等方面与所点的是否一致，再看瓶盖封口处有无漏酒痕迹，酒标是否干净，然后开瓶。开瓶取出软木塞，让客人看看软木塞是否潮湿，若潮湿则证明该瓶酒采用了较为合理的保存方式，否则，很可能会因保存不当而变质。客人还可以闻闻软木塞有无异味，或进行试喝，以进一步确认酒的品质。在确定无误后，才可以正式倒酒。②喝酒前应用餐巾抹去嘴角上油渍，以免有碍观瞻，且影响对酒香味的感觉。③请人斟酒时，客人将酒杯置于桌面即可，如果不想再续酒，只需用手轻摇杯沿或掩杯即可。④西方各国的宴会敬酒一般选择在主菜吃完、甜品未上之间。敬酒时将杯子高举齐眼，并注视对方，且最少要喝一口酒，以示敬意。⑤在上酒的品种上，应按先轻后重、先甜后干、先白后红顺序安排；在品质上，则一般遵循越饮越高档的规律，先上普通酒，最高级酒在餐末敬上。需要注意的是，在更换酒的品种时，一定要换用另一杯具，否则会被认为是服务的严重缺陷。⑥任何场合下，干杯如同握手，饮酒是彼此双方间的事。一个人举杯，其他人也要举杯。“我不喝酒，谢谢您”，这样的答复会使主人尴尬。即使答复“明天要早起，不宜饮酒”等，也同样会使主人不愉快，因为大家都要早起。⑦饮酒时，无论哪种情况，尽可能并尽快地使客人醉倒是好客的一个普遍标志。不这样做，不恪尽地主之谊，不去尽情劝酒都会被认为是不热情的表示，会使客人产生被冷落的感觉。例如，非洲曾是欧洲各列强的殖民地。那里，人们普遍认为白人理所应当地喜欢威士忌酒、杜松子酒，以及其他当时的殖民主义者所喜好的酒。一位曾前往前法属殖民地旅游的法国人回来讲，当地人曾在早上 9:00 请他喝满满一葫芦的约翰尼 · 沃克，这使他不知所措，因为当地的主人不仅仅记得当时的法国人是多么的喜欢这种酒，还记住了法国人的饮酒时间是早上 9:00，但至于饮多少却不在意。因此，这位旅游者为了不冒犯，没有拒绝，他啜了几口后告诉主人，他将把剩余的酒带回去慢慢喝。

许多国家把酒作为各种场合广泛使用的饮料。有的国家刻意追求这一点，有的国家则无意间受到影响。一名时常外出的美国人讲：“我为避免饮当地的烈酒，而去争取一杯果味酒。”但问题是某些地方所谓的果味酒往往比烈酒还要厉害。中国的茅台酒是用高粱酿制的，它所用的原料常使那些轻信的人上当。在前苏联很受欢迎的格鲁吉亚葡萄酒也毫无甜味，与法国葡萄酒完全不一样。此外，需要注意的是伊斯兰国家的人不饮酒。

我国的葡萄酒礼仪大体上按照国际上的做法，只是在服务顺序上有所区别。斟酒等服务一般为主宾、主人、陪客、其他人员。在家宴中则先为长辈，后为小辈；先为客人，后为主人。而国际上较流行的服务顺序是先女宾后主人，先女士后先生；先长辈后幼者；妇女处于绝对的领先地位。另外，我国在酒宴上常有劝酒的习惯，而世界上不少国家却以此为忌，对此，我们应酌情处理。

第八章　酒与文学艺术

第一节　酒与诗词人

酒与诗的关系亲密无间，几千年来，诗酒结缘，形成了一种独特的诗酒文化。中国的诗，卷帙浩繁；中国的酒，源远流长。诗是美的，酒是香的，诗酒交融产生的酒诗则更香更美。以至于翻阅中国诗歌史的章章节节，随时都能闻到扑鼻的酒香。酒与诗歌的结合，既是中国美酒的灵魂，也是中国诗歌的灵魂。

一、"酒仙"李白

李白(701—762 年，图 8.1)，字太白，号青莲居士。祖籍陇西成纪(今甘肃秦安东)人，是我国唐代的伟大诗人。其诗风雄奇豪放，想象丰富，语言流转自然，音律和谐多变。富有积极浪漫主义精神。在其流传下来的 900 多篇诗中，大部分鲜明地表现了他对封建权贵的轻蔑，对腐朽政治的揭露，对人民疾苦的同情，对卫国战争的歌颂，对祖国壮丽山河的热情赞美。在他灿烂的诗篇中，无处不飘着他的诗酒文化。

图 8.1　李白

"李白斗酒诗百篇，长安市上酒家眠。天子呼来不上船，自称臣是酒中仙。"这是杜甫在《饮中八仙歌》中刻画李白的四句传神之诗，极其生动地道出了这位伟大诗人与酒的关系。

(一)与酒有关的诗文

1.《月下独酌》

这组诗共有四首，表现了诗人怀才不遇的寂寞和孤傲，也表现了他放浪形骸、狂荡不羁的性格。邀月对影，千古绝句。从他的诗里，我们可以听到一个孤独的灵魂的呼喊，这喊声里有对那个不合理的社会的抗议，也有对自由与解放的渴望，那股不可遏制的力量真是足以“惊风雨”而“泣鬼神”的。

(1)花间一壶酒,独酌无相亲。举杯邀明月,对影成三人。

(2)天若不爱酒,酒星不在天。地若不爱酒,地应无酒泉。天地既爱酒,爱酒不愧天。已闻清比圣,复道浊如贤。贤圣既已饮,何必求神仙。三杯通大道,一斗合自然。但得酒中趣,勿为醒者传。

(3)三月咸阳城,千花昼如锦。

谁能春独愁，对此径须饮。穷通与修短，造化夙所禀。一樽齐死生，万事固难审。醉后失天地，兀然就孤枕。不知有吾身，此乐最为甚。

(4)穷愁千万端,美酒三百杯。愁多酒虽少,酒倾愁不来。所以知酒圣,酒酣心自开。

2.《将进酒》

君不见黄河之水天上来,奔流到海不复回。

君不见高堂明镜悲白发,朝如青丝暮成雪。

人生得意须尽欢,莫使金樽空对月。天生我材必有用,千金散尽还复来。

烹羊宰牛且为乐,会须一饮三百杯。岑夫子,丹丘生,将进酒,杯莫停。

与君歌一曲,请君为我侧耳听。钟鼓馔玉何足贵,但愿长醉不复醒。

古来圣贤皆寂寞,唯有饮者留其名。陈王昔时宴平乐,斗酒十千恣欢谑。

主人何为言少钱,径须沽酒对君酌。

五花马,千金裘,呼儿将出换美酒,与尔同销万古愁。

这种高歌的引吭,如隔世的洪钟,至今不绝如缕。

3.《客中行》

“兰陵美酒郁金香,玉碗盛来琥珀光。但使主人能醉客,不知何处是他乡。”

此诗表达了作者一种流连忘返的情绪,甚至乐于在客中、乐于在朋友面前尽情欢醉的情绪完全支配了他。由身在客中,发展到乐而不觉其为他乡,正是这首诗不同于一般羁旅之作的地方。

……

总之,伟大诗人李白一生用酒当墨,用心作笔,写下了许多令人心惊和令人心驰神往的文字,在诗坛上成了一件又一件亮丽的瑰宝!

(二)饮酒戏贪官

李白怀才不遇,佯狂醉酒,面对黑暗政治,向往光明世界。“饮酒戏贪官”的故事表现了李白为民除害的抱负及其非凡的才学。

有一天,李白来到山西地面,游览了五台山,路过一个县城,见赶集的老百姓不断交头接耳地指着县衙前的大路嘀咕,还有人拉住一个往这条大路上走的人,李白不禁生了好奇心。他下了驴,询问后得知,原来这县太爷是个刮地皮的赃官,上任一年多,弄钱的名目就加了十多个。今年又兴个新名目:凡在县衙前官路上走过的人,无论推车担担还是空手,都得交“敬道钱”。这还不算,如果有骑马、骑驴、坐轿的走这条路,交了“敬道钱”,还得步行,这叫什么“敬朝廷”。谁若违犯规矩,不但要打板子还得加罚钱。县城里人知道这规矩还好说,都绕道走,只苦了四乡八镇外乡赶集串亲戚的人,被衙役逮住打了屁股不说,还罚光了腰包。老百姓一提起衙门口那条路,无不吐舌皱眉摇头叹气。

李白本是不怕事的主儿,连高力士、皇上、国舅都敢惹,哪能把小小七品贪官放在眼里。过了两天,又逢大集,李白骑着一头灰色小毛驴,一边吆着驴,一边舒坦地拿酒壶对着嘴喝酒。经过与衙役和县太爷的一番对话后,他们以为李白是什么皇亲国戚,连忙献酒并小心伺候。李白鄙视这些势利小人,临走时在宣纸上面龙飞凤舞地写着一首同尾“人”字诗:

大路朝天皇家地,骑驴坐轿由各人。
霸道勒钱同造反,占山为王大逆人。
京里府里都游遍,未见狗官势利人。
大唐律条款款在,不留尔等犯法人。
落款:酒仙李太白

县官本来疑他是皇亲,一看姓李,跟皇上一个姓,便信以为真了。再一看诗,句句揭他老底,知道贪暴是死罪,一时急火攻心吓死了。不用说,衙门前大路行人打板子、收银子的规矩自然消除了。李白吓死县太爷的奇闻趣事就传了下来。

(三)醉改对联

李白才高八斗,酒到半醉,丽词泉涌,挥毫泼墨,一篇篇绝代佳作就刷刷刷写出来。大酒家、小酒店只要沾上李白的边,就都一定红火起来。有名的故事当属“酒仙醉改对联”了。

这天,李白来到长安大街游览市容,不少商场、客店、游艺场所都写着他的诗。他走着转着,见一家大酒楼,酒旗高挂,门庭若市,大门两旁贴着一幅狂草对联,上联“刘伶问酒何处好”,下联“李白答曰此处佳”,横批“南浦佳酿”。李白一笑,心想杜康是夏代人,刘伶是西晋人,我李白是唐代人,怎么把我们仨扯到一起了!既然说李白答曰此处佳,我就进去看看是不是真好,便进了酒楼。

李白坐在一个角落,店小二过来问:“先生要几杯酒,几碟菜?”李白回道:“尽管拿来。”店小二说：“我杨家酒楼名冠全城，有当今上好美酒，叫三杯醉，谁也不能超过三杯。”

“要超过三杯呢？”

“我家主人有个规矩，超三杯不醉的酒菜不要钱，还白送三杯酒。”

“要再送三杯还不醉呢？”

“再送六杯。”

“若再六杯还不醉呢？”

“白送十二杯。”

“若十二杯还不醉呢？”

“客官，别说笑了。你看这么多客人都等我去照顾，您快说个数吧！”

李白从衣袖里掏出一大把钱，没看多少，往桌上一撒说：“尽管上酒！”

李白哈哈大笑说：“你们卖酒，我买酒，多喝了，酒钱加倍。”

店小二无奈，只好端酒。李白饮了三杯、六杯、十二杯，又十二杯后，还不过瘾，让上大碗，这时，杨家大掌柜出来了。他摇头晃脑走到李白面前说：“哈哈……你小子真能喝！你还能喝多少？”

“倾尽天河水，吞下东海潮！”

“嘿嘿，那酒中仙李白到此也不敢说这大话。你愿喝，抬过大酒坛来！”

俩小伙计赶忙抬来一大坛酒，放在李白脚跟前。李白醉眼矇眬，双手抱起酒坛咕咚咕咚喝开了，喝了约有多半坛，手有点打颤，酒坛“啪”地掉在地上，酒水“哗哗”淌了一地。李白颠颠歪歪趴在桌上，醉烂如泥，鼾声如雷。围观者大多溜走了，剩下的多数是杨家的打手。杨家大掌柜火冒三丈，大吼道：“把这醉汉抬出去撂在街上，扒光衣服，搜尽银钱，让他好好醒醒酒！”

殊不知李白武艺超群，经过一番较量后，这帮杨家的打手被打得趴下了。杨家大掌柜浑身打颤，他哪经过这场面，受过这气，可是好汉不吃眼前亏。他忙作揖打躬求和：“敢问壮士贵府高名，我们不打不相识，快请息怒，交个朋友！”

“我住天上神仙府，太白剑下正乾坤。”李白说完，便将剑入鞘，“想交朋友，门上横批得改改！”杨大掌柜口称“是是是”、“对对对”。李白从桌上提毛笔醮饱墨，把对联改成“太白遗风真吾友，孟德举杯思悠悠”，把“南浦佳酿”改写为“太白美酒”，写完把笔往大街上一扔，便扬长而去。杨家酒楼趴倒的人七扭八歪地站起来，李白已走得无踪无影了。世人都知道李白是诗仙、酒仙，却很少有人知道他还是武艺超群的剑侠。

李白嗜酒的性格几乎和他那不朽的诗篇一样出名，至今许多酒店仍然在灯笼或酒帘上写出“太白遗风”的字样，就是人们对这位“酒仙”诗人的称颂与怀念。

二、“酒圣”杜甫

杜甫(712—770年,图8.2),字子美,唐代巩县(今河南巩县)人。诗中常自称“少陵野老”。原籍湖北襄阳,迁居河南巩县。诗人杜甫,也是个“酒圣”,他嗜酒的程度并不亚于李白。据郭沫若先生的统计,杜甫现存的诗共有一千四百多首,其中与饮酒有关的共有300首,占其总量的21%。杜甫嗜酒,是从青少年时期开始的。据他自己说:往昔十四五,出游翰墨场。生豪业嗜酒,嫉恶怀刚肠。饮酣视八极,俗物多茫茫。可见,十四五岁的杜甫已经是位酒豪了。到了壮年时期,杜甫同李白交往,二人在一起有景同赏,有酒同醉,亲如兄弟。真可谓“醉眠秋共被,携手同日行”。当李白被捕下狱浔阳(今江西九江市)、长流夜郎(今贵州桐梓县一带)时,诗人杜甫对李白的存亡极度关心,便写诗《梦李白二首》:其一“死别已吞声,生别常恻恻。江南瘴疠地,逐客无消息。故人入我梦,明我长相忆。”

图8.2　杜甫

杜甫在宝应元年因成都发生兵变逃亡梓州,当河北平定的大好消息传到梓州时,他欣喜若狂,顿时写下了震烁千古的七言律诗《闻官军收河南河北》:“剑外忽传收蓟北,初闻涕泪满衣裳。却看妻子愁何在,漫卷诗书喜欲狂。白日放歌须纵酒,青春作伴好还乡。即从巴峡穿巫峡,便下襄阳向洛阳。”

杜甫也可算得酒鬼一个,其思饮之兴、豪饮之状,并不在李白之下。他不仅有“白日放歌须纵酒,青春作伴好还乡”的高呼,更有传世的感叹《饮中八仙歌》:

知章骑马似乘船,眼花落井水底眠。
汝阳三斗始朝天,道逢曲车口流涎,
恨不移封向酒泉。左相日兴费万钱,
饮如长鲸吸百川,衔杯乐圣称避贤。
宗之潇洒美少年,举觞白眼望青天,
皎如玉树临风前。苏晋长斋绣佛前,
醉中往往爱逃禅。李白斗酒诗百篇,
长安市上酒家眠,天子呼来不上船,
自称臣是酒中仙。张旭三杯草圣传,
脱帽露顶王公前,挥毫落纸如云烟。
焦遂五斗方卓然,高谈雄辩惊四筵。

杜甫年老时嗜酒的雄心不减当年，即使用大杯受罚百次也在所不辞，喝醉了无处归身，只管自己独立在苍茫之中放声诵诗。后来杜甫一次醉时驰马，不料马失前蹄，将杜甫摔下马来。诗人卧床养伤，许多朋友们前来慰问，他们都是带着酒肉来的，宾主便开怀畅饮。

三、陶渊明

陶渊明(365—427 年，图 8.3)，又名潜，字元亮，浔阳柴桑(今江西九江市西南)人，东晋时代的大诗人。他出生于东晋社会动荡不安的时代。在 29 岁时当上了江州祭酒的小官，因不满官场腐败，不久辞官归里。41 岁时，为贫困所迫，当了彭泽令。当时郡里派督邮来彭泽，县吏告诉他，应束带晋见，他万分感慨地说："我岂能为五斗米折腰向乡里小儿！"于是"解印绶去职"。就在这时，他写下了《归去来辞》，表明自己宁愿"安贫乐道"、"躬耕自资"，也不向黑暗、虚伪的上层社会屈膝。此后，他就过起"晨兴理荒秽，带月荷锄归"的田园生活。正是在这种社会背景和经历中，铸造了陶渊明的嗜酒癖性。

图 8.3 陶渊明

"性嗜酒"是陶渊明在《五柳先生传》里为自己的性格所作的结论。他的好友颜延之给他作诔，也说他"性乐酒德，简弃烦促，就成省旷"，成为"爱酒又爱闲"(欧阳修语)的人物。梁武帝长子萧统编的《陶渊明集序》里说："渊明之诗，篇篇有酒"。而唐代大诗人白居易则直接说陶渊明"篇篇劝我饮，此外无所云"。

可见这位大诗人不仅嗜酒，而且把酒带进诗文中来了。据统计《陶渊明集》现存诗文一百四十二篇中，说到饮酒的就有五十六篇，约占全部作品的百分之四十。其中以酒为题的有《饮酒二十首》、《止酒》、《述酒》、《连雨独饮》等名篇。他在 39 岁到 50 岁这十一年中，"偶有名酒，无夕不饮"，"酣饮赋诗"成为他生活的主流。

从内容上看，他的饮酒诗反映的思想情调各篇并不相同，有的是叙述田园生活的。如："春秋多佳日，登高赋新诗。过门更相呼，有酒斟酌之。农务各自归，闲暇辄相思；相思则披衣，言笑无厌时……"

有的是抒写自己决心摆脱仕途，不肯同流合污的，如："深感父老言，禀气寡所谐。纡辔诚可学，违己讵非迷？且共欢此饮，吾驾不可回。"

有的是借酒发牢骚的作品，如："有客常同止，趣舍邈异境。一士长独醉，一夫终年醒。醒醉还相笑，发言各不领……"

也有一类饮酒诗，是哀伤自食其力的艰辛的，如："代耕本非望，所以在田桑。躬亲末曾替，寒馁常糟糠。岂期过满腹，但愿饱粳粮。御冬足大布，粗絺以应阳……"

还有一类饮酒诗是反映颓废人生观的作品，如："以酒消忧"、"及时行乐"、"酒能怯百虑"、"酒云能消忧"，对后世起了消极的影响。这位大诗人直到 63 岁病逝前，仍在"酣饮赋诗"，酒，伴他度过一生！

四、酒"专家"苏轼

苏轼（1037—1101 年，图 8.4），字子瞻，号东坡居士，眉州眉山（今四川眉山县）人。北宋中期的文坛领袖，唐宋八大家之一。他一生与酒结下了不解之缘，特别是到了晚年，嗜酒如命。他爱酒，饮褂酒，造酒，赞酒。在他的诗、词、散文、书信中都仿佛飘散着美酒的芳香。"明月几时有，把酒问青天"；"酒酣胸袒尚开张"等，为了赞酒和造酒，他专门写下了六篇酒赋。东坡自己说，天下好饮酒的，没有在他以上的；天下不能饮酒的，没有在他以下的。他小时候一见酒盅就有几分醉意（吾少年望见酒盏而醉）。他还喜欢看别人饮酒，看着别人举杯徐酌，醉意朦胧的样子，比自己喝酒还要高兴。事实上东坡是好饮而不能饮，自己常喝醉，但他并不羡慕酒量大的人，他的师友张方平、欧阳修都是"海量"，东坡则对他们说：我并不羡慕你们能喝，我喝一两杯就醉了，但我不是和你们一样痛快吗？

图 8.4　苏轼

大家都说，是美酒点燃了东坡文学创作灵感的火花。苏门四学士之一的黄庭坚曾说过：东坡饮酒不多即烂醉如泥，醒来"落笔如风雨，虽谑弄皆有意味，真神仙中人。"著名的"欲把西湖比西子，淡妆浓抹总相宜"的诗句，就是东坡与友人在西湖湖心亭饮酒时，半醉半醒的乘兴之作。东坡几乎所有的诗、词、文、赋都是在饮酒后写成的，酒是他的兴奋剂，是开启心扉的钥匙。

东坡到了晚年，被流放到惠州、儋州，生活清苦，他更是借酒浇愁，排解遭遇。政治迫害的郁闷；以酒会友，广泛交游；效仿李白、杜甫、白居易等他所崇拜的诗人，因为这些人都很能喝酒。他把酒看得比珠玉珍宝还重要，还借口喝酒能预防岭南瘴毒的侵袭。尽管东坡曾致力于健身养生，但嗜酒如命对于他健康的危害，至少是抵消了他锻炼身体的若干工夫。

东坡不但是美酒鉴赏家，而且还是一个"酿酒专家"。东坡造酒是从黄州练习开始的，一是因为他贬谪生活的需要，要借酒浇愁；二是因为他待客也需要酒，"闲居未尝一日无客，客至未尝不置酒”；三是因为他收入有限，花不起更多的钱买酒，只好自己学习酿酒。

在那个科学不发达的时代，东坡能利用新的技术方法，不断实践，造出各种酒来，又有理论专著，不愧为“酿酒专家”。

好饮文人中，最温情含蓄者，当属东坡居士。从苏轼那两首传世佳品中，可窥见性情，“把酒问青天”，问中含情脉脉；“一樽还酹江月”，酹中思古悠悠。

《念奴娇·赤壁怀古》

大江东去，浪淘尽，千古风流人物。
故垒西边，人道是、三国周郎赤壁。
乱石穿空，惊涛拍岸，卷起千堆雪。
江山如画，一时多少豪杰。
遥想公瑾当年，小乔初嫁了，雄姿英发。
羽扇纶巾，谈笑间、樯橹灰飞烟灭。
故国神游，多情应笑我，早生华发。
人间如梦，一尊还酹江月。

《水调歌头》

明月几时有？把酒问青天。
不知天上宫阙，今夕是何年？
我欲乘风归去，又恐琼楼玉宇，
高处不胜寒，起舞弄清影，何似在人间。
转朱阁，低绮户，照无眠。
不应有恨，何事长向别时圆。
人有悲欢离合，月有阴晴圆缺，此事古难全。
但愿人长久，千里共婵娟。

五、白居易

白居易（772—846 年，图 8.5），汉族，字乐，晚年又号香山居士，河南新郑（今郑州新郑）人，我国唐代伟大的现实主义诗人，中国文学史上负有盛名且影响深远的诗人和文学家。他的诗歌题材广泛，形式多样，语言平易通俗，有“诗魔”和“诗王”之称。官至翰林学士、左赞善大夫。有《白氏卡庆集》传世，代表诗作有《长恨歌》、《卖炭翁》、《琵琶行》等。酒出文思，饮助诗兴，不让陶潜，也不止李杜。白居易不单自己饮酒，而且还专作了一首《劝酒诗》，力劝他人放饮：

图 8.5　白居易

劝君一盏君莫辞，劝君两盏君莫疑，劝君三盏君始知。
面上今日老昨日，心中醉时胜醒时。天地迢遥自长久，
白兔赤乌相趋走。身后金星挂北斗，不如生前一樽酒。
君不见春明门外天欲明，喧喧歌哭半死生。
游人驻马出不得，白舆素车争路行。
归去来，头已白，典钱将用买酒吃。

六、词人李清照

李清照(1084—1155 年，图 8.6)，今山东省济南章丘人，号易安居士。宋代女词人，婉约词派代表。巾帼不让须眉，就连女词人李清照也因醉而发出了"浓睡不消残酒"的吟叹。而一曲《声声慢》又道出，国破家亡、天涯沦落的悲苦，万分愁情，如泣如诉，感人至深。

《声声慢》

寻寻觅觅，冷冷清清，凄凄惨惨戚戚。
乍暖还寒时候，最难将息。
三杯两盏淡酒，怎敌他，晚来风急？
雁过也，正伤心，却是旧时相识。
满地黄花堆积，憔悴损，如今有谁堪摘？
守着窗儿，独自怎生得黑？
梧桐更兼细雨，到黄昏，点点滴滴。
这次第，怎一个愁字了得！

图 8.6　李清照

七、辛弃疾

图 8.7　辛弃疾

辛弃疾(1140—1207，图 8.7)南宋词人。原字坦夫，改字幼安，别号稼轩，历城(今山东济南)人。出生时，中原已为金兵所占。21 岁参加抗金义军，不久归南宋。历任湖北、江西、湖南、福建、浙东安抚使等职。一生力主抗金。豪情万丈的辛弃疾，一首《破阵子》诉出了想杀敌报国而不得，只能在醉梦里回忆当年领兵杀敌快意的落寞。

《破阵子》

醉里挑灯看剑，梦回吹角连营。
八百里分麾下炙，五十弦翻塞外声，沙场秋点兵。

马作的卢飞快，弓如霹雳弦惊。

了却君王天下事，赢得生前身后名，可怜白发生。

第二节 酒与影视

中国有句老话：宇宙古今，山川人物，无一非道理；应机接物，饮食坐卧，无一非文章。其中的饮即包括饮酒。中国人饮酒具有悠久的历史，已经摆脱了单纯的食用价值，在凝结了人类物质和精神财富之后，已经上升为一种文化。这杯中酒已经渗透到了人类生活的方方面面，称得上是最广泛的社会现象，它影响着人们的行为道德、文化心理。所以用艺术反映生活时一定会牵扯到酒，而酒文化反过来也丰富和滋养着艺术。影视作为一种最大众性的传媒，当之无愧地成为酒文化最显眼的载体，酒文化在影视中与普通人的日常生活相伴，与全球经济的变化相伴，它既是社会风情的折射、人物性格和命运的渲染，又是传统文化和当代生活的纽带。它在影视中和在生活中一样多层次地出现，强劲地显示着它的巨大作用力和影响力。

一、《水浒传》

这是一部描写英雄豪杰的作品，是一群天不怕地不怕的男人揭竿而起的斗争史。他们大碗喝酒、大块吃肉、劫富济贫、极具豪迈气概。不管是为民除害，还是智斗朝廷都少不了血性男儿的心爱之物——酒。酒在剧中既是色之媒、祸之源，也是这群汉子们豪杰气、英雄胆、谋士智的浓缩体现。例如，吴用智取生辰纲(图 8.8)；武松景阳冈打虎、醉打蒋门神、宋江浔阳楼酒醉题反诗、林冲风雪山神庙、鲁提辖拳打镇关西、李逵之死等皆因饮酒所致。酒文化在这里是充分体现了场景性、情节性和人物性。

图 8.8 智取生辰纲

酒之场景性的妙用，在“智取生辰纲”中表现得淋漓尽致。梁中书为了巴结太师，令杨志押解生辰纲前往东京。吴用知后假装卖枣的小贩，于正午时分在黄泥冈设伏。杨志一行到黄泥冈，因酷热难耐便在林中歇息。这时，一个汉子挑着酒担子，唱着“赤日炎炎似火烧，野田禾稻半枯焦。农夫心内如汤煮，公子王孙把扇摇。”来到黄泥冈，也在松林里坐地乘凉。军士要买酒解渴，杨志却担心酒中有蒙汗药，把他们训斥了一顿。这时，吴用等人上前买酒，并偷偷地把蒙汁药下到另一只桶里。军士们见那些人喝了没事儿，也来买酒喝。那汉子却道："不卖了，这酒有蒙汗药"，军士们再三求情，那汉子就是不卖。吴用等人过来为他们说情，那汉子才答应卖酒给他们，最终杨志等上当受骗。一个具备了天时、地利、人和的情景又怎一个妙字了得呀，简直是让人大呼"痛快"。

图 8.9 武松打虎

《水浒传》对酒的描写，集中表现在对这些武艺超群、疾恶如仇、敢作敢为的英雄人物，如鲁智深、武松、林冲、李逵等人的性格刻画上。武松打虎(图 8.9)就是家喻户晓的例子。在武松回清河县看望哥哥的途中，路过阳谷县，望见一个酒店的酒旗上写着"三碗不过冈"。于是进得酒店，连喝了 18 碗酒，吃了 2 千克牛肉，然后出门而去。店家赶了出来告知：这景阳冈上有一只吊睛白额大虫，已经伤了 32 条好汉性命。官家告诫过往行人只在白天结伴过冈，莫要独自行动，以免丢了性命。好一个武松，哪里肯信，抱着哨棒只顾上冈，中间再次见到官府的榜文，才信其真有虎，但回去又恐让店家耻笑，故继续前行。正走着，酒力发作，浑身燥热，见一块大青石，就倚着哨棒躺在石上，正要睡去，忽然从树后跳出一只吊睛白额大虫，借着酒力，武松和老虎展开了你死我活的搏斗，哨棒打断了，就用拳头，终于降伏了恶虎，为地方除去一害而声名远扬。正所谓："别意悠悠去路长，挺身直上景阳冈。醉来打杀山中虎，扬得声名满四方。"从剧中我们能看得出武松绝不是个莽夫，但是所谓开弓没有回头箭，再加上借酒力壮了英雄胆，终于成就了一段无酒不英雄的好汉传奇。此外，武松为哥哥复仇、大闹飞云浦、醉打孔亮等桥段，也有关饮酒的精彩描写，对表现武松的个性特征具有不可替代的作用。

黑旋风李逵一出场，就借戴宗之口说他"酒性不好，人多惧他"。浔阳江边的琵琶亭上，宋江喝醉了酒，李逵为了给宋江醒酒和浪里白条张顺一场恶斗，不打不相识，结成好友，真是应了好汉歌"生死之交一碗酒哇，不分水天一碗酒哇"。李逵下山接母，宋江嘱咐他不要喝酒，他满口答应。不料在沂岭老母亲被老虎吃了，为报仇李逵连杀四虎。当地富户曹太公听说那人就是李逵，遂设下计谋，假意款待李逵，李逵果然只顾开怀畅饮，全不记宋江的嘱咐，酩酊大醉。而后朱贵为救李逵也把酒请了出来，下了蒙汗药将押送李逵的士兵麻倒，才救出了黑旋风。真是成败皆在酒。从中我们看到了一个活脱脱可爱、单纯、忠诚、孝顺的李逵。

另外，《水浒传》中高超的醉打描写，也是酒文化与武术文化的水乳交融，它形成了一种影响深远的民族风格，它不只是现实世界的严肃或轻松的反映，而成为表现故事、塑造人物、显示武功的巧妙载体，几乎是无打不写酒，有酒必写打。就比如“武松醉酒”这套武术就是武林人士受“景阳冈打虎”和“醉打蒋门神”启发创造出来的拳术套路。前者是真醉，充分体现了东方人体文化的核心：身心一元论，即内五关“精、气、神、力、功”和外五关“手、眼、身、步、气”的统一。后者似醉非醉，则发挥了醉拳的跌法与腿法，是“身范儿，如狂似颠，步趋儿，东扯西牵”，形态醉极，但神意不醉，以醉诈敌，以跌迷敌，使对方真假难辨。可以说剧中以酒托打，以打写人的技法使人物更生动、形象与幽默，成为戏剧冲突和好汉们生活的高度艺术概括。从艺术欣赏角度看，醉打之美也让观众趣味盎然地感受到了人的本质力量。突出了人物的勇气，将“景阳冈上武松赤手空拳打虎”的勇气烘托出来；将“山神庙中林冲不再彷徨、不再幻想”的勇气也烘托出来。还突出了一种豪气，那就是在好汉们忍无可忍的情形下，痛快地和自己的过去诀别。

《水浒传》中，酒就是一个绝好的道具，需要的时候，随时拿来用，但每一次用都各具特色，绝少雷同。可以说梁山好汉和酒浑然一体，不可分割，故事情节的发展，人物个性的凸显都离不开酒。酒名也是随人物和环境而变化，例如武松在景阳岗前喝的是“出门倒”，宋江、戴宗等人在琵琶亭喝的是“玉壶春”；浔阳楼上宋江醉题反诗喝的是“蓝桥风月酒”。整部剧中“白酒、清酒、浑酒、水酒和老酒”等各色酒品的出现，充分反映了当时社会喝酒之风的盛行。所用酒具也是符合情境和人物，从桶、瓮，到瓢、角、旋、瓶、葫芦，再到碗、杯、盏、盅、樽等。不能不说《水浒传》中的饮酒是粗犷的，是英雄主义的，是大俗的，却又是最真实的。它能激起每个人心中的正义感和豪迈的情怀。

二、《少林寺》

这部电影应该是中国真正意义上的第一步武打片，但其观赏性即使今天看来也不失为经典，故事场景的设计连贯、巧妙、妥贴。且不说少林小和尚觉远与白无瑕似有若无的情愫，就棍僧们大快朵颐地吃肉喝酒、觉远那似醉非醉的舞剑都跳脱了传统功夫片的拘谨，跳脱了以往人们对佛教徒的认识，以当时的社会风气而言，绝对是一股扑面而来的清新的风。

大家都知道佛教是禁酒的，原始佛教的经典《阿含经》所宣五戒：即不饮酒、不杀生、不偷盗、不淫邪、不妄语，是佛教徒要遵守的基本行为准则，在影片中觉远剃度的场景，执法和尚就这么问：“尽形寿不饮酒，汝今能持否？”他们认为只有斩断了恶因，方能修成正果，心中还留恋外面的花花世界，是断断不应该进入佛界的。照此一说，应该与酒文化没什么关系。然而，《少林寺》中还有一句经典台词“酒肉穿肠过，佛祖心中留”让无数看客记忆犹新。这是师父在徒弟们偷吃狗肉饮酒时说的一句话。在此情此景下，尽管有违佛训，却透出一种“大慈大悲”，体现了和尚对社会与人心的关注，突出的是佛门对正义的积极支持，对受苦受难者的同情，是善行而非邪恶，是一种朴素大度而又灵活顿悟的思辨。救唐王是正确的、正义的事情，尽管杀生了，但是并不算违背佛的宗旨。佛教中最初的禁酒，也是因为看到了酒的负面作用，而如果饮酒不会使人耽于逸乐、丧失良知、乱了性情，只要心中有佛，一心向善，喝一点应该也算无伤大雅。包括影片结尾，李世民走进少林寺大雄宝殿，对僧众说：“这酒肉之戒就免了吧。”历史上是否有这样的事情，佛教到底有多么严格的要求，我们且不管，但这里体现的酒文化绝对是对英雄的赞美，对善良的讴歌，对邪恶的抨击，对人性的关怀。是既注重人的心灵，又不违背常理的诠释，是一种大智慧。

对于《少林寺》，还有一个不得不提的就是醉剑。它是酒文化浸润下的武术文化。其风格独特，奔放如醉，乍徐还疾，往复多变，有纵有收，毫无规律可循，但东倒西歪中暗藏杀机，扑跌滚翻中透出狠手。那种如醉如痴，动静相宜的特点，在武术中占据着一个特殊重要的地位。这种酒文化与武术的结合，能将片中人物机灵多变、身怀绝技的特点极度地渲染出来，极具感染力和巧妙构思。也成为了酒文化、武术文化与影视文化结合的一个成功的亮点。

三、《济公》

济公（图 8.10）在我国可谓是家喻户晓的人物。他是一位学识渊博的得道高僧，被列为禅宗第五十祖，杨岐派第六祖，人称“济公活佛”。《济公》讲述了“疯巅”的道济和尚专管人间不平之事，惩恶扬善，扶正锄邪的故事，以诙谐、幽默、睿智的表现形式，歌颂了人间的真善美，并借以隐喻当今社会所存在的道德问题，是一部凝聚了中国古典佛文化、民族色彩的上乘之作。济公原名李修缘，是“罗汉转世”，27 岁出家灵隐寺，他不戒酒肉，佯狂似颠，故人称济颠。该片的主题曲：“鞋儿破，帽儿破，身上的袈裟破，你笑我，他笑我，一把扇儿破……笑我疯，笑我颠，酒肉穿肠过……天南地北到处游，佛祖在我心头坐……，哪里有不平哪有我，南无阿弥陀佛…… ”活脱脱将一个破衣烂衫、嬉笑怒骂、酒肉不禁、惩恶扬善、游戏人间的智活佛、妙济公的形象展现在我们面前。

《济公》中有酒，不光是因为济公爱酒，爱到“朝也吃，暮也吃。吃得喉咙滑似漆，吃得肚皮壁立直，吃得眼睛瞪做白，吃得鼻头糟成赤。有时汝阳三斗，有时淳于一石；有时鲸吞，有时龙吸；有时效篱下之陶，有时学瓮旁之毕。吃得快，犹如月赶流星；吃得久，犹如川流不息；吃得干，犹如东飞星；吃得满，犹如黄河水溢”。酒还能衬托出济公的大智慧和大慈悲。有一次，秦桧的夫人染病，久治不愈，有人向

图 8.10　济公

秦桧献媚，说济公和尚能医百病。于是请济公来，一顿酒肉之后，济公用一双醉眼看一看肚大腰肥的秦夫人，说道：没事，没事的。说完开了些药便离去了。但秦夫人的病却未见好转，愈见加深。秦桧告到县衙，趁济公醉意未消，道："我有一上联，如果济公对了下联，便自作罢，否则请予重罚。"说完出了上联："酉卒是个醉，目垂是个睡，济公僧怀抱酒坛古庙躺，不知是醉是睡？"秦桧一说完，济公便脱口而出下联："月长是个胀，月半是个胖，秦夫人怀抱大肚满院逛，不知是胀是胖？"秦桧当下羞得无地自容，济公却摇着芭蕉扇走了。充分显示了济公不畏权贵，而那些为富不仁、坏事做尽的恶人对他也是又恨又怕。济公还用他的酒葫芦吸酒戏弄财主和差役，我们知道酒葫芦在中国从古到今都是世人普遍认可的吉祥之物，世俗观念中的葫芦能"增祥纳福，去除灾厄"。而酒葫芦和酒在济公这里也成了济公耍弄坏人的道具。每每这个时候都能让观众大呼过瘾。

有人说既为僧道，如何能喝酒吃肉呢，但是世人仅知"酒肉穿肠过，佛祖心中留"，却不知济公还有后句"世人若学我，如同进魔道"。《印光法师文钞续编复杨树枝居士书四》中说："须知传扬佛法之人，必须依佛禁戒，既不持戒，何以教人修持。彼见志公，济颠皆有吃肉之事。然志公，济颠并未膺弘扬佛法之职，不过遇境逢缘，特为指示佛法之不思议境界理事。而任法道之职者，万万不可学也。而且彼吃了死的，会吐活的。某等吃了死的，连原样的一片一块也吐不出。"正如这句，剧中沈员外派家仆给济公送两只熟鸽子和一壶酒，仆人路上偷吃一只翅膀，偷喝了几口酒。以为神仙也难知道，济公却一语道破，他还不承认，于是济公到阶前吐出两只鸽子，其中一只便少一个翅膀。真是"彼吃了死的，会吐活的"。还有净慈寺遭火烧毁，重建需要大木头，济公答应去四川化缘，结果醉卧三日，将大木头走海路运到钱塘江，又运到寺内井里。又喝酒后在殿内呕吐，别人以为是呕吐，实际上是给大殿佛像装金，结果监寺少买一壶酒，又提前打开殿门，使一个佛像的胳膊一尺没有装上金。方丈罚监寺出钱买金子补上，但却不能与济公所装的天然合一。这是剧中“古井运木”的内容。可见济公的饮酒醉酒不同于凡人的饮酒喝酒。印光法师说过：“济颠，则不守清规，显大神通。若谨守清规而显神通，则不能在世间住矣。唯借此疯疯颠颠，以令人疑信相参，以密行教化，令人知佛法不可思议，以生正信心耳。世之无知无耻之人，从而学之，何不学吃死者以吐活的乎。何不学喝酒醉卧数日，而百千根大木从井中运出，及喝酒大醉，吐金以装全殿佛像之金乎。此种不思议事，唯此种人行之，则无碍。若谨守规矩之人行之，必定当下去世。否则，人皆求彼，不能做一切事矣。”所以济公饮酒吃肉，疯癫之状，都是为了让众生觉得佛界玄妙，教化他们，令他们不敢再做偷鸡摸狗、杀人越货的事情，因为世人做了坏事佛就会知道，所以才能达到惩恶扬善的目的。

四、《醉乡》

电视剧《醉乡》是由孙健忠的长篇同名小说改编，讲述的是居住在崇山峻岭的湘西土家族，一个“舍酒难以生存的民族”，他们居住的——雀儿寨，一个素有“醉乡”之称土家山寨在社会大背景下的变迁。电视剧将这个富有传奇色彩的土家族乡民的生活习惯、风土人情、民族特色、心理状态、方言俗语，描绘得情趣横生，色彩斑斓，在观众面前形象生动地展现出一幅生产责任制实行以后，土家族乡村大变革的复杂图景。这件振奋人心的农村经济改革的大事，成了炸响“醉乡”的春雷，由此引发的各色人等的不同思想、态度、道德和感情之间的纠葛，都通过这酒和人物的关系，通过这“醉乡”被刻画得绘声绘色，入木三分。让观众不知不觉地跟着这些普通平凡的湘西乡下人一起，感受他们的悲欢。

土家族是个离不开酒的民族，他们把爱与恨泡在酒里，把痛苦与欢乐泡在酒里，把友谊与爱情泡在酒里，把容忍与抗争泡在酒里。他们有着各种令人眼花缭乱的酒的习俗：过年有过年酒，结婚有拦门酒，生孩子有竹米酒和满月酒，盖房有上梁酒，长辈生日有贺寿酒，甚至有人发了财还有发财酒。真是婚丧礼仪、请客送礼、起屋架梁、说媒提亲、生活起居处处有酒。剧中贵二的婚酒，天九盖新屋的上梁酒，都营造出了欢乐的氛围，透着喜气。通过酒宴我们仿佛看到了寨子里人们生活的丰裕和内心的喜悦。不光是红、白喜事要请人喝酒，土家人还有个习惯，就是要以酒壮胆，尤其是重大行动，或者心怀畏惧的时候，一定得喝上几瓶包谷烧酒，土家人说“酒是人的胆，酒能添人虎气”。剧中老乔保给贵二提亲，因没有喝酒，就语无伦次。但后来给贵二说亲事时，吸取教训，先喝了一点包谷烧，情形就不同了。贵二准备到大狗家捉奸时，因平时就害怕大狗，于是和龙灯、大头猫先喝了三碗酒，最后制服了气焰嚣张的大狗，使这个平素像卡西莫多一样的矮子贵二生平第一次感到自己原来也可以如此强大、自豪和满足，当然这绝不仅仅只是酒精的作用。

当然这醉乡绝不是温柔富贵之乡，不会因为实行生产责任制，石头就变成了米和肉，泉眼里就流出了酒和油。也是充满着欢笑和憧憬、眼泪和叹息，是既有使人心醉的日子，也有令人痛苦的折磨的真实生活。《醉乡》展示的是一段历史时期中社会文化和民族文化的环境中芸芸众生相。在这个思想或者社会的“醉乡”里，有人“醒”着，有人却“醉”着。贵二凭借他的勤劳，利用经济信息、掌握新的生产手段，从一个依附土地的农民、被人看不起的丑陋的流浪汉，成为了雀儿寨的经济强人。在富起来以后，又有情有义地向邻舍、乡亲伸出援手，带着大家共同致富。酒醉不发癫的老乔保，承包责任制后包了一艘渡船，白天为人摆渡，夜晚在月光下喝酒，以前吃大锅饭时买不起酒，醉的次数当然少，而现如今的老乔保却可以拿酒当水喝，虽然人是醉的，但却流溢出通过劳动丰衣足食的得意，这是位尽管爱喝酒，却有着酒德受到乡邻敬重的老人。大狗则仍然陶醉在“文化大革命”期间当书记时别人请客送礼、逢迎讨好的日子里，他的这种醉让他常常白日做梦般地患上了神经质一样的病。而俊俏的香草在贵二发财后，主动投怀送抱，以满足她的虚荣、享乐和对钱的向往，可最终她什么也没有得到，她也是“醉”着的。

《醉乡》把整个湘西改革后的人生现实展现在观众面前。在席卷全国的农村经济改革浪潮的冲击下，雀儿寨的人们的价值观、道德观、爱情观、婚姻结构都改变了，然而大多数人在对自身和社会做出反省和追问后，通过努力走出了历史的泥淖，挣脱了罩在自己头上的那张网，合奏出了一曲时代与心灵的欢歌。这里面如果没有酒，土家人的感情释放就没有这样的热烈与醇美；如果没有改革，土家人的心灵也得不到如此烈性的洗礼，感情也不会在如此沉醉中得到升华。嗜酒的土家人用他们勤劳的双手画出“醉乡”明媚的春天。

五、《美酒家族》

《美酒家族》又名《Mondovino》，是一部探讨全球化对世界各葡萄酒产区冲击效应的纪录片。该片披露了美国加州纳帕谷亿万富翁 Mondavi 家族试图在法国一个小镇建立葡萄园的计划，由这个计划引发的来自葡萄酒世界中不同的声音和争论，从大富翁、葡萄酒商、著名酒评家、著名酿酒师到普通的葡萄种植者，试图透过他们来理解当前国际葡萄酒界的现象与趋势，并以此管窥葡萄酒世界全球化所带来的充满忧患的思索。通过和他们的广泛交谈，采撷到各种各样的情绪、思想、精神以及当下存在的问题等诸多的争辩论点。片中多次谈到一个富有时代意义而且深刻的主题，那就是关于葡萄酒品味与葡萄酒灵魂的争议，说到底就是在全球化的今天，葡萄酒到底应该顺应潮流成为“标准化”的商品，还是应该保持传统的具有不同地域风格特性的酿酒师的杰作。

《美酒家族》是三个人的摄制小组用简单的摄像机花了四年时间完成的。其间走访了从南美的阿根廷到欧洲的意大利，从法国的勃艮第到美国的加利福尼亚州等七个国家，访谈记录多达500小时，使用法语、意大利语、西班牙语、英语、葡萄牙语五种语言，耗资40万美元，呈现了世界各地葡萄酒酒乡的图景以及全世界各种各样的和葡萄酒有密切关系的人们的态度。导演乔纳森·诺西特说，这部片子讲述的是一种“神圣东西的毁灭”。由于当前全球葡萄酒文化充满浓浓的竞争和商业气息，葡萄酒已经逐渐成为一种奢侈品，一种可以用数字标准来评估的产品，而不再与文化、人文有关联。因此，在这种氛围中遭到毁灭的“神圣的东西”正是文化以及人文历史的独特性。诺西特说人们在追逐标准化和效率的同时也在破坏着葡萄酒的个性和历史。在他看来，使得葡萄酒和人变得高贵的东西正是不同事物能够互相容忍对方缺点的能力。通过他的管窥也许能促使人们对时代潮流有更多的思考，不管是积极的，还是忧患的，应该给人们带来更多的灵感和启示，这是一部足以发人深思的片子。

我们来看看纪录片中的各种受访者对葡萄酒有怎么样的理解和看法：

法国著名酿酒师“空中飞人”Michel Rolland 说，“葡萄酒必须要有个性与风格，因为它与生俱来就有一种风格。在品酒的时候，我们尝到味道。而什么是味道？味道的感受是直觉的、个人的，我酿酒时追求自己喜欢的风味，所以确实是有一种个人风格。这种个人风格是必要的，否则葡萄酒背后的那个‘人’就消失了。这样不是很令人扼腕吗？”

英国伦敦佳士得拍卖公司葡萄酒部门主任 Michael Broadbent 说：“Michel Rolland 是玻美侯的人，他在左岸的梅多克酿酒，喝起来却是右岸的玻美侯风格；他在世界各地酿酒，喝起来也都是玻美侯的风格。他不会愿意承认的，但是，我可以举例说明。譬如施罗德-席勒家族的 Château Kirwan，原本销售业绩很差，他们的酒没什么特别惊人之处，他来了之后，他们葡萄酒不再喝得出地域的个性与风味，但是销售量竟然向上攀升。我能说他们不对吗？他们的酒变得更浓郁、更柔顺，单宁也更软熟，非常符合全球化的市场风味喜好。后来，帕克（著名酒评家）忽然给他们打94分！”

纽约的葡萄酒进口商 Neal Rosenthal 说：“浸泡葡萄果皮，进行深度萃取，使用全新的橡木桶培养，那些以美乐品种为主导的葡萄酒，它们其实原本也可以表现出地域风土，但酿酒师却糟蹋了它们，压抑了原产地风味特性的展现。这有点像当今美国的社会现象，人们的自由遭到压迫……现在越来越多的人认为没必要辩论，接受就对了。这是两种立场之间的斗争'顺应潮流'与'抗拒风尚'，而不见得是一场现代对抗传统的斗争，因为现代化不必然背离传统。"

意大利托斯卡尼欧内拉亚(Ornellaia)酒庄创立者 Lodovico Antinori 侯爵说："以前的葡萄酒在陈放二十年之后，口感会很明显地变得温顺。而现在，由于人们希望酿好之后就可以立刻喝，我们必须运用酿造技术，让葡萄酒显得温顺易饮。然而，最好的做法还是让葡萄酒自然地缓慢陈年。如同那些经过 20 年窖藏的布根地顶极酒，品尝起来真是一场感官盛宴。然后，我会想：天！我酿出的是什么货色啊！我应该要返璞归真。酿出粗野的葡萄酒让我感到罪恶，跟一瓶陈年 20 年的布根地特级园酒款 La Tâche 相比，新式葡萄酒显得粗野不堪。"

这部纪录片充分反映出一方面是追逐利益者只顾赚钱，迎合市场，忽视酒的文化和精神；另一方面是葡萄酒农坚持他们的操守，为了酿造属于当地"风土条件"的酒而不畏艰辛地固守；而中间的商人们固然了解这种状况，但也无奈接受的心态。在这一全球化冲击中，我们不禁也要问，葡萄酒文化还能走多远？每当我们喝下一口葡萄酒时，是否也会想起那些为了信念和追求而执著的葡萄农与酿酒人，是否从内心深处向他们致以最高的敬意呢?!

六、《神之水滴》

又名《神之雫》，"雫"在日文中的意思就是水滴。这是一部由日本漫画改编成的电视剧，它讲述了这样一个故事：日本最顶尖的酒评家神咲丰多香在弥留之际立下遗嘱，将自己心目中的 13 瓶顶级的葡萄酒分别命名为"十二使徒"和"神之水滴"，并留下了对每瓶酒的详细描述，让两个儿子首先通过这些描述，去寻找这些酒，再以盲品的方式猜出这"十二使徒"和"神之水滴"，谁能猜对它们的酒名和年份，谁便能继承价值20亿日元的藏酒。于是儿子神咲雫，一个没有任何葡萄酒知识，但味觉出色的啤酒推销员，与养子远峰一青，一位崭露头角的青年葡萄酒酒评家，展开了一场激烈的交锋。在寻找"使徒"和"水滴"的过程中，葡萄酒文化、艺术与人物间复杂的情感关系便一步步向观众展现开来，其中不但包含了大量的葡萄酒基本知识，法国和意大利等国家和地区的葡萄酒情况，更重要的是体现了人的思想、感情、责任的交互辉映，是一部将葡萄酒知识、葡萄酒文化与人的精神气质、追求和梦想完美结合的作品。

在原著漫画当中，作者特设了"了解的单元"部分，专门介绍了葡萄酒用语：例如，像年份、风土条件、酒庄、果香等，葡萄酒的鉴赏知识，法国和意大利等国家葡萄酒的等级、分类和产区等。而在电视剧中因情节的原因没能完全呈现出来，但在使徒的找寻过程中还是透露了部分信息，同时这一过程也勾起了观众们想要了解葡萄酒知识的强烈愿望。让我们来感受一下酒评家神咲丰多香的遗书中对第一个使徒的描述："我在森林中迷失了方向，树木散发出的生命芳香之中，我发现了本不该出现在这森林里的花与红色果实所散发出的香气，抑制住振奋的心情，我加快了脚步，森林豁然开朗，在那深处出现了一处被浓雾包围着的泉，我隐约感觉到泉对面的美景，但浓雾迷眼，使我无法前行，环视周围，仿佛有座栈桥通往泉的那头，途中伴着花香和野果子芳香的风，吹进了我的鼻腔，之后那一刻，对面的美景映入我眼帘，两只蝴蝶在花丛中嬉闹，我被奇迹般的美景深深吸引住了。"且不说这样的描述和真正专业葡萄酒的描述有什么样的区别，或者是何等的夸张，相信大家已经忍不住对这个使徒开始猜测了：花香、树木香、野果香；迷雾、栈桥，美景……还是让我们先跟随两位继承人去寻找答案吧。远峰一青找的是 2002 年这个大好年份的 Georges Rormier（法国勃艮第地区的一个酒庄）的 Chambolle Musigny Les Amoureuses，神咲雫找的是 2001 年这个不好年份的同样的酒，而这个 2001 年的却正是父亲留给他们的第一使徒：把迷雾比作葡萄收成不好的年份，而那栈桥就是人。无需人为，完美的年份的确会让酒很出色，但在不好的年份酿制的酒里，我们能感受到的是虽然困苦却仍然尽力酿出好酒的人们的力量，即使葡萄有缺点，即使酿造有困难，努力跨越这一切就是人类的魅力，在天、地、人融为一体时，酝酿而生的葡萄酒就不仅仅是酒，也是一幅优秀的作品，因为包含了跨越它的人们的身影。

剧中法国食品工业协会的会长访日时，神咲雫和远峰一起找来了 1997 年份的山梨县的具有日本风土条件的"登美"葡萄酒作为最好一道配酒呈上，征服了傲慢的、对日本的风土条件不以为然的法国人，并赢得了尊重。突出体现了法国葡萄品种在日本的土地上、在大家的通力合作中也能种出上好葡萄，酿出上等的葡萄酒，体现出了一种民族精神和自信。而千呼万唤始出来的"神之水滴"出乎所有人的意料，它不是著名酒庄的顶尖葡萄酒，而是名不见经传的法国波尔多地区 Chateau Le Puy 酒庄 2003 年份的葡萄酒。它之所以能成为神咲丰多香心中的神之水滴，就是因为在这个家族长达 400 年的酿酒历史中，始终遵循天人合一的法则，以最天然的方式酿造葡萄酒，经过数代人对葡萄园的情感注入和血脉传承，酿酒人用心中的爱种植出了根系深达 70 米的葡萄树。不管俗世的潮流变迁，以 400 年不变的酿造手法由父辈传给子辈，一代代地继承下去，没有止境。它意味着传承，意味着永恒，无论发生什么都绝不动摇，就好比是神酿出的一滴酒。在物欲横流、追逐名利的今天，我们需要的也许正是这样的传承精神，需要的正是自然和人类的和谐共存。我们不光要做出葡萄酒的"神之水滴"，更要做出与人类生命和延续息息相关的更多的"神之水滴"。

七、《红高粱》

《红高粱》单从片名看，就是酒，但它和酒的关系，绝不仅仅是名字里有酒，而是从民俗民风上把酒和生存环境、人物鲜明的性格、民族的情怀都紧密地联系在了一起。甚至以酒喻人，赋予人物一种高粱酒般的淳朴、炽烈、狂野、燃烧的精神和品质。影片中的"我爷爷"从颠花轿到最后娶了"我奶奶"，再由撒尿酿酒到火烧日本鬼子，无不浸润着一种浪漫情怀和豪迈的气概。这里面酒既是人的胆量，又是人物灵性的渲染。不管是面对爱情的来临，还是面对异族的侵略，人物都浸透了高粱酒一样的自由奔放的生命力，那厚重苍劲的英雄气节，那毫无掩饰的性格魅力使得他们不再是一群浑浑噩噩的农民，而是顶天立地的汉子。酒在这里成为了人的一种符号、一种意识和一种生态。

《红高粱》就是这样以酒为主线，为我们展开了那段荡气回肠的故事。"我奶奶"19岁那年，曾外祖父把她嫁给了十八里坡有麻风病的酒厂老板李大头，换回一头骡子。迎亲路上，轿头余占鳌领着轿夫们颠轿。行至青杀口，高粱地里杀出劫道人，余占鳌送他上了西天，"我奶奶"对他有了好感。三天后奶奶回门，又遇到了余占鳌，两人在高粱地里相亲相爱，从此他就成了"我爷爷"。几天后奶奶回来，李大头被人杀了，奶奶留住众伙计，开始主持酒厂。九月初九是酒作坊烧锅生火的日子，"我奶奶"怀着好奇来到酒作坊。当红红的高粱酒从酒糟中流出来的时候，"我奶奶"脸上现出了无比的新鲜和喜悦。而接下来"敬酒神"的歌，将百姓们对酿造高粱酒的崇敬情节推到了高潮。

九月九酿新酒
好酒出在咱的手
好酒
喝了咱的酒
上下通气不咳嗽
喝了咱的酒
滋阴壮阳嘴不臭
喝了咱的酒
一人敢走青刹口
喝了咱的酒
见了皇帝不磕头
……

这歌声里面有他们生活的影子，有他们对未来的憧憬，有他们付出劳动的自豪，更有这些汉子们的胆识和血性。影片里令人印象深刻的酿酒情节要数“我爷爷”从土匪手里救回“我奶奶”后，朝高粱酒里撒了一泡尿，竟成了日后上等的好酒——“十八里红”。9年后，日本鬼子逼乡亲们砍倒高粱修公路，将罗汉大爷剥皮示众的那一晚，“我奶奶”拿出了这埋了九年的“十八里红”，在祭奠罗汉大爷时，伙计们又唱起这支《酒神曲》，此时的歌曲变得悲壮而决绝，透出的是反抗、愤怒和义无反顾。伙计们唱着《酒神曲》去袭击日本鬼子，而“我奶奶”做好了饭菜，夕阳下挑着担子去犒劳大家，却死在了日本人枪口下。愤怒的爷爷和伙计们疯了似的抱着火罐、土雷冲向日本军车，军车炸飞了，日本人炸死了，伙计们也都死了。在血色的残阳下，整片高粱地也都成了红色，那是被鲜血染红的。高粱被践踏了，但还有更多的高粱在疯长着，那是华夏民族旺盛的生命力，生生不息的文明。影片通过酒，呼唤出了人类天然的本性，刺激人们对勃勃生机的追求。这种精神与歌中的“见了皇帝不磕头”的实质是统一的，相辅相成的，这是对我们民族干涸已久的情与性的渲泄，畅快淋漓，这酒能够汇聚成滚滚波涛，荡涤着新的生命和灵魂，这是对民族叛逆精神的呼唤和赞美。我们在那句句“好酒，好酒……”的歌声中，能感受到汉子们的力量，能感受到民族不屈的精神，能感受到世界大舞台中无与伦比的中华魂。

八、《红楼梦》

《红楼梦》博大精深，旨趣入微，可以说集文学之大成。即使于杯盏也毫不逊色。曹雪芹笔下的酒文化，可以说是中华民族文化的珍贵遗产，它伴随着《红楼梦》香漂万家，沉醉无数看客。它以酒为契机，生动而细致地描绘了社会的众生相；以酒为话题，广泛而深入地揭示了酒文化的丰富内涵。

首先，《红楼梦》中提到的饮酒名目就有数十种，如年夜酒、祝寿酒、生日酒、贺喜酒、祭奠酒、待客酒、接风酒、饯行酒、中秋酒、赏花酒、赏雪酒、赏灯酒、赏戏酒等，名目繁多。而酒种也不在少数，其中写得最多的要数黄酒。例如，第26回：“薛潘执壶，宝玉把盏，斟了两大海碗。”第63回寿怡红群芳夜宴(图8.11)，为贾宝玉庆生日，袭人等丫环准备了“一坛好绍兴酒”，为宝二爷助兴。另外，也有很多新鲜酒种，贾琏护送林黛玉赴苏州料理父丧回来，带回了惠泉酒，该酒是用江苏无锡惠山西边天下第二泉中的水酿的酒，也叫“三白酒”。金谷酒：林黛玉有诗云“香融金谷酒”。金谷，今河南洛阳市西北，有水流经此地，谓之金谷水，所酿之酒即金谷酒。合欢酒：第38回描写林黛玉吃了性寒的螃蟹，觉得心口微痛，宝玉便令丫环将那合欢花浸的酒烫一壶来。黛玉多愁善感，身体虚弱，喝用合欢花浸的烧酒，即能祛除寒气、安神解郁，真是再合适不过了。第 60 回出现了葡萄酒：袭人依宝玉之命，将一个 16.7 厘米来高的小玻璃瓶子交予芳官，里面装着半瓶“胭脂一般的汁子”。厨娘柳嫂误以为是宝玉平时喝的西洋葡萄酒，便忙着取烫酒的器皿“旋子”，准备烫酒，其实芳官拿的是玫瑰露，是一种古老的露酒。尽管不是葡萄酒，但也透漏了宝玉平时也喝西洋葡萄酒的信息。而且从颜色“胭脂一般的汁子”也能推断下人是见过红葡萄酒的。第 53 回写到了除夕夜大观园里的“合欢宴”。合欢宴上献屠苏酒是我国的传统习俗。屠苏酒是药酒，用赤木桂、防风、蜀椒、桔梗、大黄、赤小豆等浸泡而成，具有祛风寒、清湿热及预防疾病的作用。晋·宋懔著《荆楚岁时记》载：“正月一日，长幼悉正衣冠，以次拜贺……进屠苏酒、胶牙饴”。相传饮屠苏酒还能辟邪气，去灾保健康。第 93 回中果子酒：这是贾芹在水月庵里胡闹时所喝的酒，果子酒可以用橘子、苹果、梨、枣、山楂、荔枝及野生水果来酿造，是一种低酒精度，比较平常和便宜的酒。贾芹家境寒素，仅捞了个管管庵子尼僧的差使，喝这种低档、便宜的酒，符合他的身份。红楼梦中还有菊花酒、桂花酒，足见涉及的种类之多。

图 8.11　红楼梦

其次就是对酒宴酒仪的描写，构成电视剧的情节场面。第 28 回冯紫英宴请宝玉、薛蟠等人，可谓红楼梦中酒文化的集中表现。

这次宴饮中出现了酒令、酒面、酒头、令官、门杯、唱酒曲、席上生风等酒席特有名词。第 58 回荣国府元宵节夜宴中，贾母让宝玉给众人斟酒说：“他小，让他斟去……，连你姐姐妹妹一起斟上，不许乱斟，都要叫他干了。”

接下来是酒令，《红楼梦》中的酒令可谓绝妙之极，令人目不暇接。它为我们展示了大雅、大俗、种类繁多的酒令。如牙牌令、占花令、曲牌令、故事令、月字流觞令、击鼓传花令、击鼓催诗令以及射覆、拇战等。第 28 回在冯紫英家中，宝玉提议行酒令；第 40 回在大观园中有刘姥姥在场行酒令；第 62 回行拈阄酒令；第 63 回宝玉生日“群芳开夜宴”上行酒令；第 108 回薛宝钗生日行酒令；第 117 回贾蔷、贾环、王仁等喝酒行酒令。其酒令新奇别致，对后世影响巨大，以至酒令花样翻新，层出不穷。这在后来刊行的《酒令丛钞》和《红楼人镜》中有详细记载，极大地丰富了我国的酒文化。例如大观园红香圃内为宝玉等四人摆寿酒时行的令：“酒面要一句古文，一句旧诗，一句骨牌名，一句曲牌名，还要一句时宪书上的话，共总凑成一句话。

酒底要关人事的果菜名。”可见《红楼梦》通过酒令游戏丰富了艺术形象和生活空间，酒令又得到艺术的展示。

《红楼梦》剧中的各式酒具种类之多也令人惊叹。以其质料来分，有金、银、铜、锡质、陶土、兽角、玻璃、珐琅等，形状更是名目繁多，奇巧别致，不胜枚举。此外，还写了酒幌、酒肆、侑酒（酒妓）等，可说是集酒文化之大成。

剧中还介绍了酒的常识和饮酒方法。酒用来烹制菜肴，做中药的药引，用来烫衣服等。第8回中，宝玉在梨香院喝冷酒，薛姨妈道：“这可使不得，吃了冷酒，写字手打颤儿。”要喝烫过的或者温过的酒。

醉酒作为人物性格的一种展现，与人物的刻画、故事情节紧密联系在一起的也是该剧中最为有趣生动的描写。这种“醉态”具有一种独特的审美情趣和价值。如贾雨村的醉，展示了他热衷于功名利禄的狂态；刘姥姥醉后的一言一行，都与她居于穷乡僻壤的身份相符，她朴实而又近乎滑稽的举动，把她老于世故、善于博取他人欢心的性格刻画得栩栩如生。尤三姐的醉，则是佯醉，把“淫态”和“醉态”融在一起，就连风月场上的老手贾珍兄弟也把酒给吓醒了，三姐在佯醉中的言行，表现了一个被侮辱被损害的女性奋力抗争的刚烈性格。史湘云的醉则是一种绝美的状态：“卧于山石僻处一个石凳子上，业经香梦沉酣，四面芍花飞了一身，满头脸衣襟上皆是红香散乱。手中的扇子在地下，也半被落花埋了，一群蜜蜂蝴蝶闹嚷嚷地围着。又用鲛帕包了一包芍药瓣枕着。”这给无数人以想象空间，许多画家都以丰富的想象力绘制了各自心中的醉佳人场面。有红学者评曰：“世间醉态种种，独湘云最美。”

第三节　酒与绘画

酒在我国源远流长，饮酒在国人的生活中早就演变成一种文化现象。俗话说：“酒为欢伯，除忧来乐”。人们乐时饮酒意在欢庆，愁时饮酒旨在除忧。酒可品可饮，可歌可颂，亦可入画图中。自古以来，酒与书画不分家。中国绘画史上的书画名家，好酒者不乏其人。大多画家都会借助酒来激发灵感。他们或以名山大川陶冶性情，或在花前酌酒对月高歌，往往就是在“醉时吐出胸中墨”，酒酣之后，“解衣盘薄须肩掀”，从而使“破祖秃颖放光彩”，酒成了他们创作的催化剂。纵观历代中国画杰出作品有不少有关酒文化的题材，可以说绘画和酒有着千丝万缕的联系，它们之间结下了不解之缘，有了酒，书法才会洒脱，绘画才会显得大气。

一、五时期励归真

图 8.12　励归真

励归真（图 8.12），五代时期的一个道士，籍贯不详，被人们称之为异人。极擅长画走兽和禽鸟，笔下的一鸟一兽，都非常生动。平时身穿一袭布衣，出入酒肆如同出入家门。有人问他为什么如此好喝酒，励归真回答：我衣裳单薄，所以爱酒，以酒御寒，用我的画偿还酒钱。除此之外，我别无所长。励归真嗜酒却不疯颠狂妄，难得如此自谦。其实励归真善画牛、虎、鹰、雀，造型能力极强，他笔下的一鸟一兽，都非常生动传神。

（一）不入虎穴，焉能画虎

励归真非常喜欢画虎，他在描绘老虎上，达到了炉火纯青的程度，一直受到人们的称赞。据说，他见到画虎的作品，就专心致志地临摹；遇到画虎的高手，就恭谦地去求教。他还常常在夜间悄悄地观察猫捉老鼠时伺机而动、见鼠而扑的各种姿态，以便从中受到启发。由于他刻苦学习，在画虎上很有名气。

但因没见过真虎，画的老虎总有点“虎味”不足。有一天，励归真听说邻村捉到一只老虎，立刻跑去，整整仔细观察了一天。老虎踱来踱去的姿态，健美雄壮的体型，使他感到惊奇。他高兴得痛饮起来，乘着酒兴，画起虎来。他认为这是他最满意的作品了，可是，一位猎户看了，却不以为然地说：“这画虎气不多，倒是猫气更多一些！”励归真听了，觉得猎人说的确实有道理，因为自己的确没见过山中的虎。于是，他带上干粮，跑到深山老林，问明老虎经常出没的地方，在树杈上搭起一个高高的棚子。他藏在棚子里，等着老虎出来。他看到老虎有时在树下经过，有时在草丛里伏卧，有时在岩石上站立着。一天天过去了，他觉得山中的老虎也不过如此，便打算回去。这天夜里，山风呼啸，林涛嘶鸣。突然，一只野山羊跳到树下。励归真看到送到眼前的猎物，十分高兴，举起棍棒，正要下去打，忽然，听见地动山摇般的一声大吼，吓得他差点儿从树上摔下去。只见一只斑斓猛虎，不知从哪里突然钻出，直扑树下。那羊闻声而逃。老虎闪电一般穷追。伴着又一声巨吼，那虎腾跃而起，死死咬住了山羊的咽喉。那搏斗挣扎的虎爪羊蹄，竟把地蹬出了一个大坑！励归真转惊为喜，不觉失声叫道：“妙啊！这才是真正的虎气！”不料那虎听到人声便抛掉山羊，回到树下。它满口血污，铃铛似的大眼闪着凶光直逼励归真。突然，一声雷鸣似的怒吼，那虎张着血盆大口直冲上来，正撞着棚子下面的支架。励归真吓得毛骨悚然，赶忙攀上树杈。老虎又一次蹿起，竟把棚子撞散了架。励归真越攀越高。那老虎无可奈何，只好叼起山羊走了。励归真惊魂稍定，十分感慨，叹道："山中虎不同于笼中虎；发怒的虎也不同于安静的虎呀！"以后，他又把棚子加固加高，认真地观察了老虎的各种形态和习性，画了大量的速写草图，才离开深山密林。

励归真从深山回来后，每次作画，都好像看见各种情状的老虎在面前跃动。提起笔来，得心应手。为了更深入地体会老虎的神情，励归真还向猎人买了一张虎皮，经常披上虎皮，在院子里蹦蹦跳跳，细心地揣摩老虎的各种动作。励归真通过深入细致的观察体会和刻苦练习，画的老虎真的有了"虎气"（图 8.13）。不仅样子像，神态也像，受到了人们的一致称赞。

图 8.13　励归真笔下的虎

(二)栩栩如生的飞禽

励归真画禽鸟也能为之传神（图 8.14）。有一次，他外出游览，来到南昌信果观，便信步而入，当走进一座大殿时，有三尊神像，塑得非常精妙，仔细看看，原来是唐代开元年间塑的，分别是天神、地神和水神，只可惜这些神像被鸟儿弄得很脏。庙里的和尚们，对这些鸟儿厌烦透了，但也没有什么办法，只好派了几个小和尚，天天守在大殿门口，举着竹竿赶鸟。励归真看到神龛和神像身上到处都是鸟粪也很生气。正在他赞叹和惋惜时，忽见几只鸽子和野雀飞了进来，落在神像上拉屎撒尿。励

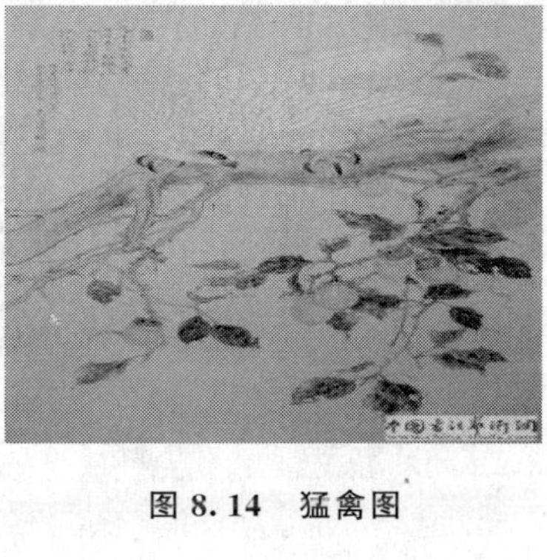

图 8.14　猛禽图

归真心中十分恼怒,就叫小和尚扛了一架梯子,放到三尊神像旁的一块空白墙根底下,他爬上梯子,挥笔在墙上画了一只圆瞪着眼,准备捕捉小鸟的鹞子。果然,那些鸟儿看到形象非常凶狠的鹞子都吓得不敢再飞过来糟蹋神像了。和尚们看到这个情景,高兴地拍着手说:"真灵! 真灵!"

二、唐代画圣吴道子

吴道子(约 680—759 年,图 8.15),画史尊称吴生,又名道玄。阳翟(今河南禹州)人。是中国唐代第一大画家,被后世尊称为"画圣",被民间画工尊为祖师。吴道子的绘画具有独特风格,是中国山水画之祖师。他创造了笔间意远的山水"疏体",使得山水成为独立的画种,从而结束了山水只作为人物画背景的附庸地位。所画人物衣褶飘举,线条遒劲,人称莼菜条描,具有天衣飞扬、满壁风动的效果,被誉为吴带当风。他还于焦墨线条中,略施淡彩,世称吴装。

图 8.15　吴道子

吴道子是个地地道道的大酒徒,一生与酒结下了不解之缘,酒为他的作画提供了不期而然的"神功"。学者张彦远说他"好酒使气,每欲挥毫,必须酣饮"。相传时人要想得到吴道子的画,用酒就可以换得。酒后作画,大气磅礴。苏轼说:"诗至于杜子美,文至于韩退之,书至于颜鲁公,画至于吴道子,而古今不变,天下之能事毕矣……道子画人物,出新意于法度之中,寄妙理于豪放之外,所谓游刃有余,运斤成风,盖古今一人而已"。图 8.16 和图 8.17 是他的代表作品。

图 8.16　《送子天王图》

图 8.17　吴道子之山水画

三、宋初郭忠恕

中国古代绘画中，有一种以建筑物为主体的作品，被称作“屋木”、“楼阁”或“宫室”。画这种“楼阁”的时候要用界尺，故叫“界画楼阁”。“界画”起源于秦朝，记载中隋代展子虔、郑法士、董伯仁等都是兼长楼阁的名家。至五代宋初的郭忠恕，在改进和发展画楼阁的技法上获得了杰出成就，故在绘画史上称“界画之祖”。

郭忠恕，五代末期至宋代初期的画家，字恕先，又字国宝，洛阳人。曾任后周国子监博士兼宗正丞。因议论朝政被贬为崖州司户，后去官居于陕洛间。宋太宗时被召授国子监主簿，又因讥讽时政被流配登州，死于临邑途中。他的经历表明他是具有一定反抗精神的画家。能文善画，擅画山水，尤精界画，所绘重楼复阁，颇具营造规模。他继承了展子虔、李思训、卫贤等表现建筑传统而有所创造，不仅比例、结构精确，而且生动自然，他的作品，被公认是界画发展新水准的标志，是宋代界画方面的代表性画家。他所作的楼台殿阁完全依照建筑物的规矩按比例缩小描绘，评者谓：他画的殿堂给人以可摄足而入之感，门窗好像可以开合。除此之外，他的文章书法也颇有成就，史称他“七岁能通书属文”。然而在五代这个政治动荡的时代，他的仕途遭遇极为坎坷，可是，他的绘画作品却备受人们欢迎。郭忠恕从不轻易动笔作画，谁要拿着绘绢求他作画，他必然大怒而去。可是酒后兴发，就要自己动笔。一次，安陆郡守求他作画，被郭忠恕毫不客气地顶撞回去。这位郡守并不甘心，又让一位和郭忠恕熟悉的和尚拿上等绢，乘郭酒酣之后赚得一幅佳作。大将郭从义就要比这位郡守聪明了，他镇守岐地时，常宴请郭忠恕，宴会厅里就摆放着笔墨。

郭从义也从不开口索画。如此数月。一日,郭忠恕乘醉画了一幅作品,被郭从义视为珍宝。郭忠恕兼通文字学,善写篆、隶书,著有《佩觿》三卷。存世画迹有《雪霁江行图》等图。

郭忠恕特别喜爱描绘楼观台榭。他画的重楼复阁谨慎、准确。郭忠恕的界画虽然忠实于物件,但并不等同于建筑图样,而是美化了的建筑,在一定程度上,表达了画家的思想感情。文征明曾说:"郭忠恕以俊伟奇特之气,辅民博文强学之资本,游规矩准绳中而不为所窘,论者以为古今绝义。"这种既要忠实表现错综复杂的层楼重阁、回廊曲栏,符合实际的比例尺寸,又要加以艺术美化,使其在画面上显出巧妙、灵动,具有美的感染力,这充分体现了郭忠恕高度的匠心和卓越的技法。

(一)《雪霁江行图》

《雪霁江行图》(图 8.18),绢本墨笔。纵 74.1 厘米,横 69.2 厘米。无款识。现藏台北故宫博物院。画面上画两艘大船在大雪停止后即将起航,江面苍茫,一片寒意,船工们不怕气候的恶劣,在船上船下忙碌着。大船结构复杂,比例、透视都表现得准确得当,工整但不死板;因笔富有变化,略加淡墨渲染,表现出了船水、雪霁的不同质感,令观者有身临其境之感。画左上方有宋徽宗赵佶题"雪霁江行图,郭忠恕真迹"十字,并有"御书之宝"玺印。郭忠恕自后周入宋,工画屋木。《宣和画谱》亦谓其能"游规矩准绳之内,而不为所窘"。然而遗迹罕见,故宫藏仅此一幅,是极为珍贵的。

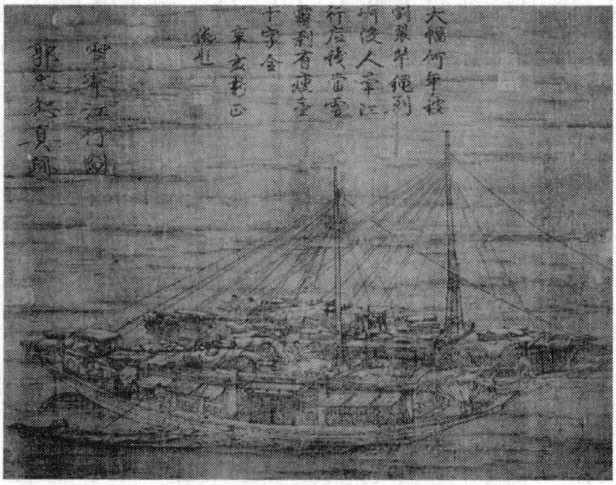

图 8.18　雪霁江行图

(二)《四猎骑图》

四猎骑画(图 8.19)的都是少数民族,人物穿着胡服软靴,骏马佩戴着盛装鞍辔,每组脸型和神态都迥然不同,显示出画家独到的构思和超绝的画艺。第一骑绘一秃顶长者手执弯弓,骑白色骏马急行,马尾马鬃被风吹起,马步飘逸,大有快马加

图 8.19　四猎骑图

鞭之意。第二骑绘一骑士头戴皮帽,臂驾雄鹰站在马前,一匹黑色铁青骏马驯服地伫立着,有着整装待发行猎之势。第三骑绘一武士骑白色花斑马疾行骤立,马前腿直立,后腿弯曲,臀部下坐,人头上软盔的红缨、脸上长须、马尾鬃毛一齐被风吹起,骑马人翘首远眺,观察前边形势。第四骑绘一武士下马后,手持箭杆,闭眼斜视,校正箭杆,一匹棕色骏马四腿收拢,马背弓起弯曲,为行猎归来稍息之态。整个画图惟妙惟肖,动静相间,色彩协调,引人入胜。

(三)《明皇避暑宫图》

图绘唐明皇的避暑宫(图 8.20),背山面水,宏伟壮观。构图略带俯视,从图下的宫门向内,亭台楼阁,水榭宫室,长廊庭院,层层深入。单是屋脊斗拱,就不下十几座,无不刻画工细精确,结构严谨华丽。

图 8.20　明皇避暑宫图

四、元朝马琬

饮酒和书画创作有着密切的关系。元朝画家马琬作画更是离不开酒。马琬字文璧，秦淮（今南京）人。他的山水、书法和诗文在当时被誉为“三绝”。他只有在酒酣时候才能产生创作欲望和激情。

嗜酒的书画家能用酒为自己营造一个良好的创作氛围，酒酣的人精神兴奋，头脑里一切理性化和规范化的阻碍统统被置之度外，心理上的各种压力都被抛到九霄云外，创作欲望和信心增强了，创作能力得到了升华，自己掌握的技法不再受意识的束缚，作起画来，得心应手，挥洒自如，水平得到了超常的发挥，这时往往会有上乘的佳作产生。

马文璧擅长山水画，往远处说可以作为董源、巨然、米芾的老师，往实际说技艺可以与黄公望相比。他的作品以笔墨清润、构图茂密见长，在当时享有盛名。贝琼曾题诗云：“长忆清溪马文璧，能诗能画最风流。酒酣落笔皆天趣，剪断巴江万里秋。”台北“故宫博物院”收藏的这幅《乔岫幽居》图，该图以轻松的笔调生动地表现了雪景山林之气象，是马琬山水画中的精品，如图 8.21 所示。

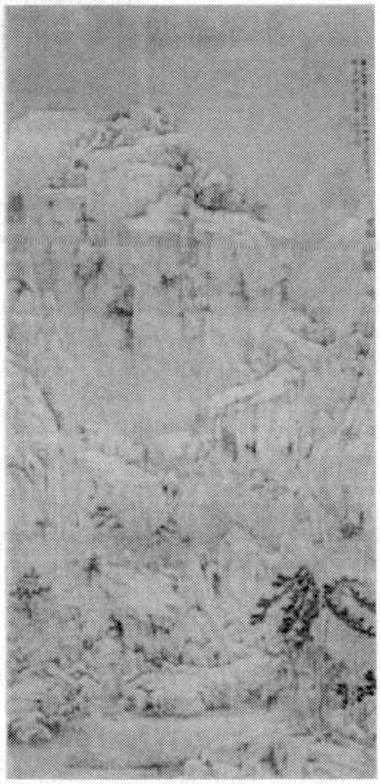

图 8.21　乔岫幽居

此图取近镜头入画，以高远法构图，描绘了有高士隐居的深山隆冬积雪的壮丽景色。画中的山头、石台、树冠、亭顶等，到处都被白雪覆盖，肃穆间又有几分寒凝之气。在左下方的山道上，有一位赏雪归来的隐士，正骑着毛驴沿山径拾级而上，前后有二仆相随而行。人物四周的高峰断崖，大大小小、高高低低、错落环峙，多为斜势平顶，可谓造型奇特。其间野树丛生，中间的半山腰里，筑有屋宇，可能是隐士的居所。在它的后上方，从更高的山崖缝隙间涌出一股飞瀑，直坠而下，若隐若现地汇入山间的小溪。溪水好像尚未完全冻结，水中稀稀落落的芦苇，仿佛不胜严寒显出瑟缩的样子。画的右下角，小溪岸边的岩石上，傲然挺立着两棵老松，伸展着的松枝上还泛着青绿，那不畏严寒的精神，与画家所要表现的隐士情怀相呼应。

这幅画在技法上的表现较独特，皴笔少，晕染多。天与水的部分是用淡墨渲染的。山石部分先用线条皴出轮廓，再以深浅墨色染成；线的行笔松动、轻灵，墨的晕染秀润、空净。全画淡绿色的调子,透着清爽的气息,令人向往。另外还有其他的优秀作品传于世,见图 8.22 至图 8.24。

图 8.22　秋山读易图

图 8.23　松岭策杖

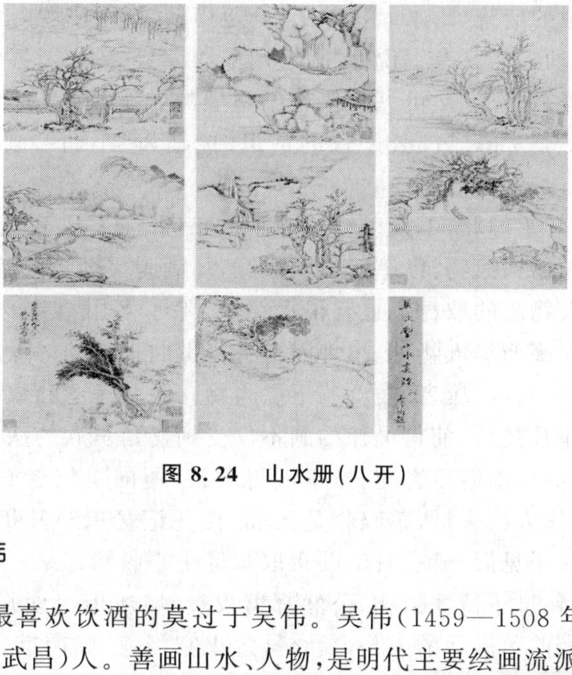

图 8.24　山水册(八开)

五、明朝吴伟

明朝画家中最喜欢饮酒的莫过于吴伟。吴伟(1459—1508 年)字士英、次翁,号小仙。江夏(今武昌)人。善画山水、人物,是明代主要绘画流派——浙派的三大画家之一，明成化、弘治年间曾两次被召入宫廷，待诏仁智殿，授锦衣镇抚、锦衣百户，并赐“画状元”印。明朝的史书典籍中有关吴伟嗜酒的记载，笔记小说中有关吴伟醉酒的故事比比皆是。《江宁府志》说：“伟好剧饮，或经旬不饭，在南都，诸豪客时召会伟酣饮。”詹景凤《詹氏小辩》说他“为人负气傲兀嗜酒”。周晖《金陵琐事》记载：有一次，吴伟到朋友家去做客，酒阑而雅兴大发，戏将吃过的莲蓬，蘸上墨在纸上大涂大抹，主人莫名其妙，不知他在干什么，吴伟对着自己的杰作思索片刻，抄起笔来又舞弄一番，画成一幅精美的《捕蟹图》，赢得在场人们的齐声喝彩。姜绍书《无声诗史》为我们讲了这么一个故事：吴伟待诏仁智殿时，经常喝得烂醉如泥。一次，成化皇帝召他去画画，吴伟已经喝醉了。他蓬头垢面，被人扶着来到皇帝面前。皇帝见他这副模样，也不禁笑了，于是命他作松风图。他踉踉跄跄碰翻了墨汁，信手就在纸上涂抹起来，片刻，就画完了一幅笔简意赅、水墨淋漓的《松风图》，在场的人都看呆了，皇帝也夸他真仙人之笔也。

年幼时，其父爱好收藏字画，耳濡目染中，吴伟也勤研绘画，竟无师自通，自学成才。后因父亲沉迷炼丹，家财散尽，家道中落。父亲去世后，吴伟成为孤儿被人收养，“时窃弄笔墨，画山水人物之状”，很早便展露出绘画禀赋，让人称奇。由于仕途渺茫，他十七岁流落到当时最富庶最丰饶的南京寻求发展。他的画作继承南宋“马夏”院体山水画的传统，山水人物兼工，豪迈简括，纵逸洒脱，他画人物纵墨不甚注意，而奇逸潇洒动人。又有书说他“临绘用墨如泼云，旁观者甚骇，俄顷挥洒钜细曲折，各有条理，若宿构成”。可见吴伟运用笔墨的熟练，画作浑然天成，犹如神来之笔，很受官居太子太傅成国公朱仪的赏识，称其为“小仙”，画誉也在南京日益鹊起。

吴伟精山水，落笔健壮，不仅以粗犷遒劲风格闻名，其细致缜密的画风同样别出心裁。他最擅长白描人物，纵笔看似不经意，却洒脱爽劲，酣畅淋漓，富有较强的节奏感。而且在人物画的取材上也有很大突破，除了多用精致的工笔描绘儒家文人、道家仙人、禅宗高僧等人物外，也许因自身身世曲折波动的缘故，也常用粗放飘逸的笔触刻画渔夫、农人、樵者、妓女等下层人物。题材理念和取向上的不断创新，加之日臻完美的非凡技巧，使得吴伟的画不仅受到宫廷贵族的认可，也受到民间众人的喜爱。一次，吴伟出游至杏花村，口渴得厉害，便向一位老妇人讨茶喝。第二年又去时，发现老妇人已去世，感叹物是人非，便凭记忆追绘其相貌，竟栩栩如生，以至于老妇人的儿子见后恸哭不已，并索取画像小心收藏起来。

然而，由于吴伟过于恃才傲物，公然鄙夷权贵，屡屡拒绝索画，以至招惹众怒，纷纷在宪宗皇帝面前数落他的不是，最终被逐出宫门，放归南京。1488 年，宪宗驾崩，孝宗即位，他才重新奉召入宫，升为锦衣卫百户。喜欢“马夏”画风的明孝宗对他宠爱有加，赐予他“画状元”这样的显赫称号，还将京城繁华地带的豪宅赠送给他。数年后，不服约束的吴伟实在不堪宫廷限制，称病辞归，再度返回南京，居于秦淮河畔，日日夜夜与豪客酣饮。1509 年，明武宗即位后，他再度奉召。没想到，正准备跟钦使上路赴京，却因饮酒过度而死，年仅五十岁。

吴伟“性戆直，有气岸而豪放”，加上坎坷的经历和极高的悟性，养成他清高自傲而又放荡不羁的性格，甚至与人一言不合，便用砚台投掷对方。不过，狂放不羁、不受制约的道骨仙风不仅没有让吴伟走到社会边缘，反而为其画作赢得更多的声名，而且这种强烈鲜明的个性在他的绘画中得以充分展示。在群星璀璨的中国古代画家中，吴伟算得上人品画品尽显本色的画坛怪杰。虽然短暂的一生充满戏剧般的传奇色彩，但其绘画生涯却终生鼎盛，毕露锋芒，为时人所称颂。

（一）《树下读书图》

此图绢本，设色，纵 168 厘米，横 105 厘米。画面内容表现的是传统的隐逸耕读题材，一位中年文士耕牧之余在树下休憩，展卷读书，自得其乐（图 8.25）。明中期以后政治日益腐败，科举仕途之路充满了不确定性，因此不少文人产生了遁世思想，选择远离官场的闲适生活。吴伟一生两度出入宫廷，对官场和民间都有着深刻的体会，此类题材多次出现在他的笔下。此作用笔潇洒劲健，多以侧锋运笔，锋芒毕露。

（二）歌舞图

此图真实地反映了文士狎妓观舞的场景。狎客们与二女妓围坐一周，神态各异。狎客或侧首细品，或低头凝视，或举目静观，或捻须沉思。陪坐的女妓或机械地执板伴奏，或心不在焉地笼袖而坐，与狎客们专注的神情形成鲜明的对比（图 8.26）。据画幅上唐寅墨款“吴门唐寅题李奴奴歌舞图，时弘治癸亥三月下旬，李奴奴十岁”可知，圈中翩翩起舞者是年方满 10 岁，但已为妓数载的李奴奴。明代是青楼业昌盛的时期，一方面，资本主义萌芽逐渐兴起，都市经济日益壮大，商品市场迅速成长，为青楼业的生存和发展提供了广阔的空间；另一方面，腐败的明政府实行罚良为娼的政策，并在金陵（即南京）官办著名的十六楼（妓院）：南市、北市、鹤鸣、醉仙等，促使包括李奴奴在内的众多女子在遭遇各种生活的不幸后沦落青楼而成为玩物。鉴于青楼文化的兴盛，吴伟、唐寅等许多极富才情、仕途失意的画家纷纷饮酒狎妓，试图通过游妓来摆脱失意的郁闷和伦理的负担，获得心理上的平衡与精神的松弛。他们对于自己的放浪行为并不加以掩饰，唐寅自刻“江南第一风流才子”印章及吴伟所创作的此图，都意在表明自己以游妓为荣耀、玩世不恭的人生观。

图 8.25　树下读书图

图 8.26　歌舞图

吴伟《溪山濯足图》(图 8.27)，写一渔翁坐在山脚下的小舟上，双手撑于船板。斜着头微醺着眼，形态逼真。船上渔竿树立着，画江边巨石悬崖，树木藤萝，迎风郾仰。山上老杆新枝丛生，随风飘拂。渔翁一副悠然自得，陶醉在戏水的情景中。渔翁采用吴道子笔法，绿丝用细笔勾出，一丝不苟。衣纹用萝叶皴描绘，显得爽朗劲挺。纵放率略，勾斫点曳。犹如草书劲力。并用浓淡墨色刷染山角，造成空蒙深远的空间感。在山水画幅中表现出一种飞扬苍茫的气势。水波荡漾，线条圆润富有动感。山岩用斧劈皴显得刚折有力。劲健粗壮的线条，迅疾纵逸的笔锋，表现得爽朗俊挺。树枝行笔迅疾，有飘柔的飞动感。整幅构图虚实相应，落墨痛快洒脱，挥洒不羁。渔翁不修边幅，粗衣短衫，满面风霜，形象淳朴，神态生动，充满真实的生活气息。此幅图用简练的造型手法，飞动的笔法和酣畅的墨色，合成一体，别具一格。艺术格调狂而不俗，野不伤雅，在画坛上独放异彩。沈周评为“洒墨淋漓，水走山飞，狂耶怪耶!”诚为知音之言。

图 8.27　《溪山濯足图》

六、清朝郑板桥

郑板桥(公元1693—1765,图8.28)是我国清朝的著名书画家和诗人,也是“扬州八怪”的主要代表。他在潍县做过七年知县,不但颇有政绩,而且留下了许多诗、词、书、画,成为珍贵的文化遗产。

图8.28　郑板桥

说到板桥与酒的故事,民间传说很多。郑板桥曾说:“酒能乱性,所以佛戒之;酒能养性,所以仙家饮之。有酒时学佛,没酒时学仙”。“扬州八怪”是清代画坛上的重要流派。“八怪”中有好几位画家都好饮酒。其中以画竹兰著称,写过“难得糊涂”的郑板桥一生与酒结缘。他酷爱狗肉和饮酒,富商大贾虽“饵以千金”,也难得板桥字画,而不少人以狗肉或烧酒,便可轻而易举地得到。

资料记载,郑板桥曾经给他弟弟写过一封家书,想买下“鹦鹉桥至杏花楼一带隙地”做宅子。信中说:“幼时饮酒其旁,见一片荒城,半堤衰柳,断桥流水,破屋丛花,心窃乐之。”由此可见板桥“幼时”就开始喝酒了。板桥幼时家贫,读书刻苦,二十一岁考中秀才。拮据的生活使得一心博取功名的他困守在家乡的私塾中教书。心中郁闷难以排遣,终日沉迷于诗酒,这种窘境延续到而立之年。有诗为证:“郑生三十无一营,学书学剑皆不成。市楼饮酒拉年少,终日击鼓吹竽笙。”郑板桥喝酒有自己熟悉的酒家并和酒家结下了深厚的友谊,“河桥尚欠年时酒,店壁还留醉时诗”。他在外地还专门给一位姓徐的酒店老板写过词,题目是《寄怀刘道士并示酒家徐郎》,这首词的下半阕是这样写的:“桃李别君家,霜凄菊已花,数归期,雪满天涯。吩咐河桥多酿酒,须留待,故人除。”是河桥酒家的徐老板风流倜傥,还是板桥先生礼贤下士,我们就不得而知了。

郑板桥虽然贪恋杯中之物，日常生活却简单朴素，“白菜青盐粈子饭”、“窑碗成菜地瓜汤”，这的确是他生活的真实写照。他还喜欢农活：“一庭春雨瓢儿菜，满架秋风扁豆花”；“一畦菜熟一畦种，时时汲水提春瓮”；“拈来旧稿花前改，种得新蔬雨后肥”。透过这些朴素的诗句，相信大家的脑海中能够浮现出这样的场景：一位长辫及臀文化人，或荷锄，或挑担，或刈麦，或耕田，乡亲们与他热情地打着招呼，递烟的递烟，敬茶的敬茶，田间里不时飞出爽朗的笑声。正是因为有了这些生活的历练，他才为官清正廉明，才有了“衙斋卧听萧萧竹，疑是民间疾苦声。些小吾曹州县吏，一枝一叶总关情”诗句。这首诗的意思是：卧在衙门的书斋里，静听着竹叶沙沙地响动，总感觉是民间百姓疾苦号寒的怨声。在州县里像我们这些地位卑下的小官吏，民间每一件小事如同画上的每一条枝叶，总牵动着我们的感情。这两句诗表面上是写竹子的，而实际的含义是：我虽然只是小小的州县官吏，但老百姓的一举一动都牵动着我的感情。充分体现了郑板桥对百姓疾苦的关心。

郑板桥一生与酒有着不解之缘，他曾经自谑道：“顿餐不离盏，书画伴终身。”他总结说：“二十年前载酒瓶，春风倚醉竹西亭。而今再种扬州竹，依旧淮南一片青。年年画竹买清风，买得清风价便松。高雅要多钱要少，人都付与酒家翁。”

当然，板桥老先生书画所得之钱，虽然“大都付与酒家翁”，但是与板桥酒业无关。板桥酒业开发板桥系列酒，用总经理高恩源的话说就是：一代名人郑板桥曾经在此为官七年，他那刚直不阿的人品，万古不败的艺术，潍人不忘其德以至于今。借助板桥文化开发“板桥系列酒”，与板桥有节有骨的声名和他的竹石兰一起，宛如滴滴玉液，点点琼浆，“用以慰天下之劳人。”

郑板桥的题画诗与封建社会其他画家有所不同，他已摆脱传统单纯的以诗就画或以画就诗的窠臼，他每画必题以诗，有题必佳，达到“画状画之像”、“诗发难画之意”，诗画映照，无限拓展画面的广度，郑板桥的题画诗是关注现实生活的，有着深刻的思想内容，他以如枪似剑的文字，针砭时弊，正如他在《兰竹石图》中云：“要有掀天揭地之文，震电惊雷之字，呵神骂鬼之谈，无古无今之画，固不在寻常蹊径中也。”

郑板桥，一生爱竹，他赏竹、画竹、咏竹，与竹结下了不解之缘，甚至可以说他的成就是建立在竹上的。人们喜欢郑板桥，在很大程度上是喜欢他的竹画(图 8.29、图 8.30)。竹诗，乃至竹一样的品格。

图 8.29　板桥竹图(一)

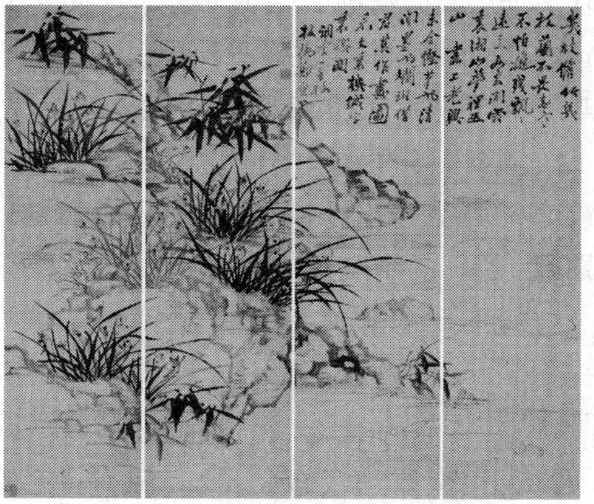

图 8.30　板桥竹图(二)

郑板桥在谈到他画竹时，曾写过一首诗："信手拈来都是竹，乱叶交枝戛寒玉……我有胸中十万竿，一时飞作淋漓墨。"值得研究的是，他这"胸中十万竿"又是如何得来的呢？他在一则题画中说："余家有茅屋二间。南面种竹。夏日新篁初放，绿荫照人。置一小榻其中，甚凉适也。秋冬之季，取围屏骨子断去两头，横安以为窗棂，用匀薄洁白之纸糊之。风和日暖，冻蝇触窗纸上，咚咚作小鼓声。于时一片竹影凌乱。岂非天然图画乎？凡吾画竹，无所师承，多得于纸窗、粉壁、日光、月影中耳。"这就很好地回答了上面所提到的问题。"我有胸中十万竿"，绝非凭空臆造，灵感所至，而是郑板桥长期潜心观察、细致体味的结果。作家、画家，如果没有对客观生活的细致观察和体味，根本不可能有什么精巧优美的表现。而郑板桥的观察生活，并不是浮光掠影、走马观花；相反，他是极为细致，并有一定深度的。他观察竹子，不仅正面看，而且侧面看；不仅在日光下看，而且在月影下看；不仅直接看，而且间接从粉墙纸窗上看其映像。甚至专门糊一洁白的纸屏，观察映在屏上的摇曳摆动的竹影，来体味其诗情画意。郑板桥正是从各个不同角度，用各种不同方法，细致入微地观察竹子各种各样的姿态情状，所以才能达到"我有胸中十万竿"这样的境地。唯其如此，他笔下的竹子才能这样千姿百态，五彩缤纷。

七、现代画家傅抱石"非酒不画"

傅抱石(1904—1965 年，图 8.31)，汉族，江西省新余县人。我国著名画家，国画大师。"新山水画"代表画家。原名长生、瑞麟，号抱石斋主人。1921 年他以第一名免试升入省立第一师范。其时他在治印之余开始读一些古代画史画论，尤其是看到石涛的"我用我法"顿开茅塞，他更欣赏石涛"搜尽奇峰打草稿"的思想。

1933年3月，傅抱石东渡日本，入东京帝国美术学院，拜美术史家金原省吾为师。1935年5月《傅抱石中国画展览》在东京举行。院长正木直彦、画家横山大观等参观了展览。1952年任南京师范学院美术系教授。1957年任江苏省中国画院院长。

通常，书画大家的落款印章千姿百态，各具特色，有的直抒心志，有的怀念故土或心爱之物，诙谐幽默，妙趣横生。而现代著名画家傅抱石的很多画作的闲章更是别致，名曰："往往醉后"。他解释为"往往醉后见真情"。

傅抱石作画时，身边是少不了一壶酒的。他常常一手执笔，一手执壶，不时仰头饮上几口，酒像一团火一样从喉管滑入胃中熊熊燃烧，烧起一腔豪情。于是笔在手中，壮气盈胸，肆意挥洒勾勒，抒发满腔激情。

关于傅抱石饮酒，还有一段有趣的佳话。1958—1959年间，傅抱石与著名画家关山月合作，为人民大会堂绘制毛泽东诗意巨幅山水画《江山如此多娇》。当时国家经济正值困难时期，物资供应十分紧张。傅抱石在作画时买不到酒喝，无奈之间他试着给周总理写了一封信，倾诉无酒之苦，请求总理能特批一些茅台酒。周总理看罢信，不禁为傅抱石的直率笑了。他理解艺术家的苦衷，立即派人给傅抱石送去了两箱茅台酒。傅抱石拿到酒，不禁喜上眉梢。一打开瓶盖，一股醇香扑鼻而来，精神为之一振。再喝上几口，陶醉在醇香的酒味之中，犹如久旱逢甘霖，他更为周总理的理解体贴和热情关怀而感激万分。美酒润笔，真情动心，傅抱石激情勃发，灵感顿生，很快与关山月构思创作出《江山如此多娇》(图8.32)。这幅大气磅礴的巨作深受中外贵宾的好评，连毛泽东主席也表示赞许，认为较好地体现了他诗句的意境，并亲笔为画作题款"江山如此多娇"。

图8.31　傅抱石

图8.32　《江山如此多娇》

酒是傅抱石作画灵感的源泉，他的画艺得之于酒，几乎非酒不画。美酒激发了他的创作灵感，但也严重损害着他的健康。与很多以酒为魂的文人墨客一样，他最终被酒夺去了生命。1965年，傅抱石应上海市委之邀，为新建的虹桥国际机场作画。画将结束时，他提出要回南京与家人共度国庆节。临行前，华东局负责人魏文伯设宴款待，上海文艺界的朋友纷纷前来作陪。傅抱石在宴会上畅饮美酒，谈笑风生，而且雅兴大发，散席后当场挥毫作画。谁知这一画竟成绝笔！由于上了年纪，加之饮酒过量，回南京的第二天，傅老便感身体不适，因脑溢血昏迷不醒，留下了尚未出版的五六十万字的手稿和五百余件没来得及落款的字画撒手尘寰，享年61岁。当时他的国画艺术已到了炉火纯青的成熟境界。一般书画家都比较长寿，60出头正是艺术盛年，如果不是嗜酒过早地离世，他应该可以留下更多的珍品，实在令人扼腕痛惜！

纵观我国历代画家，借酒作画者，远非上述诸人。可以说，大部分画家的许多艺术精品的产生，都与酒密切相关。当然，他们之所以能创造出精湛的艺术品，最主要的原因，还是他们的勤学苦练。但是，也绝不能忽视酒对书画作品的诞生的巨大推助作用。

第四节　酒与戏曲

在中国的传统文化中，喝酒听戏，戏中饮酒，酒与戏曲相互映衬，相互交织，古今许多名戏剧，不但有酒事的内容和场景，有的甚至通篇、全剧以酒事为背景或题材。

一、酒中权术

有许多戏曲，是以权力斗争为主要情节，而戏曲中的酒往往作为戏曲背景，或情节转折点，而把感情推向高潮。

《青梅煮酒论英雄》中曹操青梅煮酒同刘备对坐饮酒，谈论天下英雄。刘备列举河北袁绍、东吴孙权、荆州刘表等人。曹曰，不然。刘备便问曹操，天下英雄究属何人？曹操答曰，天下英雄唯使君与操耳。刘备大惊失色，手中酒杯失手落地。当时正巧天空一声劈雷，刘备借害怕雷声来掩盖内心恐惧。戏曲以煮酒为背景，刻画了两位性格迥异，但又同是具有雄才大略的英雄。

图8.33　《太白醉写》剧照

《太白醉写》(图8.33)则是昆剧的名作，描写了唐玄宗时期，渤海国进奉蛮表，朝臣均瞠目不识，贺知章荐李白，李果识蛮文。熟识渤海国蛮文的李白被金殿赐宴，复表蛮使，此时，李白乘醉奏唐玄宗，使杨国忠为其磨墨，高力士替他脱靴，扬眉吐气的李白挥毫成表，渤海国慑服。戏曲把李白似醉非醉的神态，恃才傲物的性格刻画得栩栩如生。

《摘缨会》中，小将唐狡在庆功宴上喝醉，借酒撒疯，竟然在风吹烛灭的瞬间拥抱楚庄王的爱妃，进行调戏，爱妃拔掉他盔上的红缨，向楚庄王哭诉，请查出盔上无缨的狂徒，予以惩处。但楚庄王从大局出发，不予追究，命令所有的大臣都摘掉盔缨，然后再点燃蜡烛，显示了楚庄王作为一代霸主的宽容大度。

在《鸿门宴》、《让雍州》、《斩黄袍》等戏曲的权力争斗情节中，酒也起到情节掌控的关键作用。

二、酒中谋略

在许多戏曲情节中，以酒为工具，灌醉主人公，毒死仇人，借以达到目的，使情节发生转折。如《生辰纲》中，晁盖、吴用等在黄泥岗智劫“生辰纲”，用的计策就是用药酒将押送官兵麻醉，然后劫取。《白蛇传》中，许仙听信法海的怂恿，强劝白素贞在端午节饮下雄黄酒，致使白素贞酒醉现出白蛇原形，将许仙吓死，引发了《白蛇传》后半部一系列的激烈斗争和悲剧。《连环套》中，朱光祖将麻醉药投入窦尔敦的酒壶里，乘窦尔敦昏睡，盗去他的双钩。《四进士》中，宋士杰趁两个差役酒醉，偷看他们为田伦送给顾读贿赂的书信，从而揭发了一桩两个官僚行贿受贿制造冤案的丑剧。《望江亭》中，谭记儿用酒将杨衙内灌醉，盗走圣旨和上方宝剑，最后惩治了凶恶狡诈、仗势害人的杨衙内。

许多戏曲中，是以主人公佯醉或故意懈怠来实施计谋。如《十字坡》中，武松发配，中途住店，孙二娘将武松灌醉，夜入卧房，准备杀害。其实武松是佯醉，早有戒备。二人摸黑动武，孙二娘不敌，张青赶来相助。武松通名后，张青夫妻慕其名，遂结为好友。《群英会》(图 8.34)中，通过周瑜与蒋干两个人的佯醉，表现了周瑜的智慧谋略和蒋干的自作聪明，上当且不自知。《醉县令》是说三国时庞统投刘备，不被重用，只委任县令，整日醉酒，不理民政，后刘备派人视察，一天之内将三个月积案全部审清，刘备始服其才，委以重任。

图 8.34 《群英会》剧照

三、酒显英雄气

许多戏曲中，常以酒量大来表现主人公的英勇气概。如《武松打虎》(图 8.35)是说武松在景阳冈下店中沽饮，乘醉过冈，遇见猛虎，奋勇将虎打死。《醉打蒋门神》是说武松发配至孟州牢营，管营施忠之子施恩，慕其名，二人结拜。施恩之酒店被恶霸蒋门神霸占，武松闻之大怒，带酒赶至快活林，痛打蒋门神，夺回酒店。

图 8.35　《武松打虎》剧照

许多戏曲中，以祭酒来表现忠义，凸显英雄气概。如《杨门女将》中，在杨宗保的五十寿诞的寿堂上，传来了他为国捐躯的噩耗，寿堂变灵堂，佘太君忍悲痛，集合了全家四世子孙，以酒洒地，祭奠杨宗保。这一奠酒的细节，内涵极其丰富深刻，已经超越了对于杨宗保的悼念哀思；这杯酒宣告了杨家将的忠勇爱国，义薄云天的壮志豪情。又如《搜孤救孤》，为救赵氏孤儿，程婴舍子，公孙杵臼舍命，程婴在法场上用酒祭公孙杵臼和自己的儿子，这一奠酒细节揭示出两位义士为救忠臣孤儿所做的巨大牺牲，也抒发了程婴内心的极度悲痛。

另有较多戏曲以临行的一杯酒，表现英雄气度。如《温酒斩华雄》中，通过临行一杯温酒，“酒尚未凉，华雄已被斩首”这一细节，突出表现了关羽的神勇无敌。《红灯记》中，李玉和在被捕以前，喝下李奶奶递给他的一碗酒，唱了“临行喝妈一碗酒”的著名唱段，这一喝酒的细节，抒发了李玉和一家为革命誓死不屈的豪情壮志。

而《草船借箭》中，以饮酒为背景，鲜明地刻画出诸葛亮和鲁肃迥然不同的情绪与心态，诸葛亮是从容镇静、成竹在胸，而忠厚诚朴的鲁肃却是惊惶失态、手足无措。

四、胭脂醉心

中国有句古话“自古红颜多薄命”，在几千年的男权社会中，以女子醉酒为主要情节的剧目并不多见，最具代表性的有《贵妃醉酒》(图 8.36)。戏曲《贵妃醉酒》中，唐玄宗先一日与杨贵妃约，命其设宴百花亭，同往赏花饮酒。至次日，杨贵妃遂先赴百花亭，备齐御筵候驾，孰意迟待移时，唐玄宗车驾竟不至。迟之久，迟之又久。乃忽报皇帝已幸江妃宫，杨贵妃闻讯，懊恼欲死。杨贵妃性本褊狭善妒，尤媚浪，且妇女于怨望之余，本最易生反应力。遂使万种情怀，一时竟难排遣，加以酒入愁肠，三杯亦醉，春情顿炽，忍俊不禁。于是竟忘其所以，放浪形骸，频频与高力士、裴力士二太监，作种种醉态，及求欢猥亵状，乃始倦极回宫。酒在该剧中起了重要的助推作用，三次"衔杯"的动作，也将杨贵妃从初醉到醺醺醉意细致入微地表现出来。最后到酒已过量时，女人心中的懊恼、嫉恨、空虚便一股脑地倾泻出来。

图 8.36　《贵妃醉酒》剧照

另外《独占花魁》中，卖油郎终年辛苦积银二百两，至妓院求会花魁，适逢花魁大醉，不省人事，卖油郎侍奉通宵。花魁酒醒，颇为感动，遂以身相许。这里的醉酒成为增进爱情和友谊的手段。

五、酒中侠义

中国传统文化中的侠义之士，常常与酒相伴，在戏曲中也不例外。如《酒丐》(图 8.37)中，侠士范大杯，饮酒后做了许多锄强扶弱的侠义之举。

图 8.37　《酒丐》剧照

另外，戏曲中常用灌醉对方的方式，达到惩处奸恶的目的。再如《刺王僚》中，专诸为姬光夺取王位而行刺姬僚。如《青霜剑》中，豪绅方世一为了谋占申雪贞，与媒婆姚姐同谋，买通大盗，诬陷申雪贞的丈夫董昌通匪，董昌竟被斩首。申雪贞假意允婚，在洞房中将方世一与姚姐灌醉杀死，然后携带仇人的头颅到丈夫坟前哭祭，然后自刎。《金针刺梁冀》中，渔家女邬飞霞将东汉末年独霸朝政的大将军梁冀用酒灌醉，用金针刺死，刻画了一位有胆有识、智勇双全的渔家女郎。《贞娥刺虎》中，费贞娥假充公主将李虎灌醉，然后将其刺死。《审头刺汤》中，雪艳假意向汤勤献媚，用酒将其灌醉，然后刺杀了这个卖主求荣，阴谋陷害丈夫、霸占自己的卑鄙小人。

六、酒中悲喜

矛盾、冲突和人物性格的撞击，是构成戏剧性的主要因素。而酒，常常是促发戏剧性、强化戏剧性的一种媒介和手段。由于饮酒的人及其行为在政治、军事、经济、文化、文学、艺术、伦理、道德，以及一般社会琐屑生活各个领域都有所涉及、有所影响；而戏曲又是极其广泛地反映了人类社会各个领域的一种艺术形式，所以说酒是构成戏剧情节的重要因素。

有许多戏，是以醉酒惹祸构成全剧的主要情节的。如《薛刚大闹花灯》，是说薛刚酒醉以后，失去理智，闯下滔天大祸，把当朝太师张泰的门牙打掉，打伤国舅张天佐、张天佑，打坏太庙的神像，打落太子的金冠，引起皇帝的震怒，将对唐朝有汗马功劳的薛家一家 300 多人，满门抄斩。这虽然是由于张泰衔恨，在皇帝面前进谗言，才引发一场曲折激烈、忠奸斗争的悲剧，但起祸根源，却是由于薛刚酣酒，疯狂乱来的结果。如《醉打山门》，是说鲁达在五台山削发为僧，改名智深，因素性嗜酒，每欲破戒。一日，下山闲游，见一人担酒，即上前沽饮，酒贩告以长老有令，禁寺僧饮酒。智深不听，狂饮大醉，回寺大闹。长老遂荐往东京大相国寺。《得阳楼》是说宋江杀死阎惜姣，发配江州。一日，宋江到得阳楼饮酒，酒后，因慨叹个人遭遇，题诗于壁。诗被通判黄文炳抄走，送与知府蔡德章，诬宋江谋反。宋江装疯，蔡知府不信，判宋江斩刑。

许多戏曲中的悲情分离，都在酒的出场后，使凄美之境达到极致。如《霸王别姬》(图 8.38)中，项羽被困垓下，四面楚歌，全军覆没的前夕，虞姬劝酒献舞，这一场的歌舞饮酒，表达了项羽与虞姬在生离死别的依恋与悲痛。又如《梁山伯与祝英台》与《西厢记》中，主人公饮下那一杯充满苦涩和辛酸的水酒。

图 8.38　《霸王别姬》剧照

古代戏曲中也有类似于今天小品的剧目，通过主人公的醉酒，而彰显喜剧效果。如昆曲中《红梨记》的一出，是说一名皂隶奉县令差遣，邀请赵公子饮酒赏月，不料醉酒引出一段喜剧。《刘伶醉酒》中，刘伶嗜酒，自夸从来不醉，遇酒仙杜康，饮以仙酒，竟大醉不醒的故事。

当然，在戏曲舞台上，还出现很多因喜、寿、婚、丧、祭祀、庆功、饯别、结拜等而举行的宴会场面，都是以敬酒、畅饮作为主要的表现手段。这里面虽然没有什么曲折的戏剧性，但也说明酒是生活中、也可以说是戏中无所不在的“必需品”。

另外，也有一些与酒相关的富有诗情画意的抒情戏。唐代杜牧有一首《清明》诗：“清明时节雨纷纷，路上行人欲断魂。借问酒家何处有？牧童遥指杏花村。“戏曲中有一出《小放牛》，描写一位年轻的村姑，向一位牧童问路，唱词是：“牧童哥，你过来，我问你，我要吃好酒在哪里去买，哪哈咿呀嗨？我要吃好酒在哪里去买，哪哈咿呀嗨？”牧童回唱道：“牧童开言道，姑娘你是听。我这里用手儿一指，东指西指，南指北指，前面的高坡，有几户人家，杨柳树上挂着一个大招牌。小姑娘，你过来。你要吃好酒就在杏花村，哪哈咿呀嗨！你要吃好酒就在杏花村！”

这出载歌载舞的用山歌曲调演出的抒情小戏，把杜牧诗中用文字表现得非常含蓄隽永的诗情画意，用绚丽的戏剧形象和优美的音乐、舞姿，在舞台上展示出来，这是戏剧对于诗词的丰富和具象化，也是二者巧妙的结合。

总之，酒对于人类社会生活的利弊有很鲜明的两重性。酒对于社会既有利，也有害。有时是艺术灵感的催化剂，有时是增进爱情、友谊、勇气的兴奋剂或强化剂；但又常常是助长丑恶，激发人类兽性本能和失控的情欲，终至酿成灾祸或无可弥补的悲剧。所以酒对于人类究竟是福还是祸，一直充满着矛盾和斗争。

清代著名学者顾炎武说："水为地险，酒为人险。"意思是说，水本来是对人有利的东西，但如果不兴水利就会泛滥成灾；而酒本身并无所谓利弊，社会上的"酒祸"都是由人造成，亦即由于人的无节制地饮酒，以至醉酒、酣酒。人如果饮酒过量，就会迷失本性，轻者昏迷，任人摆布；重者在酒精的麻醉和强烈刺激下撒疯发狂，纵欲乱性，胡作非为，以致给自己、家人、社会都带来深重的苦难。由此可见，"节饮"是避免酒祸的最有效的手段和方法。但在戏曲中，却很少表现节酒的情节。从戏剧性的需要来看，也无须表现那些为了避免酒祸而设置的节酒的情节，因为那样只会削减戏剧冲突矛盾。

七、戏曲中有关酒的表演程式及其他舞台表现形式

为了表现醉酒的形象和神态，戏曲演员创造了许多生动逼真的表演程式。最常用的是形容酒醉时步履踉跄的"醉步"。醉步分为男女两式。男式醉步的表演方法是：双臂微蜷、手松握拳、两腿稍蹲、大八字步。起步时，左脚向右脚前棚步，落地后，右脚向右前方上一步。左腿稍拖起，身体稍向右倾，顺势左脚向左前方迈半步仍呈大八字步。随即右脚向左脚前方阔步，姿态同前。两脚交换不停前行。女式醉步的表演方法是：双手下垂，起步时，左脚向右脚右方斜跨一步，同时双臂向左侧斜摆动。顺势右脚向右方迈出一步，同时双臂从左侧稍向右摆动。随即左脚向前跟上一步，趁势右脚向左方迈出一步，同时双臂从右侧稍向左摆动，就势右脚向前跟上一步。依此两脚不停踉跄行走。走醉步时，需两眼微锡无神，身上松弛，摆动自然。

表现醉酒神态最重要的是眼神，因为喝醉酒的人，首先是从眼睛上反映出来。酒醉者在舞台上的眼睛称为"醉眼"。"醉眼"的特征是半睁半闭，半明半昏，看人看物都是迷离恍惚，很少正面直视对方，如果注视，常是似见未见，熟视无睹；而真正注视对方时，眼珠却是斜的，用斜视的余光打量对方。

戏曲舞台上描写醉鬼或有酗酒恶习的人，在化妆的相貌上，常在其原有脸谱底色（如黑色、灰色等）上再用红色略涂双颊；有的则在鼻头上抹红色，象征“酒糟鼻子”。

还有的演员在武打表演中，根据剧情，增加一些“醉打”的成分。例如，厉慧良在《艳阳楼》中饰演高登，最后一场与花逢春等开打，表现酒醉尚未全醒，一面开打，一面时作呕吐状，脚步踉跄，挥舞兵器不快不稳，随着开打趋向激烈，才逐渐清醒，恢复常态。这种“醉打”的表演，也逐渐成为一种新创的程式，被人们认同。

有许多“醉打”的表演程式，除去《艳阳楼》以外，最常见的是十八罗汉中有一位醉罗汉，在《十八罗汉斗悟空》与《十八罗汉斗大鹏》中，都有这位醉罗汉与孙悟空或金翅大鹏的别具特色的开打。不管打得多么紧张、惊险、火爆，在开打中都不能失去“醉”的特色。凡是醉打的戏，除去必须有的醉态，如醉眼迷离，醉步踉跄，身体摇晃，持物不稳等外，还常细配有用世劝、罗帽功、铺子功、嘘口功、水袖功、莺带功等特殊的高难技巧。这样就使醉打增强了技巧性、舞蹈性和优美化的审美成分。例如，在《闹天宫》中，孙悟空喝醉以后，不仅要表现出醉态，还要表现出与人不同的猴子的醉态。在《八仙过海》中，李铁拐不仅要表现出醉态，还要表现出一个肢足人所特有的动作和舞姿。

戏曲中有不少醉汉骑马的表演。这种表演大都是一手执鞭，做扬鞭打马状，但走起来又都是进三步退两步，脚步踉跄地走着醉步。例如《太白醉写》等剧就是如此。

八、戏曲舞台上所用的传统酒器道具

(1)酒盘，有两种。一为铜质镀白翻边的酒盘，为剧中贵族角色所用；一为木制漆红、方形立沿的酒盘，为剧中平民角色所用。

(2)酒壶，亦分为旋术提把（贴锡）和高脚端把（贴金）两种样式，分别为剧中平民角色和贵族角色所用。

(3)酒斗，纸胎刷漆，长方形，左右各一方耳与口齐平，贴金矮龙。剧中贵族人物所用。

(4)酒血，一色贴锡，图形带座。剧中平民所用的一般酒具。

(5)酒坛，竹条编织成小口大肚的坛形，外塑纸浆，漆成黑青釉色，多有酒字，剧中表示盛酒的酒瓮。

第五节　酒与书法

从古至今，文人墨客总是离不开酒，诗坛书苑如此，那些在艺术界占尽风流的书画家们，更是"雅好山泽嗜杯酒"。如果说中国是一个历史悠久的文明古国，那么它又何尝不是一个酒文化浓厚的国度呢？

中国酒文化源远流长，与书法更有不解之缘。酒能助谈兴，发诗兴，亦能滋润笔墨。书法家草书的笔走龙蛇汪洋恣肆，多为酒后而书，而酒后书法是最能体现文人的个性和情感的。因为酒的滋润，书法家的性情才能在龙飞凤舞的乘兴挥洒中得以舒展与表现，并由此获得一种得意忘形的艺术与情感宣泄的快感。

古代的书法家，大多嗜酒，原因有二：一是他们的气质与性格特征鲜明，多愁善感，生活追求浪漫气息，希望淋漓尽致地表现自己的个性，因而以酒浇愁，借酒兴来体味生活的趣味。二是酒能推助书画作品的产生。因酒可使人精神亢奋，才思敏捷，从而激发出珍贵的灵感，收到意想不到的艺术效果。

历代众多书法家嗜酒而书，使墨色酒香交融成一道灿烂的风景线。他们的作品，因渗透真情实感以及不可复制性而具有很高的艺术价值和历史价值。

不只是绘画，书法更是与酒结下了不解之缘。书法家们或以名山大川陶冶性情，或花前酌酒对月高歌，往往就在醉时吐出胸中墨，酒酣后"解衣盘薄须肩掀"，一任天机，淋漓挥洒，神行纸上，从而作出一幅幅精品，这就为我们留下了许多富有浪漫色彩的佳话和艺术珍品。在这里，酒已成了他们创作时必不可少的重要条件。

一、晋代"书圣"王羲之

王羲之擅长书法，其代表作《兰亭序》(图 8.39)的产生因缘、书写艺术、文辞内容均与酒密切相关，是王羲之在流觞曲水之后，心绪弛放，创作出的"天下第一行书"，字字珠玑，如"龙跳天门，虎卧凤阁"。故王羲之有"书圣"之殊荣。相传，公元353年的一天，兰亭这儿十分热闹，原来是王羲之邀了几位朋友在这儿聚会，饮酒作诗。这个盛会很有趣，朋友们不是坐在酒席桌前，而是在清清的溪水边，浓浓的树荫下。这儿真是美极啦！曲水绕亭、鸟语花香、春风拂面，使人神清气爽。当清澈的泉涌载着盛满美酒的酒杯流到谁的面前，谁就端起来喝一口，可惬意啦！几杯酒下肚，人们就陶醉在酒香美景之中，接着就饱蘸墨笔，吟诗作文，互相传看，朋友们免不了评点一番，边吟边唱。真是欢声笑语，不绝于耳。

王羲之觉得从来没有这么高兴。乘着酒兴，他挥笔运气，洋洋洒洒，写了一篇记载当时盛况的文章，题目就叫《兰亭序》。朋友们看后，一致认为无论从文章的角度，还是从书法的角度看，都是一篇绝妙的艺术品。对于大家的称赞，王羲之并不觉得怎么样，但到了第二天酒醒之后，再把手书的《兰亭序》拿来仔细一看，果然比以前的书法要精彩得多，心中十分得意。他顺手抽出笔来，照样又写了几幅，可是无论如何也赶不上第一幅写得那么好了，只得把它们都撕掉。

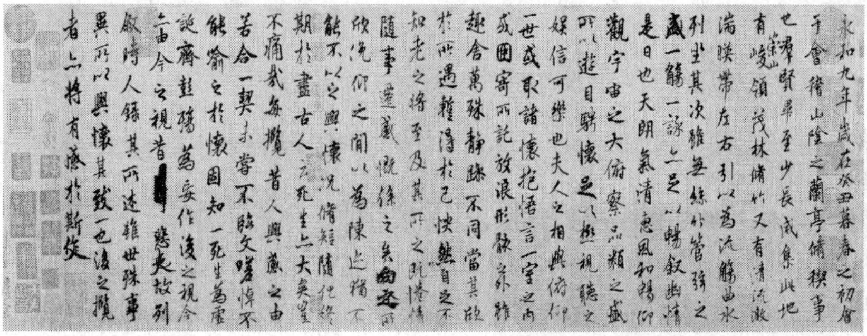

图 8.39　王羲之《兰亭序》

二、唐代“草圣”与“草狂”

书法与酒结合得最为完美的典型，莫过于唐代的张旭、怀素，他们一为“草圣”，一为“草狂”，其酒后挥毫，墨酣笔畅，仿佛如有神助。唐代李肇在《国史补》记其事：“旭饮酒辄草书，挥笔而大叫，以头温水墨而书之，天下呼为张颠，醒后自视，以为神异，不可复得。”唐代诗人李颀《赠张旭》描其态：“张公性嗜酒，豁达无所营。皓首穷草隶，时称大草圣。露顶据胡床，长叫三五声。兴来洒素壁，挥笔如流星。瞪目视霄汉，不知醉与醒。”其醉后作书之态确实可掬可嘉。

（一）“草圣”张旭

张旭(675—750 年)，字伯高，唐代著名书法家，与李白、贺知章、李适之、李进、崔宗之、苏晋、焦遂称为酒中八仙。张旭喜欢喝酒，每次大醉后，号呼狂走，索笔挥洒，变化无穷，若有神助，时人号为张颠。据李肇《国史补》说，张旭每次饮酒后就写草书，写时挥笔大叫，把头浸在墨汁里，用头发书写。他的发书飘逸奇妙，异趣横生，连他自己酒醒之后也大为惊奇。相传他为长安崇仁场资圣寺净土院的门墙画壁，久之不得，后遇大醉才天机勃发，“秉烛醉画”，神妙异常，这恐怕有夸张之嫌。但张旭嗜酒成性，而且往往在醉后书写，草体字也写得尽善尽美，这是事实。杜甫在《饮中八仙歌》中说：张旭三杯草圣传，脱帽露顶王公前，挥毫落笔如云烟。"三杯"是指喝酒，并非实指喝了三杯酒。"脱帽"是描绘他在书写时的狂态。"挥毫"是形容他的草体字之精妙。

张旭死后，大家都很怀念他。如杜甫入蜀后，见张旭的遗墨，伤感万分，写了一首《殿中杨监见示张旭草书图》，诗中曰："斯人已云亡，草圣秘难得。及兹烦见示，满目一凄恻。"高适（唐代著名的边塞诗人）在《醉后赠张旭》一诗中说："世上漫相识，此翁殊不然，兴来书自圣，醉后语尤癫。白发老闲事，青云在目前，床头一壶酒，能更几回眠。"可见大家对张旭的敬爱之深。其代表作如下：

1.《肚痛帖》

《肚痛帖》，传为唐朝张旭书。草书 6 行，共 30 字，图 8.40 所示（忽肚痛不可堪/不知是冷热所/致欲服大黄汤/冷热俱有益/如何为计/非临床）。《肚痛帖》是张旭的代表作，是狂放大胆书风的代表。字如飞瀑奔泻，时而浓墨粗笔，沉稳遒迈，时而细笔如丝，连绵直下，气势连贯，浑若天成。在粗与细、轻与重、虚与实、断与连、疏与密、开与合、狂与正之间回环往复，将诸多矛盾不可思议地合而为一，表现出如此的和谐一致，展现出一幅气韵生动、生机勃勃、波澜壮阔的艺术画卷，天马行空的胸襟与气质，无处不体现作者创作时的艺术冲动和无拘无束。明朝文学家王世贞曾说："张长史《肚痛帖》及《千字文》数行，出鬼入神，倘恍不可测。"从此帖中可以看出，写此幅字时是蘸饱一笔一次写数字至墨竭为止，再蘸一笔。这样做可以保持字与字之间的气贯，还可以控制笔的粗细轻重变化，使整幅作品气韵生成，产生"神虬出霄汉，夏云出嵩华"的气势。

图 8.40　张旭《肚痛帖》

2.《古诗四帖》

《古诗四帖》（图 8.41），狂草书，共 40 行、188 字。通篇笔画丰满，绝无纤弱浮滑之笔。行文跌宕起伏，动静交错，满纸如云烟缭绕，实乃草书巅峰之篇。《古诗四帖》的特点是较过去更为狂放，整体气势如长江大河一泻千里，急风骤雨，所以在草书发展史上是新突破。它打破了魏晋时期拘谨的草书风格。把草书在原有的基础结构上，将上下两字的笔画紧密相连，所谓"连绵环绕"，有时两个字看起来像一个字，有时一个字看起来却像两个字。在章法安排上，也是疏密悬殊很大。在书写

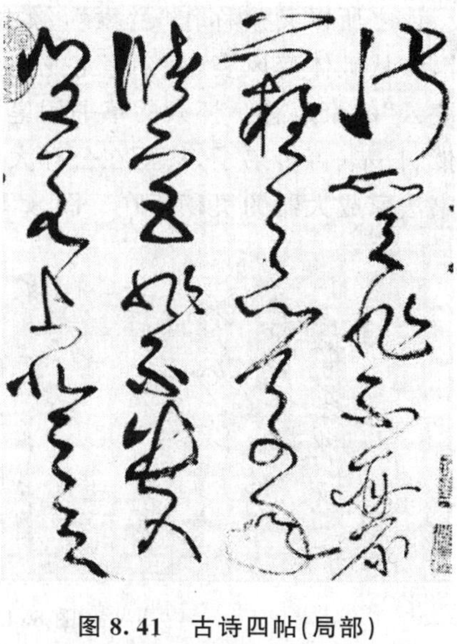

图 8.41　古诗四帖(局部)

上，也一反魏晋“匆匆不及草书”的四平八稳的传统书写速度，而采取了奔放、写意的抒情形式。《古诗四帖》，可以说是张旭全部生命的结晶，是天才美和自然美的典型，民族艺术的精华，永恒美的象征。

3.《终年帖》

对张旭的《终年帖》，唐代书法家蔡希综的评价是：“乘兴之后，方肆其笔，或施于壁，或札于屏，则群象自由，犹若飞动，议者以为张公亦小王之再出。”由此可见，他的草书迥异于“不激不厉”的大王书风，而取法于“纵逸不羁”的王献之。其骇目惊心的壁书和屏书，今已荡然无存，草书作品《终年帖》等尚可从摹刻本中看到。此帖为难得的墨迹，留给后世的是那如骏马奔驰，倏忽千里，如云烟缭绕，变幻多姿的艺术形象。

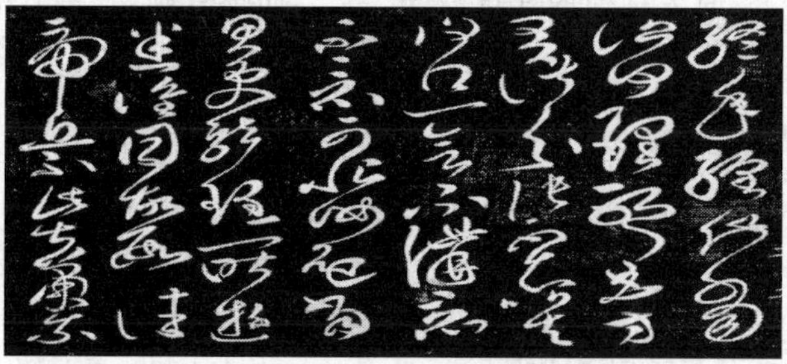

图 8.42　《终年帖》

(二)“草狂”怀素

怀素(725—785 年)，唐朝人，字藏真，僧名怀素。幼年好佛，出家为僧。他是书法史上领一代风骚的草书家，他的草书称为“狂草”，用笔圆劲有力，使转如环，奔放流畅，一气呵成，与草书家张旭齐名，人称“张颠素狂”或“颠张醉素”。他也能做诗，与李白、杜甫、苏涣等诗人都有交往。

李白在《赠怀素草书歌》中写道：“吾师醉后倚绳床，须臾扫尽数千张。飘风骤雨惊飒飒，落花飞雪何茫茫。起来白壁不停手，一行数字大如斗。恍恍如闻鬼神惊，时时只见龙蛇走。”所以，怀素的书法艺术的情感，表现特点是“癫狂”。

他之所以又被称作"醉素"，缘由这位出家人嗜酒如荤，醉后"草圣欲成狂便发"，敢从破体变风姿，字字笔走龙蛇，"风骤雨旋"，笔下气势磅礴，着实给人以"剑气凌云"的豪迈感。怀素的草书用笔圆劲，"使转如环"，所学对象不拘一格——大自然、长辈、再传弟子，甚至在公孙大娘的舞剑中也能颖悟笔法，此种精神，是这位大书法家成大器的奥秘所在。图 8.43 为怀素的《自叙帖》。

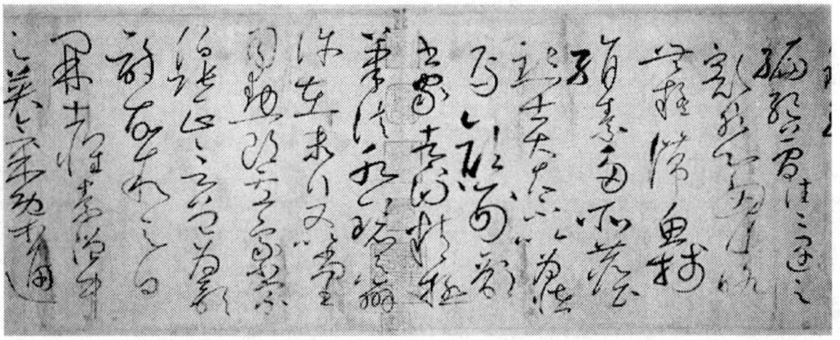

图 8.43　怀素《自叙帖》

据史书记载，草圣张旭"每大醉，呼叫狂走，乃下笔"，于是有其"挥毫落纸如云烟"的《古诗四帖》。时人称他的狂草为"醉墨"。而怀素则是"每酒酣兴发，遇寺壁、里墙、衣裳、器皿，靡不书之"。有人问怀素写字秘诀，他竟以"醉"字作答，正所谓"醉来信手两三行，醒后却书书不得"。

唐代除这两位书法家外，值得一提的还有贺知章。据韦续《续书品》记载，他官至秘书监，性旷达好饮酒，是当时"饮中八仙"之一，自号"四明狂客"，能诗善书，其作草"纵笔如飞，酌而不竭"。

三、元代著名草书家鲜于枢

唐朝以后，书法艺术得以继承发展，和酒也是一直相随相伴。鲜于枢（1256—1301 年），元代著名书法家。祖籍金代德兴府（今张家口涿鹿县），生于汴梁（今河南开封）。他擅长楷书、行书、草书，尤以草书为最。他的楷书学虞世南、褚遂良，上溯钟繇、王羲之；行书学王羲之、王献之；草书有张旭、怀素遗意。

鲜于枢也喜饮酒，也常"醉极作放歌怪字"，其书笔力劲健，奇态横生，名声与赵孟頫顷齐，同为元朝书坛巨擘。

鲜于枢有北方人的慷慨、豪气，身材魁梧，胡须浓重，朋友们称其为"髯公"。同时期的诗人柳贯说他"面带河朔伟气，每酒酣骜放，吟诗作字奇态横生。其饮酒诸诗，尤旷达可喜；遇其得意往往为人诵之"。

他的传世书法作品主要有：①小楷《老子道德经》上卷，藏故宫博物院；②大楷

《麻徵君透光古镜歌》、《御史箴》，藏台北故宫博物院；③行书《杜工部行次昭陵诗卷》、《苏轼海棠诗卷》（图 8.44），均藏故宫博物院；④行草书《诗赞卷》（图 8.45），藏上海博物馆，《王荆公杂诗卷》藏辽宁省博物馆，《韩文公进学解卷》藏北京市文物局，《唐诗卷》藏台北故宫博物院。

《苏轼海棠诗卷》释文：江城地瘴蕃草木，只有名花苦幽独。嫣然一笑竹篱间，桃李漫山总粗俗。也知造物有深意，故遣佳人在空谷。

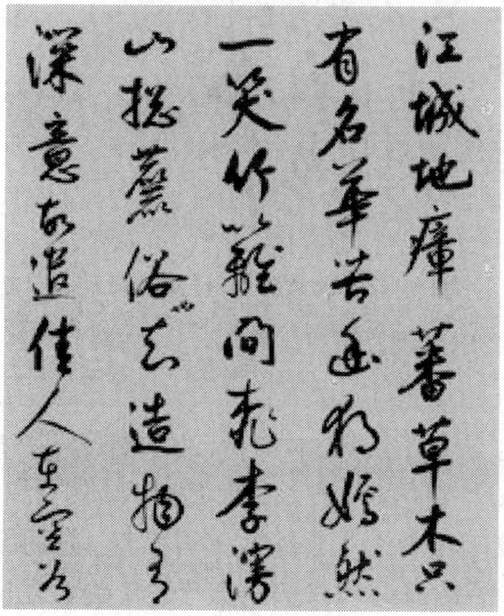

图 8.44　《苏轼海棠诗卷》

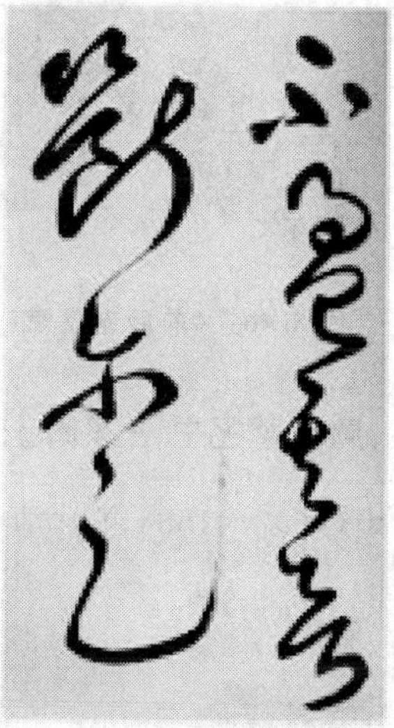

图 8.45　鲜于枢行草诗赞卷

四、明代著名草书家祝允明

祝允明（1460—1527 年）字希哲，号枝山，因右手有六指，自号“枝指生”，又署枝山老樵、枝指山人等。汉族，长洲（今江苏苏州）人。他家学渊源，能诗文，工书法，特别是其狂草颇受世人赞誉，流传有“唐伯虎的画，祝枝山的字”之说。祝枝山所书写的“六体书诗赋卷”、“草书杜甫诗卷”、“古诗十九首”、“草书唐人诗卷”及“草书诗翰卷”等都是传世墨迹的精品。

祝允明为人顽世自放，纵情于酒，其草书笔力挺劲，势态活泼，书如其人。例如，其草书《前后赤壁赋》（图 8.46，壬戌之秋七月既望苏子与客泛舟游于赤壁之），笔势雄强，纵而不散，逸而能收；笔法刚健，蕴涵丰润，取法诸家。既有“二王”的遒爽，怀素、张旭的豪纵，又有“宋四家”的潇洒和劲峭，更多自己的面貌跃然纸上。如其草书《洛神赋》，如图 8.47 所示。

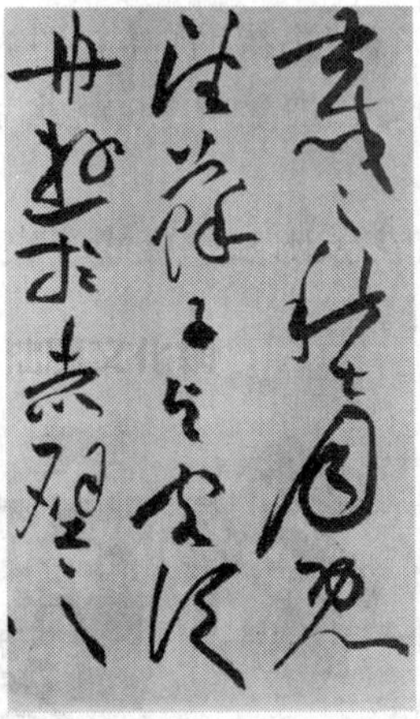

图 8.46　《前后赤壁赋》

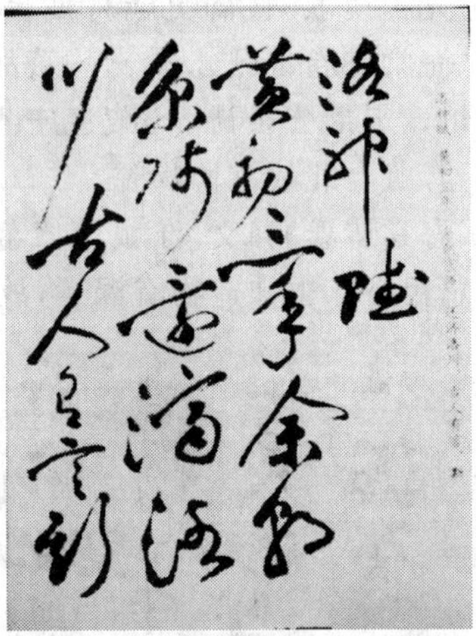

图 8.47　祝允明草书《洛神赋》

五、清代著名书法家傅山

傅山(1607—1684 年),清代名医、文学家、书法家,字青竹,改字青主,又有真山、浊翁、石人等别名,汉族,山西太原人(图 8.48)。傅山的书法被时人尊为“清初第一写家”。他的字画均渗透着自己品格孤高和崇高的气节,流溢着爱国主义的气息,深得后人赞赏。

图 8.48　傅山画像

人们都知道傅山是一位伟大的思想文化家,当时被人誉为“学海”。可很多人也许不知道,傅山还是一位好酒的性情中人。他在取得巨大的思想学术成就的同时,也与酒结下了终身的不解之缘。尤其是他与享誉国际国内的佳酿竹叶青,还有一段不能割舍的渊源。

傅山年轻时就嗜好喝酒,自号“橐禅”。他在霜红龛读书时,曾作《红叶楼》七言绝句一首,其中一句就是:“傅山彻夜醉霜红。”明亡以后,由于感情郁积悲愤,傅山对酒的爱好也越来越浓了。明亡后的第一个除夕夜,傅山痛苦地写道:“无情今夜贪除酒,有约明朝不拜年。”傅山在长期的流寓生活中,除了书籍与笔墨之外,唯一不能离的就是酒了。当然,傅山与普通好酒的人不同,他除了对酒有种天然的喜欢外,还把酒作为发泄愤懑和交流思想的媒介。他和他的同道认为，酒是“真淳之液”，酒后能吐真言。

在傅山十多年的流寓生活中，汾阳（山西省）是他寄居和活动较多的地方之一。而汾阳正是汾酒和竹叶青的诞生地，因此，傅山便与竹叶青有了修订和完善之缘。

说起竹叶青，它还有一段有趣的传说。这一年，山西酒行又要开酒会了，一东家吩咐两个伙计备好一坛新酒抬去参品。这天天气特别热，伙计俩走得又热又渴，到了正午，恰巧来到一片竹林，两人一商量，决定先在竹林里凉快凉快，找口水喝。可哪有水呢！伙计俩顺手从一株成竹上扯了两片大竹叶，捻成两个小酒杯喝起来。他俩喝完酒却傻眼了：只剩下半坛子酒，怎么去交差呢？

两人走不多远，又见到一片竹林，竹林里有个小水洼，上面飘着的一层竹叶将洼中的水映得晶莹碧绿，甚是惹人喜爱。这伙计俩赶紧把酒坛子放下，蹲在小水洼边，你一下，我一下地往坛子里加水，不一会儿就把坛子灌满了。

再说酒会上。就在各家的酒快要品尝完了，只见这伙计俩满头大汗地抬着坛子走进会场，东家揭开坛盖，舀了一碗酒，恭恭敬敬地捧到酒会会长面前。不用细说，这年酒会上，伙计俩送去的酒名列榜首！

后来，东家买下了那块地皮，将自己的酒坊迁去，在小水洼上打了一眼井，又从酿造技艺上努力改进，还在酿好的酒中加入新鲜的竹叶，终于酿出了别有色味的好酒，取名“竹叶青”。

唐代的竹叶青已经名气不小，武则天曾吟咏道：“酒中浮竹叶，杯中写芙蓉。”初唐诗人王绩也写道：“竹叶连糟翠，葡萄带曲红。”可见，唐代的竹叶青已有了一定的发展。到了宋代，竹叶青的配方中已有了中药的成分。而竹叶青能有今天的独特品质，则是因为傅山对其配方的修订。

傅山先生在寓居杏花村期间，曾经对竹叶青酒的配方进行过大的改进。他利用自己在中医学方面的渊博知识和丰富经验，精心研究竹叶青酒的配制良方，研究如何搭配中药材才能更好发挥疗效，经过反复调试，最终形成了十几种中草药和谐配伍的配方。最后，经傅山潜心改良后的配制工艺酿出的竹叶青酒不仅味道芳醇爽口，色泽金黄微翠，而且对经络等方面的疾病还有很好功效。竹叶青酒从此定型。

有一次，傅山与好友在杏花村申明亭饮酒。席间，大家盛赞经其指点过的竹叶青酒是酒中珍品，希望他为杏花村美酒题词赋诗，留下墨宝。傅山沉吟片刻，挥毫写下“得造花香”四个大字（图 8.49）。

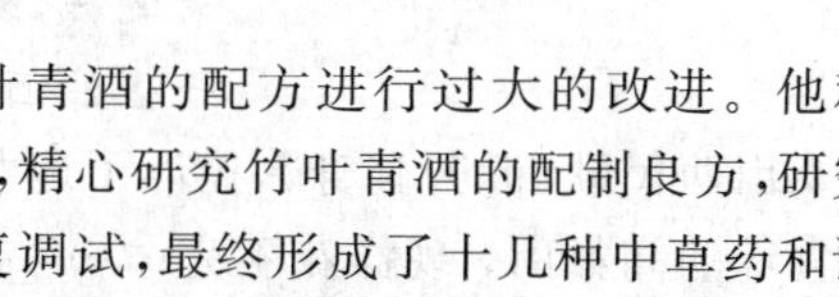

图 8.49　傅山的《得造花香》

竹叶青酒，就是傅山先生精心打造的产品。傅山先生自称“朱衣道人”，明朝灭亡后隐于民间，经常到汾阳杏花村小住一段时日。傅山诗歌“长夜梦不成，到处野草生，斟酒尽善村，寄意在申明。”就是傅山先生在杏花村（当时被称为“尽善村”）时的真实写照。

竹叶青酒是国家名酒，竹叶青商标也是国家驰名商标。竹叶青酒以优质汾酒为母酒，加配十二种名贵中药材精制而成。1998 年，竹叶青酒被卫生部批准为我国唯一保健名酒。

第六节　酒与音乐

“美酒飘香歌绕梁”，音乐与酒，都是人类情感的结晶。几千年来，在中华大地上，芬芳的美酒，美妙的旋律，从男人心中烧出火来，从女人眼中带出泪来，丰富着人民的生活，成为中华灿烂的民族文化的一个重要组成部分。

一、酒为低吟高唱的由头

曹操的《短歌行》，其“对酒当歌，人生几何”的歌声，通过酒抒发了时光流逝、功业未成的深沉感慨。又如李叔同《送别》中，酒为其第一段内容增添了无穷的惜别之意：

长亭外，古道边，芳草碧连天，
晓风拂柳笛声残，夕阳山外山。
天之涯，地之角，知交半零落，
一壶浊酒尽余欢，今宵别梦寒。

山西民歌《诉苦翻身》，控诉了地主的罪恶：“地主吃的酒和面，占的是大楼院，粮食堆的高如山，现洋花不完……”

乔羽作词、刘炽作曲的电影《上甘岭》插曲《我的祖国》，其第三段为：“好山好水好地方，条条大路都宽广，朋友来了有好酒，若是那豺狼来了迎接它的有猎枪……。”

粉碎“四人帮”后，韩伟作词、施光南作曲、李光羲演唱的《祝酒歌》，其“美酒飘香歌声飞，朋友请你干一杯，胜利的十月永难忘，杯中酒满幸福泪”的歌声，通过酒抒发了粉碎“四人帮”、人民得解放的无比兴奋。

二、以音乐抒发饮酒之人的思想感情

古代琴曲《酒狂》，是晋代竹林七贤阮籍所作。阮籍通过描绘混沌的情态，发泄内心积郁的不平之气，音乐内在含蓄，寓意深刻。阮籍放纵于饮酒，一方面避免了司马氏的猜忌，一方面也使司马氏胁迫、利用他的企图归于无效。《酒狂》比较形象地反映了他似乎颓废实际愤慨的情感。

又如唐诗人皮日休和陆龟蒙所作的古琴十大名曲之一《醉渔唱晚》，描摹了一位以打鱼为生的隐者放声高歌、自得其乐、豪放不羁的醉态，抒发了作者忘情于山水，纵情于美酒的思想感情。全曲素材精练，结构严谨，是一首精致的琴曲小品。全曲大致可分为三个部分，第一部分，用舒缓典雅的慢板奏出悠扬如歌的旋律，并配合左手的揉、吟等装饰技巧，描绘了一幅优美的湖光山色，夕阳西下，渔船还在移动，渔人载歌而归，同时抒发了作者内心的感受和对景色的赞赏。第二部分，音乐节奏加快，情绪趋于热烈，跌宕起伏，犹如水波荡漾，渔民们摇着桨，驾舟归来的情景。第三部分是快板，在旋律的进行中，运用了一连串的音型模进和变奏手法，形象地刻画了荡桨声、摇橹声和浪花飞溅声。

三、以酒为歌唱的重要内容

明代民歌《骂杜康》、《酒风》；清代民歌《这杯酒》、《上阳美酒》；民国时期的民歌《八仙饮酒》、《十杯酒》；建国之后的《赞酒歌》、《丰收美酒献给毛主席》。又如，器乐曲广东音乐《三醉》和琵琶曲《倾杯乐》。再如苏东坡的《念奴娇·赤壁怀古》问世之后，广为传唱，其主旨，又全在末句“人生如梦，一尊还酹江月”中，于是，时人就以《酹江月》作为《念奴娇》的别称。

再如现代歌曲中，陈少华演唱的《九月九的酒 》、《九九女儿红》，田震的《干杯，朋友》，苏芮的《酒干倘卖无》，郑钧的《爱情酿的酒》等。

四、音乐与酒皆是古代“礼”的重要内容

《礼记·乐记》说：“礼节民心，乐和民声，礼义立，则贵贱等矣；乐文同，则上下和矣。”国君宴请臣惊宾客，在古代也是一种礼仪（燕礼），在这种场合，自然要奏乐，例如周代的《小雅·鹿鸣》、清代的《清乐》，等等。礼乐互用，酒乐相配，在明君臣之礼的同时，激发群臣宾客的忠贞。不过在民间，酒宴几乎没有什么礼仪作用，因而音乐与酒的关系，只是随酒助兴罢了。

五、以音乐推销酒

音乐在酒类广告中的应用历史可谓久远。例如，南宋“赌军酒库”用音乐、杂剧推销新酒的情况，就是一个最好的例证。“赌军酒库”是当时在每年清明节和中秋节的前后，即新酒酿出来的时候，都要利用乐队、妓女和女孩子，或执乐器，或装扮故事中的角色，列成队伍，在街头游行，为推销新酒进行宣传。人们从酒库出发，到官厅表演了杂剧，演奏了音乐，再回到酒库。

现代人更是用音乐来加深酒的文化底蕴，使酒的品位得到极大的提高。例如，上海力波啤酒的广告就选用了歌曲《喜欢上海的理由》：“上海是我长大成人的所在，带着我所有的情怀，第一次干杯，头一回恋爱……身边的朋友越穿越新派，上海让我越看越爱。好日子，好时代，我在上海力波也在！”由此可见，力波的“喜欢上海的理由”不仅仅是一则商业广告，它代表了社会、文化传播领域的一种趋势和潮流。

“青山青，绿水绿，好山好水出好酒！”贵州醇这首具有浓郁地方特色的歌曲，在中央电视台播出后，迅速传遍大江南北。质朴的歌词、优美旋律，仿佛一股清凉的风将人们带入了一个美好的境界——中国白酒的天然、中国白酒的文化、中国白酒的意境。

在享有“葡萄酒之乡”美誉的意大利，有一种名叫“Baro”的葡萄酒，由著名芭瓦家族酿造，已有400多年的历史了，它就是借助音乐艺术的魅力，才彻底甩掉长期扣在其头上的那顶“农民葡萄酒”的帽子。葡萄酒以大提琴作为酒标(后来还专门设计了一款大提琴形的酒瓶)，旨在让人们一看到此酒，就会想到大提琴，想到音乐。为此，芭瓦家族还专门建立了一支不同寻常的管弦乐队，并在葡萄丰收及酿制葡萄酒的时候，在葡萄园中心区域举办音乐会，让人们边饮此酒，边听音乐。多么惬意和宁静！

“张裕干红”有一则巧借音乐来演绎美酒的平面广告，可取之处就在于酒瓶及其投影异化如小提琴构图，而在投影所指方向，有一段以小号字编排的点题文案：“深爱张裕干红的朋友知道，品一杯醇厚的张裕干红，那浪漫的感觉，就如听一首舒伯特的小夜曲”。试想，这时如果你将这瓶美艳如玫瑰的张裕干红倾倒在一个浑圆的高脚玻璃杯里，那诱人的色彩和酒杯的造型，看上去简直就是一件无可挑剔的艺术品，使人不饮也醉。

“零点啤酒”为掀起新一轮消费高潮，进一步扩大其品牌知名度及影响，邀请与零点同名的“零点乐队”作为其形象代言人，以吸引年轻消费群，加深消费者对零点啤酒的印象，培养忠诚消费者。

江苏某酒厂防伪出绝招，消费者在扭动酒瓶的瓶盖时会听到一阵抒情的江苏民歌《茉莉花》的乐曲声。

孔府家酒的广告语"孔府家酒，叫人想家"与《北京人在纽约》主题歌相衬托，广告歌熟悉的旋律，能唤起一种很温馨的感觉。

再如"沱牌曲酒"的"悠悠岁月酒，滴滴沱牌情"，虽然只有一句歌词，却唱得荡气回肠，既有历史的沧桑感，又有悠然之意，像是一股扑鼻而来的浓郁酒香，引诱着坐在电视机前的消费者。

酒与音乐，智慧与情感。千年华夏文明，醇酒醉心乐醉耳。芬芳的美酒，伴着欢快的节奏，辛酸的苦酒，紧随着痛心的旋律，亿万炎黄子孙，所书写出的可喜可贺、可歌可泣的故事，已化为一颗颗璀璨的明珠，屹立于世界的东方。

第九章 品 酒 艺 术

第一节 不同国家的品酒文化

一、希腊人的“微醉酒”文化

希腊是四大文明古国之一，在许多文化方面与中国有相近之处，希腊人喜欢喝酒，这一点也很像中国人。希腊最有名的酒叫“乌佐”(42%)，它在希腊的名气就像五粮液在中国一样，但其价格和销售量却和中国普通酒差不多。“乌佐”具有甘草香味，喝之前放一些冰块，然后轻轻晃动几下，喝起来非常柔和。希腊人认为中国的酒很好喝，但在希腊只能在中餐馆才能喝到，而且价钱昂贵。他们通常是去餐馆和酒吧喝酒，并不像中国人那样边吃饭边喝酒，而是单纯喝酒，最多佐以干果和橄榄，而且把喝得微醉视为一种社交风尚。

二、韩国人的“以酒交友”文化

在韩国，不喝酒交不到朋友。韩国人爱喝酒，尤其是爱喝“炸弹酒”。关于“炸弹酒”的起源，说法很多，比较普遍的说法是起源于美军军营，当时美军没有下酒菜，喝威士忌时便以啤酒为“辅菜”。韩国军人出于便利和职业习惯，加之制作和喝这种酒的形象联想，将威士忌干脆放到啤酒中一起喝，就起了“炸弹酒”的名称。随着韩国人生活水平的提高，“炸弹酒”迅速普及。时至今日，“炸弹酒”已从当时便宜和方便的享受，演变成重要的社交手段，成了朋友之间相互较劲的方式。好友聚会，在吃饭过程中，大家都喝“炸弹酒”，略有醉意后，去唱歌房，一边唱歌，一边再喝“炸弹酒”，气氛十分热烈。

三、中国人的“酒必大杯”文化

中国古代有“月下独酌”、“醉里挑灯看剑”、“酒后狂草”等不胜枚举的饮酒文化。古人的饮酒文化与今人相同——饮一生一世还不够，下生下世还努力。中国人喜欢豪饮，酒必大杯，否则不过瘾。所以，才有武松式的大碗喝酒和大块吃肉的习惯;有英雄美人式的饮酒;有“竹林七贤”式的喝法。

四、俄罗斯人的“烈酒豪饮”文化

俄罗斯以生产“伏特加”烈性酒而著名,饮时令喉咙“燃烧”。俄罗斯人饮酒习惯与中国人一样,也是大杯,而且要干杯,否则就不是真正的男人。俄罗斯人在喝“伏特加”时,必先从喉咙里发出“咕噜”声,相传这是彼得大帝留下来的,几百年已形成传统。相传,彼得大帝是酒国之君,自己不但爱喝酒,还喜欢犒赏得力部下喝免费酒,他在部下的下巴上盖一个官印,只要在官印还没有洗掉之前,仰起下巴,发几响浓重喉音,就可免费出入任何一家酒店。俄罗斯人这种豪情,别国人不一定学得好,中国人也比不上。俄国人为了享受饮酒,什么也不顾。

五、法国人的“细品慢饮”文化

相比之下,法国人饮酒喜欢细品慢饮,他们一定要把酒从舌尖慢慢滑到喉头,因为酒一落食道,再好的味道就尝不出了,所以愈是好酒愈要慢饮。法国的香槟酒和葡萄酒闻名世界。香槟酒是为喜庆准备的并在任何场合都可用的酒,只要遇到喜庆之日,法国人就打开香槟酒,共同举杯庆祝,但不要与烤肉同用。否则烟味容易夺走酒味。

在美食之国的法国,饮酒素有讲究。历来有“白葡萄酒配鱼,红葡萄酒配肉”的不成文规则,这种配法只为颜色与盘中菜相配,而且还有“白酒不宜过冰,红酒不宜太温”的通则。酒杯也有学问,高脚杯可使手掌与酒保持距离,不易使酒升温。在法国,当“酒博士”很不容易,只有几所学校专门培养这种学生。可见法国人是享受情调的高手。

六、英国人的“混合艺术”文化

英国的“威士忌”,在1839年正式投产,但早在1494年已用大麦酿酒,但人们饮后,出现“发福”和脾气怪异的现象。后来的威士忌采用黑麦、燕麦、玉米等多种混合原料酿制,因此,英国人认为:酿制威士忌,多种原料的“混合是一种艺术”。最有仿效力的日本,一直想知道英国人的“混合”制酒艺术,但至今只仿制出了“半吊子艺术”,如Nikka和Suntory等酒。所以,英国人在多种混合原料酿酒方面令人望尘莫及。

七、日本人的“喝酒当成工作”文化

日本人把喝酒当成工作,每天下班,必到酒吧报到。作出重大决定,不是在办

公室里，而是在黄汤下肚的酒店里。哪个人升迁，一概都要喝酒。因此，酒吧成了日本男人的天堂，他们下班后都要尽情在酒吧里享受够了，才拖着醉态的步子回家。以这种方式饮酒的日本人是为了从工作压力下解脱出来，从中享受酒的轻松洒脱。

八、德国人的“变着戏法享受啤酒”文化

德国以全大麦酿制的啤酒而著名。德国的啤酒人均年消费量居世界第一位，因此，德国的啤酒肚、啤酒杯、啤酒节、啤酒园、啤酒香肠、啤酒地下屋等，莫不与“啤酒”有关。在天津的德国经典蓝调商务 party 酒吧中，啤酒杯是世界上最大的，一杯可盛 1 升。此外，还有“啤酒冷”与“啤酒尸”的说法，“啤酒冷”形容人落落大方，“啤酒尸”指那些喝得太多躺在路边的人。可见，德国人是变着戏法享受啤酒。

九、墨西哥人的“别具一格”文化

墨西哥人也很爱喝啤酒。在墨西哥，啤酒不仅作为饮料，而且也是食品。墨西哥的啤酒别具一格，系采用龙舌兰酿制而成，呈乳胶状，而且酿制后当天就要喝掉。如果你有一天乘飞机去墨西哥，饮上一大杯龙舌兰酿制的啤酒，将是一件很开心的事。

第二节　我国历届品酒会简介

一、第一届全国评酒会

第一届全国评酒会于 1952 年在北京举行。当时，酿酒工业尚处于整顿恢复阶段，国家除接收少数官僚资本家的企业外，大多数酒的生产是私人经营的，由国家专卖局对酒类生产进行管理。本届评酒会共收集全国的白酒、黄酒、果酒、葡萄酒的样品 103 种。

本届评酒会根据北京试验厂（现北京酿酒总厂）提供的化验分析结果和市场信誉推荐意见，推选出全国八大名酒：白酒类四种、黄酒类一种、葡萄酒类三种（详见第二章第一节）。

本届评酒会虽然准备工作和条件较差，但评选的八大名酒对酒类的生产和产品质量的提高起到了重要的推动作用，开创了我国评酒历史的新篇章，为我国开展评酒工作奠定了基础，树立了基本框架，写下了极其珍贵的一页。

二、第二届全国评酒会

第一届评酒会之后，通过推广先进经验、提高生产技术、严格验收标准、加强市场管理等措施，全国涌现出许多质量优良、风格独特的饮料酒。为了掌握酒类的质量情况，促进酿酒工业的发展和产品质量的提高，轻工部于1963年在北京举办了第二次全国评酒会。

本届评酒会设白酒、黄酒、果酒、啤酒四个组别，通过密码编号、分组淘汰，再经过初赛、复赛、决赛，由评酒委员独立思考，按酒的色香味百分制评选，根据得分多少评选出国家名酒18种、国家优质酒9种。其中，8种国家名白酒(详见第二章第一节)；9种国家优质白酒：双沟大曲酒、龙滨酒、德山大曲酒、全州湘山酒、桂林三花酒、凌川白酒、哈尔滨高粱糠白酒、合肥薯干白酒、沧州薯干白酒。

本届评酒会首次制定了评酒规则，名酒数量从8种增加到18种，其中白酒8种称为“八大名白酒”，还涌现出9种国家优质白酒，充分展示了我国酿酒工业的发展。但本届评酒会未分酒的香型，也没按原料和糖化发酵曲的不同编组。

三、第三届全国评酒会

为了继承发扬名酒传统，轻工部组织了茅台、汾酒两个科研试验点，科学总结了名酒的传统经验，肯定了传统工艺中的科学部分，改进了不合理的工艺，不仅使名酒的生产技术大大提高，而且推动了整个白酒生产技术的发展。第三届全国评酒会于1979年在大连召开。

本届评酒会开始实行评酒员的考核制度，评酒员除少数特聘外，绝大多数经过考核聘任，其中白酒22人、黄酒15人、啤酒13人、葡萄酒15人。白酒评比采用密码编号、分型评比的方法，即按照香型、生产工艺、糖化发酵曲分别密码编号为大曲酱香型、大曲浓香型、大曲清香型、麸曲酱香型、麸曲浓香型、麸曲清香型、米香型、其他香型。低度白酒进行分组评比，再经过初评、复评、终评，根据酒的色泽10分、香气25分、口味50分、风格15分的百分制标准，由评酒委员会推荐，轻工部审定，评选出国家名酒8种、国家优质酒18种(详见第二章第一节)。

本届评酒会首次实行了评酒员的考核制度，确定了4种香型(酱香型、浓香型、清香型、米香型)白酒的风格特点，统一了按色、香、味、风格4项的评分标准及评比用语，较为全面地体现了产品质量的真实性，对指导生产、引导消费、评选名优产品起到了巨大的推动作用，成为中国白酒品评史上的里程碑。

四、第四届全国评酒会

第四届全国评酒会是在国务院颁布了《中华人民共和国优质产品奖励条例》之后，首次在全国酿酒行业进行的“国家质量奖”评选活动，由中国食品工业协会主办，轻工部、商业部、农牧渔业部协办。本届评酒会按照酒类专业组分期举行，1983年在江苏连云港评选了葡萄酒和黄酒；1984年在山西太原评选了白酒；1985年在山东青岛评选了啤酒、果酒和配制酒。

本届白酒评比采用密码编号、分型分组评比的方法，即按照香型、糖化发酵曲分别密码编号进行分组评比；由于本届参评样品较多，将30名白酒评委分为两组：一组评浓香型白酒，另一组评浓香型以外的各种香型白酒；在酱香型白酒的评选标准中，对香气的要求除了“酱香突出，优雅细腻”外，增加了“空杯留香”的标准，对口味的指标增加了“酱香显著”的要求；对兼香型白酒，仍归入其他香型白酒中；经过分组初评、复评、终评，由评酒委员会推荐，国家质量奖审定委员会审定，评选出国家优质金奖白酒13种、国家优质银奖白酒27种（详见第二章第一节）。

本届评酒会酒样之多为历届之最，绝大多数白酒风格典型，酒体协调，酒质提高，特别是麸曲白酒质量大大提高，酱香型和清香型低度白酒相继问世。

五、第五届全国评酒会

第五届全国评酒会于1989年由中国食品工业协会主持，在安徽合肥举行。本届评酒会只评选了国家名优白酒，共收到各省、市、自治区推荐的双优（省优、部优）参评酒样362个，其中，浓香型198个、酱香型43个、清香型41个、米香型16个、其他香型64个。在此之前的1988年9月，轻工部邀请国家技术监督局、商业部、中国食品工业协会等单位，在辽宁朝阳召开了“酒类国家审定会”，通过了“浓香型白酒”等六个国家标准，本届评酒会根据此标准进行了评酒。

本届白酒评比采用密码编号、分型分类评比的方法，即按照香型、酒度、糖化发酵曲分别采用密码编号进行分类评比：香型分为酱香、浓香、清香、米香、其他香型，酒度分为40％～50％、40％以下，糖化发酵曲分为大曲、麸曲、小曲；由于本届评酒会参评白酒样品多达362个，因此将评酒委员分为四大组：第一大组和第二大组进行上届名酒和优质酒的复查，第三大组进行浓香型以外的香型白酒的品评，第四大组进行浓香型白酒的品评；在浓香型白酒的评选标准中，规定了已酸乙酯的上限，结束了多年来品酒“以香取胜”的局面；经过分类初评、复评、终评，根据酒的色泽10分、香气25分、口味50分、风格15分的百分制标准，评选出国家优质金奖白酒17种（详见第二章第一节），国家优质银奖白酒53种。

本届评酒会按照国家标准评酒，将香型分为五类：酱香、浓香、清香、米香、其他香型，其他香型又细分为六类：药香、豉香、兼香、凤香、特香、芝麻香，推动了其他香型白酒的发展，具有十分重要的意义。

六、全国五届评酒会的历史作用

综观全国五届评酒会，对白酒工业的发展具有以下几个重要作用：第一，通过产品质量评比，检验了不同历史时期的技术水平，推动了各省、市、自治区之间的互相学习和提高。第二，科学地总结了传统工艺，继承与发扬了学创结合的精神，使新香型白酒不断涌现。由第三届 5 种香型发展到第五届 10 个类别。第三，推动了不同时期产业政策的落实，开发出新工艺、新技术和新产品，如：麸曲白酒、液态法白酒、代用原料白酒、低度白酒等。第四，从第三届起，在全国逐渐培养并形成了一支以感官分析产品质量的技术队伍。

第三节 品酒的基本知识

酒质鉴定（或称酒质评价）包括理化鉴定和感官分析两种方法，它既是一门技术，也是一门艺术。说它是一门技术，是因为我国和世界各国一样，均需采用理化鉴定和感官分析两种方法对各种饮料酒进行评价。说它是一门艺术，是因为不同酒的色、香、味、体所形成的风格给人以不同的感觉和享受。在爱酒人士看来，酒也是一种有生命的东西。

酒的感官分析也叫品酒，就是通过人的感官（视觉、嗅觉、味觉、触觉）对酒进行鉴定。饮料酒是一种具有色、香、味、体的感官知觉产品，仅靠仪器的理化分析数据鉴定，不能全面评价酒的质量优劣，例如：有些酒的理化分析数据十分接近，而在风味上却存在明显差别，这是因为每种酒独特风格的形成，不仅取决于各种理化成分的多少，还取决于它们之间的协调、平衡、衬托、缓冲、掩盖等关系。而感官分析则是不同酒独特风格的综合复杂的反应，能在很短的时间内对产品质量作出判断。

在我国，品酒的历史源远流长，古代不少文人墨客留下了许多品评鉴赏美酒佳酿的著作和诗篇。明代袁宏道的《觞政》中说："凡酒以色清味洌为圣，色如金而醇苦为贤，色黑味酸醨者为愚。"清代梁绍洼对酒的色、香、味等方面也做了精辟的论述。这说明，品酒在我国古代已达到了很高的水平。新中国成立以后，先后举办的五届全国评酒会议，对提高我国饮料酒的产品质量起到了重要的推动作用。

一、感官分析的基本原理

在品酒中，酒的色、香、味刺激人的视觉、嗅觉、味觉和触觉引起感觉，通过感觉记录印象，再通过感觉导入神经系统形成知觉。当酒体都呈无色透明时，嗅觉和味觉是最重要的。

（一）视觉

眼是人的视觉器官，当眼睛看到景物时，视网膜上的光敏细胞会产生电脉冲，电脉冲沿着神经纤维传递到视觉神经中枢，在大脑中形成景物的印象。在不同的光照条件下，眼睛对被观察物的感受性不同，所以感官分析应在相同的光照条件下进行，对于评酒室来说，应有标准照度。

品酒的第一感觉是视觉，首先看到的是酒的颜色、透明度、流动性、毛细管特性等现象。从酒的颜色可以判断成分多寡、酒龄长短、是否氧化；从透明度可以判断澄清工序和过滤程序是否完好；从流动性可以判断干物质含量、各种成分的协调性、保存年限是否长久；从毛细管现象可以看出液体内压大小、推测酒精度高低。有经验的品酒者，通过视觉即能判断一种酒大致的档次范围。

（二）嗅觉

鼻是人的嗅觉器官，嗅觉区域位于鼻腔的上部，存在几百万个球状嗅觉细胞；嗅觉区域下部是黏液层，嗅觉细胞的睫毛神经伸入到黏液层中。当气味分子到达黏液层时，嗅觉细胞的睫毛神经将它们转变为脉冲信号通向嗅觉神经中枢，在大脑中形成对气体分子特性和强度的感觉印象。嗅觉具有如下特征：第一，嗅觉适应（也叫嗅觉疲劳）：系指当气味物质作用于嗅觉器官一定时间后，嗅觉器官感受性降低的现象。第二，嗅觉的相互作用：当有几种不同的气味物质同时存在时，嗅觉器官产生不同的反应，如果一种气味掩盖了另一种气味，称为掩蔽效应；如果气味彼此抵消以至无味，称为中和作用；如果产生一种新的气味，称为综合效应。

嗅觉千倍敏感于味觉，有经验的品酒者，通过嗅觉即能判断酒的大致质量。

（三）味觉

舌是人的味觉器官，在舌上分布有大量的被称为乳头状突起的味蕾，味蕾由味觉细胞和支持细胞组成。味蕾只对酸、甜、苦、咸 4 种基本味觉敏感，而且分布在舌上不同部位的味蕾对味觉的敏感性不同：分布在舌尖的味蕾对甜味敏感；分布在舌根的味蕾对苦味敏感；分布在舌前两侧的味蕾对咸味敏感；分布在舌后两侧的味蕾对酸味敏感。因此，在品酒时，这几个味觉不是同时出现的，应等待这几个味觉进展的变化，识别在最初几秒钟内出现的瞬间味觉反应，之后感觉一种连续的变化，品酒末了感觉回味，即吐酒后仍旧浸润口腔的感觉。在 4 种基本味觉中，只有甜味是令人真正愉快的，其他味觉在纯物质的情况下是令人不愉快的；只有当它们和甜味组合成一体时才能令人接受。现在认为“鲜”是第五味觉，而“辣”和“涩”都不属于基本味觉，它们是神经末梢受到刺激后的感觉。

味觉具有如下特征：第一，味觉与嗅觉密切相关：因为口腔和鼻腔是相同的。品酒时，从口腔咽下酒后，就会产生呼气动作，气体分子向鼻腔运动，产生了回味。第二，味觉适应（也叫味觉疲劳）：是指某种物质在口腔中维持一段时间后引起味觉强度降低的现象。第三，味觉的相互作用：包括味觉的比对作用，如吃完苦味物质再吃甜味物质会觉得更甜；味觉的消杀作用，如将甜味物质和酸味物质混合后，原来的甜味和苦味都会减弱；味觉的相乘作用，如具有鲜味的谷氨酸和鸟氨酸混合后鲜味会大大增强。第四，味觉与温度有关：酸味的敏感度随温度升高而升高；苦味和咸味的敏感度随温度升高而降低；而甜味受温度影响不大。

(四)触觉

触觉是集温度、稠度、黏度、润滑度、丰满度等多种印象的综合。味觉也有触觉的参与，特别是一些黏液性反应，如单宁的收敛性是由于鞣革黏膜和唾液的凝结，而唾液通常起润滑口腔的作用。

(五)感觉阈值、风味阈值与风味强度

感觉的产生需要适当的刺激，感觉阈值是指能引起感觉的最小刺激量。风味阈值是指某种风味物质能引起人的感觉的最小含量。阈值是通过感官试验确定的，仅用风味阈值则不能完全表示某一风味物质对风味的影响程度。判断一种物质对风味的影响程度需要同时考虑该物质的浓度和风味阈值，这就是风味强度，是指某种风味物质的浓度与其风味阈值的比值。

从风味强度的定义，可以看出：当某种风味物质浓度大、阈值小时，给人的感觉刺激很强烈，而当某种风味物质浓度小、阈值大时，给人的感觉刺激很弱。当多种风味物质同时存在并且浓度接近时，有些风味物质能够感觉到，而有些风味物质不能感觉到。这是因为，不同风味物质在相同浓度下的风味阈值不同，风味阈值小的物质，风味强度大；而风味阈值大的物质，风味强度小。

需要注意的是：同一风味物质在不同介质中的风味阈值不同，即便在（乙醇-水）这一简单体系中，当乙醇和水的比例发生改变时，其中风味物质的阈值都会发

生改变，这就是为什么说，在高浓度酒中适合的风味物质的量比关系，在低浓度酒中不一定适合。此外，风味物质之间的相互影响是重要的，例如：乙酸乙酯和乳酸乙酯共存时的复合香气，与乙酸乙酯和己酸乙酯共存时的复合香气，是不一样的。因此可以想象，当数百种香气成分共存时，某一种或数种香气发生变化时，引起的复合香气的改变是相当复杂的。

二、对品酒室、品酒员及酒样的基本要求

（一）对品酒室的基本要求

品酒室对酒的感官分析有两方面的影响：一是对品酒员产生影响；二是影响酒样的品质，如温度对酒样品质的影响很大。

对品酒室的基本要求是：品酒室应建在远离车间、食堂、卫生间等有干扰的地方；在连接品酒室之外应建休息室，有利于品酒员进入品酒室之前的休息与等待；品酒室内应清洁整齐、舒适安静、空气新鲜、不允许有任何异味存在。因此，在评完不同品种和不同轮次的酒之后，应利用轴流式排风机驱除室内气体，换入经过滤的新鲜空气，但评酒时室内应保持无风状态；室内温度 18～22 摄氏度，湿度 50%～60%，噪声小于 40 分贝；室内以白色散射光照明，照度 6～8 瓦/平方米，100 勒克斯；桌上铺有白色台布，墙壁、地板、天花板应涂有单调的颜色，一般为中等灰色，反射率为 40%～50%；每位品酒员应配备专用桌、椅、酒杯、漱口杯及痰盂等，品酒员专用桌上应配有洗漱用池及洗杯专用水池并有冬季用的热水管，使用无色透明无花玻璃杯；品酒时间以上午 9:00—11:00、下午 3:00—5:00 为宜。

（二）对品酒员的基本要求及注意事项

对品酒员的基本要求是：身体健康，无盲目、色盲、嗅盲、味盲、鼻炎、肠胃等疾病，具有酒精耐受力；眼、鼻、舌等感觉器官对色、香、味的感觉灵敏度较高，品酒员除了天生具备敏锐的感觉外，还要在实践中不断训练，积累经验，全面提高能力；对酒样的判断具有稳定性和再现性，同一酒样反复品尝，判断基本一致；对酒样的判断具有识别性，能够判断不同酒样之间的微妙差异；对酒样的判断具有准确性和可靠性，不同酒样在客观上存在等级，判断应符合客观实际；具有良好的职业道德和社会责任感以及实事求是与认真负责的工作态度。

品酒员在品酒前和品酒中还应注意：①保护自己的感觉器官。不吸烟、不酗酒、不吃油腻和辛辣刺激性食物、不使用化妆品；②保持良好情绪。凡过度疲劳、激动、情绪不安或患感冒等疾病者，均不宜参加品酒；③品酒过程中不许交谈或交头

接耳或以手势交换意见;④一次品评酒样不宜过多。一般不超过8个样品;⑤两轮品酒之间,可适当饮用茶水或食用淡面包,以恢复感觉器官灵敏性;⑥叙述意见,简明扼要,并写出根据。

(三)对酒样的基本要求

参加品评的酒样,均应密码编号,最后公布结果;酒样送至品酒桌上时,应保持同一温度(白酒与黄酒:21～30摄氏度;葡萄酒:干白与起泡酒为6～10摄氏度,干红为12～16摄氏度,半干与桃红酒为10～12摄氏度,陈年干红为15～18摄氏度;啤酒:8～12摄氏度);斟酒时的斟酒高度和速度一致。

三、品酒的基本程序和操作步骤

(一)观色

1. 白酒的观色

以白布或白纸衬底,举杯齐眉对光,从酒杯的正面和侧面观察酒的色泽、透明度、有无悬浮物或沉淀物。若失光、发暗、有明显的悬浮物或沉淀物,均应酌情扣分。

2. 葡萄酒的观色

第一步,将酒倒入杯中,观察酒产生的气泡。第二步,倒酒后,手持杯脚,将酒杯置于腰带高度,低头观察酒的液面,或者将酒杯置于白色桌面上,站立弯腰垂直观察酒的液面。第三步,将酒杯举至双眼高度,观察酒的清透度。第四步,手持杯脚,倾斜45度角,在白色背景下观察酒的色泽。第五步,手持杯脚轻轻摇晃,静止后观察酒液在杯壁上向下淌的痕迹,即观察酒的挂杯现象。

3. 啤酒的观色

启开瓶盖,斟酒高度距杯口2厘米,将酒缓慢注入洁净的杯中(由于啤酒是唯一以泡沫性能衡量外观质量的酒类,因此应注意斟酒高度和注酒速度),在白色背景下从酒杯的正面和侧面观察酒的色泽、透明度、有无悬浮物或沉淀物;同时,观察啤酒的泡沫性能,包括:起泡性——泡沫应丰富;外观性——泡沫应洁白细腻;持久性——泡沫应在5分钟内不消失;附着性——饮完后泡沫应附着在杯壁上。

4. 黄酒的观色

将酒注入酒杯,在充分的光线下从酒杯的正面和侧面观察酒的色泽、澄清度、有无悬浮物或沉淀物。此外,通过试手感,即在手心中倒少量的黄酒,感觉其滑腻感和黏稠度，可初步鉴别黄酒的真伪。

(二)闻香

1. 白酒的闻香

手端酒杯，使酒杯与鼻的距离保持 2 厘米左右进行初闻；再用手扇风闻；然后将酒杯接近鼻孔进行细闻。闻香时，应先呼气(不能对酒呼气)，再对酒吸气进行闻香，吸气强度要均匀。每杯酒最多按上述步骤闻 3 遍，每次都要有准确记录。闻完一杯后，稍事休息，再闻另一杯。若酒样较多，可先按 1、2、3、4、5，再按 5、4、3、2、1 的顺序进行闻香，先选出最好的与最差的香型酒样，再比较香气接近的酒样，不断修正记录。闻香内容包括：有无香气、属于何种香型、溢香大小、香气正或不正，凡无香气、香气短而淡或有邪杂气味，均应酌情扣分。

确定白酒溢香大小与香气长短的方法是：用一小块滤纸吸入适当酒样，按上述方法闻香，再将滤纸放置半小时(对照样应采用同一时间)，进行闻香，以确定溢香大小和香气长短。

对于难以判断的香气接近的白酒酒样，可将酒样滴入手心，借助体温增加酒液的挥发性，握紧手，紧挨鼻孔，从大拇指和食指的空隙中进行闻香，以判断酒的香型及留香长短。

判断茅香型白酒留香的方法是：将白酒倒入酒杯中至 2/3，放置 10 分钟后倒去酒液，再放置 2 小时后，将空杯与同一酒样一起送品酒员品评。

2. 葡萄酒的闻香

首先，将倒酒后的酒杯放在桌上，在静止状态下，将鼻孔置于酒杯部进行第一次闻香，可以迅速比较不同葡萄酒的香气；或者将酒杯慢慢端起，稍稍倾斜，将鼻孔接近酒的液面进行第一次闻香。然后，摇动酒杯，使酒液作圆周运动，可提高酒液与空气的接触面积，促使挥发性弱的物质释放，进行第二次闻香。第二次闻香又包括两个阶段，第一阶段是在静止液面被破坏后立刻闻香，第二阶段是摇动酒杯结束后立刻闻香。第二次闻香可以重复几次，每次结果一致。最后，激烈摇动酒杯，使酒液在杯中剧烈转动，促使酒中的异味或不愉快气味释放后进行第三次闻香。三次闻香后，记录感觉到的气味的种类、持续性和浓度，鉴别所闻到的气味，区分不同类型的香气。

3. 啤酒的闻香

在观察完啤酒的外观和泡沫性能之后，将鼻孔置于酒杯部进行初次闻香；然后，摇动酒杯进行再次闻香。

4. 黄酒的闻香

一是在静止状态下，将鼻孔置于注酒后的酒杯部进行第一次闻香，闻黄酒的主体香和溢香情况；二是摇动或转动酒杯，进行第二次闻香，闻黄酒香气的协调情况；三是远近静动相结合，闻黄酒的异杂味。

（三）尝味

1. 白酒的尝味

尝味的顺序与闻香的顺序一致，由淡到浓，再由浓到淡，反复 3～4 次，最后尝有异味的酒。尝味时，每个酒样的入口量应保持一致，一般不超过 2 毫升，酒液入口要稳，使酒先接触舌尖，再接触舌两侧，最后接触舌根，鼓舌让酒布满舌面，停留 5～10 秒，仔细辨别酒的味道，是否绵甜、协调、爽口、醇厚、丰满等，以及是否存在异杂味。涩味可用移动舌面并与口腔上下摩擦的方式进行体会，边尝酒边做记录。咽酒或吐酒后，应张嘴吸气再闭嘴呼气，使酒气随呼吸从鼻孔排除，判断酒的后味。包括：酒气是否刺鼻和刺喉或有不快之感、尾子是否干净、香气浓淡、回味长短、是否回甜、有无余香或后苦和酸涩及邪杂味等，据此，先写评语再计分。待本轮酒样全部品尝后，根据评语、对照酒样，对评分进行必要的调整，以保持本轮与上轮的品尝结果具有相对的可比性，但第一次品尝的感觉尤为重要。凡出现后苦、酸涩、邪杂味等，均应酌情扣分。

2. 葡萄酒的尝味

首先，举起酒杯，轻轻吸入酒液 6～10 毫升（若酒量过多，升温时间延长；若酒量过少，不能湿润口腔和舌的表面），使酒液均匀分布在舌头表面。然后，闭上双唇，头向前微倾，利用舌头和面部肌肉的运动，搅动葡萄酒，同时鼻子轻轻吸气，使酒液在口腔中升温和氧化，释放各种风味物质，并使酒气进入鼻腔后部，充分感觉酒的滋味。酒液在口腔内滞留时间保持 12～15 秒。最后，咽下少量葡萄酒，吐出剩余酒液，用舌头舔牙龈和口腔的内表面，鉴别后味及其时间长短。

3. 啤酒的尝味

品尝啤酒时，开始先饮一小口（10～25 毫升），在口中滞留 15 秒，辨别啤酒滋味；然后，大口畅饮，感觉后味。注意第一口的风味印象和后味感觉。

4. 黄酒的尝味

尝味时，第一口酒的饮入量为 3～5 毫升，通过口腔蠕动，使酒液在舌面上逐渐向后移动，感觉甜、酸、苦、香、辣、鲜、涩诸多滋味。当滋味充满口腔时，就会感觉酒的流动性、圆润性、和谐性、持久性、舒适性等以及浓淡、长短、强弱、厚薄等。充分感觉后，咽下酒液，使酒气经喉部从鼻腔和口腔喷出，判断酒的回味。如果饮第一口酒时发现异杂味或不愉快、不协调的风味，应再饮第二口或第三口酒，直至消除疑虑。

（四）判断风格

对一般人来说，酒的风格似乎是抽象的，就像人的风度一样，仁者见仁，智者见智。但在酒的质量标准中，酒的风格是指根据色、香、味三个方面对酒做出的综合判断与评价，即酒的风味特征的典型性。因此，对每个酒样来说，香气成分是否浓郁协调，酒质酒体是否优雅舒爽，风格特征是否独特典型，具有哪些不足之处，应有明确的结论。

第四节　观色识酒

一、观色识白酒

白酒应无色，清亮透明，无悬浮物，无沉淀物。对于茅香型白酒，多呈微黄色，这是允许的。白酒色泽的国家评分标准为满分 10 分，若颜色较黄、过黄、不透明，扣 1～2 分；若有微混、稍混、混浊，扣 1～4 分；若有悬浮物或明显悬浮物，扣 1～2 分；若有微沉淀物或沉淀物，扣 1～2 分。

二、观色识葡萄酒

通过观察葡萄酒的气泡、液面、清透度、色泽、挂杯等外观性状，可以初步判断葡萄酒的特质。将葡萄酒倒入杯中，酒液具有较好的流动性且有响声，并在杯中酒液表面形成气泡，气泡很快消失；新酒的气泡有色，而陈酒的气泡无色；如果气泡在酒体内形成或在液面形成泡沫，则表明酒中 CO_2 含量过高。葡萄酒的液面应呈圆盘状，且洁净、光亮、完整；若液面失光，且分布许多细小尘状物，说明酒可能受微生物病害侵染；若液面呈彩虹颜色，表明酒中色素物质已被氧化；若液面呈蓝色色调，说明酒很容易患金属破败病。优良的葡萄酒应清亮透明；若有混浊，往往由微生物污染、酶破败或金属破败引起；若有沉淀，则可能由酒构成成分的溶解度引起。根据颜色，葡萄酒可分为白葡萄酒、红葡萄酒和桃红葡萄酒。白葡萄酒应呈近似无色、禾秆黄色、金黄色、琥珀色，一般酒龄越长，颜色越深；若呈棕色，表明白葡萄酒已氧化或衰老。红葡萄酒应呈紫红色(新红酒)、砖红色或瓦红色(中年红酒)、棕红色(10年以上老酒),通常酒龄越长,颜色越浅。桃红葡萄酒介于黄色与红色之间,呈桃红色、玫瑰红色、洋葱皮红色、橙红色。对于葡萄酒的光泽而言,一般酒越新越有光泽,酒越陈越暗淡。挂杯现象是酒中非挥发性物质表面张力和酒的黏附性所致;酒液向下淌的速度越慢,表明酒中的乙醇、甘油、残糖等物质含量越高,即酒的浓度亦越高。

目前,世界葡萄酒品评四大权威评分系统有:《葡萄酒倡导家》、《葡萄酒观察家》、《葡萄酒爱好者》杂志和《品醇客》。其中,以罗伯特·帕克挂帅的《葡萄酒倡导家》的评分标准是:起评分为50分,在剩下的50分中,色泽与外观占5分。在葡萄酒品评的百分制国家评分标准中,外观占20分,其中色泽和清透度各占10分。

三、观色识啤酒

啤酒按颜色可分为淡色啤酒、浓色啤酒和黑啤酒,最常见的是淡色啤酒。淡色啤酒的色泽应淡黄带绿或淡黄色或淡金黄色,清亮透明,有光泽,无明显悬浮物和沉淀物。啤酒色泽的国家评分标准为满分10分,若颜色呈暗褐色、红褐色、失光,扣1～5分;若有微混、混浊或明显悬浮物和沉淀物,扣1～5分。

泡沫是啤酒的重要特征之一。当淡色啤酒缓慢注入洁净的玻璃杯时,泡沫应丰富、洁白、细腻、持久,饮完后泡沫还应附着在杯壁上即“挂杯”。淡色啤酒泡沫的国家评分标准为满分20分,其中,泡沫高度到达杯高度的1/2～2/3,可得5分,若泡沫高度不够,酌情扣分;泡沫洁白细腻,可得5分,若泡沫不洁白、乳黄色、粗糙,酌情扣分;泡沫自注入杯中5分钟内不消失,可得5分,若泡沫消失较快,酌情扣分;饮完后泡沫仍附着在杯壁上,可得5分,若不挂杯或挂杯不明显,酌情扣分。

四、观色识黄酒

黄酒的正常颜色大多为黄色,包括:浅黄、金黄、禾秆黄、橙黄、褐黄等;少数为红色,包括:橙红、褐红、宝石红、琥珀红等。若黄酒的色度加深,其可能的原因是:①酒中铁离子含量较高;②经日光照射,酒中的酪氨酸或色氨酸被氧化而呈赤褐色;③受高温影响,发生美拉德反应;④在酒中添加了红曲、焦糖等着色剂。黄酒应晶莹透明,有光泽,无明显悬浮物和沉淀物;若混浊不清或有杂质存在,则视为劣质产品。黄酒色泽的国家评分标准为满分10,其中色泽和澄清度各占5分。

此外,当少量的黄酒滴入手心搓手时,酿造的纯正黄酒具有强烈的滑腻感,风干后很黏手;而配制的劣质黄酒触手具有水似感,风干后不黏手。

第五节 闻香识酒

一、白酒的香气成分与闻香识白酒

(一)白酒的香气成分

白酒的香气成分主要有酯、酸、醇、羰基化合物——醛和酮以及酚、含氮和含硫化合物等,有些是单体物质呈香,更多的是多种香气成分呈现的复合香气。

1. 浓香型白酒的香气成分

泸州老窖酒是浓香型白酒的代表。酯类是浓香型白酒中含量最多的香气成分,约占香气总量的60%,其中主体香气成分是己酸乙酯;几种主要酯类的比例对酒质影响很大,如:己酸乙酯与乳酸乙酯比例为1∶(0.6～0.8),己酸乙酯与乙酸乙酯比例为1∶(0.5～0.6),己酸乙酯与丁酸乙酯比例为1∶0.1。

酸作为白酒的重要呈味物质,在浓香型白酒中约占香气总量的15%;酸在优质白酒中含量顺序是:乙酸、己酸、乳酸、丁酸、甲酸、戊酸、棕榈酸、油酸、亚油酸、辛酸、异丁酸;总酸含量越低,酒的口味越淡薄;总酸、总酯比例为1∶4左右。

除乙醇外的其他醇类约占香气总量的12%;一定量醇的存在,有利于促进酯的香气,但醇类含量过多,酒就会产生辛辣和苦味,总醇、总酯比例为1∶5左右;异戊醇的含量最高,在30～50毫克/100毫升,异戊醇与异丁醇的比例对风味影响很大,异戊醇、异丁醇比例为3∶1左右。

羰基化合物约占香气总量的6%～8%;含量最多的是乙醛和乙缩醛(>10毫克/100毫升),二者的比例为1∶0.6左右;双乙酰和3-羟基丁酮的含量适当时,使酒丰满而富有个性,并促使酯类的挥发。在一定范围内含量较多时,能提高香气品质。

2. 清香型白酒的香气成分

山西汾酒是清香型白酒的代表。香气成分的总含量少于浓香型白酒和酱香型白酒,但香气成分中酯类仍占优势,其中主体香气成分是乙酸乙酯,其次是乳酸乙酯,二者的比例[1∶(0.6～0.8)]决定了清香型白酒的风格。乙酸乙酯含量少,则失去了清香的风格,而乳酸乙酯含量少,则使酒后味短;己酸乙酯和丁酸乙酯含量很少,这是与浓香型白酒的主要区别。有机酸主要是乙酸和乳酸,它们占总酸的

90%，二者的比例约为1∶0.8；总酯与总酸的比例高于浓香型白酒。醇类在香气成分中所占比例较高是清香型白酒的又一特点，直接影响酒的口味，其中含量较高的有：异戊醇、正丙醇、异丁醇。乙醛和乙缩醛占羰基化合物总量的90%。

3. 酱香型白酒的香气成分

茅台酒是酱香型白酒的代表，其主体香气成分至今尚不清楚。曾认为4-乙基愈创木酚是茅台酒的主体香气成分，但后来的实验表明：酱香是许多香气成分共同作用的结果。有人提出，茅台酒的酱香是"前香"和"后香"两部分构成的复合香气。"前香"是挥发性较大酯类香气，对酱香的呈香作用较大；"后香"是挥发性较小的酸类物质，对酱香的呈味作用较大，也是"空杯留香"的特征性成分。酱香型白酒中具有许多高沸点的酯、酸、醇和氨基酸等，这与酱香型白酒的高温制曲、高温堆积、高温发酵、高温蒸馏之"四高"工艺有关。

酱香型白酒的总酯含量较浓香型的低，但乳酸乙酯含量高；从低沸点的甲酸乙酯到中沸点的辛酸乙酯再到高沸点的油酸乙酯都存在，但在酒的香气表现中，酯香并不突出。其总酸含量高，酸的种类近30种，其中，乙酸、乳酸含量居各类酒之首。总醇含量高，高级醇总量较浓香型白酒高1倍左右，其中，正丙醇含量最高；高沸点醇类也多于其他酒。羰基化合物含量也居各类酒之首，其中糠醛含量最高。含氮化合物如吡嗪、三甲基吡嗪、四甲基吡嗪等也较其他香型多。

4. 米香型白酒的香气成分

桂林三花酒是米香型白酒的代表，由于酿造工艺简单，发酵周期短，故香气成分总量少。主体香气成分是β-苯乙醇、乳酸乙酯和乙酸乙酯。其中，乳酸乙酯含量高于乙酸乙酯；乳酸含量高于乙酸。醇类总量高于酯类总量，除了一般酒中含有的异戊醇、正丙醇、异丁醇之外，还有含量较高的β-苯乙醇。

5. 其他香型白酒的香气成分

(1)凤香型白酒的香气成分。陕西西凤酒是凤香型白酒的代表，属于浓香型和清香型之间的香型。总酯含量较低，在酯类中，乙酸乙酯含量最高，是凤香型白酒的主体香气成分；而己酸乙酯含量影响凤香型白酒的风格，当其含量＞50毫克/100毫升时，偏向浓香型；当其含量＜10毫克/100毫升时，偏向清香型。总酸含量也较低，一般在70毫克/100毫升左右，乙酸占总酸的50%左右，还含有一定量的丁酸、己酸和乳酸。醇类含量较高，可达120毫克/100毫升以上，其中异戊醇和异丁醇含量最高；在总酯和总酸含量较低的情况下，如此高的醇类成分，使凤香型白酒突出了醇香的特征。由于凤香型白酒采用独特的"酒海"老熟工艺，因而含有较多的乙酸羟胺和丙酸羟胺等特征性香气成分。

(2)串香型白酒的香气成分。贵州董酒是国内唯一采用大小曲混合发酵的串香型白酒。总酸含量较高，尤其丁酸含量是所有白酒中最高的，达 40 毫克/100 毫升；还含有一定量的己酸。总酯含量低于总酸含量，其中丁酸乙酯含量最高，可达 28 毫克/100 毫升；含有一定量的己酸乙酯；而乳酸乙酯含量最低，只有其他酒的 30％～50％。醇类含量高于总酯含量，其中正丙醇和仲丁醇含量高于其他白酒。

(3)豉香型白酒的香气成分。广东玉冰烧酒是豉香型白酒的代表，主体香气成分是 β-苯乙醇和乳酸乙酯。它与米香型的香气成分类似，但经过了特殊的浸肉工艺处理，产生了明显的脂肪氧化的陈肉香气，即豉香。

(4)特香型白酒的香气成分。江西四特酒是特香型白酒的代表，其香气成分富含奇数碳原子脂肪酸乙酯，包括：丙酸乙酯、戊酸乙酯、庚酸乙酯、壬酸乙酯，这几种酯含量均高于其他酒；偶数高级脂肪酸乙酯含量也较高，主要是 14～18 碳原子的脂肪酸乙酯，如棕榈酸乙酯、油酸乙酯、亚油酸乙酯等。在醇类中，正丙醇含量最高，占总醇含量的 50％。

(二)闻香识白酒

白酒的香气应满足典型性与协调性的统一。典型性是指某一类型白酒应具备的与其类型相一致的香气；协调性是指无论何种白酒均应香气协调，包括：主体香与溢香的协调、喷香与留香的协调、前香与后香的协调。

不同类型白酒均有香气的典型性和协调性，如：浓香型白酒——窖香浓郁，具有己酸乙酯为主体的纯正协调的复合香气；清香型白酒——清香纯正，具有乙酸乙酯为主体的清雅协调的复合香气；酱香型白酒——酱香突出，前香与后香协调，空杯留香；米香型白酒——米香清雅，具有 β-苯乙醇、乳酸乙酯和乙酸乙酯为主体的醇香与酯香复合协调香气；凤香型白酒——醇香秀雅，具有乙酸乙酯为主和己酸乙酯为辅的协调的复合香气；串香型董酒——酯香浓郁，药香突出，带有丁酸和丁酸乙酯的复合协调香气；豉香型广东玉冰烧酒——带有明显脂肪氧化的陈肉豉香，具有乙酸乙酯和 β-苯乙醇为主体的酯香与醇香复合协调香气；特香型四特酒——酯香突出，辅以轻微的焦煳香气，溢香具有明显的庚酸乙酯似的香气；兼香型白云边酒——具有典型协调的浓香和酱香。

在白酒品评的闻香过程中，溢香是指酒中芳香成分溢散在杯口的空气中，可用嗅觉辨别的香气；喷香是指酒液饮入口中，酒中低沸点芳香物质受潮湿影响，使香气布满口腔而感觉到的香气；留香是指由于酒中的高沸点芳香物质含量多时，当酒液咽下后，口中仍留有余香。一般白酒都有溢香，很少有喷香和留香，而名酒中的五粮液以喷香著称，茅台酒则以留香闻名。

在白酒香气的国家评分标准中,不同类型白酒具有香气的典型性和协调性,可得满分25分。若香气不足,扣2分;若香气不纯,扣2分;若溢香不足,扣2分;若带有异味,扣3分;若有不愉快的香气,扣5分;若有杂醇油气味,扣5分;若有其他臭味,扣7分。

二、葡萄酒的香气成分与闻香识葡萄酒

(一)葡萄酒的香气成分

葡萄酒中的香气成分非常复杂,目前已发现500多种香气成分,一般将葡萄酒的香气成分分为8种主要类型:动物香气、香脂香气、熏烤香气、化学香气、香料香气、花香香气、果香香气、植物与矿物香气。根据上述8类香气成分的来源,又将葡萄酒的香气成分分为以下三大类。

1. 来源于葡萄浆果的香气成分——果香(或称品种香)

葡萄酒的果香成分的前体是葡萄皮中的香气成分和酚类物质,果香成分主要存在于葡萄皮中,其成分和结构极其复杂。葡萄品种不同,其果香成分也不同。近年来,有浓郁果香的葡萄酒越来越受到欢迎。为了获得典型性的葡萄酒果香成分,除了选择具有良好成熟度和无病虫害的高质量葡萄之外,还应注意低温浸渍、低温发酵,以保持葡萄酒悦人的果香。

2. 来源于发酵的香气成分——酒香(或称发酵香)

酒香成分是在葡萄酒发酵中产生的发酵副产物,包括:酯、酸、醇、醛等,它与发酵菌种和发酵工艺密切相关。利用增香酵母进行葡萄酒发酵,可产生酯香成分;采用乳酸菌在葡萄酒发酵后期进行苹果酸-乳酸发酵,可产生双乙酰的奶油香气。发酵时,添加铵盐可降低高级醇的生成,尤其是采用麝香型葡萄为原料时更加明显。但葡萄酒的发酵香气不能过于强烈,只能作为果香的补充,所以应选择适宜的菌种和采用适宜的工艺条件。

3. 来源于陈酿的香气成分——醇香(或称陈酿香)

醇香和果香是葡萄酒的主要香气,醇香成分是葡萄酒陈酿期间在单宁和橡木等物质参与下多种香气成分经过复杂缓慢的氧化、还原、缔合、歧化等作用与平衡协调而形成的。有潜质的葡萄酒经陈酿后,由于与外界的氧气隔绝,葡萄酒的氧化还原电位下降至最低,潜在的香气被还原,逐渐形成令人愉悦的香气。醇香也包括橡木香,但橡木香不能掩盖醇香。陈酿温度对醇香形成很重要,若陈酿温度高,成熟快,则醇香不柔和且粗糙。

(二)闻香识葡萄酒

第一次静止闻香,闻到的香气很淡,只闻到了扩散性最强的那部分香气,不能作为评价葡萄酒香气的主要依据。第二次摇酒闻香,闻到的是葡萄酒浓郁优雅的香气。第三次剧烈摇酒闻香,闻到的是酒中的异味或不愉快气味,如:软木塞味、乙酸味、硫磺味、氧化霉味、苯乙烯味、硫化氢味等,可鉴别香气中的缺陷。

在葡萄酒品评的闻香过程中,对干白葡萄酒的要求是:香气完整协调,具有纯正的果香与优雅和谐的酒香;对干红葡萄酒的要求是:香气浓郁、纯正、协调、平衡;对桃红葡萄酒的要求是:果香和酒香浓郁馥郁、协调悦人。以罗伯特·帕克挂帅的《葡萄酒倡导家》的评分标准是:起评分为50分,在剩下的50分中,香气占15分。在葡萄酒品评的百分制国家评分标准中,香气占30分,其中果香和酒香各占15分。

三、啤酒的香气成分与闻香识啤酒

(一)啤酒的香气成分

啤酒的香气包括大麦芽的香气、啤酒发酵产生的酯类的香气和啤酒花的香气。

大麦芽的香气成分是大麦中的氨基酸和糖类物质经过制麦、糖化、发酵等酿造工序,通过美拉德反应生成的吡嗪类和呋喃酮类化合物。吡嗪类化合物是含氮六元杂环组分,能赋予啤酒特殊的焙烤风味;呋喃酮类化合物是含氧五元杂环化合物,具有典型的甜味、焦香味。

啤酒发酵产生的酯类香气成分主要是乙酸乙酯和乙酸异戊酯。

啤酒花是啤酒酿造的灵魂,其学名叫蛇麻花(humulus),又名忽布花(hop),为桑科葎草属蔓生宿根多年生草本植物,雌雄异株,啤酒酿造均用雌花,不用雄花。酒花香气来源于酒花蛇麻腺中的酒花油,酒花油为黄绿色或黄棕色油状液体,易挥发,易氧化,难溶于水和麦汁,易溶于乙醚。酒花油的成分有200多种,主要分为两大类:一类为碳氢结构的萜烯类化合物,约占酒花油的75%,如:香叶烯、石竹烯、葎草烯、法尼烯等,产生不愉快的香气,是生酒花香气的主要来源;另一类为碳氢氧结构的醇、酮、酯类化合物,约占酒花油的25%,如:香叶醇(具有玫瑰香气)、沉香醇(具有醇香和木香),是啤酒酒花香气的主要成分。

(二)闻香识啤酒

在啤酒品评的闻香过程中,浓色啤酒要求突出麦芽香气;而淡色啤酒则要求突出酒花香气。在淡色啤酒香气的国家评分标准中，啤酒具有新鲜浓郁的酒花香气，无老化味、氧化味、生酒花味、异味、腥味、怪味，可得满分 20 分。若无明显酒花香气，扣 5 分；若有老化味、氧化味，扣 5 分；若有生酒花味，扣 4 分；若有异味、腥味、怪味，扣 6 分。

四、黄酒的香气成分与闻香识黄酒

（一）黄酒的香气成分

黄酒的香气成分与白酒相似，主要有酯、酸、醇、羰基化合物——醛和酮以及酚、含氮和含硫化合物。浙江省轻工业研究所鲍忠定等利用气相色谱-质谱联用仪（GC/MS）研究了黄酒的香气成分，共鉴定出 41 种香气成分，其中酯类 9 种、酸类 13 种、醇类 12 种、羰基化合物 8 种。在酯类物质中，乳酸乙酯、乙酸乙酯、丁二酸乙酯含量较高，其中乳酸乙酯含量在 100 毫克/升以上。在酸类物质中，乳酸和乙酸含量最高。在醇类物质中，除乙醇外，β-苯乙醇和异戊醇含量最高，均在 100 毫克/升以上。可以说，乳酸乙酯、乙酸乙酯、β-苯乙醇是黄酒的主体香气成分，其主体香气是酯香和醇香的混合。但由于黄酒在酿造工艺、原料、地域等方面存在较大差别，有些黄酒也呈现原料香、曲香、焦香和特殊香等。

（二）闻香识黄酒

黄酒的香气也应满足典型性和协调性的统一，但其典型性既不同于白酒的香型，更区别于化学香精。黄酒应具有深沉浓郁的以乳酸乙酯、乙酸乙酯、β-苯乙醇为主体的酯香与醇香复合协调的香气，或者具有优雅馥郁的符合地域特色的特殊香气为主体的复合协调的香气；无异杂味和粗杂味，特别是不能出现配制的黄酒中香精香料味、刺鼻的酒精味和醋酸味等。在黄酒品评的百分制国家评分标准中，香气占 25 分。

第六节 尝味识酒

一、尝味识白酒

对白酒的口味要求是：在香气与口味完美统一的前提下，丰满浓厚、绵甜甘洌、尾味爽净、诸味协调、回味悠长。

不同类型白酒均有与其类型相一致的口味特点，如：浓香型白酒——绵甜爽冽，香味协调，尾净味长；清香型白酒——醇甜柔和，自然协调，余味爽净；酱香型白酒——酒体醇厚，自然优雅，回味悠长；米香型白酒——入口绵甜，落口爽净，回味怡畅；凤香型白酒——甘润秀雅，诸味协调，尾净悠长；串香型董酒——入口醇甜，酸味舒适，回味悠长；豉香型广东玉冰烧酒——绵软柔和，落口稍苦，后味清爽；特香型四特酒——味醇回甜，酯香悠长，饮后神怡。

在白酒口味的国家评分标准中，满分为 50 分。若欠绵软，扣 2 分；若欠回甜，扣 2 分；若淡薄，扣 2 分；若冲辣，扣 3 分；若后味短，扣 2 分；若后味苦，扣 3 分；若有焦煳味，扣 3 分；若味涩，扣 3 分；若有辅料味，扣 5 分；若有酒梢味，扣 5 分；若有杂醇油味，扣 5 分；若有糠腥味，扣 5 分；若有其他邪杂味，扣 5 分。

在白酒风格的国家评分标准中，不同类型白酒风格突出，可得满分 15 分。若风格不突出，扣 5 分；若偏格，扣 5 分；若错格，扣 5 分。

二、尝味识葡萄酒

葡萄酒中的各种呈味物质与酒质特性密切相关。酒精味是葡萄酒发酵的必然产物，也是入口后的第一印象；事实上，人的舌并不能识别酒精，而酒精能引起人的口腔和喉咙舒适的温热感，这种温热感称为酒的浓醇性，只有酒精度≥11％时，才能感觉酒的浓醇性和肥硕感。醇厚感是指酒的酒精度高且平衡、和谐与丰满。葡萄酒都有水果味，随葡萄品种、葡萄酒风格、产地、酒龄而能感觉到完全不同的水果味：可能是清淡型的温带水果味，也可能是浓郁型的热带水果味；可能是新鲜的水果味，也可能是干果味或是经糖水浸泡过的水果味。品尝葡萄酒首先要识别酒的水果类型。酒的甜味来自残留糖分、酒精和甘油，形成了葡萄酒肥硕圆润的特征，根据甜度可判断干、半干和甜酒。酒的酸味来自酒石酸、苹果酸、柠檬酸、乳酸、琥珀酸和醋酸等有机酸，只有酸度平衡与适中，才能给人以爽利清新的感觉。若酸度过低，葡萄酒柔弱平淡；若酸度过高，葡萄酒生硬粗糙。酒的苦涩味来自多酚物质和单宁，一般苦味和涩味往往连在一起，很难区分。单宁是红葡萄酒不可或缺的物质，它既是构成红葡萄酒色泽与口感风味的有效成分，又是衡量红葡萄酒保存期长短的重要参数；单宁含量足够，葡萄酒丰满厚实；单宁含量越高，葡萄酒生硬滞重，而且饮酒后口腔两颊无意识的收缩感越强，所以说，单宁具有收敛性，红葡萄酒中的单宁含量应与酒中的酸甜均衡为好，而大多数白葡萄酒不含单宁。酒的咸味物质来自无机盐和少量的有机酸盐，可使酒具有清爽感。

对葡萄酒的口味要求是：酒体丰满肥硕、质感流畅柔润、诸味平衡协调、饮后回味悠长。不同类型葡萄酒均有与其类型相一致的口味特点，如：干白葡萄酒——清新淡雅,协调爽口,平衡悦人;干红葡萄酒——丰满肥硕,醇厚协调,余味清新,回味悠长;桃红葡萄酒——酒质柔顺,酸度适中,精美醇厚。以罗伯特·帕克挂帅的《葡萄酒倡导家》的评分标准是:起评分为50分,在剩下的50分中,风味占20分,总体品质与潜力占10分。在葡萄酒品评的百分制国家评分标准中,滋味占40分,典型性占10分。

三、尝味识啤酒

啤酒的口味必须具备口味纯正、柔和爽口、杀口力强、回味醇厚,才能称为优质产品。啤酒口味的国家评分标准满分为50分,包括:口味纯正15分,柔和爽口18分,杀口力强7分,回味醇厚10分这四方面的内容。

啤酒的口味纯正是指啤酒由麦芽、大米、酒花、水在酿造过程中产生的本质味道,无其他异杂味。若有不成熟的双乙酰和高级醇等发酵副产物的味道,扣11分;若有麦皮味或酵母味,则扣4分。

啤酒的柔和表示啤酒的香气与各种味觉协调,某一口味不能太强和太弱或者引起味觉不愉快的刺激感。啤酒的爽口是指苦味(来自啤酒花的苦味物质)爽快,饮后苦味迅速消失,而且清爽舒逸,有再饮欲望。实际上,广义的爽口是啤酒口味质量的一种综合概念,不纯的啤酒难爽口,不柔和的啤酒不会爽口,无气(指啤酒中含有CO_2)的啤酒也不会爽口。若饮后不柔和、不协调、不愉快、粗杂、辛辣,扣7分;若饮后苦味不能迅速消失,具有粘连感后苦和后涩味(来自发酵中产生的高级醇和多酚物质),扣6分;若有焦糖味或可发酵性糖的甜味,扣5分。

啤酒的杀口力表示饮酒后啤酒中大量的CO_2在口中分散溢出,口内产生麻舌、新鲜、刺激、舒适的感觉。杀口力除了与啤酒中溶解的CO_2含量有关,还与pH有关,以pH值4.4 ± 0.1为宜。啤酒中适量CO_2的存在,可以掩盖啤酒口味上的某些缺陷。若杀口力很弱或无杀口力,扣7分。

啤酒的醇厚是指啤酒的"体",是啤酒本身的基础,啤酒饮入口中,感到有"东西"而丰满圆润,不单调,不淡薄,饮后回味悠长。啤酒的醇厚感与发酵中含氮物质的代谢有关,与啤酒的泡持性大致是相同物质引起的,取决于啤酒中的中分子蛋白质、糖蛋白及焦香物质、多酚物质、苦味物质、β-葡聚糖等。啤酒中钙离子、蛋白质的过度分解、高温发酵、发酵度低,都会对啤酒的醇厚感产生不利影响。若饮后单调淡薄,淡而无味或与水相似,扣10分。

四、尝味识黄酒

黄酒应在优美香气的前提下,具有甜、酸、苦、香、辣、鲜、涩等多种滋味,尤其是糖的甘甜、酒的醇香、酸的鲜美、曲的苦辛，但要求诸味协调，使品评者感到——丰满纯正、醇厚柔和、甘顺爽口、鲜美味长，具有本类黄酒应有的典型风味，无杂异味。不能出现配制型黄酒中口味淡薄、不醇厚、不清爽等口感或存在刺鼻的酒精味、香精香料味、水性味、焦苦味等。在黄酒品评的百分制国家评分标准中，口味占50分，风格占15分。

参 考 文 献

[1] 郑宏峰.中华酒典[M].北京:线装书局,2008.
[2] 李争平.中国酒文化[M].北京:时事出版社,2007.
[3] 罗启荣,何文丹.中国酒文化大观[M]. 南宁:广西民族出版社,2002.
[4] 周卫东.中国酒文化大典[M].北京:东方出版社,2010.
[5] 康国梁.中华酒文化百科大辞典[M].北京:中国农业出版社,2005.
[6]《中国酒文化趣谈》编写组.中国酒文化趣谈[M].北京:中国旅游出版社,2008.
[7] 李占争.酒类知识大全[M]. 北京:气象出版社,1993.
[8] 万伟成.中华酒经[M].天津:百花文艺出版社,2008.
[9] 管敦仪.啤酒工业手册[M].北京:中国轻工业出版社,2007.
[10] 王越.威士忌[M].北京:知识产权出版社,2000.
[11] 王恭堂.白兰地工艺学[M].北京:中国轻工业出版社,2002.
[12] 董世份.中华养生药酒[M].重庆:重庆出版社,2001.
[13] 陈熠.中国药酒大全[M].上海:上海科学技术出版社,2003.
[14](法)文森特·贾斯尼尔.洋酒品鉴宝典[M]. 朱亚男,译. 北京:旅游教育出版社,2011.
[15] Helen Arthur.威士忌鉴赏手册[M].上海:上海科学技术出版社,2001.
[16] 王维恒.酒文化与养生药酒[M].北京:人民军医出版社,2007.
[17] 肖冬光. 白酒生产技术[M].北京:化学工业出版社,2005.
[18] 傅金泉.黄酒生产技术[M].北京:化学工业出版社,2005.
[19] 陈騊声.葡萄酒、果酒与配制酒生产技术[M].北京:化学工业出版社,1987.
[20] 张可礼.东晋文艺综合研究[M].山东:山东大学出版社,2001.
[21] 赵化成,高崇文.秦汉考古[M].北京:文物出版社,2002.
[22] 岳洪彬,杜金鹏.唇边的微笑——酒具[M].上海:上海文艺出版社,2002.
[23] 耿宝昌.邓窑古陶瓷研究[M].北京:中国科学技术大学出版社,2002.
[24] 冯先铭.中国陶瓷[M].上海:上海古籍出版社,2001.
[25] 朱宝镛,章克昌. 中国酒经[M].上海: 上海文化出版社,2000.
[26] 韩胜宝.华夏酒文化寻根[M].上海:上海科学技术文献出版社,2003.
[27] 陈佩芬.夏商周青铜器研究[M].上海:上海古籍出版社,2004.

［28］黎福清.中国酒器文化［M］.天津：百花文艺出版社，2003.
［29］张长兴.酒文化［M］.呼和浩特：内蒙古人民出版社，2005.
［30］吴福林.中华风味酒［M］.南京：江苏科学技术出版社，2001.
［31］蒋雁峰.中国酒文化研究［M］.长沙：湖南师范大学出版社，2006.
［32］朱希详，王从仁.酒趣［M］.上海：学林出版社，2003.
［33］蒋云舫.杯中乾坤［M］.广州：广东教育出版社，2003.
［34］葛承雍.酒魂十章［M］.北京：中华书局，2008.
［35］吴书香.爱上葡萄酒［M］.上海：人民出版社，2005.
［36］王恭堂.白兰地工艺学［M］.北京：中国轻工业出版社，2002.
［37］王资鑫. 水浒与武打艺术［M］.南京：江苏古籍出版社，2000.
［38］清月.酒韵［M］.北京：地震出版社，2004.
［39］徐兴海.中国酒文化概论［M］.北京：中国轻工业出版社，2010.
［40］康明宫.酒文化问答［M］.北京：化学工业出版社，2003.
［41］徐少华.中国酒与传统文化［M］.北京：中国轻工业出版社，2003.
［42］吴广黔.白酒的品评［M］.北京：中国轻工业出版社，2008.
［43］王俊玉.葡萄酒的品评［M］.呼和浩特：内蒙古人民出版社，2005.
［44］李华.现代葡萄酒工艺学［M］.西安：陕西人民出版社，2000.
［45］程殿林.酒文化［M］.青岛：中国海洋大学出版社，2003.
［46］李华瑞.中华酒文化［M］.太原：山西人民出版社，1999.
［47］扬之水.扬之水谈宋元金银酒器——(一)台盏［J］.紫禁城，2009.
［48］赖登烨，范威，冉钊. 中国白酒文化与健康［J］. 酿酒，2008，35(5)：5-7.
［49］王海秀. 葡萄酒对人身健康的作用［J］. 安徽农学通报，2007，13(18)：228，166.
［50］李大和. 科学饮酒有益健康［J］. 酿酒科技，2008，10：133-138.
［51］孙希峰，王雷. 浅谈酒对中药药效的影响［J］. 河北中医，2004，26(4)：276.